畜牧兽医类专业适用

禽高效生产技术

主编　陈光明

编者　刘明美　蒋法成　冯学芝

苏州大学出版社

图书在版编目(CIP)数据

禽高效生产技术/陈光明主编. —苏州：苏州大学出版社，2012.10(2015.1 重印)
(畜禽生产新技术丛书)
畜牧兽医类专业适用
ISBN 978-7-5672-0281-8

Ⅰ.①禽… Ⅱ.①陈… Ⅲ.①养禽学 Ⅳ.①S83

中国版本图书馆 CIP 数据核字(2012)第 225257 号

书　　名：禽高效生产技术
作　　者：陈光明　主编
责任编辑：陈林华
策划编辑：管兆宁　施小占
封面设计：吴　钰

出版发行：苏州大学出版社
地　　址：苏州市十梓街 1 号　　**邮编**：215006
网　　址：http://www.sudapress.com
印　　装：江苏淮阴新华印刷厂
地　　址：淮安市淮海北路 44 号　　**邮编**：223001

开　　本：787mm×960mm　1/16　　**印张**：22.75　　**字数**：450 千
版　　次：2012 年 10 月第 1 版
印　　次：2015 年 1 月第 3 次印刷
书　　号：ISBN 978-7-5672-0281-8
定　　价：39.00 元

前言

禽生产技术是畜牧兽医及相关专业的骨干专业课程。本教材是根据《国家中长期教育改革和发展规划纲要(2010—2020年)》和《中等职业教育改革创新行动计划(2010—2012年)》的精神,为培养适应现代家禽生产的实用型人才和有技术的劳动者,组织校内外具有较高理论水平和丰富实践经验的教师、专家进行编写的。在编写过程中按照项目课程的总体要求,结合家禽生产的具体特点,以学习目标、学习任务、实践操作、知识点击和练习作为基本结构,突出生产过程中的典型工作和核心技术,并注意与家禽饲养工、家禽繁殖工、动物疫病防治员等国家职业标准的有关内容衔接,使学习者更能适应现代家禽生产工作岗位的要求,为就业、创业打下基础。

本教材编写的具体分工为:陈光明编写项目一中的模块一和项目二、项目三、项目四,并负责最后统稿;刘明美编写项目一中的模块二和项目五;蒋法成、冯学芝共同编写项目六。在编写过程中得到江苏联合职业技术学院淮安生物工程分院程凌教授、江苏肉食(宿迁)有限公司许海远和江苏省洪泽县天鹅湖养鸡专业合作社胡明亮等专家的大力支持和指导,在此表示衷心感谢!同时,在编写过程中,我们参考了大量的文献资料,谨在此向其编著者表示诚挚的谢意!

由于编者水平有限,加之时间仓促,教材中的缺点和错误在所难免,诚望有关专家和师生批评指正。

编　者

总 序

随着社会主义新农村建设的顺利推进以及现代畜牧业的发展，畜禽养殖不仅逐步走上了规模化、标准化和产业化的道路，而且成为了增加农民收入的重要支柱产业之一。但是，畜禽生产中良种普及率的提高不快、科学养殖方法的普及不广、疫病防治制度的落实不够等问题仍然在一定程度上制约着畜牧业的发展。为此，编者结合多年生产和教学实践经验，从实际、实用、实效出发，本着服务农村、服务农民、服务农业的精神编写了这套畜禽生产新技术丛书。

丛书分为《畜禽营养与饲料利用技术》、《牛高效生产技术》、《禽高效生产技术》、《猪高效生产技术》、《动物防疫与检疫技术》、《宠物疾病防治技术》、《畜禽产品加工与贮藏技术》、《畜禽养殖基础》等分册。丛书编写中吸收和采用了本领域的生产新技术，尤其是根据畜禽养殖的实际生产过程并参照国家相关的职业资格标准，重构了学习内容和编排了学习顺序，以期使学习内容和学习过程更加贴近生产实际，以培养学习者科学组织畜禽生产以及解决生产中实际问题的能力。

丛书的编写遵循项目课程教学的要求，总体上采取了模块化的体例结构，以生产任务引入理论知识，通过案例分析讲解知识，指导实践操作。各分册的体例略有不同，大多附有知识目标、技能目标、单元小结和复习思考题等相关栏目，以便于学习者掌握知识重点、实践操作技能并巩固提高。

丛书的编写充分考虑了学习者的知识背景、学习习惯、认知能力。理论知识的阐述简明扼要，深入浅出，技能培养以养殖生产任务为主线，贴近生产，针对性强，在重要的学习环节穿插了必要的图表,图文并茂,具有很强的实用性、科学性和先进性。

丛书可为各类规模养殖场畜牧兽医技术人员、广大养殖专业户提供生产指导,也可作为职业教育畜牧兽医类专业的教学用书,还可以作为职业农民以及大学生村官的专业培训教材使用。

本书的编写得到了诸多生产企业的生产一线技术专家的热情指导和帮助,在此一并表示感谢。

由于编者的水平与能力有限,不足之处在所难免,敬请指正。

丛书编委会

《畜禽生产新技术丛书》编委会

目 录

项目一

禽场建设

模块一　鸡场建设

一、学习目标

※ 终极目标:学会鸡场建设方法。
※ 促成目标:
(1) 学会鸡场规划;
(2) 学会鸡舍设计;
(3) 学会设备配套。

二、学习任务

(1) 鸡场规划;
(2) 鸡舍设计;
(3) 设备配套。

三、实践操作

(一) 鸡场规划

1. 场址选择

选择场址时应综合考虑环境污染、生物安全、自然环境和“三通”条件等方面的情况。

(1) 防止环境污染　根据我国畜牧法有关规定,禁止在生活饮用水的水源保护区、风景名胜区、自然保护区的核心区和缓冲区、城镇居民区、文化教育科学研究区等建设畜禽养殖场和养殖小区。鸡场一般设在农村或城市远郊区,离市区最少 15 ~20 km。

(2) 保证生物安全　根据国家标准《无公害畜禽肉产地环境要求》的规定,在养殖区周围 500 m 范围内,水源上游没有对产地环境构成威胁的污染源,包括工业“三废”、农业废弃物、医院废弃物、城市垃圾和生活污水等污物。根据农业部无公害食品行业标准的规定,鸡场周围 3 km 内无大型化工厂、矿场等污染源;距其他畜牧场、兽医站、畜禽集贸市场、屠宰加工厂等至少 1 km 以上;距干线公路、村镇等居民点至少 1 km 以上,见图 1-1。

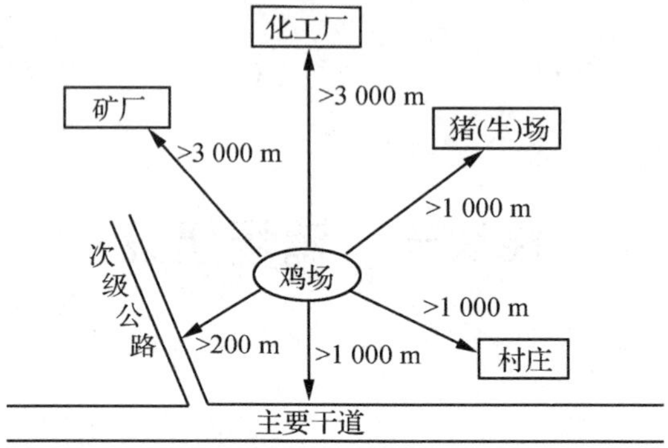

图 1-1　鸡场应与周围建筑(或道路)保持的距离

(3) 考虑地形地势　平原区场址地势应高燥、平坦、开阔,位于居民区及公共建筑群的下风向。在丘陵山地建场要选择向阳坡,坡度不超过 20°。在靠近河流、湖泊的地区建场时要选择高于最高水位 1 ~2 m 的地方。

(4) 优越的自然环境

① 空气质量要求:场区、雏鸡舍、成鸡舍要有良好的空气质量,具体见表 1-1。

表 1-1　鸡场空气环境质量指标的要求

指　标	场　区	成鸡舍	雏鸡舍
氨气(mg/m^3)	5	15	10
硫化氢(mg/m^3)	2	10	2
二氧化碳(mg/m^3)	750	1 500	1 500
可吸入颗粒物(mg/m^3)	1	5	4
总悬浮颗粒物(mg/m^3)	2	8	8
恶臭(稀释倍数)	50	70	70

② 水质要求:鸡场要有可靠、充足的水源,且位置适宜、水质良好,便于取用和防护。水质要了解酸碱度、硬度、透明度、有无污染源和有害化学物质,具体水质要求参照标准NY5027—2008《无公害食品　畜禽饮用水水质》(见附录四)。

③ 土壤要求:鸡场以过去未被传染病和寄生虫等病原体污染的沙壤土或壤土为宜,以便于排水,导热系数也小,微生物不易繁殖。

④ 良好的"三通"条件:场区电力供应应有保障,有三相电源;交通便利,道路运输方便,但要避开交通要道,以利于防疫卫生和保持环境安静;邮电通讯设施完备(电话、电视、互联网),便于对外联系和丰富职工文化生活。

2. 场区布局

鸡场分管理区、生产区和隔离区,各功能区应相互隔离(用围墙、围网或防疫沟隔开),界限分明,同时要联系方便。管理区应位于主导风向的上方,以保持空气新鲜。在对外出口处设主大门和消毒池,使场区与外界隔开,人员、车辆进入要消毒。生产区位于场区中间,在入口处设置两道门、淋浴更衣室和消毒池。生产区内的鸡舍应平行梳状排列,横向成行,纵向成列。根据场地形状、鸡舍数量和鸡舍长度不同,可分为单列式、双列式和多列式,见图1-2。为防止交叉污染,生产区内的净道与污道要严格区分,互不交叉,出入口分开。净道是运送饲料、蛋品、鸡群周转和饲养人员行走的专用道,污道是粪便等污物和病死鸡运出生产区的道路。为满足防疫、日照、通风和消防的要求,鸡舍间距离应为鸡舍屋檐高度的3~5倍。鸡舍基本面向应坐北朝南,具体方向应由地理位置、气候环境等来确定,要满足日照、温度和通风的要求。选取3个地方为例,北京最佳朝向为南偏西30°~45°,广州、上海最佳朝向为南偏东0°~10°。不同类型、阶段的鸡群最好单独设场饲养,同一场生产区只有一种类型的鸡舍,其排列布置符合上述要求即可。若为综合性鸡场,鸡舍应按照所饲养鸡群的免疫力强弱分成不同小区并有序排列,如雏鸡区与成年鸡区应保持一定距离,育雏区要安排在上风向或安全角,用沟、墙、树木、绿篱、门卡等隔离,以免遭污染。隔离区设在场区的下风向和地势较低处,与生产区的距离不小于50 m,在生产区与隔离区间设置隔离林带。粪便堆积地应有专用道与生产区污道连接,粪便等污物外运要有专门出口和道路。处理病死鸡的尸坑或焚尸炉等设施,应距生产区鸡舍300~500 m以上,尽可能与外界隔绝,且其四周应有天然或人工的隔离屏障,设单独道路和出入口。图1-3为鸡场分区示意图。

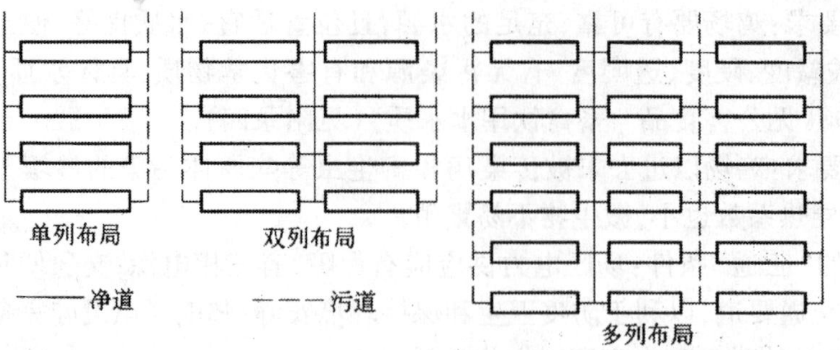

图 1-2　鸡舍排列布局图

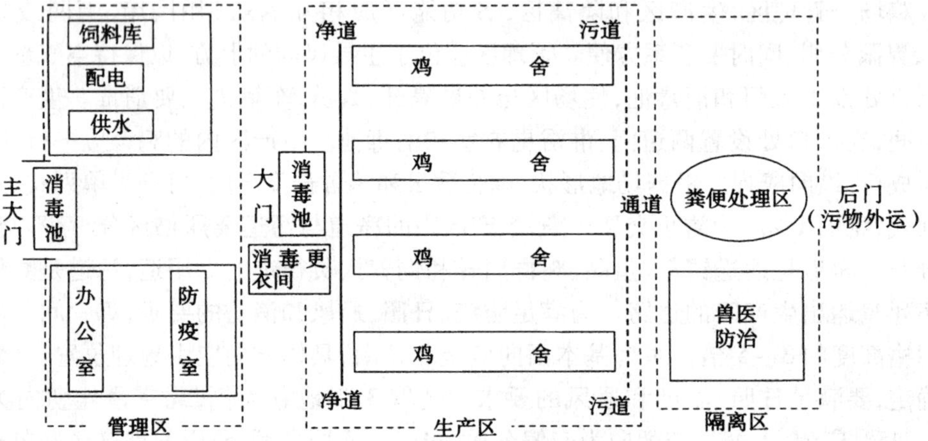

图 1-3　鸡场分区示意图

3. 场区绿化

场区绿化是鸡场建设的重要内容，不仅可美化环境，更重要的是能净化空气、降低噪音、遮挡风沙、调节小气候、改善生态平衡。绿化规划要结合区与区之间、舍与舍之间、遮阴和防风的需要进行，绿化覆盖率不低于30%。绿化包括防风林、隔离林、行道绿化、遮阳绿化、绿地等。防风林应设在冬季主风的上风向，沿围墙内外设置，最好是落叶树和常绿树搭配，高矮树种搭配，植树密度可稍大些；隔离林设在各场区之间及围墙内外，应选择合适的乔木，并采取一定措施阻止飞鸟栖息；行道绿化可选用灌木，遮阳绿化可在鸡舍南侧和西侧种植高大落叶乔木，绿地绿化可在鸡场裸露地面种树、种花、种草，也可种植具有饲用价值或经济价值的植物，如果树、葡萄、苜蓿、三叶草等。植树与建筑物之间的水平间距见表1-2。

表 1-2　植树与建筑物之间的水平间距

建筑物名称	最小间距(m)	
	至灌木中心	至乔木中心
无窗建筑物外墙	1.5	2.0
有窗建筑物外墙	1.5	3.0
道路侧面外缘	0.5	1.0
人行道	0.5	0.75
2 m 以下围墙	0.75	1.0
排水明沟边缘	0.5	1.0

(二) 鸡舍设计

1. 鸡舍类型设计

(1) 密闭式鸡舍　即无窗鸡舍。该类型鸡舍四周墙体、地面及房顶采用保温隔热材料(如聚氨酯、聚苯乙烯等高分子发泡材料),负压纵向、横向通风相结合,有专门的热风炉等供暖设施和湿帘风机等降温设施,完全采用人工光照并自动控制,配有机械喂料系统、机械除粪系统、自动饮水系统和完善的通风换气系统(机械化程度高的配有自动集蛋系统),见图 1-4。鸡舍内温度、湿度、通风、光照完全按照鸡的生理需要人为控制,能有效地消除或减弱不利的自然环境对鸡的影响,但该类型鸡舍投资成本大,通常为大型机械化鸡场采用。

图 1-4　密闭式鸡舍

(2) 开放式鸡舍　即有窗鸡舍或卷帘式鸡舍。该类型鸡舍在南、北两墙壁上设有较大的窗户或通风带,全部或大部分靠自然的空气流动进行通风换气,舍内充分利用自然光照,根据鸡的生理需要适当补充人工光照,见图 1-5。鸡舍内的温度、湿度、通风、光照受自然环境影响较大,这种鸡舍相对投资成本低,通常为中小型鸡场采用。

有窗鸡舍　　卷帘式鸡舍

图 1-5　开放式鸡舍

（3）混合式鸡舍　这种鸡舍结合了上两种类型鸡舍的优点，在墙上除安装了透明的窗户之外，还安装了湿帘风机降温系统，见图 1-6。在春季和秋季窗户可以打开，进行自然通风和自然光照；夏季和冬季根据天气情况将窗户关闭，采用机械通风和人工光照。夏季使用湿帘降温和纵向通风，加大通风量；冬季减少通风量至最低需要量，以利于鸡舍保温。

鸡舍外观　　鸡舍内部

图 1-6　混合式鸡舍

2. 鸡舍结构设计

（1）鸡舍长度　鸡舍长度取决于设计容量和地形地势，应根据每栋鸡舍具体需要的面积与跨度来确定。大型机械化生产鸡舍的长度一般较长，若过短机械效率较低，房舍利用率也不高，但也不宜超过 120 m 长（美国有 170 m 长的鸡舍），以保证纵向通风时沿鸡舍纵向两侧的温差不超过 3℃，机械设备制作和安装难度也较小。按照建筑模数大型鸡舍一般为 66 m、90 m、120 m，中小型普通鸡舍一般为 36 m、48 m、54 m。如设计安装 30 组 9LJT-396 型产蛋笼的产蛋鸡舍所需长度 = 187 × 30 + 350 + 300 + 200 + 37 × 2 = 6 534 (cm)，即鸡舍长度约需 66 m。注：蛋鸡笼长度为 187 cm，首末端过道宽 350 cm，操作间宽 300 cm，机械喂料机头、机尾长度 200 cm，墙壁厚度 37 cm。

（2）鸡舍跨度　鸡舍跨度即鸡舍宽度，与鸡舍类型和舍内设备安装方式有关。普通开放式鸡舍跨度不宜太大，否则，舍内的采光和换气不良，一般以 6 ~ 9.5 m 为宜，以保证横向通风时从进风窗进入鸡舍的冷空气（风速不小于 3 m/s）能够射到鸡舍上部中央区域。采用密闭式机械通风鸡舍宽度可扩大到 9 ~ 15 m（美国有 20 m 宽的鸡舍）。笼养鸡舍要根据安装列数和走道的宽度来决定鸡舍宽度，如产蛋鸡舍 9LJT-396 型产蛋笼的宽度是 212 cm，走道宽 60 ~ 80 cm，采用三列四走道，鸡舍净宽应为：212 × 3 + 60 × 4 = 876 (cm)。若墙壁厚度 37 cm，则该产蛋鸡舍的宽度应为 876 + 37 × 2 = 950(cm)。

（3）鸡舍高度　鸡舍高度应根据饲养方式、笼层高度、鸡舍跨度和气候条件来确定。跨度不大、气候不太热的地区，鸡舍不必太高，一般从地面到屋檐口的高度为 2.5 m 左右。跨度大、气温高的地区，采用多层笼养可增高到 3 m 或 3 m 以上。

（4）鸡舍屋顶　小跨度(4 ~ 6 m)鸡舍为单坡式，一般跨度鸡舍采用双坡式，自然通风还有其他形式，见图 1-7。在气温高、雨量大的地区，屋顶坡度要大一些，屋顶两侧加长房檐。屋顶要采用保温隔热材料做面层的保温板。否则，最好设置顶棚，其上放一层稻壳或干草，以增加隔热性能。

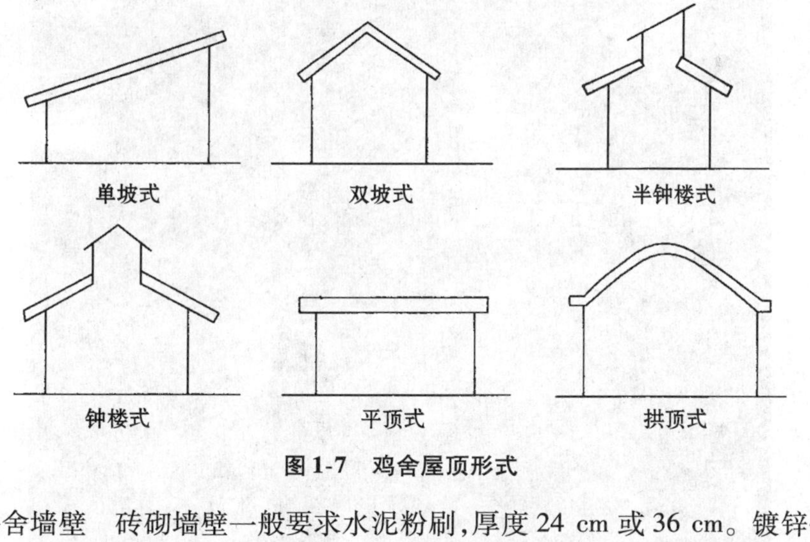

图 1-7　鸡舍屋顶形式

（5）鸡舍墙壁　砖砌墙壁一般要求水泥粉刷，厚度 24 cm 或 36 cm。镀锌保温板、玻璃钢保温板等材料的厚度一般为 10 ~ 15 cm，寒冷地区鸡舍可增加墙体厚度。墙壁应具备坚固、防震、防火、便于冲洗消毒等特点。

(6) 鸡舍窗户　开放式鸡舍窗户面积应为鸡舍面积的1/6～1/8,南窗面积比北窗面积大,北窗为南窗面积的2/3左右,在窗上安装网孔不大于1.5 cm^2 的铁丝网,以防野鸟或老鼠等进入。网上或栅状地面养鸡,在南北墙的下部一般应留有通风窗,尺寸为30 cm ×30 cm,在内侧安装铁丝网和外开的小门,以防兽害和便于冬季关闭。鸡舍屋顶设天窗,每隔3～6 m 开一个直径30～60 cm 的圆形天窗,设计时要便于开关,上边须安装顶帽。密闭式鸡舍无窗,只是南北墙壁上方每隔4～6 m 有一应激通风小窗,以备停电时使用。

(7) 鸡舍地面　舍内一般采用混凝土地面(5～10 cm 厚度),高出舍外30 cm,潮湿或地下水位高的地区应高出50 cm 以上。笼养鸡舍设浅粪沟,比地面深15～20 cm。地面要光、平、燥,有一定坡度,设排水沟,以便于清洗消毒。

(8) 鸡舍大门　门的位置、数量、大小应根据鸡群的特点、饲养方式和饲养设备的使用等因素而定,要保证所用设施和工作车辆都能顺利进出。一般单扇门高2 m,宽1.2 m;双扇门高2 m,宽1.8 m。门前可不留门槛,以便于车辆出入。

3. 鸡舍内部布局

(1) 平养鸡舍

① 无走道平养鸡舍:这种鸡舍不设专门走道,管理鸡群时饲养人员进入鸡栏操作,见图1-8。这种布局房舍利用率高,但不如有走道的操作方便,也不利于防疫。一般为配有机械喂料系统(料线)和自动饮水系统(水线)的鸡场采用。

图1-8　无走道平养鸡舍

② 单列单走道:舍内走道宽约 1 m,饲养人员在走道上操作。这种鸡舍布局管理方便,饲养人员不经常进出鸡栏,有利于鸡群防疫,适合于跨度较小的鸡舍。

③ 双列双走道或单走道:双列双走道式的走道设在沿墙两侧,将两列鸡栏放在鸡舍中部,集中使用一套喂料设备,这种鸡舍便于鸡群管理,且开关窗方便。双列单走道式的走道设在鸡舍纵向中部,分别管理鸡舍两侧栏圈鸡群。这种鸡舍饲养人员操作方便,走道利用率高,常被网上饲养所采用。

④ 其他形式:如两列三走道、三列两走道(见图 1-9)、三列四走道等布局,应根据具体情况加以选择。

图 1-9　鸡舍内部三列两走道布局图

(2) 笼养鸡舍　笼养鸡舍鸡笼的列数与平养鸡栏的形式完全相同,只是每列鸡笼都必须在走道上操作,应留有 60 ~ 80 cm 宽的工作走道。常用布局如双列三走道和三列四走道。图 1-10 为产蛋鸡舍四列五走道示意图。

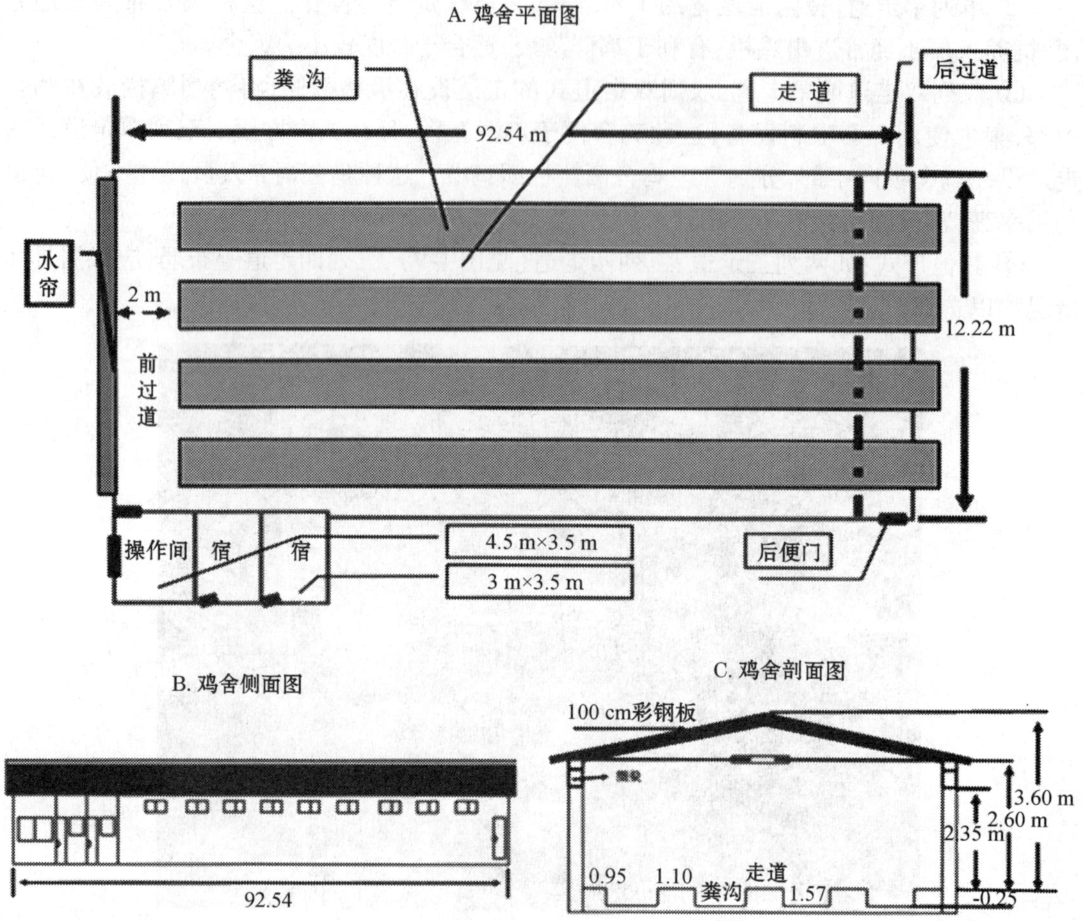

图 1-10　产蛋鸡舍四列五走道示意图

（三）设备配套

1. 饲养设备

（1）笼具

①育雏笼：9YCH 叠层式电热育雏笼是目前国内普遍使用的笼养育雏设备，由加热笼、保温笼和活动笼组成，每一部分都是独立的整体，可以根据房舍结构和需要组合。电热育雏笼通常 4 层，每层高度 330 mm，每组笼面积为 1 400 mm × 700 mm，层与层之间为 700 mm × 700 mm 的承粪板，通常每架笼采用 1 组加热笼、1 组保温笼和 4 组活动笼，全笼外形尺寸为 1 720 mm（高）× 4 340 mm（长）× 1 450 mm（宽），见图 1-11。加热笼每层顶

部装有远红外加热板或加热管，笼内温度由控制仪自动控制，并有照明灯和加湿槽，侧壁用板封闭以防热量散失。保温笼是从加热笼到活动笼的过渡，形状同加热笼，但无加温设备。活动笼为雏鸡自由活动的场所，笼内放有小型饮水器，笼外放置食槽，通过上下可调间隙的栅状活动板，使大小鸡都可在合适的高度采食，并能防止跑鸡。

图 1-11　电热育雏笼

② 育成笼：育成鸡笼与蛋鸡笼基本结构相似，但底网无坡度。9QTL3.1 型育成笼外形尺寸为 207 cm（宽）×198 cm（长）×160 cm（高），每只鸡占底网面积为 340～400 cm^2，每组笼可养育成鸡 144 只。

③ 产蛋鸡笼：鸡笼由底网、前网、后网、两侧网和顶网 6 个面组成六面体空间，底网纵向间隙为 2.2～2.5 cm，横向间隙为 5～6 cm，并有 7°～10°的坡度，有利于鸡站立稳当和便于产下的蛋滚到蛋槽中。前网、顶网间隙为 5～7 cm，便于鸡头伸出采食和饮水。后网和侧网间隙较小（3 cm），防止鸡群隔笼啄斗。笼门一般采用前开门或前顶角开门，前开门又分为上下拉动和横向拉动式，笼门的形式由鸡笼总体配置决定，要求进鸡和抓鸡方便。每只鸡占笼底面积 380～460 cm^2，每只笼装鸡 3～4 只。白壳蛋鸡笼由 4 格组成 1 个单排笼，每格装 4 只，1 个单排笼共装 16 只鸡，其外形尺寸为：1 875 mm（长）×325 mm（深）；褐壳蛋鸡笼由 5 格组成 1 个单排笼，每格装 3 只鸡，1 个单排笼共装 15 只鸡，其外形尺寸为：1 950 mm（长）×370 mm（深）。产蛋鸡笼的配置形式有全阶梯、半阶梯和层叠式 3 种类型。全阶梯式上下层鸡笼间完全错开，各层的鸡粪可直接落入粪沟，其优点为各层鸡采光、通风均较好，但饲养密度低（22～24 只/ m^2），占地面积大，房舍利用率低。半阶梯式

上下层鸡笼间不完全错开,有部分重叠,重叠部分占笼深的 1/2 ~ 1/3。为防止上层鸡粪落到下层鸡身上,下层鸡笼后上角做成斜坡形,可以挂自流式承粪板。半阶梯式可比全阶梯式配置饲养密度提高 1/3 ~ 1/4(27 ~ 32 只/ m^2),但对通风、消毒、降温设备要求较高。层叠式为上下几层笼完全重叠,笼架垂直于地面,一般 3 ~ 5 层,高的可达 8 层,上下层间留有较大的间隙,内装输粪带,鸡粪直接排到传送带上,开启减速电机,将鸡粪送到鸡舍末端,由刮粪板将鸡粪刮到积粪沟内。层叠式配置饲养密度最大,但要有完善的通风、光照、降温等设备配套。各式产蛋鸡笼的排列示意图见图 1-12、1-13、1-14。

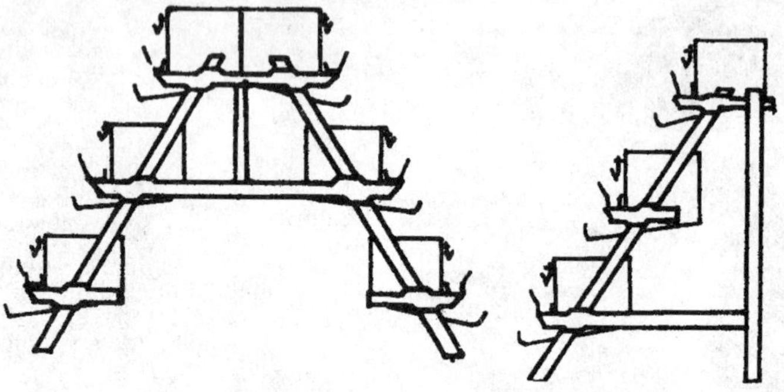

图 1-12　产蛋鸡笼三层全阶梯排列示意图

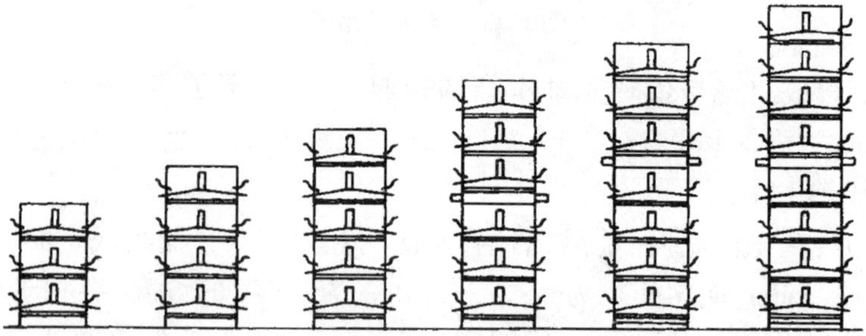

图 1-13　产蛋鸡笼全重叠排列示意图

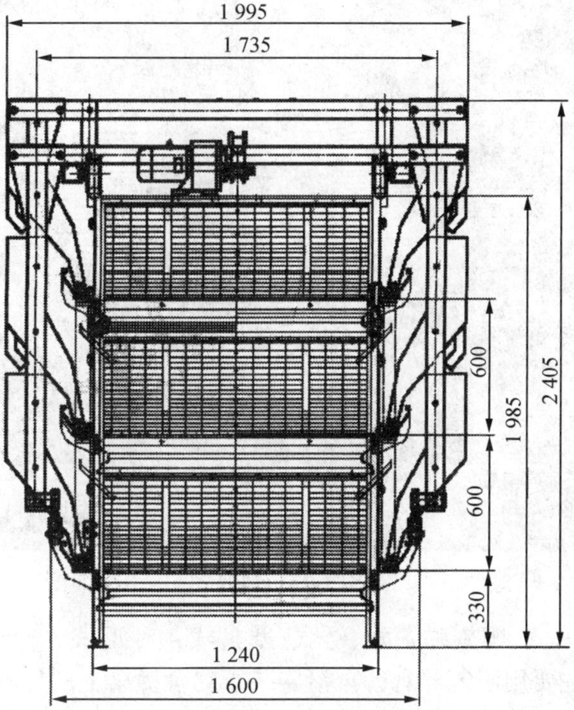

图 1-14 产蛋鸡笼三层全重叠示意图

（2）饲喂设备

① 料塔：机械化养鸡场一般于鸡舍靠净道的一端或鸡舍中央一侧建一料塔（舍外），用于短期（2～3 d）储存饲料供本栋鸡舍饲喂。通常用 1.5 mm 厚度的镀锌钢板冲压而成，上部为圆柱形，下部为圆锥形，料塔内通常安装破拱装置，见图 1-15。根据每栋鸡舍容纳鸡的数量和供料频率，配置不同容量的料塔，规格有 2.5 t、5 t、8 t、10 t 4 种。料塔塔顶有装料口，用于每次对料塔加料。上部塔盖侧面开一些通气孔，以排除饲料在储存过程中产生的各种气体和热量，避免塔内饲料发霉变质。料塔下部的圆锥形一般要求与水平面的夹角大于 60°，以利于排料。出料口配有输料设备，定时向舍内输送饲料。

② 输料机：为从料塔往鸡舍喂料机中输送饲料的设备，目前使用较多的是螺旋弹簧式输料机。该设备由电机驱动皮带轮带动中空的螺旋弹簧在输料管中高速旋转，将饲料传送入鸡舍，通过落料管依次落入喂料机的料箱中。当最后一个料箱落满料时，该料箱上的料位器切断电源，停止输料；当最后一个料箱中的饲料下降到某一位置时，料位器则接通电源，输料机又重新工作。

图 1-15　料塔

③ 喂料机:有行车式、螺旋弹簧式、链式、塞盘式 4 种形式。行车式喂料机是一种跨在鸡笼上的喂料车,主要用于笼养鸡舍。沿安装于鸡舍横梁上的导轨缓慢行进,通过水平搅龙将料箱中的饲料分送到各层料槽中。根据料箱配置形式可分为顶料箱式和跨笼料箱式。顶料箱式只有一个料箱,在料箱底部装有一个搅龙,当喂料机工作时搅龙随之旋转,将饲料推出料箱沿溜管均匀流入食槽。跨笼料箱式喂料机根据鸡笼的形式配置,每列食槽上都跨设一矩形小料箱,料箱下部锥形扁口通向食槽中,当沿鸡笼移动时,饲料便沿锥面下滑落入食槽中。螺旋弹簧式喂料机属于直线型喂料设备,经驱动电机驱动螺旋弹簧旋转,由螺旋弹簧侧面将饲料沿输料管向前推进,通过落料口落入每个食盘。当所有食盘都加满后(加料量可通过调节螺钉改变食盘锥形桶与锥形盘之间的间隙调节下料量),最后一个食盘中的料位器就会自动控制电机停止转动,停止送料;当饲料被采食之后,料位降到料位器启动位置时电机又开始转动,继续补料,如此反复。链式喂料机是由驱动器和链轮带动链片的移动,将料箱中的饲料均匀地输入食槽中,并将多余的饲料带回料箱,可用于平养和笼养。塞盘式喂料机是把若干塑料塞盘用低温注塑等距固定于钢丝绳索上形成塞盘链,塞盘在管中移动,将料箱中的饲料运送到各食盘。塞盘式喂料机适合于输送干粉状饲料。图 1-16 所示为喂料机的 4 种形式:行车式(跨笼料箱式、顶料箱式)、螺旋弹簧式、链式和塞盘式。

行车式喂料(跨笼料箱式)

行车式喂料(顶料箱式)

螺旋弹簧式喂料

链式喂料

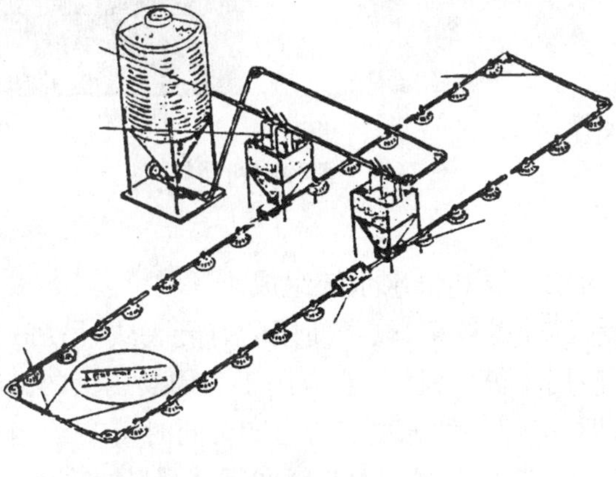

塞盘式喂料系统

图 1-16　4 种形式的喂料机

④ 其他喂料设备:常用的有开食盘、食槽、料桶等。开食盘为雏鸡最初 1 ~5 d 用的饲喂器具,通常是用塑料做成的方形盘,每 100 只雏鸡配 1 个开食盘。食槽是用塑料或镀锌板等材料做成的长条形饲喂器,通常用于笼养喂饲,其断面形状多样。料桶是采用平养方式非机械喂料时一种常用的饲喂器具。不同周龄的鸡因大小不同配置不同型号的料桶。喂料时人工将饲料加入上部装料桶中,在上部装料桶和下部饲盘之间有环形带状间隙,饲料由此间隙流到饲盘外周供鸡食用。图 1-17 所示为多种喂料器具。

料桶

开食盘

料槽、水槽、水管

料盘

图 1-17　多种喂料器具

(3) 饮水设备

一般鸡用饮水系统由饮水器和供水系统组成。

① 饮水器:目前饮水器种类较多,较常使用的有乳头式、吊塔式、真空式三种。

乳头式饮水器目前使用十分广泛,一般应用于 2 周龄以上的笼养和平养鸡舍,其特点是适应鸡仰头饮水的习惯,能保持饮水的清洁卫生,同时可节约用水,减轻经常洗刷饮水器的劳动强度。常见的乳头式饮水器有 RT 型球阀式乳头式饮水器和 9FRY-3 型复位式乳头式饮水器。其工作原理是利用毛细管原理,使阀杆底部经常保持悬挂一滴水,当鸡啄水滴时便触动阀杆顶开阀门，水便自动流出供其饮用。平时靠供水系统对阀体顶部的压力和阀体自重，使阀体紧压在阀座上防止漏水。

吊塔式饮水器是平养鸡舍常用的一种饮水器，包括阀体、饮水盘和防晃装置，顶端阀体上进水孔用软管与主水管相连，进来的水通过控制阀门流入饮水盘供鸡饮用。饮水盘吊挂在阀体内的控制杆上，当饮水盘内无水时，重量变轻，阀体内的弹簧克服饮水盘重量使控制杆向上运动，从而将出水阀门打开，水从阀体下端沿水盘表面流入环形槽。当水面达到一定高度时，饮水盘重量增加，加大了弹簧拉力，使控制杆向下运动，将出水阀门关闭，水就停止流出；当饮水盘中水被鸡饮用后重量减轻时，在弹簧恢复力的作用下使控制杆重新打开出水阀再次出水。如此反复，可保持饮水盘中设定的储水量。

真空式饮水器由水筒和水盘两部分组成，多为塑料制品，有大、中、小不同型号。使用真空式饮水器时要将水筒装满水反扣过来与水盘固定后放正，水便从设置的底部小孔流入水盘，并保持一定水位，每天注意清洗消毒饮水器一次。真空式饮水器适合于平养鸡舍和2周龄内笼养鸡舍。图1-18所示为各种饮水设备。

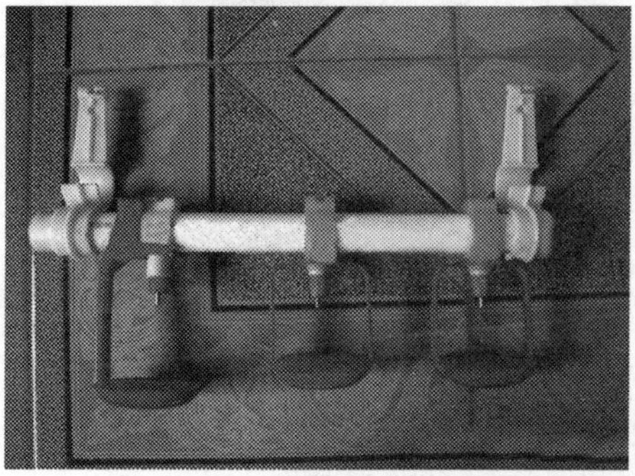

乳头式饮水器

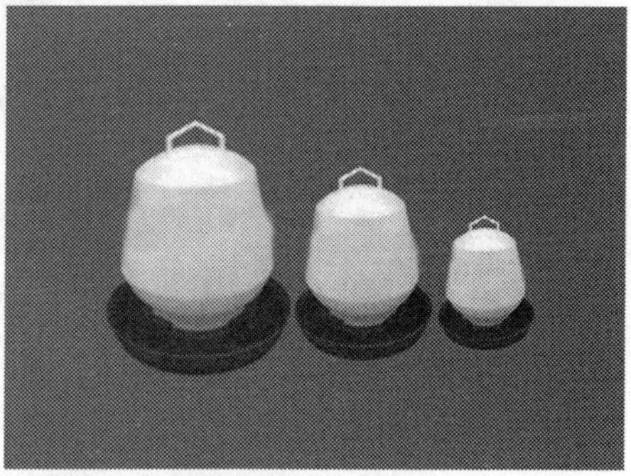

真空式饮水器

吊塔式饮水器

图1-18　各种饮水设备

② 供水系统：供水系统由过滤器、减压阀和管路组成。过滤器由壳体、放气阀、密封圈、弹簧及滤芯组成。其作用是滤去水中杂质，使减压装置和饮水器正常工作。过滤器的工作原理是主水管中的水由进水口进入过滤器内部，当穿过无毒泡沫塑料滤芯时，污垢杂质被阻挡、吸附和过滤，而洁净水从弹簧支撑的滤芯滤出后从出水口流出。为保证过滤器工作可靠，应每隔 2 个月清洗或更换过滤器滤芯 1 次。减压装置可分为减压阀和水箱两种，其作用是将供水管压力减至饮水器所需的压力。图 1-19 所示为供水系统。

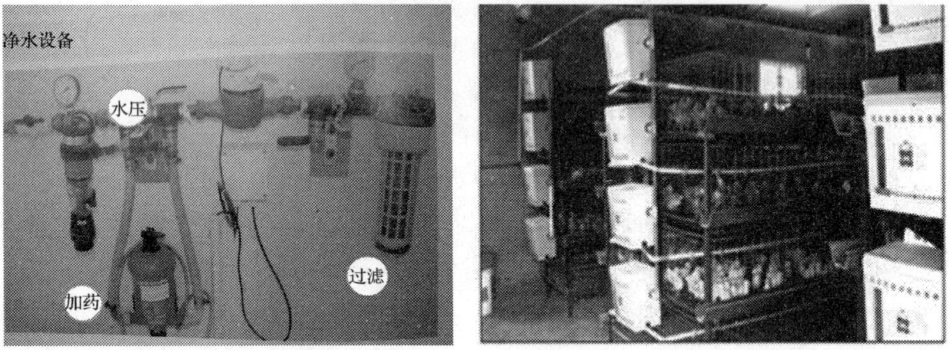

图 1-19　供水和净水系统

2. 环境控制设备

(1) 加温设备

鸡场常用的加温设备有热风炉供暖系统、锅炉、保温伞、直燃式取暖器、红外线棒或红外线灯、火炉等。

① 热风炉供暖系统：为目前规模化鸡场广泛使用的一种供暖设备，由热风炉、送风风机、风机支架、电控箱、连接弯头、有孔风管等组成。热风炉为供暖系统的主要设备(见图 1-20)，它以空气为介质，采用煤燃板式换热装置，当燃煤点燃后，火焰使炉心和炉膛处于红热状态，低温空气经热风炉下半部的预热区充分预热后进入离心风机，再由离心风机以 4 500 ~7 000 m^3/h 的风量鼓入炉心高温区，在炉心循环时空气迅速升温，然后由出风口进入鸡舍，热风出口温度达 80℃ ~120℃，热空气与舍内空气混合后，使舍温迅速提高，并保证了空气的新鲜清洁。生产中有时合并使用热风炉供暖系统和锅炉水暖系统，鸡舍下部采用水暖系统，上部采用风暖系统，使舍温更均匀、更稳定，燃煤热效率更高。

图 1-20　热风炉

② 锅炉(水暖型、气暖型):水暖型主要以热水经过管网进行热交换,特点是升温缓慢,保温时间长,舍内温湿度适宜,操作安全,如图 1-21 所示。气暖型管网以气进行热交换,特点是升温快,舍内空气较干燥,降温也快。育雏室供温以水暖型较为合适,实践上常和热风炉配合使用。

③ 电热保温伞:电热保温伞采用远红外管或电热管作为加温元件,伞面由隔热材料制成,其表面为涂塑尼龙丝,保温性能好,经久耐用,见图 1-22。伞顶装有电子控温器,控温范围为 0℃ ~50℃,伞内设有照明灯和开关。在伞形罩的下面装有电热板(或电热管),热量向下辐射,温度集中且稳定,垫料干燥而温暖,育雏效果较好,适合于平养育雏。使用育雏伞时,要求室温达到 25℃ ~29℃。最初几天内,为防止雏鸡乱跑,应在伞外 100 cm 处设置 60 cm 高的护栏(2 周后撤离)。伞下至围栏温度逐渐降低,雏鸡可自主选择适合自己的温带。保温伞起初离地 10 cm 左右,随着雏鸡长大可适当调高。当室温达到雏鸡的需要时,保温伞可撤离或悬吊高空,以减少占地面积。伞下所容鸡数量可根据伞罩的直径大小而定,见表 1-3。

图 1-21　水暖型供热

图 1-22　电热保温伞

表 1-3　不同大小电热保温伞所容纳的雏鸡数

伞罩直径(cm)	伞高(cm)	容纳 2 周龄内雏鸡数(只)
100	55	300
130	60	400
150	70	500
180	80	600
240	100	1 000

注：2 周龄后酌情减少 20% 雏鸡数

保温伞育雏设备布置见图 1-23。

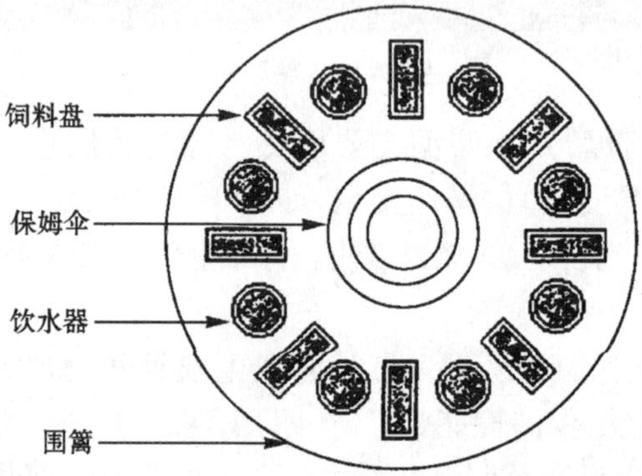

图 1-23　保温伞育雏设备的布置

④ 直燃式加热器：是以天然气(液化气)为燃料的加热设备。将直燃式加热器挂在舍内上部，通过直接燃烧天然气而散热舍内，见图 1-24。直燃式加热器通常与保温伞配合使用，用于提高室温，保温伞为雏鸡提供稳定的育雏温度。

图 1-24　直燃式加热器

⑤ 红外线灯或红外线棒:利用红外线能使周围环境温度升高的特性给鸡舍供暖。一个功率为180～250 W的红外线灯,冬季距地面35 cm高,夏季距地面45 cm高,可供100～250只雏鸡所需。也有用红外线棒取暖,功率为180～500 W。红外线供温需在室温较高的时候应用,因此最好和地下火道或煤炉结合使用。该供温方式简单方便,舍内清洁,垫料干燥,育雏效果较好,但耗电量较大,灯泡易损,生产上通常给病弱鸡进行局部加温用,见图1-25。

图1-25 红外线灯泡加热

⑥ 火炉:用铸铁或铁皮火炉给育雏室加温,用时要用管道将煤烟排出室外,以免煤气中毒。火炉加温的缺点是舍内较脏,空气质量不佳,温度不稳定,温差较大,一般为中小型育雏场采用。

(2) 通风降温设备

① 湿帘风机降温系统:湿帘风机降温系统为目前生产中应用较多的一种降温系统,由纸质波纹多孔湿帘、节能风机、循环水系统和自动控制系统组成。一般在鸡舍一端山墙或侧壁上安装湿帘、水循环控制系统,风机安装在另一端山墙或侧壁墙上,见图1-26。当风机启动后,整个鸡舍内形成纵向负压通风,舍外空气经湿帘进入舍内,因湿帘上水分的蒸发吸热,使进入舍内的空气降温。夏季高温季节启动湿帘风机降温系统,可使舍温降低5℃～8℃。

图 1-26　湿帘

② 风机：为了将鸡舍内的污浊空气、湿气和多余的热量排出，同时补充新鲜空气，目前生产中应用较多的是大直径、低转速的轴流风机。国产轴流风机 9FZJ-1.2 的技术参数为：流量 39 000 m^3/h，风压 60 Pa，叶片转速 400 r/min，电机功率 0.75 W，噪声不大于 70 dB。通风设计同湿帘风机降温系统。蝴蝶拢风筒风机为近年来使用的新型风机（见图 1-27）。采用负压纵向通风，气流阻力小，无死角，通风效果好，比横向通风节能 40% ~ 50%。密闭式鸡舍配有纵向通风系统的同时，在鸡舍纵向墙壁上每隔 25 m 安装一风机，用于冬季寒冷季节横向通风（纵向通风风量大，产生冷应激），进风口为对侧墙壁上的应激小窗。

图 1-27　蝴蝶拢风筒风机和轴流风机

③ 电风扇:用于鸡舍防暑降温的电风扇主要有吊扇和圆周扇两种。使用时将其安装在顶棚或墙内侧壁上,将空气直接吹向鸡体,从而增加鸡周围的气流速度,促进对流散热,见图 1-28。

电风扇过道通风

电风扇侧墙通风

图 1-28 电风扇

(3) 光照设备 光照设备包括白炽灯、荧光灯、节能灯等。生产中常用的是 15 ~ 60 W 的白炽灯,它是一种简单、方便、价廉的光源,但发光效率低,寿命短。荧光灯和节能灯发光效率高、省电、寿命长、光色好,但价格高。光控器是自动控制光照的设备,有电子控制和石英钟机械控制两种,生产上通常用电子控制器,其特点有开关灯时间可任意设定、光照强度可以调整、灯光可渐亮渐暗和停电程序不乱等。

(4) 清粪设备 清粪设备可分为输送带式和刮板式两种,前者适合重叠式笼养,后者适合于网上平养和阶梯式笼养。输送带式清粪是在每层鸡笼下面安装一条输粪带,鸡粪直接排到输送带上,开启减速机将鸡粪送到鸡舍末端,再由刮板将鸡粪刮到积粪沟内,见图 1-29。刮板式清粪是将刮粪板设置在笼下积粪沟内,由电机驱动绞盘通过钢丝绳牵引刮粪板,刮粪板紧贴地面把粪沟内的鸡粪从一端刮到另一端。设计时在终点设置了行程开关,鸡粪刮至终点后触碰行程开关使电机反转,刮粪板翘起返回至刮粪起点,完成一次清粪作业。刮板式清粪系统的模式图见图 1-30。

图 1-29　输送带式清粪

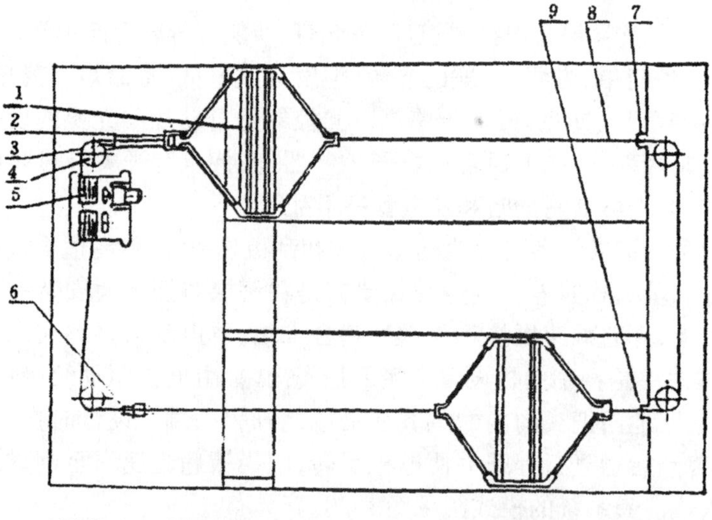

1. 刮粪板；2. 张紧机构；3. 左限位清洁器；4. 转角轮；5. 牵引机；
6. 右限位清洁器；7. 左清洁器；8. 牵引绳；9. 右清洁器

图 1-30　刮板式清粪系统模式图

四、知识点击

（一）蛋鸡标准化示范场验收评分标准

申请验收单位：　　　　　　　　　　　　　　　　　　验收时间：　　　年　　月　　日

必备条件（任一项不符合不得验收）	1. 场址不得位于《中华人民共和国畜牧法》明令禁止区域，并符合相关法律法规及区域内土地使用规划 2. 具备县级以上畜牧兽医部门颁发的《动物防疫条件合格证》，两年内无重大疫病和产品质量安全事件发生 3. 具有县级以上畜牧兽医行政主管部门备案登记证明；按照农业部《畜禽标识和养殖档案管理办法》要求，建立养殖档案 4. 产蛋鸡养殖规模（笼位）在1万只以上	可以验收□ 不予验收□

验收项目	考核内容	考核具体内容及评分标准	满分	得分	扣分原因
一、选址与布局（20分）	（一）选址（6分）	距离生活饮用水源地、居民区和主要交通干线、其他畜禽养殖场及畜禽屠宰加工、交易场所500 m以上，得3分	3		
		地势高燥，通风良好，远离噪音，得3分	3		
	（二）基础设施（6分）	饮用水源稳定，并有水质检验报告，得1分；有贮存、净化设施，得1分	2		
		电力供应充足有保障，得2分	2		
		交通便利，有专用车道直通到场，得2分	2		
	（三）场区布局（8分）	场区四周有围墙，防疫标志明显，得2分	2		
		场区内办公区、生活区、生产区、粪污处理区分开得3分，部分分开得1分	3		
		采用按区全进全出饲养模式，得3分；采用按栋全进全出饲养模式，得2分	3		

续表

验收项目	考核内容	考核具体内容及评分标准	满分	得分	扣分原因
二、设施与设备(33分)	(一)鸡舍(5分)	鸡舍为全封闭式得4分,半封闭式得3分,开放式得1分,简易鸡舍不得分	4		
		鸡舍有防鼠、防鸟等设施设备,得1分	1		
	(二)饲养密度(2分)	笼养产蛋鸡饲养密度≥500 cm^2/只,得2分;380 cm^2/只≤产蛋鸡饲养密度＜500 cm^2/只,得1分;＜380 cm^2/只,不得分	2		
	(三)消毒设施(4分)	场区门口有消毒池,得2分	2		
		有专用消毒设备,得2分	2		
	(四)养殖设备(16分)	有专用笼具,得2分	2		
		有风机和湿帘通风降温设备,得5分;仅用电扇作为通风降温设备,得2分	5		
		有自动饮水系统,得3分	3		
		有自清粪系统,得2分	2		
		有储料库或储料塔,得2分	2		
		有自动光照控制系统,得2分	2		
	(五)辅助设施(6分)	有更衣消毒室,得2分	2		
		有兽医室并具备常规的检验化验条件,得2分	2		
		有专用蛋库,得2分	2		
三、管理及防疫(26分)	(一)管理制度(4分)	有生产管理制度、投入品使用管理制度,制度上墙,执行良好,得2分	2		
		有防疫消毒制度并上墙,执行良好,得2分	2		
	(二)操作规程(4分)	有科学的饲养管理操作规程,执行良好,得2分	2		
		有科学合理的免疫程序,执行良好,得2分	2		

续表

验收项目	考核内容	考核具体内容及评分标准	满分	得分	扣分原因
	(三)档案管理(16分)	雏鸡来自有《种畜禽生产经营许可证》的种鸡场,具备《动物检疫合格证明》和《种畜禽合格证明》,记录品种、来源、数量、日龄等情况。记录完整得3分,不完整适当扣分	3		
		有完整的生产记录,包括日产蛋、日死淘、日饲料消耗及温湿度等环境条件记录。记录完整得4分,不完整适当扣分	4		
		有饲料、兽药使用记录,包括使用对象、使用时间和用量记录。记录完整得3分,不完整适当扣分	3		
		有完整的免疫、抗体监测及病死鸡剖检记录。记录完整得3分,不完整适当扣分	3		
		有两年内(建场低于两年,则为建场以来)每批鸡的生产管理档案,记录完整得3分,不完整适当扣分	3		
	(四)专业技术人员(2分)	有1名以上经过畜牧兽医专业知识培训的技术人员,持证上岗,得2分	2		
四、环保要求(15分)	(一)粪污处理(5分)	有固定的鸡粪储存、堆放设施和场所,储存场所有防雨、防渗漏、防溢流措施。满分为3分,有不足之处适当扣分	3		
		有鸡粪发酵或其他处理设施,或采用农牧结合良性循环措施。满分为2分,有不足之处适当扣分	2		
	(二)病死鸡无害化处理(5分)	配备焚尸炉或化尸池等病死鸡无害化处理设施,得3分	3		
		有病死鸡无害化处理记录,得2分	2		
	(三)环境卫生(5分)	净道、污道严格分开,得3分;有净道、污道,但没有完全分开,适当扣分;不区分净道和污道者不得分	3		
		场区整洁,垃圾集中堆放,得2分	2		

续表

验收项目	考核内容	考核具体内容及评分标准	满分	得分	扣分原因
五、生产水平(6分)	(一)产蛋率(4分)	饲养日产蛋率≥90%维持4周以下,不得分;饲养日产蛋率≥90%维持4-8周,得1分;饲养日产蛋率≥90%维持8-12周,得2分;饲养日产蛋率≥90%维持12-16周,得3分;饲养日产蛋率≥90%维持16周以上,得4分	4		
	(二)死淘率(2分)	育雏育成期死淘率(鸡龄<20周)≥10%,不得分;6%≤育雏育成期死淘率<10%,得0.5分;育雏育成期死淘率<6%,得1分	1		
		产蛋期月死淘率(鸡龄≥20周)≥1.5%,不得分;1.2%≤产蛋期月死淘率<1.5%,得0.5分;产蛋期月死淘率<1.2%,得1分	1		
		总分	100		

验收专家签字:

(二)肉鸡标准化示范场验收评分标准

申请验收单位:　　　　　　　　验收时间:　　年　　月　　日

必备条件(任一项不符合不得验收)	1. 场址不得位于《中华人民共和国畜牧法》明令禁止区域,并符合相关法律法规及区域内土地使用规划。	可以验收□ 不予验收□
	2. 具备县级以上畜牧兽医部门颁发的《动物防疫条件合格证》,两年内无重大疫病和产品质量安全事件发生。	
	3. 具有县级以上畜牧兽医行政主管部门备案登记证明;按照农业部《畜禽标识和养殖档案管理办法》要求,建立养殖档案	
	4. 单栋饲养量5 000只以上,年出栏量10只以上。	

验收项目	考核内容	考核具体内容及评分标准	满分	得分	扣分原因
一、选址和布局(20分)	(一)选址(5分)	距离生活饮用水源地、居民区和主要交通干线、其他畜禽养殖场及畜禽屠宰加工、交易场所500 m以上,得3分,否则不得分	3		
		地势高燥,背风向阳,通风良好,远离噪声,得2分,否则不得分	2		
	(二)基础条件(5分)	有稳定水源及电力供应,得1分;有水质检验报告,得1分	2		
		交通便利,场区主要路面硬化,得2分;部分道路硬化得1分	2		
		养殖场周围有防疫隔离措施,并有明显的防疫标志,得1分;起不到防疫隔离效果的不得分	1		
	(三)场区布局(4分)	生产区、生活区、辅助生产区、废污处理区分开,且布局合理。粪便污水处理设施和尸体焚烧炉处于生产区、生活区的常年主导风向的下风向或侧风向处。存在不合理的地方,每处扣1分,扣完为止	4		
	(四)净道与污道(2分)	净道、污道严格分开,未区分,或在场内有交叉,不得分	2		
	(五)饲养工艺(4分)	采取按区全进全出模式,得2分,采取按栋全进全出模式,得1分;饲养单一品种得2分,饲养2种及以上品种得1分;不同品种同栋混养此项不得分	4		
二、生产设施(30分)	(一)鸡舍建筑(5分)	鸡舍建筑牢固,能够保温,结构抗自然灾害(雨雪等)的能力:封闭式、半封闭式得3分,开放式得1分,简易鸡舍不得分	3		
		具有完善的防鼠、防鸟等设施设备,得2分;不完善的,得1分;鸡舍内发现其他动物,不得分	2		

续表

验收项目	考核内容	考核具体内容及评分标准	满分	得分	扣分原因
	(二)饲养密度(2分)	饲养密度合理,符合所养殖品种的要求,白鸡出栏体质量25－30 kg/m^2,快速型黄鸡20－25 kg/m^2,其他品种符合本品种要求。符合得分,不符合不得分	2		
	(三)消毒设施(8分)	场区门口设有消毒池,得2分,没有不得分	2		
		鸡舍门口设有消毒盆,得2分,除空舍外,没有或缺少不得分	2		
		场区内备有消毒泵,得2分,没有不得分	2		
		养鸡场人员入口处有更衣消毒室(含衣柜)、淋浴洗澡室、换衣室(含衣柜),得2分,有缺少的扣0.5－1分	2		
	(四)饲养设备(10分)	有鸡舍通风以及水帘等降温设备,得2分;部分安装扣1－2分;通风不合理不得分	2		
		有储料罐或储料库,得2分;条件简陋得1分;没有不得分	2		
		鸡舍配备光照系统,得2分;没有不得分	2		
		鸡舍配备自动饮水系统;没有或混用不得分	2		
		鸡舍配备自动加料系统,得2分;不全扣1－2分	2		
	(五)辅助设施(5分)	有专门的解剖室和必要的解剖设备,并有运输病死鸡的密闭设备;没有固定的解剖室不得分,无解剖设备扣2分,无密闭设备扣1分	3		
		药品储备室有必要的药品、疫苗储藏设备。有违禁药品不得分,无固定药品储备室不得分,无疫苗储藏设备不得分;药品随意堆放扣1分	2		

续表

验收项目	考核内容	考核具体内容及评分标准	满分	得分	扣分原因
三、管理及防疫（30分）	（一）制度建设（3分）	有生产管理、防疫消毒、投入品管理、人员管理等各项制度，并上墙，得3分；未上墙扣2分，缺1项扣1分，扣完为止	3		
	（二）操作规程（5分）	饲养管理操作技术规程合理，并执行良好，得3分；有不合理之处，每处扣1分，扣完为止	3		
		免疫程序合理，并执行良好；不合理或未严格执行，扣2分	2		
	（三）档案管理（16分）	2年内，或建场以来的饲养品种 、来源、数量、日龄等情况记录完整，有但不全，扣1－2分	2		
		2年内，或建场以来的饲料、饲料添加剂、兽药等来源与使用记录清楚，有但不全，扣2－3分	3		
		2年内，或建场以来的免疫、消毒、发病、诊疗、死亡鸡无害化处理记录完整，有但不全，担2－4分	4		
		2年内，或建场以来的生产记录完整，包括日死淘、饲料消耗等，有但不全，扣2－4分	4		
		2年内，或建场以来的出栏记录完整，包括数量和去处，有但不全，扣1－3分	3		
	（四）从业人员（2分）	有1名以上经过畜牧兽医专业知识培训的技术人员，持证上岗，得2分，否则不得分	2		
	（五）引种来源（4分）	所饲养的肉鸡均从有《种畜禽生产经营许可证》的合格种鸡场引种，得3分，否则不得分；进鸡时的《种畜禽生产经营许可证》复印件、《动物检疫合格证》和《车辆消毒证明》保留完好，得1分	4		

续表

验收项目	考核内容	考核具体内容及评分标准	满分	得分	扣分原因
四、环保要求(12分)	(一)粪污处理(5分)	有固定的鸡粪储存场所和设施,储粪场有防雨、防渗漏、防溢流措施。设施不全的扣2-3分	3		
		有鸡粪发酵或其他处理设施,或采用农牧结合良性循环措施。有不足之处扣1-2分	2		
	(二)病死鸡无害化处理(5分)	配备焚尸炉或化尸炉等病死鸡无害化处理设施,得3分	3		
		有病死鸡无害化处理使用记录,得2分	2		
	(三)环境卫生(2分)	垃圾集中堆放处理,位置合理,场区无杂物堆放,无死禽、鸡毛等污染物,得2分	2		
五、生产水平(8分)	(一)成活率	最近3批平均数≥95%得4分,每降低1个百分点扣1分,扣完为止	4		
	(二)饲料转化率(料肉比)	最近3批平均数: 白鸡:≤2.0得4分,每提高0.05,扣1分,扣完为止; 快大黄鸡(60 d内出栏):≤2.2得4分,每提高0.1,扣1分,扣完为止 中速黄鸡(60-90 d内出栏):≤2.6得4分,每提高0.1,扣1分,扣完为止	4		
合计得分			100		

注:①分阶为0.5分。②饲养密度:是指每平方米有效饲养面积所承载的最终出栏体质量。所述指标为常规值,供参考。如设备性能优越,管理水平高,饲养密度可以适当提高,否则应适度降低。饲养周期较长的鸡,亦应适度降低饲养密度。白鸡:25~30 kg/m^2;快大黄鸡:20~25 kg/m^2。③生产水平的考核应以最近(1年内)连续3批出栏鸡的平均数为准,如果生产记录不全或饲养批数不足,此项不得分。④饲料转化率(料肉比)指标中的出栏天数是指所饲养品种规定的正常出栏天数

验收专家签字:

（三）绿色食品动物卫生准则

养禽场卫生条件

（一）养禽场的总体要求

1. 选址

（1）新建家禽饲养场不可位于传统的新城疫和高致病性禽流感疫区内。

（2）养禽场应远离交通要道、公共场所、居民区、学校、医院和水源，地势较平坦，且具有一定的坡度。

2. 建筑布局

养禽场必须严格执行生产区和生活区相隔离的原则。人员、动物和物质运转应采取单一流向，防止污染和疫病传播。

3. 环境质量

养禽场的污水、污物处理应符合国家环保要求。环境卫生质量应达到 NYT388 规定的要求。

4. 疫病和残留监测

养禽场必须采用国家畜牧兽医管理部门认证的疾病和残留监测方案，并接受当地畜牧兽医管理部门的监督，官方兽医至少每年检查 1 次，官方兽医应根据第 5 和第 6 条要求重新核实各项卫生措施的执行情况。养殖场管理人员应能够向当地畜牧兽医管理部门出示有关养殖场卫生状况的持续性档案记录。

5. 同一养禽场内原则上只能饲养一种类型的家禽。如果场内饲养多种家禽，必须充分隔离饲养。

6. 养禽场的消毒和病害肉尸的无害化处理应按照 GB/T16569 和 GB/T16548 进行。

（二）祖代、父母代和商品代饲养场设备和卫生要求

1. 禽舍设备卫生条件

（1）设备的式样和安装应符合特定生产目的要求，保证能够防止疾病传入、发生、发展。此外，养禽场还应具有良好的防鼠、防虫和防鸟设施。

（2）设备必须具备良好的卫生条件并适合卫生监测。

（3）设备必须符合特定生产要求，能够在适宜地点对设施以及运输蛋、禽的工具进行清洗和消毒。

（4）禽舍的各种设施必须考虑饲养禽的卫生福利。

2. 饲养管理卫生条件

（1）任何养禽场必须使用符合《绿色食品饲料和饲料添加剂使用准则》要求的饲料。

(2) 兽药使用和残留监测：兽药使用必须符合《绿色食品　兽药使用准则》的要求，并做好记录，记录表必须保存2年以上。残留监测必须符合上述规定。

(3) 应坚持“全进全出”原则饲养家禽。每批家禽出栏后必须实施清洗、消毒和清群措施。

(4) 祖代、父母代和商品代禽舍只能饲养符合下列条件的家禽：

① 自繁家禽；

② 从符合本标准规定条件的家禽繁育场引进的家禽；

③ 从符合本标准规定条件的其他国家家禽繁育场进口的家禽。

(5) 养禽场具有严格的卫生管理制度：工作人员进入生产区必须淋浴消毒，并穿戴合适的工作服；养禽场应尽量做到“谢绝参观”，特定条件下，参观人员在淋浴、消毒后穿戴保护服才可进入。

(6) 房屋、禽舍及其他设施均处于良好的维修状态。

(7) 对于产蛋禽舍，每天做到数次收蛋，并尽快清洁消毒。

(8) 工作人员必须将生产过程中出现的任何异常情况，特别是疑似疫病症状，通知当地畜牧兽医主管部门。一旦怀疑发病，必须将所需病料送往指定实验室。

(9) 每群家禽的相关资料，如禽群史、登记情况、用药情况及生产数据等必须在清群后保存2年以上，该资料必须具有以下内容：目的地和发运地；生产性能；发病率、死亡率及发病死亡原因；实验室检查及其结果；家禽来源地；蛋发运目的地。

(10) 传染病发生时，实验室检查结果必须立即上报给畜牧兽医主管部门。

(三) 孵化场(车间)设备及卫生要求

1. 厂房设备卫生条件

(1) 孵化场和饲养场必须设有物理性屏障隔离，并分离运行。空间结构设计必须满足以下要求：

① 蛋的存贮和分级；

② 消毒；

③ 预孵化；

④ 孵化；

⑤ 出雏；

⑥ 雏禽分发前的准备和包装。

(2) 房屋构造能够防止鸟类和啮齿动物的进入；地板、墙面建筑材料必须坚实且易于清洗；室内须具有适宜的自然光、人工照明、空气流通和温度调节设备；且必须具有废物安全卫生处理的规定。

（3）设备表面必须光滑防水。

2. 孵化场运行卫生条件

（1）蛋、可动设备和人员必须单向流动。

（2）种蛋必须来自符合本标准规定的养殖场或部门，或符合上述标准的其他国家。

（3）孵化场必须制定卫生管理制度，无论工作人员还是参观人员，进入生产区内必须更衣淋浴，工作人员必须穿戴工作服，参观人员必须穿戴保护服。

（4）房屋和设备处于良好的维修状态中。

（5）下述物品必须进行消毒：

① 进入孵化器前的种蛋；

② 孵化器定期消毒；

③ 每批种蛋孵化结束后，对孵化房及其设备进行彻底的清洗和消毒。

（6）为评价孵化室的卫生状况，必须设置微生物质量控制方案。

（7）对于任何生产过程中的异常变化及其他疑似传染病的临床症状，工作人员必须通知畜牧兽医管理部门。一旦怀疑发病，主管兽医必须将疫病确诊所需的样品送往指定实验室进行诊断，并通知畜牧兽医管理部门。

（8）孵化场的下列资料或数据必须至少保存2年：

① 种蛋的来源和到达日期；

② 孵化量；

③ 异常情况；

④ 实验室检查及其结果；

⑤ 疫苗接种程序（计划）；

⑥ 未能孵化种蛋的数量和用途；

⑦ 初孵雏的去向。

（9）一旦传染病发生，必须立即向主管兽医通报实验室检查结果。

（四）疫病监测和控制方案

1. 疫病监测和控制方案的制订和监督

任何家禽饲养场必须制订详细的符合国家畜牧兽医主管部门有关规定的疫病监测和控制方案，并接受当地畜牧兽医主管部门的监督，获得当地畜牧兽医主管部门的批准和认可。官方兽医至少每年对执行情况检查1次，养殖场必须向当地畜牧兽医管理部门和官方兽医提供连续的疫情监测信息。

2. 疫病监测方案

（1）养禽场常规监测疫病的种类至少应该包括：新城疫、禽流感、鸡败血支原体、禽衣原体、火鸡支原体、鸡沙门菌、雏白痢沙门菌、鸡传染性法氏囊病、鸡马立克病、禽结核和亚利桑那沙门菌。

(2) 对于禽流感和新城疫的检测，应定期进行。怀疑发病时，须将病料送达指定实验室确诊。

(3) 对于鸡沙门菌、雏白痢沙门菌和亚利桑那沙门菌感染，可以采用血清学或细菌学方法检验。检验、实验样品可以为血液、孵化器上的残留物、孵化室墙壁上的废料、水槽中的水和废料等。采取血样进行鸡白痢沙门菌检测时，应根据该农场过去的发病率情况来确定抽样动物的数量。

(4) 对于鸡败血支原体和火鸡支原体感染，可以应用血清学、细菌学方法检验，对于初孵雏和火鸡雏，还可观察到气囊病变。病料采集范围包括血液、初孵雏和火鸡雏、精液以及气囊、泄殖腔或气管拭子。为了实现连续监测，对于产蛋群，禽群开产前应检测 1 次，此后每 3 个月复检 1 次。

五、练习

(1) 规划一综合性商品蛋鸡场的平面布局。

(2) 设计一密闭式网上饲养肉鸡舍(13 m×120 m)。

(3) 设计一开放式笼养蛋鸡舍(9.5 m×66 m)。

模块二　水禽(鸭、鹅)场建设

一、学习目标

※终极目标:学会水禽场建设方法。

※促成目标:

(1) 会进行水禽场场址规划;

(2) 会建造水禽舍;

(3) 会选择设备及用具。

二、学习任务

(1) 水禽场场址规划;

(2) 水禽舍建设;

(3) 设备及用具选择。

三、实践操作

(一) 场址选择

场址的选择是养殖成败的关键，鸭、鹅属于水禽，且鹅是草食节粮型家禽，因此，鸭、鹅场址的选择既要满足地势高燥、方向朝南、交通便利等一般养殖场要求，还要结合其生物学特性，在饲养前做好周密规划，选择最合适的地点建场。

1. 水源

(1) 濒临水源　鸭、鹅场应建在水面宽阔、水深1 m以上、水质无污染(远离畜禽加工厂、化工厂)的河流、水塘、湖泊的上游。

(2) 水质良好　远离污染源(屠宰场、排放污水的工厂、居民点)；鸭、鹅饮用水的标准与人的相同，且保证水源充足，即使干旱季节也不能断水。

2. 地势

(1) 地势高燥　土质以透水、透气性较好的砂壤土为佳，鸭、鹅舍的场地应高一点，最好有5°~10°的倾斜，以利于排水。

(2) 坐北朝南　鸭、鹅舍以坐北朝南方向最好，即鸭鹅舍建在水源的北边，舍门正对水面向南开放，这种朝向的鸭、鹅舍冬暖夏凉，有利于鸭、鹅的生长和产蛋率的提高。

3. 交通便利、电力充足

为保证饲料供应与产品外运，鸭、鹅养殖场须选在交通便利的地方，但又要远离交通要道，以利于防疫卫生和保持安静的环境。另外，为保证鸭、鹅场的正常生产必须有充足的电力供应，最好有小型发电机以备停电时用。

4. 草源丰富

鸭、鹅分别是杂食、草食水禽，具有觅食性强、耐粗饲的特点，因此为降低生产成本，应考虑将场址选在草源丰富的地方。尤其是鹅场，目前许多人将鹅场建在果园中，鹅在果园中放牧，除草施肥，成为农牧结合的好形式。

(二) 水禽舍建设

1. 鸭舍建设

(1) 鸭舍长度一般为30~50 m，跨度(宽)8~12 m，高度2.5~3 m为好，这有利于形成良好的舍内小气候和方便管理；

(2) 门、窗面积最好占鸭舍面积的1/8~1/5；

(3) 鸭舍地面应高于舍外地面20 cm，如鸭舍周围有排水沟，地面最好保持2%~3%的倾斜度，以保持鸭舍干燥。

2. 鹅舍建设

(1) 育雏舍(0—3 周龄)

要有良好的保温性能,舍内干燥,空气流通,无贼风,房舍屋檐离地面 2 m 即可。采光面积(窗户面积/舍内地面面积)以 1∶10～1∶15 为最好;舍内地面高于舍外 25～30 cm,且地面最好由水泥或砖块铺成;舍前应设平坦而略有倾斜的运动场,见图 1-31。

图 1-31　育雏舍

(2) 育肥舍

40 日龄后的鹅对育肥舍要求不高,但必须具备安静的环境,且光线暗淡,通风良好,见图 1-32。

图 1-32　育肥鹅舍

(3) 种鹅舍

种鹅舍的采光面积、舍内地面高、屋檐高等要求和育雏舍相似。在种鹅舍的一角设产蛋间，用60～80 cm高的竹片或树枝围成，设2～3个小门，铺有地板的地面上最好垫上柔软的稻草；陆地运动场面积为鹅舍面积的1.5～2倍，陆上运动场与水面相接处由石块砌成，并用水泥做好25°～35°的坡度，斜坡深入水中，与枯水期的最低水位持平。种鹅舍布局图见图1-33。

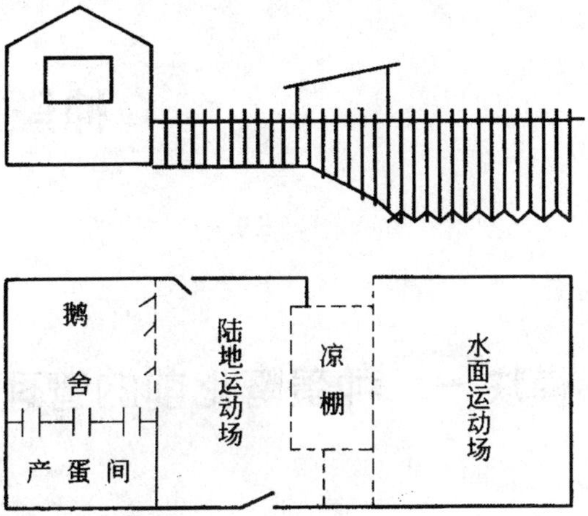

图1-33　种鹅舍布局图

(三) 设备、用具选择

(1) 加温设备　加温设备与养鸡生产类似，具体见模块一鸡场建设相关部分。

(2) 自温育雏用具　即依靠鸭、鹅自身的热量相互给温或通过覆盖物的启闭调节温度，其设备简单，成本低，是我国农村常用的育雏方法，但缺点是技术要求较高。主要有用稻草编织成的草窝(口径60 cm、高35 cm左右)及由竹篾编织的两层套筐或单层竹筐，其中两层套筐每层可放初生雏鹅10只左右。

(3) 料槽、饮水器　料槽和饮水器的种类和形式很多，其大小和高度应根据鸭、鹅的日龄而定，可用木盆、瓦盆、竹管、铁皮槽、水泥槽等。为防止鸭、鹅进入，污染水、料，在料槽、饮水器的周围要用竹竿、铁条围栏。

四、知识点击

(1)《无公害食品　畜禽饮用水水质》见附录四。

(2)《畜禽养殖业污染物排放标准》见附录五。

五、练习

绘制一幅鹅场布局图。

项目二 种蛋的孵化与管理

模块一 种蛋孵化前的管理

一、学习目标

※终极目标:会进行孵化前种蛋管理。

※促成目标:

(1) 会进行种蛋选择;

(2) 会进行种蛋消毒;

(3) 会进行种蛋保存;

(4) 会进行种蛋运输。

二、学习任务

(1) 种蛋选择;

(2) 种蛋消毒;

(3) 种蛋保存;

(4) 种蛋运输。

三、实践操作

(一) 种蛋选择

1. 来源选择

种蛋选自健康、高产、饲养管理良好、防疫卫生严格的种鸡群。种蛋品质良好,受精率、孵化率高，无受蛋垂直传播病原污染。

2. 外观选择

（1）清洁度：种蛋表面干净清洁，无明显的粪便、泥土、蛋液、垫料等污染。剔除肉眼明显可见的脏蛋。

（2）质量：种蛋大小适中（一般种鸡 28～66 周龄期间所产种蛋大小合适），剔除过大、过小的种蛋（良种鸡种蛋一般 50～65 g/只，地方鸡种蛋一般 42～55 g/只；鸭蛋 60～80 g/只；鹅蛋 120～200 g/只）。

（3）形状：蛋形椭圆形，蛋形指数 1.30～1.35（长径/短径）。剔除细长、短圆、橄榄形（两头尖）、腰凸等畸形种蛋。

（4）蛋壳：蛋壳完整，无破损，无裂纹，厚薄适中（鸡蛋 0.27～0.37 mm，鸭蛋 0.35～0.40 mm，鹅蛋 0.40～0.50 mm）。蛋壳质地致密均匀，壳色符合品种特征。剔除钢皮蛋、砂壳蛋、皱纹蛋、裂纹蛋。判断是否破蛋可两手各拿 3 枚种蛋，转动五指，使蛋相互轻轻碰撞，听其响声。完整无损的蛋其声清脆，破蛋可听到哑声。

种蛋选择如图 2-1 所示。

选蛋操作

脏蛋

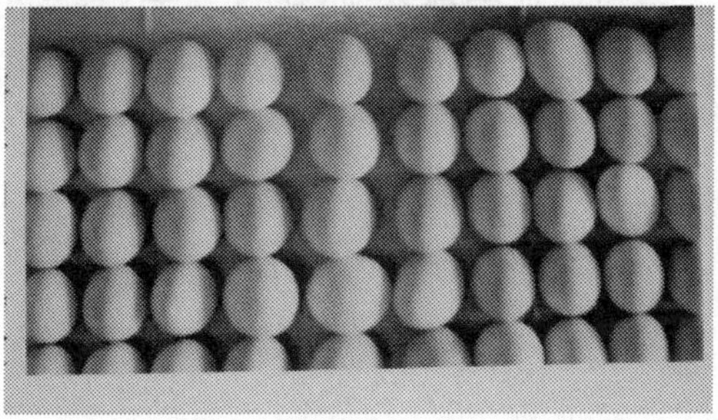

清洁蛋

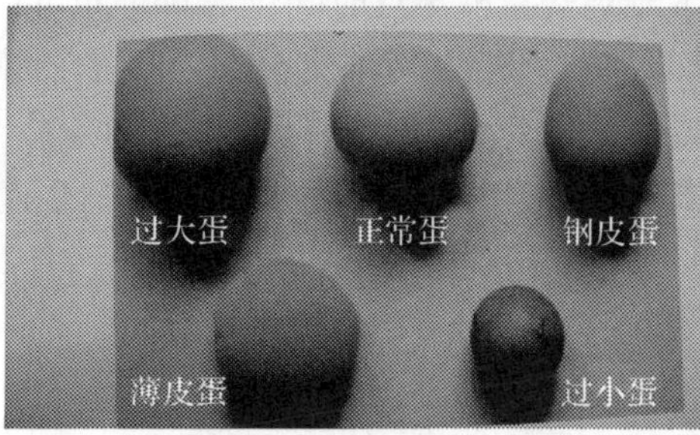

畸形蛋与正常蛋

图 2-1　种蛋选择

3. 透视检查

对于较为贵重的种蛋，可追加照蛋检查。在暗室条件下，用照蛋器透视种蛋。剔除气室过大、气室位置不正、细小裂纹、散黄、血斑肉斑、砂壳、钢皮等种蛋。灯光下钢皮蛋色暗，透明度低；血斑、肉斑蛋，蛋中可见黑点、白点；砂皮蛋的蛋壳可见许多亮点；裂纹蛋的蛋壳上可见树枝状亮纹；散黄蛋的蛋中部无蛋黄阴影，整个蛋透明度均匀。

4. 剖壳抽验

抽验剖视种蛋，多在孵化率异常时进行。将蛋打开倒在衬有黑纸的玻璃板上，测定受精率、哈氏单位、蛋壳厚度、蛋黄指数（蛋黄高度/蛋黄直径，新鲜种蛋一般在 0.401 ~ 0.442），以进一步判断种蛋内部品质。

注：种蛋选择场所：种鸡舍（与收集种蛋同时进行）；种蛋蛋库收蛋室；孵化室（与上蛋同时进行）。

（二）种蛋消毒

1. 消毒时间和地点

第 1 次是在种鸡舍消毒柜或蛋库消毒室中，每次收集种蛋后即刻进行；第 2 次是在入孵器中入孵种蛋时；第 3 次是在移盘后出雏器中。

2. 消毒方法

（1）气体熏蒸消毒法　常用高锰酸钾、甲醛熏蒸法（此外还有过氧乙酸、O_3 熏蒸法）。种蛋所在空间每立方米用甲醛 30 mL，高锰酸钾 15 g。称好高锰酸钾放入陶瓷或铁制器皿（其容积是所用甲醛体积的 4 ~ 10 倍）内铺开，放入待熏蒸部位，再将所需甲醛溶液倒入，即刻封闭入口。20 ~ 30 min 后开封散气。

注意事项：熏蒸前要封闭种蛋所在空间并测定空间体积；避开 1 ~ 4 d 胚龄和雏鸡啄壳时对种蛋熏蒸；第 2 次消毒熏蒸时要对种蛋进行预温处理（种蛋放置于孵化室 22℃ ~ 26℃温度下 6 ~ 8 h），待蛋表面的水汽散去后再进行；第 3 次消毒熏蒸时药品剂量减半。若熏蒸雏鸡药量减半且时间仅 3 min 即可；不能用玻璃或塑料器皿；注意安全，不要伤及皮肤和眼睛。药品在熏蒸地点才能混合，混合后，操作人员要迅速离开，并封闭入口（将消毒柜或孵化器门关闭）。

高锰酸钾、甲醛熏蒸消毒如图 2-2 所示。

图 2-2　种蛋高锰酸钾、甲醛熏蒸消毒

（2）液体消毒法

① 新洁尔灭浸泡消毒：用含 5% 的新洁尔灭原液加 50 倍水，即配成 1∶1 000 的水溶液，将种蛋浸泡 3 min（水温 43℃ ~50℃）。

② 碘液浸泡消毒：将种蛋浸泡在 1∶1 000 的碘溶液中（10 g 碘片 +15 g 碘化钾 +1 000 mL水，溶解后倒入 9 000 mL 清水）0.5 ~1 min（水温 43℃ ~50℃）。浸泡 10 次后，延长消毒时间至 1.5 min 或更换新碘液。若种蛋受霉形体等病原污染，可采用温差浸蛋法。入孵前将种蛋在 37.8℃下预热 3 ~6 h，当蛋温升至 32.2℃时放入抗菌药液（庆大霉素 + 泰乐菌素 + 碘 + 红霉素）中 15 min 后取出。

（三）种蛋保存

1. 种蛋库建设要求

种蛋库要求隔热性能好（防冻、防热），干净卫生，杜绝蚊蝇、老鼠，防阳光直射（南窗要高而小），无穿堂风。根据种鸡饲养量或孵化量决定种蛋库面积（以蛋箱叠放 4 层计，每 1 000 枚需 0.03 ~0.05 m^2），配备功率匹配的冷暖空调机，见图 2-3。

图 2-3　种蛋库

2. 种蛋贮存方法

（1）种蛋库环境设置　温度一般15℃左右，变化幅度为12℃～18℃（使胚胎保存于静止状态，既不萌动发育，也不受冻受损）。保存时间不超过1周采用上限温度；若保存时间较长，则采用下限温度。湿度一般为75%～80%（过小水分蒸发较快，过大则易霉蛋）。

（2）保存时间　种蛋越新鲜，孵化率越高，故种蛋保存时间越短越好，3～5 d为宜，一般不超过7 d（贮存超过4 d，每多放1 d则孵化率下降4%，孵化时间延长30 min）。

（3）保存方法　种鸡舍收集种蛋在纸质蛋托或塑料蛋托上，进行消毒后，随即放进种蛋库保存。要缓慢降温至保存温度（12～24 h降至15℃左右），一般在蛋托上放上塑料布或将蛋托放在种蛋箱中，以防降温过快，使胚胎受损。若种蛋保存时间超过1周，则须小头往上放置或每天翻蛋1～2次（契形板垫白天垫于种蛋箱底部，夜里掉转垫板方向180°）。注意避免阳光直射（以防局部蛋温上升）和穿堂风（以防蛋内水分蒸发太快）。

（四）种蛋运输

1. 种蛋包装

用专业种蛋箱装运种蛋。蛋托以纸质为好，箱内长可放2个蛋托，宽可放1个蛋托，高可放6层蛋托（最上一层为不放种蛋的空蛋托）。每个蛋托放30枚种蛋，每只蛋箱可装300枚种蛋。种蛋装满后打包待运，见图2-4。

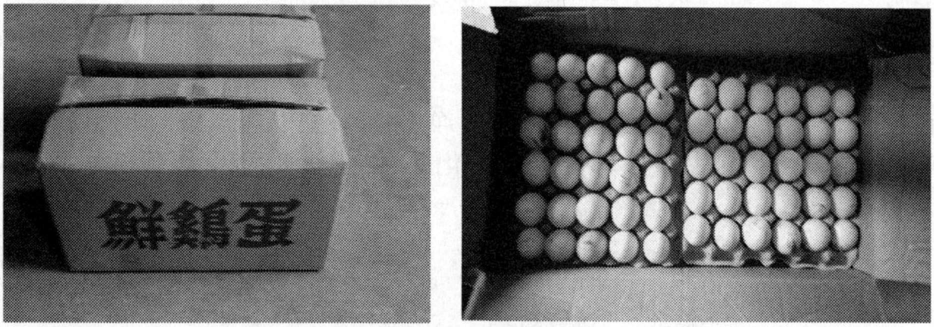

种蛋箱外观　　种蛋箱内观

图2-4　种蛋包装

2. 运输工具

路途较近的可用带空调的面包车运输种蛋（温度12℃～18℃，相对湿度75%），较远的要空运。

3. 运输注意事项

运输时要快速、平稳，严防振荡、日晒、受冻、雨淋；种蛋箱相互叠层、靠紧放置；种蛋到达目的地后，静置一段时间再开箱上蛋。及时剔除破损、被蛋液污染的种蛋。

四、知识点击

(一) 种蛋的形成机制

禽蛋是在母禽生殖系统中形成的。母禽生殖系统由两部分组成，即卵巢和输卵管(见图2-5)，卵巢中形成蛋黄，输卵管中形成蛋白、壳膜和蛋壳。

卵黄自形成开始到从卵巢中排出需要10 d的时间。其生长速度很快，排卵前6 d直径可从6 nm增至35 nm。母鸡卵巢上常有5～6个较大的、发育成熟的黄色卵泡和许多颜色发白发育未成熟的小卵黄，肉眼可见有2 500个，显微镜下可见12 000多个。母禽临近性成熟时，卵细胞由于营养物质的积累形成大小不同的卵泡，形似葡萄状。每个卵泡随着卵黄的积累，卵细胞渐渐地升到卵黄的表面，位于蛋黄膜的下面。若蛋未受精，则可见一白点即胚珠，若蛋受精，则可见中央透明、周围较暗的盘状结构，即胚盘。卵泡通过卵黄柄与卵巢相连，卵泡成熟后释放出卵子，即蛋黄。

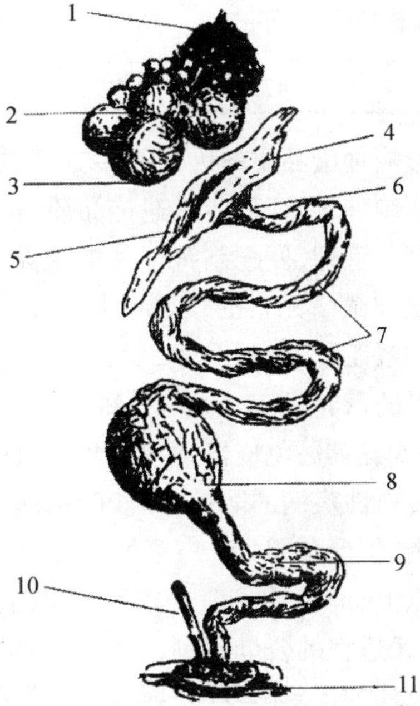

1. 卵巢基；2. 发育中的卵泡；3. 成熟的卵泡；4. 喇叭部；5. 喇叭部入口；6. 喇叭部的颈部；7. 蛋白分泌部；8. 峡部；9. 子宫部；10. 退化的右侧输卵管；11. 泄殖腔

图2-5　母鸡的生殖系统

输卵管由伞部、膨大部、峡部、子宫部和阴道部组成。蛋黄从卵巢释放后被输卵管伞部接受并完成受精过程后，进入输卵管膨大部，被膨大部分泌的浓稀蛋白包裹并往后移行到峡部，在此被峡部分泌的内外壳膜包裹并继续移行至子宫部，在子宫部沉积子宫乳和蛋壳，至此蛋的结构已全部形成，等待产出。输卵管阴道部对蛋形成没有什么作用，只是蛋产出的通道。

(二) 影响种蛋品质的因素

种蛋品质是决定孵化成绩的重要因素，选择合格种蛋进行孵化是提高孵化率的基本保证。合格种蛋与不合格种蛋孵化率对照见表2-1。

表 2-1　合格和不合格种蛋孵化率(%)

气室破裂	薄壳	畸形	破损	气室不正	过大(>65 g)	血斑	过小(<45 g)	合格种蛋
32.4	47.3	48.9	53.2	68.1	70.8	71.5	80.0	87.2

影响种蛋品质的因素是多方面的。首先是鸡种因素,要按照育种公司既定的杂交模式进行制种,保证种蛋的遗传品质,特别防止商品代再做种用和乱交乱配现象。其次是种鸡的饲养管理,要配制符合种鸡营养需要的日粮(公、母按各自的营养标准配制),特别是维生素和微量元素的供应量要充足,饲料原料不能霉变。妥善保存饲料,保证营养品质。做好饲喂工作,公母分饲,保证个个采食到位。种蛋各种营养成分齐全充足,保证胚胎发育所需的营养供应。第三是种鸡的卫生防疫。要加强种鸡场防疫工作,严格执行封闭、隔离、检疫、消毒、免疫接种和预防性投药等预防措施,使种蛋免受病原污染。特别注意种鸡垂直传播性疾病的防控,如沙门菌病、白血病、慢性呼吸道病、大肠杆菌病、减蛋综合征、脑脊髓炎、包涵体肝炎、病毒性关节炎等。第四是种蛋受精率。蛋种鸡受精率一般要求90%以上,肉种鸡一般要求85%以上。提高种蛋受精率须加强种鸡选择,特别是公鸡选择,配置适宜的公母比例,加强配种管理,创造适宜环境条件特别是适宜的温度和光照条件。此外种蛋新鲜度、外观、消毒、保存、运输等对种蛋品质均有较大影响。

(三)种蛋品质鉴定

商业上鉴定蛋品质的项目有外部观察、内部透视、破壳观察、蛋形指数计算、蛋密度测定、蛋壳厚度和强度测量、蛋白高度测定、蛋黄色泽比色、血斑肉斑统计等。新鲜蛋与陈蛋在诸多方面存在较大差异。

1. 外部观察

观察新鲜蛋和陈蛋蛋壳状况,新鲜蛋的蛋壳比较鲜艳,附有石灰质的微粒,好似覆盖一层霜状粉末,无光泽。陈蛋蛋壳不清新,常有光泽。

2. 内部透视

用照蛋器查看蛋的内部。

(1) 气室　观察气室大小,气室越小,蛋越新鲜。一般新产的蛋气室高仅1.7~1.9 mm,5 d后增至4.6 mm,15 d后可达6.4 mm,食用蛋一般以不超过9.6 mm为宜。

(2) 蛋黄　主要观察蛋黄阴影的状态。新鲜蛋蛋黄位于蛋的中间,蛋黄阴影不清晰。陈蛋阴影较大,比较清晰,转动时阴影飘忽不定或游动快。若晃动种蛋时蛋黄不游动,则表明蛋黄已与壳膜粘连,这也是陈蛋的表现。

此外,还可通过透视观察血斑、肉斑、腐败变质等。

3. 破壳观察

将新鲜蛋和陈蛋打开，分别置于培养皿中，观察蛋黄和蛋白状态。新鲜蛋的蛋黄呈鼓鼓的球形，蛋黄膜有弹性。陈蛋的蛋黄扁平，蛋黄膜松弛。用罗氏比色扇的 15 个蛋黄色泽等级比色，新鲜蛋蛋黄色泽鲜艳，陈蛋色泽较淡。新鲜蛋蛋白黏稠度大，浓蛋白与稀蛋白界限明显，系带结实呈螺旋状。陈蛋则相反。破壳观察时可统计种蛋受精率，受精蛋可见蛋黄上有一直径 3 ~ 4 mm 的中心部位透明、周围浅暗的圆形胚盘，未受精的蛋在蛋黄上仅见到直径 1 ~ 2 mm 的透明度一致的圆形胚珠。

4. 蛋形指数

蛋纵径与横径之比，用游标卡尺测定。正常的鸡蛋蛋形指数为 1.3 ~ 1.35，鸭蛋为 1.20 ~ 1.58。

5. 蛋的密度

蛋的密度与蛋的新鲜程度与蛋壳质量有密切的关系。在 9 个玻璃缸中配制 9 种不同密度的食盐溶液，密度分别为 1.068、1.072、1.076、1.080、1.084、1.088、1.092、1.096、1.100。将蛋在食盐溶液中试放，若蛋在一定浓度盐溶液中悬浮，则溶液密度即为蛋的密度。一般鸡蛋适宜的密度为 1.085，鸭蛋为 1.090，鹅蛋为 1.100。

6. 蛋壳厚度和强度

用蛋壳厚度测定仪测定蛋的钝端、锐端和中部蛋壳厚度，求平均值。鸡蛋平均为 0.35 mm，鸭蛋为 0.43 mm，鹅蛋为 0.62 mm。用蛋壳强度测定仪测定蛋壳强度，鸡蛋蛋壳强度一般为 5.0 kg/cm^2 左右。

7. 蛋白品质测定

先称量蛋的质量，然后打破蛋壳，将蛋白倒在平板玻璃上，用哈氏蛋白测定仪测定蛋白高度，测定部位为蛋黄边缘与浓蛋白边缘的中点（避开系带），测 3 个等距离中点，求平均值。查哈氏单位表得出蛋白哈氏单位值。新鲜蛋的哈氏单位值为 80 ~ 90。

8. 血斑、肉斑率统计

在破壳观察和测蛋白高度时，可统计含血斑、肉斑的百分率。直径大于 3.2 mm 即为大血斑或大肉斑，低于 3.2 mm 为小血斑或小肉斑。

五、练习

1. 实践训练

每 3 人一组，在老师指导下分别练习种蛋选择、种蛋消毒、种蛋保存、种蛋装箱运输。

2. 思考题

影响种蛋品质的因素有哪些？

模块二　孵化机孵化技术

一、学习目标

※终极目标:会运用孵化机孵化种蛋。

※促成目标:

(1) 会进行孵化前的准备、照蛋、移盘、出雏;

(2) 会对孵化室、孵化机进行消毒;

(3) 会对孵化机孵化种蛋进行控制管理;

(4) 会对孵化机进行维护与保养。

二、学习任务

(1) 孵化前的准备;

(2) 种蛋入孵;

(3) 孵化机管理;

(4) 照蛋;

(5) 移盘;

(6) 出雏管理;

(7) 出雏机、出雏室消毒;

(8) 孵化机的维护与保养。

三、实践操作(以依爱牌箱体式孵化机为例)

(一) 孵化前的准备

1. 制订孵化计划

在孵化前,根据孵化与出雏能力、种蛋数量及雏鸡销售等具体情况,订出孵化计划,填入《孵化工作日程计划表》(表2-2),并将该表发到孵化各车间及种蛋调运、雏鸡销售等部门,以便协调各部门工作。订计划时,尽量把费时费力的工作错开安排,如上蛋、照蛋、移盘、出雏等间隔安排。一般每2~3天入孵一批,1周孵化两批较为合适。

表 2-2　孵化工作日程计划表

批次	入孵	照蛋	出雏器消毒	移盘	出雏	雏鸡消毒	出雏结束时间	雌雄鉴别	接种疫苗	送雏

注：除“批次”外，表中各项填日/月

2. 孵化用品的准备

孵化开始前应准备好照蛋器、温度计(包括孵化专用标准温度计)、消毒药品、连续注射器、记录表格以及孵化机维护保养用材料和机修工具如黄油、机油、万用电表、测电笔、板子、钳子、起子、黄油枪、油斗等。

3. 孵化前孵化机的检查

(1) 检查配电盘引出电压，尤其是检查中线连接是否完好。

(2) 向加湿水槽内通水，通过浮球调整控制水位，使液面离水槽口 20 mm。

(3) 验表：孵化用的温度计和孵化机上的水银导电温度计及显示面板上温度显示都要用孵化专用标准温度计校正。孵化用的温度计和孵化机上的水银导电温度计校正方法：将上述温度计及标准温度计同时插入 38℃温水中观察温差，并贴上温差标记，如温度计比标准温度计高 0.5℃，则贴上“-0.5℃”。记录孵化温度时，将所观察到的温度减去 0.5℃。孵化机显示面板上温度显示校正方法：箱体内推入装满蛋盘的蛋车(出雏机推入装满出雏盘的出雏车)，使蛋车处于水平状态。打开机器，使风门处于“0”位。待箱体内温度升至设定值(如 37.8℃)，湿度达 53% ~60% RH 后，稳定 4 ~8 h。根据门表(标准温度计)的显示值，打开控制柜，卸下屏蔽盒，调整控制板上的 T0 电位器。使得 T 显示 = T 门表 ±0.1℃。孵化机显示面板上湿度显示校正方法：挂水银干湿表于箱体内观察窗上，推入装满蛋盘的蛋车(出雏机推入装满出雏盘的出雏车)，使蛋车处于水平状态。打开机器，使风门处于“0”位。开机升温至设定值并稳定 4 ~8 h 后，根据干湿表的干温、湿温差值表查得机内的相对湿度。调节 H0 电位器，使得 H 显示 = H 湿度计 ±2% RH。

(4) 挂好导电表将其控制点调到比设定温度高 0.7℃(超高温报警值)。

(5) 检查并调整风扇皮带张紧度　需少量调节时可调节风扇电机安装座上的皮带张紧调节螺钉，使之张紧合适。若调节量较大，可通过移动电机安装板来调节张紧度。

(6) 加湿、翻蛋减速机加机油，齿轮、轴承等运动部件加黄油。

(7) 运行检查　先将风扇开关打向“关”位，而后将“总电源”打到“开”位，此时风门会启动，翻蛋机构转动到倾斜位置停下。打开搅拌风扇检查风扇转向(应顺时针方向转动)，若转向不对，调换三相电机接线端子上的任两根线。按动“翻蛋开关”调整翻蛋机构,使翻蛋滑动杆上的椭圆孔和长固定杆上的椭圆孔保持在一条垂直线上。沿着导轨推入装满已消毒蛋盘的蛋车(注意蛋盘不要超出蛋盘托架),蛋车推到位后,插入后轮锁定销,检查蛋车“水平锁定销”能否按要求脱开蛋车车架前下连接板。关好机门并检查密封状况,开始升温。此时检查设定温度、湿度是否合适。将风门设定在“0”位置。检查加热炉管是否加热,风门实际位置与显示值是否相符,检查蛋托是否能在左、右倾斜位置停止。通过调整设定值检查加湿、风冷等各个功能是否正常。人为接通导电表测试其保护作用是否有效。

(8) 若是新装的或长时间没有使用的机器,则要让其运转1~2 d,一切正常时方能正式孵化。

4. 孵化机消毒

取出蛋车及孵化盘,用水冲洗后晾干备用。将加湿水盆中的存水放净,清洗水盆及加湿蒸发盘。再用新洁尔灭擦洗孵化器内外表面(注意机顶的清洁),用高压水枪冲刷孵化室地面,然后用熏蒸消毒法消毒孵化器,液体消毒法消毒孵化室地面、墙壁(一个孵化季节开始前对孵化室要进行一次熏蒸消毒)。熏蒸消毒方法:将孵化机进出气孔及其他可致漏气的部位封闭,蛋车及蛋盘放进孵化机。按照每立方米30 mL甲醛、15 g高锰酸钾,在温度24℃、湿度75%以上的条件下密闭熏蒸1 h,然后打开机门和进出气孔等通风1 h,驱除甲醛蒸气(注:本次消毒可与种蛋第2次熏蒸消毒合并进行)。

5. 码盘上蛋

蛋车清洗消毒后经晾干或孵化机内烘干后,检查蛋车水平锁定销能否可靠锁定。上蛋时,将种蛋大头向上小心地码放在蛋盘上,而后将蛋盘平放入蛋盘托架,注意蛋盘不要超出蛋盘托架(若分批入孵,上蛋时要将新蛋蛋盘和老蛋蛋盘交错放置,并做好标记)。

6. 入孵前种蛋预热

将装满种蛋的蛋车放在孵化室标准温度(22℃~26℃)下预温12 h左右(随种蛋保存时间长短而增减),冬夏季节可适当增减时间。注意控制好孵化室湿度,不能让种蛋“出汗”。

7. 入孵前种蛋消毒

将预温后的种蛋放进孵化机中,参考孵化机熏蒸消毒对种蛋进行第2次消毒。

(二) 种蛋入孵

1. 上蛋入孵

孵化机试运行检测一切正常后即可上蛋入孵。

(1) 按动“翻蛋”开关,调整翻蛋机构使其翻到水平位置,关掉搅拌风扇。

(2) 在翻蛋滑动杆上的椭圆孔和长固定杆上的椭圆定位孔保持在一条垂直线上时,

按要求上好蛋车（分批入孵时要合理搭配蛋车位置，使不同胚龄的种蛋都有良好的发育环境）。

（3）按动“翻蛋”开关，调整翻蛋机构使其翻到倾斜位置。翻蛋过程中观察有无异常情况。关好孵化机门并检查密封状况。

2. 设定孵化参数

（1）孵化温度设定　如果当前不处于设定温度状态下，按一下面板上的“温度”键，则可看到显示数码管显示变为温度设定状态，温度显示区显示数码管闪烁显示现在的设定值，按“＋”或“消警/－”键一次温度设定值将加或减0.01℃。若按住“＋”或“消警/－”键不松开则设定值会快速加或减。修改完成后，再按一下“温度”键使显示数码管变回测量显示状态。

（2）按照温度设定方法设定湿度、风门值。

（3）翻蛋时间间隔设定一般以孵化机出厂时调好的2 h/次为好。

（4）孵化过程中若出现停电现象，已设定的孵化参数有可能没有被机器记住，在恢复供电以后要重新核对一下孵化参数是否正确。关机再开机时同样需要核对检查。

3. 开机孵化

将面板上的“风扇”开关打向“开”位，孵化正式开始（一般孵化开始时间最好在下午16:00—17:00点，以便出雏时间在白天，有利于各项操作）。

（三）孵化机管理

（1）孵化机运行过程中要注意观察机器工作状态，每1～2小时观察1次，并做好记录（见表2-3），发现异常情况及时处理。尤其注意门表温度和机器显示温度的差值有无较大变化。若有较大变化，必须按要求校准。

表2-3　孵化记录表

机号：　　　　　　　　　　　　值班员：　　　　　　　　　　　　接班时间：

时间	温度		湿度		风门位置		翻蛋次数及位置	运转情况
	设定值	测量值	设定值	测量值	设定值	实际值		

（2）风门控制十分重要，要经常检查设定位置是否合适（见表2-4），显示值与实际值是否一致。

表 2-4 风门位置与风门开口的位置关系

风门位置	风门开口大小(mm)
0	5
1	20
2	32
3	44
4	56
5	68
6	80
7	92
8	104
9	115

（3）观察记录翻蛋情况，蛋托是否在左右两个位置上交替（时间间隔为翻蛋定时时间）。

（4）蛋车推入、拉出时必须在水平位置进行。

（5）孵化过程中如遇到停电，应将机器的“总电源”开关关闭，等到来电后再打开机器正常工作（在自备发电机和电力线路之间换电时也应如此）。根据停电时所处的胚龄决定孵化机门是否打开。若处于孵化前期，则关闭机门，保温为主；若处于孵化中后期，应将机门适当打开。

（6）控制柜门应关好上锁，以防绒毛或异物进入。控制柜内两相电源插座仅供照蛋和照明用。

（7）孵化过程中根据孵化工艺参数（见表 2-5），适时对孵化条件进行调整。

表 2-5 孵化工艺参数参考表

孵化时间(d)	1—2	3—6	7—12	13—15	16—19	出雏
温度设定(℃)	38.00	37.90	37.80	37.70	37.60	37.20
湿度设定	50%～60% Rh				65%～70% Rh	
风门位置	0	0或1	1或2	1或2	3	3或4

注：适用于室温为20℃～27℃，变温孵化（室温或高或低可适当增减）

恒温孵化时，温度可设定37.8℃（室温同上）。翻蛋定时2 h/次。

（8）孵化过程中可能出现的异常现象及其原因和处理办法详见表 2-6。

表 2-6 孵化过程中可能出现的异常现象及其原因和处理办法

异常现象	可能原因	处理办法
高温：高温指示灯亮，显示温度超过设定值 0.50℃。门表指示温度也超过设定值	1. 加热固态继电器击穿或应急继电器吸合 2. 风门位置不对 3. 冷却系统工作不正常 4. 环境温度超过 32℃且处于孵化后期	1. 首先打开机门降温，而后检查故障点，排除故障 2. 环境温度较高时尽量降低环境温度，或采用水冷
低温：低温指示灯亮，显示温度低于设定值 1℃以下。门表指示温度也低	1. 加热系统出现故障 2. 风门系统工作故障 3. 机门与箱体密封不严 4. 有水冷的机器水冷电磁阀坏	1. 参照加热系统故障维修 2. 参照风门系统故障维修 3. 密封漏气部位 4. 更换电磁阀或关闭供水龙头
不加热： 1. 加热指示灯亮，但不加热 2. 加热指示灯不亮，不加热	1. 固态继电器损坏，切断加热电源交流接触器损坏，风扇系统故障，加热炉管损坏 2. 设定值不对，主板上 ULN2803 损坏，控制芯片损坏	1. 检查固态继电器、交流接触器、加热炉管，若有损坏更换之。参照风扇系统故障检查 2. 调好设定值，更换 ULN2803，更换控制芯片
超高温指示灯亮，蜂鸣器报警	导电表已经保护了	1. 检查导电表调节的保护点是否合适，而后调节合适 2. 检查导电表是否损坏，若损坏则更换
风扇故障指示灯亮，蜂鸣器报警，风扇电机不转，不加热。温、湿度显示正常	1. 可能是热保护 2. 大风扇交流接触器损坏 3. 大风扇电机损坏	1. 检查三相供电电源是否偏相严重或电压太低，并设法使之正常 2. 检查大风扇交流接触器和电机
风门故障指示灯亮，蜂鸣器报警；开机时风门显示不能显示“0”而是“~”且风门不向设定值运动（设定值是非“0”值）	1. 风门电机损坏或风门启动电容损坏，风门机构不动 2. 风门“0”位置限位行程开关接触不好或损坏	1. 检查判断风门电机和启动电容是否已损坏，是则更换 2. 打开风门机构的盖板，检查风门限位拨片及“0”位置限位开关是否正常，不正常则更换
温、湿度显示值不正常（如显示全“0”且不变，或显示最大值不变）	1. 电源板上 +9V 保险丝管中的保险丝烧断 2. +9V、-9V 电源不对 3. 温、湿度探头故障	1. 检查电源板上的保险丝是否正常，+9V 和 -9V 稳压块输入输出是否正常，发现有损坏则更换 2. 更换温、湿度探头

续表

异常现象	可能原因	处理办法
加湿电机不转或一直转	1. 加湿继电器(K10)损坏 2. CPU 板没发控制信号 3. 电机已损坏 4. 翻蛋电机不转时也可能蛋车没推到位	1. 检查 K10 继电器是否损坏 2．检查后若是主板没有发控制信号，则更换主板上的 ULN2803 芯片(位于 CPU 板左下角的 1D5) 3. 若电机三相供电正常，则电机损坏，要更换
1. 经检查主板没有发出驱动控制信号 2. 翻蛋、风门等检测信号发到主板但控制系统没有检测到	1. 驱动芯片 ULN803 损坏及三极管损坏 2. 检测用光电耦合器 TLP521-2(主板上)损坏	若是器件损坏，则更换(ULN2803 相当于三极管)
显示正常但所有的小继电器(JQX-13F，位置在继电器板上及强电安装板上)都不动	1. 电源板上的 +12V 保险丝管烧坏 2. +12V 稳压块(CW7812)损坏 3. 电源变压器损坏	检查有关器件是否正常，损坏的要更换
翻蛋故障报警、翻蛋机构老是在水平或倾斜位置上停	1. 翻蛋行程开关损坏 2. 控制柜内的手动翻蛋开关不在中间位置	1. 行程开关损坏会引起自动翻蛋故障，若损坏则更换 2. 手动翻蛋开关若拨到了水平位置则翻蛋机构老在水平位置上停；若拨到了倾斜位置则翻蛋机构老在倾斜位置上停。此开关不用时要打到中间位置
显示面板全暗，风扇运转不受控	保险丝管 FU1 损坏，或外接交流稳压电源坏	更换保险管，或修理交流稳压源

注意：当出现自己解决不了的故障时，请及时与厂家联系。若这样的故障出现在自动翻蛋系统中，则可以使用手动翻蛋功能。若出现在加热系统中，可先用应急控温维持工作(先将机器关掉，而后将导电表温度调到所需要的孵化温度，打开控制柜，在控制柜中下部有一个一端带红点的应急开关，将这个开关拨到红点压下状态，拔掉继电器板上的 40 芯扁平电缆插头，最后打开机器即可孵化)

(四) 照蛋

1. 照蛋时间及特征

鸡、鸭、鹅种蛋的照蛋批次、时间及胚胎特征见表 2-7。

表 2-7　照蛋日期和胚胎特征

照蛋批次	孵化天数			胚胎特征
	鸡	鸭	鹅	
头照	5	7	8	起珠(黑眼点)
抽验	10	13	15	合拢
二照	19	26	29	闪毛

注:对于大型孵化厂,以往种蛋受精率和孵化率均较高时,为了节省工时、减轻劳动强度和避免照蛋对胚胎产生的应激,可以在移盘前只照蛋 1 次(褐壳种蛋第 5 天照蛋可能看不太清楚,必要时可推迟至第 10 天照蛋)

2. 照蛋环境和工具

(1)黑暗。(2)温度 20℃～28℃。(3)照蛋器。图 2-6 所示为台式照蛋器。

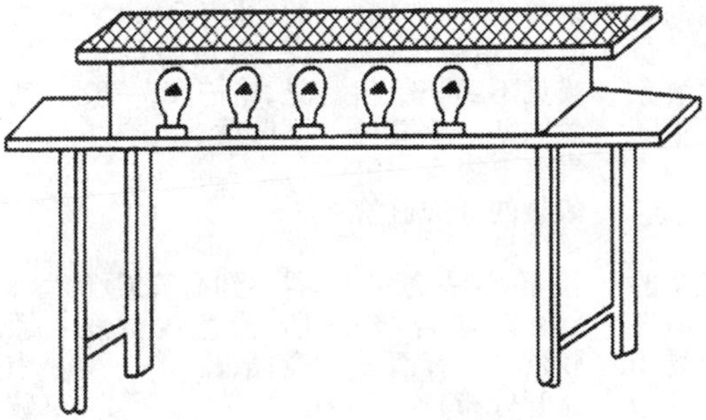

图 2-6　台式照蛋器

3. 照蛋操作

3 人一组同时操作。首先从孵化器中拉出蛋车,1 号操作工由蛋车上抽出一盘蛋放在工作台上,2 号操作工用照蛋器照蛋,并随时剔出白蛋(无精蛋)、血蛋(死精蛋),调整小头往上放置的种蛋为大头往上放置。3 号操作工将剔出的白蛋、血蛋分类码放,并清点登记。照完一个蛋车后由 2、3 号操作工将蛋车推回机内继续孵化,1 号操作工同时拉出另一车再照,直至全机照完为止。

注意:①孵化量较大时,可多组同时进行。②操作要“快、准、稳”。“快”即照蛋速度要快,每个蛋车上胚蛋在室温中放置不超过 25 min;“准”即要准确区分正常胚蛋、弱胚蛋、无精蛋、死胚蛋;“稳”即操作过程中动作要小心谨慎,轻拿轻放。

4. 各种胚蛋的透视特征

各种胚蛋的透视特征见图 2-7 和表 2-8。

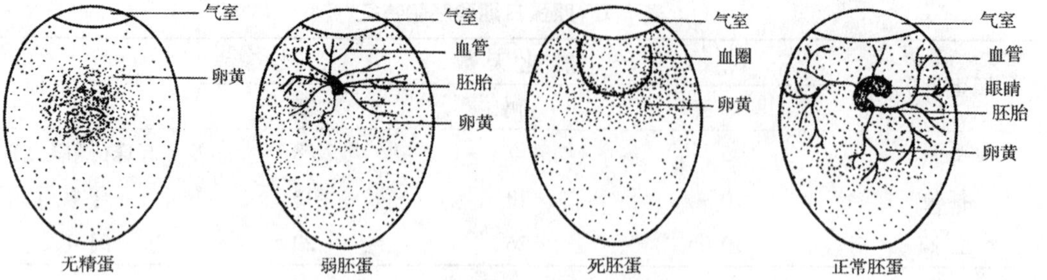

图 2-7　头照各种胚蛋的透视特征

表 2-8　各种胚蛋的透视特征

照蛋批次	正常胚蛋	弱胚蛋	无精蛋	死胚蛋
头照	有明显黑眼点；血管呈放射状，占蛋面 4/5；蛋色暗红；微微晃动种蛋，胚胎随之而动	黑眼点不明显；血管纤细，扩散面小；蛋色浅红。或见不到胚胎和黑眼点，仅仅在气室下缘有一定数量的纤细血管	看不到血管或胚胎；蛋色浅黄发亮；蛋黄隐约可见，略扩大，一般不散黄	只见黑色血环（或血点、血线、血弧）紧贴壳上，有时可见死胚的小黑点贴壳禁止不动，蛋色浅白，蛋黄沉散
抽验	尿囊血管在蛋的小头合拢。除气室外，整过蛋布满血管	胚蛋小头淡白（尿囊未合拢，胚蛋小头背面无血管分布）	看不到血管或胚胎；蛋色浅黄发亮；散黄	可见很小胚胎与蛋黄分离，漂浮或固定在蛋的一侧，蛋小头发亮。血管不明显或破裂
二照	气室向一侧倾斜，边界凹凸不平，有黑影闪动，胚蛋暗黑	气室小，边界平整，下缘可见红色血管。胚蛋小头浅白发亮	看不到血管或胚胎；蛋色浅黄发亮；散黄。或蛋色黑暗，有臭味（腐败蛋）	气室小而不倾斜，边界模糊。蛋色粉红、淡灰或黑暗。胚胎不动，见不到“闪毛”

（五）移盘（落盘）

1. 移盘时间

一般有 10% 的啄壳时就可将种蛋从孵化机转入出雏机。通常移盘时间是鸡蛋 19 d，鸭蛋 26 d，鹅蛋 29 d。

2. 移盘前准备

（1）清洗消毒出雏盘、出雏车、出雏机及出雏室。

（2）出雏机试运行 8 ~ 12 h 后，准备好工作台、出雏车及照蛋器。

（3）移盘室消毒并升温至 30℃左右。

3. 移盘操作

关掉孵化机，按动翻蛋键，使蛋车处于水平状态。取出后轮锁定销，拉出蛋车并移至移盘室。采用扣盘法，从蛋车上取出蛋盘横放至工作台上(蛋盘两头出工作台)，将出雏盘扣在蛋盘上。倒盘时一般两人协同操作，两人分别站于工作台两侧，将左右双手分别放于出雏盘上和蛋盘下，轻轻将蛋盘托至与出雏盘底接触(不要用力太大，以免压破种蛋)，然后迅速翻转180°，蛋盘里种蛋就全部落入出雏盘。将装有种蛋的出雏盘叠放在出雏车上，最上层出雏盘盖上网盖。

4. 移盘注意事项

(1) 移盘过程中操作人员须动作平缓、配合默契，保证在尽量短的时间内完成。每转完一车后，及时推入出雏机内并关好机门，移盘过程中不能关风扇。

(2) 检查出雏机温度、湿度、风门位置设定是否合适，风门显示值是否与实际相符。只要出雏机中有带蛋的出雏车就一定要打开搅拌风扇。

(3) 胚蛋由孵化机转移至出雏机时要变换位置，最好对角倒盘。

(六) 出雏管理

1. 设定出雏机孵化参数

移盘结束后，将出雏机孵化参数(温度、湿度、风门)设定好。出雏期间要用硬纸板遮住观察窗，以便安静出壳。

2. 雏鸡消毒

雏鸡一般不必消毒，只有出壳期间发生脐炎时才消毒。消毒方法(选择任何一种)：

(1) 在移盘后，胚蛋有10%的啄壳时，每立方米用甲醛14 mL和高锰酸钾7 g，熏蒸20 min(有20%的啄壳时不宜采用)。

(2) 出雏期间如鸡胚20～21 d，每立方米用甲醛20～30 mL加温水40 mL，置于出雏机底部，使其自然蒸发。

(3) 在大部分毛尚未干时，每立方米用甲醛14 mL和高锰酸钾7 g，熏蒸3 min。

3. 捡雏和助产

在出雏75%～80%时第1次捡雏(之前可捡空蛋壳)。把绒毛已干的雏鸡捡到单独的出雏盘中，同时捡出空蛋壳。把已啄壳的胚蛋并盘集中放在上层，装雏鸡的出雏盘放在下层。将孵化温度适当调高0.1℃～0.2℃，继续孵化。注意捡雏时动作要轻、快，尽量避免停机时间太长。一般在大批出雏后，对已啄壳但无力自行破壳的胚蛋可进行人工助产(一般鸡胚不需要人工助产，鸭胚、鹅胚需要)。方法：将蛋壳膜已枯黄的胚蛋，轻轻剥离粘连处，把头、颈从翅下理出，拉出壳外即止，令其自行挣扎出壳。注意蛋壳膜湿润发白的胚蛋，不能进行人工助产。

4. 孵化成绩统计

孵化结束后，将健雏、弱雏、残死雏分开。清点数量，填写孵化情况一览表（表2-9）。

表2-9　孵化情况一览表

年　月　日

批次	品种	种蛋贮存期	入孵日期	入孵时间	入孵蛋数	照蛋			出雏					受精率（%）	受精蛋孵化率（%）	入孵蛋孵化率（%）	健雏率（%）	出雏结束时间	备注
						无精	死精	破蛋	移盘数	健雏	弱雏	残死雏	死胎						
第批																			

（七）出雏后的清洗消毒

1. 出雏机及出雏室的清洗消毒

取出出雏盘，将死胎蛋（毛蛋）、残死雏及蛋壳装入塑料袋中，出雏盘送洗涤室浸泡在消毒液中并洗刷。清扫出雏室地面、墙壁、天花板上的废物并用高压水枪冲刷，图2-8所示为喷射式冲洗机。将出雏机加湿水盆中的水放净，清洗水盆和加湿蒸发盘。冲刷出雏机内外表面，清除绒毛，再用新洁尔灭水擦洗。然后用甲醛、高锰酸钾熏蒸消毒出雏机和出雏盘（剂量为每立方米甲醛42 mL、高锰酸钾21 g，时间30 min）；用0.3%的过氧乙酸喷洒出雏室地面、墙壁和天花板（剂量为每平方米30 mL）。消毒后的出雏机开机试运行8～12 h，烘干备用。

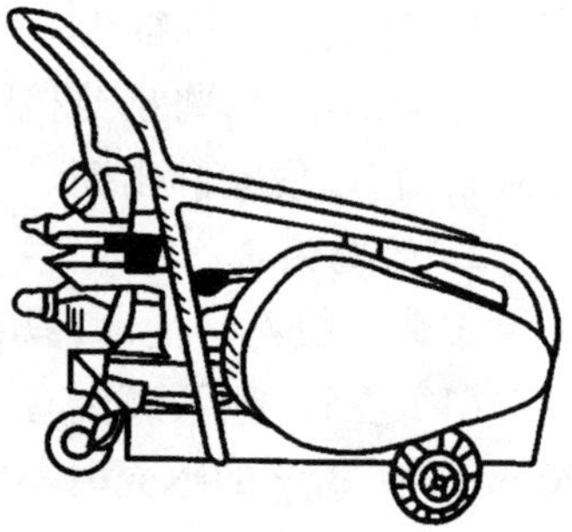

图2-8　喷射式冲洗机

2. 洗涤室和雏鸡存放室的清洗消毒

将洗涤室中的废弃物（绒毛、蛋壳等）装入塑料袋，冲刷地面、墙壁和天花板。用甲醛和高锰酸钾熏蒸消毒，方法与出雏机相同。雏鸡存放室经冲洗后用过氧乙酸消毒。

（八）孵化机的维护与保养

1. 每周维护内容

（1）检查加湿水盆水位；

（2）检查门密封情况；

（3）检查风门运转情况；

(4) 用半干抹布擦拭机箱及控制柜外部。出雏机每批都要清洗加湿水盆和蒸发盘并清理机器顶部的绒毛(选用水冷的机器要清洗水冷装置,但不要用高压水枪冲洗)。

2. 每月维护内容

(1) 检查翻蛋、加湿、风扇皮带是否完好;

(2) 检查加热功能;

(3) 检查超高温报警功能;

(4) 检查翻蛋功能是否正常;

(5) 彻底清洗消毒设备,孵化机每批都要清洗机器、加湿水盆及加湿蒸发盘。

3. 每3个月维护内容

(1) 清洁探头;

(2) 校准温、湿度;

(3) 风扇轴承要加一次黄油;

(4) 将翻蛋蜗轮用油清洗后加黄油润滑;

(5) 风门机构的丝杠及滑动配合部位要加黄油;

(6) 加湿、翻蛋减速机要换一次机油;

(7) 全面检查系统各控制功能。

4. 机器长时间不用时的保养

在机器长时间不用前,要开机升温烘干机器,并将加湿水盆中的水放净烘干,各个运转部位要洗净后用黄油保护,以防生锈。每月要开机升温烘干运转机器一次。

四、知识点击

(一) 孵化条件与孵化机

家禽胚胎发育主要是在母体外完成的。在蛋中营养物质全面、充足的条件下,适宜的外界条件是种蛋顺利发育的保障。

1. 温度

温度是种蛋孵化最重要的条件。只有保证胚胎正常发育所需要的温度,才能获得高孵化率和健康的雏鸡。

最适孵化温度:孵化的适宜温度范围一般在37.0℃ ~39.5℃。根据自然孵化观察,胚蛋所需的孵化温度呈现前高后低的规律性。因此,种蛋整批入孵时,应采用变温孵化,见表2-10。

表 2-10　整批入孵时胚胎各日龄最佳温度

室温(℃)	禽种	前期(d)		中期(d)	后期(d)
	鸡	1—5	6—12	13—19	20—21
	鸭	1—7	8—16	17—25	26—28
	鹅	1—8	9—18	19—28	29—31
15～20		38.6	38.3	38.1	37.2
20～25		38.3	38.1	37.8	37.2
25～30		38.1	37.8	37.5	37.2

当种蛋分批入孵时，应采用恒温孵化。室温在22℃～26℃时，孵化机温度为37.8℃，出雏机温度为37.2℃。高于此室温可适当降低孵化温度0.2℃～0.6℃，低于此室温可提高孵化温度0.5℃～0.7℃。

孵化温度与胚胎发育：胚胎对环境温度有一定的适应能力，温度在35℃～40.5℃时，种蛋都有一定的孵化率。若在较高温度下孵化，胚胎发育迅速，孵化期缩短，胚胎死亡率增加，雏禽质量下降。其孵化率的高低因温度增加的幅度和持续时间长短而不同。当孵化温度高于42℃并持续2～3 h时，胚胎全部死亡。若在较低温度下孵化，胚胎发育迟缓，孵化期延长，胚胎死亡率增加，雏禽质量下降。当温度低至35.6℃并保持下去，胚胎大多数死于壳内。若温度低至24℃经30 h后，则胚胎全部死亡。

2. 湿度

相对湿度对胚胎发育有很大影响。适当的湿度，孵化初期使种蛋受热良好，孵化后期有益于种蛋散热，也有利于破壳出雏（啄壳前提高湿度对水禽尤为重要）。湿度过低，孵化过程中蛋内水分蒸发过多，容易引起胚胎与壳膜粘连，引起雏禽脱水。湿度过高，影响蛋内水分正常蒸发，雏腹大，脐部愈合不良。特别注意高温高湿都会影响胚胎发育过程中的正常代谢，均对孵化率和雏禽健壮有不利影响。最适湿度：孵化机中50%～60%，出雏机中65%～75%，孵化室、出雏室75%。高海拔地区湿度应提高2%～3%。

3. 通风换气

孵化过程中胚胎发育需不断吸收氧气和排出二氧化碳，且随着胚龄的增加而增加。有人测定过每枚蛋的耗氧量：孵化初期为0.51 mL/h，17 d为17.34 mL/h，20～21 d为0.1～0.15 L/h。整个孵化期耗氧量4～4.5 L，排出二氧化碳3～5 L。为保证胚胎正常的气体代谢，必须供给新鲜的空气。孵化机内空气越新鲜，越有利于胚胎正常发育，出雏率也越高。新鲜空气含氧量为21%，当孵化机内含氧量每低1%，孵化率降低5%。二氧化碳含量高于0.5%时对孵化率产生影响，高于2%时孵化率急剧下降，高于5%时孵化率为零。一般要求孵化机内含氧量不低于20%，二氧化碳含量0.4%～0.5%。可按每1 000

枚种蛋每分钟供应新鲜空气孵化机 0.14 m^3、出雏机 0.23 m^3 进行设计。孵化机通风换气除帮助胚胎与外界气体交换外，还有驱散余热、调节机内温度和湿度的作用（在注意孵化机通风换气设计和风门操作的同时，必须重视孵化室通风换气设计）。

4. 翻蛋

翻蛋可避免胚胎与壳膜粘连，改变胚胎方位，促进胚胎运动，提高种蛋的孵化率。种蛋不同的翻蛋处理方式对孵化率有重大影响，见表 2-11、2-12。

表 2-11　种蛋不同翻蛋处理方式的孵化率

翻蛋处理方式	孵化率(%)
整个孵化期不翻蛋	29
前 7 d 翻蛋，7 d 后不翻蛋	79
前 14 d 翻蛋，14 d 后不翻蛋	92
1 ~ 18 d 翻蛋	95

表 2-12　翻蛋角度对孵化率的影响

翻蛋角度(°)	40	60	90
受精蛋孵化率(%)	69.3	78.9	84.6

从表 2-11、2-12 可见，翻蛋是种蛋孵化过程中的必需操作，且孵化前期更为重要。一般每 2 小时翻蛋 1 次，孵化到移盘后停止翻蛋。鸡蛋翻蛋角度以前俯后仰 45°为宜，鸭蛋为 50° ~ 55°，鹅蛋 55° ~ 60°。翻蛋时要轻、稳、慢。

5. 凉蛋

凉蛋的目的是驱散孵化机内的余热，让胚胎得到更多的新鲜空气，给胚胎冷刺激，有利于胚胎发育。方法是关闭电源，打开机门，将蛋车拉至孵化室内。凉蛋时间一般 30 min，以蛋贴眼皮感到微凉（31℃ ~ 33℃）时即可。鸭、鹅胚蛋 14 ~ 16 d 以后每天凉蛋 2 ~ 3 次，鸡胚蛋在 10 d 以后每天凉蛋 2 次。凉蛋应根据胚胎发育情况、孵化天数、气温和孵化机性能而灵活掌握。对鸡胚蛋若孵化机控温和通风换气设计合理，尤其是有冷却设备，可不凉蛋，但也不排除在炎热的夏季、孵化后期胚蛋超温时，进行适当凉蛋。鸭、鹅胚蛋一般要凉蛋，甚至采用在蛋面喷雾温水的办法来增加湿度和降低温度。注意若胚胎发育偏慢，则不要凉蛋；大批出雏后一般不能凉蛋。

孵化机是现代孵化厂孵化种蛋的工具,分为巷道式孵化机和箱体式孵化机两种,见图 2-9。

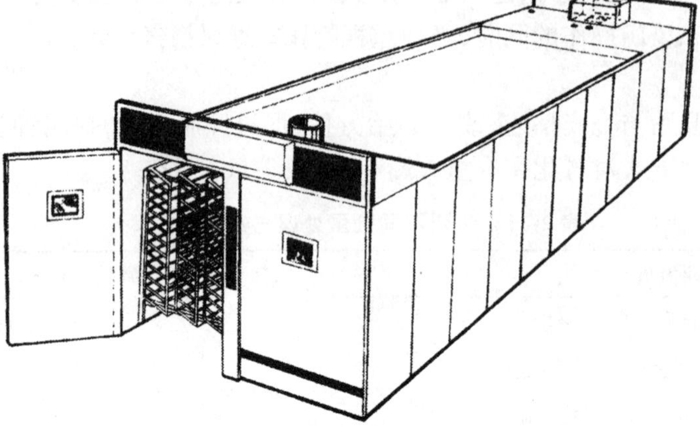

巷道式孵化机

箱体式孵化机

图 2-9　孵化机

一般孵化容量分别为 10 000～60 000 枚和 80 000～160 000 枚。巷道式孵化机孵化容量大,通常为大型孵化厂所选用。孵化机为种蛋胚胎发育提供了适宜条件,其构造一般有箱体、加温及温控系统、加湿及湿控系统、通风换气系统、蛋盘蛋车及翻蛋系统和报警系统组成(出雏机无蛋盘蛋车及翻蛋系统,增加出雏车及出雏盘,其他与孵化机相同)。箱体一般由彩涂钢板、保温板和连接型材拼装而成,具有外形美观大方、耐用、易于清洗、保温效果好等特点。箱体底部装有导轨,蛋车进出方便省力。加温及温控系统由电热管、温度探头及控温电路组成。加湿及湿控系统由水盆、蒸发盘、湿度探头、驱动电机组成。通风换气系统由进出气孔、搅拌风扇及电机组成。蛋盘蛋车及翻蛋系统由跷板式蛋车、塑料蛋盘、机械式翻蛋驱动系统组成(出雏机中为出雏车和出雏盘)。报警系统由蜂鸣器、指示灯、探测器件组成。现代孵化机一般均采用电脑程控等现代自动控制技术，使得种蛋孵化具有自动化程度高、温度稳定精确、湿度适宜、换气合理、节能等特点。因此，孵化机孵化法能为种蛋胚胎发育提供更适宜的环境条件，从而为生产出高品质的雏禽提供保障。

附：鸭蛋、鹅蛋孵化特点

（1）鹅胚蛋码盘时应大头向上斜放或平放。

（2）鸭、鹅胚蛋孵化后期一般要凉蛋。

（3）鸭、鹅胚蛋从啄壳到出雏时间长达 24 ~ 38 h，啄壳后蛋内水分蒸发加速，尿囊绒毛膜容易干枯贴壳，所以要增加湿度和降低温度（一般鸭、鹅胚蛋出雏机温度设定比鸡胚蛋低 0.3℃和 0.9℃）。

（4）鸭、鹅胚蛋一般需适当助产。

（二）种蛋胚胎发育与照蛋特征

家禽整个胚胎发育分两个阶段，第一阶段是在母体内种蛋形成过程中，第二阶段是在孵化机中。第一阶段，成熟的卵泡由输卵管漏斗部受精成为受精卵，经 3 ~ 5 h 在输卵管峡部进行第 1 次分裂，20 min 后进行第 2 次分裂，再经 1 ~ 2 次分裂后，产生有 8 ~ 16 个细胞的胚胎。到子宫后 4 h 增至 256 个细胞的具有两个胚层的原肠期胚胎。种蛋产出体外后由于温度不适，胚胎发育暂时停止。此时剖视受精蛋，肉眼可见蛋黄上形似圆盘状的胚盘。第二阶段，种蛋放进孵化机后，在适宜的环境条件下继续发育，很快在上两胚层基础上形成中胚层。以后三胚层分化，形成胚胎的组织、器官、系统。外胚层形成皮肤、羽毛、爪、喙、趾、感觉器官和神经系统。内胚层形成呼吸系统上皮、消化器官（黏膜部分）、内分泌器官。中胚层形成肌肉、骨骼、生殖泌尿系统、血液循环系统、消化系统的外层、结缔组织。家禽胚胎发育不同胚龄的外部形态变化和透视特征见表 2-13。

表 2-13　鸡、鸭、鹅胚胎发育不同胚龄的主要外部特征

胚龄(d)			胚胎发育主要特征	照蛋特征
鸡	鸭	鹅		
1	1—1.5	1—2	胚盘明区形成原条，器官原基出现	鱼眼珠
2	2.5—3	3—3.5	出现血管，心脏开始跳动	樱桃珠
3	4	4.5—5	眼睛色素沉着，出现四肢原基	蚊虫珠
4	5	5.5—6	胚胎头部与卵黄分离，尿囊明显	小蜘蛛
5	6—6.5	7—7.5	眼球黑色素沉着，四肢开始发育	单珠

续表

胚龄(d)			胚胎发育主要特征	照蛋特征
鸡	鸭	鹅		
6	7—7.5	8—8.5	胚胎增大,胚体弯曲,活力增强	双珠
7	8—8.5	9—9.5	出现鸟类特征,胚胎已有体温,分雌雄性腺	沉
8	9—9.5	10—10.5	四肢形成,出现羽毛乳头突起	浮
9	10.5—11.5	11.5—12.5	羽毛突起明显,软骨开始骨化	发边
10	13—14	15—16	尿囊合拢,龙骨突形成,胚在羊水中浮游	合拢
11	15	17	尿囊合拢结束	
12	16	18	蛋白部分被吸收,血管加粗,颜色变深	
13	17—17.5	19—19.5	体躯被覆绒毛,胚胎迅速增长	
14	18—18.5	20—21	胚胎转动与蛋的长轴平行,头向气室	
15	19—19.5	22—22.5	体内外器官基本形成,喙接近气室	
16	20	23	绝大部分蛋白进入羊膜腔,冠明显	
17	20.5—21	23.5—24	蛋白全部进入羊膜腔,蛋小头黑暗不透光	封门
18	22—23	25—26	尿囊萎缩,气室倾斜,头弯曲,喙朝气室	斜口
19	24.5—25	27.5—28	喙进入气室,肺呼吸开始	闪毛
20	25.5—27	28.5—30	大批啄壳,少量出雏	起嘴
21	27.5—28	30.5—32	出雏结束	出壳

种蛋在孵化机中孵化期的长短受以下因素的影响:

① 家禽种类:不同种类家禽孵化期不同,这是由遗传决定的。

② 蛋的质量:小蛋短,大蛋长。

③ 保存时间:种蛋保存时间越长,孵化期越长,且出雏持续时间越长。

④ 孵化温度:温度高孵化期短,温度低孵化期长。

⑤ 气候:炎热地区比寒冷地区孵化期短。

⑥ 近亲繁殖:近亲繁殖使孵化期延长。家禽胚胎发育需要特定的孵化期,过长、过短对孵化率和雏禽质量都不利。照蛋的主要目的就是要检查胚胎发育的速度,以便根据胚胎长相及时调整孵化温度,达到准时出壳的目的。家禽的孵化期见表2-14。

表 2-14　主要家禽的孵化期(d)

禽类	鸡	鸭	鹅	番鸭	火鸡	鹌鹑	珠鸡	鸽	鹧鸪
孵化期	21	28	30—32	33—35	28	17—18	26—28	18	24—25

种蛋在胚胎发育过程中的营养和呼吸主要靠胎膜实现。胎膜有 4 种:卵黄囊、尿囊、羊膜、浆膜,见图 2-10。卵黄囊是覆盖在蛋黄表面的一层胎膜。孵化第 2 天开始出现,第 4 天覆盖 1/3,第 6 天达 1/2,第 9 天布满整个蛋黄。卵黄囊表面分布有许多血管(头照时看到的胚蛋中血管即为卵黄囊血管),通过血液循环把蛋黄中的营养带到胚体中。鸡胚孵化至 19 d,卵黄囊及剩余蛋黄进入腹腔。雏鸡出壳时,约剩余 5 g 蛋黄,一般 6 ~ 7 d后被小肠吸收完毕。孵化前 6 d,卵黄囊上的血管吸收蛋黄营养物质分解过程中产生的氧气,供胚体需要。尿囊是胚胎后肠生发出的一种胎膜,孵化第 2 天末至第 3 天初开始形成,4 ~ 10 d 迅速生长,第 6 天达壳膜内表面,第 10 ~ 11 天包围整个胚蛋内容物,并在蛋的小头会合(照蛋时可见合拢)。17 d 尿囊液开始减少,19 d 动、静脉枯萎,20 d 尿囊血液循环停止。当雏鸡破壳而出后,可见尿囊绒毛膜弃留于蛋壳内壁上。尿囊上布满血管,通过血液循环把通过气孔进入蛋内的外界氧气和蛋壳上的钙带到胚体,同时把胚胎产生的 CO_2 带到蛋外(孵化中期胚蛋呼吸的主要方式,19 d 后被胚胎直接进行肺呼吸代替)。羊膜是覆盖在胚胎周围的一层保护性胎膜,在孵化 30 ~ 33 h 开始形成,先形成羊膜头褶,随后形成侧褶和尾褶,4 ~ 5 d 在胚胎背上方会合,形成羊膜腔并包围胚胎。尔后,羊膜腔中羊水越来越多,胚胎悬浮在羊水中。羊水可为胚胎提供水环境,缓冲震动,平衡压力。羊膜表面无血管,但有平滑肌,能有节律收缩,促进胚胎运动。浆膜是羊膜脊翻转后紧贴内壳膜分布的一层胎膜,一般和尿囊膜结合在一起即尿囊绒毛膜分布于内壳膜下。蛋白位于尿囊绒毛膜和卵黄囊之间,孵化 10 d 后水分进入浓缩的蛋白中,使蛋白变稀,通过浆羊膜道进入羊膜腔。孵化 12 d,胚胎用喙吞食蛋白,在肠内消化吸收,17 d 位于蛋小头的蛋白全部输送至羊膜腔。故 17 d 照蛋时,因胚胎下沉致蛋小头不透光即封门。

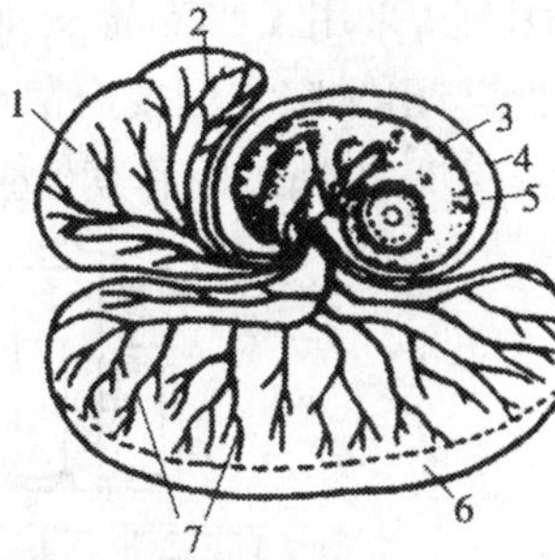

1. 尿囊 2. 尿囊血管 3. 胚胎 4. 羊膜
5. 羊水 6. 卵黄囊 7. 卵黄囊血管

图 2-10　胎膜示意图

(三) 孵化场规划设计和卫生管理

1. 场址选择

孵化场应是一个独立、隔离场所,离交通干线 500 m 以上,离居民点、禽场 1 000 m 以上,远离粉尘较大的工矿区。交通较为便利,水、电供应充足。

2. 孵化场的布局和工艺流程

孵化机孵化种蛋工艺流程为:种蛋消毒→种蛋贮存→种蛋码盘→种蛋孵化→移盘→出雏→雏鸡处置→雏鸡存放→雏鸡接运。

孵化场建筑要按照孵化工艺流程要求,形成长条形、单向流程布局。以孵化室与出雏室为中心,采用T形布置安排其他各室的位置,以减少运输距离和人员在各室间的往来。孵化室与出雏室之间要有隔离缓冲间。孵化场仅设内部办公室,供本场工作人员使用。对外办公室和供销部门和其他生活设施应设在隔离区以外。图2-11为孵化场布局示意图。

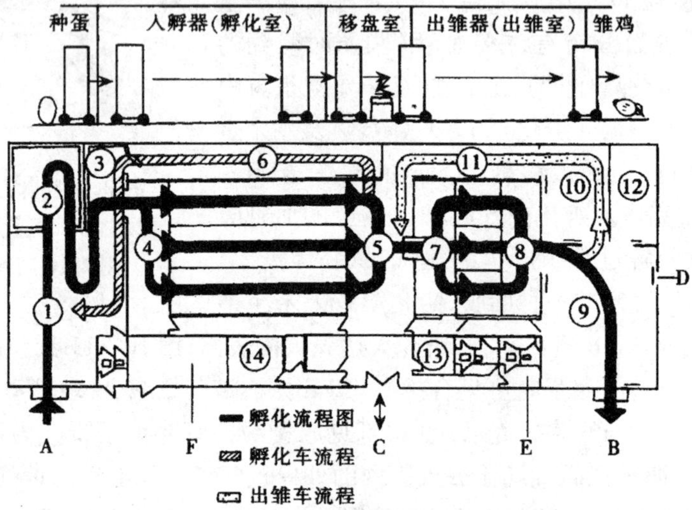

1. 种蛋处置室;2. 种蛋储存室;3. 种蛋消毒室;4. 孵化室入口;5. 移盘室;6. 清洁孵化盘(车)室;7. 出雏室入口;8. 出雏室;9. 雏鸡处置室;10. 洗涤室;11. 清洁出雏盘(车)室;12. 雏盒室;13. 办公室(内部);14. 技术室。A. 种蛋入口;B. 雏鸡入口;C. 工作人员入口;D. 废弃物出口;E. 淋浴更衣室;F. 餐厅

图2-11　孵化场布局

3. 孵化场的建筑

孵化场墙壁、地面和天花板应选用防火、防潮和便于消毒的材料。孵化室、出雏室内为无柱结构,以便于孵化机布局和管理操作。门高2.4 m左右,宽1.2~1.5 m,以利种蛋等运输。地面到天花板距离3.4~3.8 m,孵化机上部要有1.2~1.5 m的空间,以利机器维修和通风换气。屋顶应铺设保温材料,以避免天花板出现凝水。地面要用混凝土浇筑,表面光滑、平整,以利于种蛋运输和地面冲洗消毒。地下设排水沟(最好是明沟加盖板),管道口径要大些,以利于碎蛋壳和其他脏物经水冲排走。

4. 孵化场的通风换气设计

种蛋在孵化过程中须不断提供充足氧气，排除二氧化碳，驱散余热。因此，种蛋孵化不仅要搞好孵化机通风换气设计和操作，还要搞好孵化场的通风换气设计。最好各室单独通风，将废气排除室外。至少应以孵化室和出雏室为界，前后两单元各有一套单独的通风系统。有条件的可采用正压过滤通风系统（洗涤室以负压通风为宜）。出雏室废气应先通过加有消毒剂的水箱过滤后再排出室外。

5. 孵化场的卫生管理

孵化场是最容易被污染又最怕受污染的地方。搞好孵化场的卫生管理不仅要在孵化场场址选择和工艺流程方面符合卫生要求，还要在日常管理中符合卫生操作规程。

（1）工作人员的卫生要求　孵化场工作人员进场前，必须经过淋浴更衣，每人一个更衣柜，并定期消毒。运种蛋人员和接雏人员不得进入孵化场，更不允许进入孵化室。

（2）两批出雏间隔的消毒见本模块实践操作部分。

（3）定期进行微生物学检查　在每批出雏完毕后，从绒毛、残雏、死雏和死胎蛋中取样，进行微生物检查，以确定致病微生物是否存在。在冲洗消毒后，还应取空气及附着物进行微生物检查，以了解冲洗消毒效果。

（4）废弃物处理　及时将各室废弃物用塑料袋装好，选择适宜车辆集中运至远离孵化场的垃圾场处理，或进行焚烧、脱水制粉等。

（四）种蛋孵化效果的分析与提高

1. 衡量孵化效果的指标

（1）受精率（%）

受精率（%）= 受精蛋数/入孵蛋数 × 100%

受精蛋数包括死精蛋和活胚蛋。种蛋受精率一般大于90%。

（2）早期死胚率（%）

早期死胚率（%）= 胚龄1～5 d死胚数/受精蛋数 × 100%

通常早期死胚率为1%～2.5%。

（3）受精蛋孵化率（%）

受精蛋孵化率（%）= 全部出雏数/受精蛋数 × 100%

出雏数包括健雏、弱雏、残雏和死雏。受精蛋孵化率是衡量孵化效果的主要指标，一般在86%～90%，高水平可达92%以上。

（4）入孵蛋孵化率（%）

入孵蛋孵化率（%）= 全部出雏数/入孵蛋数 × 100%

入孵蛋孵化率一般在80%～84%，高水平可达87%以上。该指标反映种鸡场和孵化场的综合生产水平。

(5) 健雏率(%)

健雏率(%)=健雏数/出壳全部雏数×100%

健雏率一般在96%~98%。

(6) 死胎率(%)

死胎率(%)=死胎蛋数/受精蛋数×100%

死胎即毛蛋,指出雏结束后扫盘时未出壳的胚蛋。死胎率一般在5%~7%。

2. 胚胎死亡原因分析

(1) 孵化期胚胎死亡的分布规律

胚胎死亡在整个孵化期不是均匀分布的,存在两个死亡高峰:第1个高峰出现在孵化前期(鸡胚在3—5 d)。第2个死亡高峰出现在孵化后期(鸡胚在18—21 d)。通常第1高峰占整个孵化期全部死胚数的15%,第2个高峰占全部死胚数的50%。但对于低孵化率的种蛋,第1、2个高峰期死亡率基本相似。图2-12所示为胚胎死亡分布曲线。

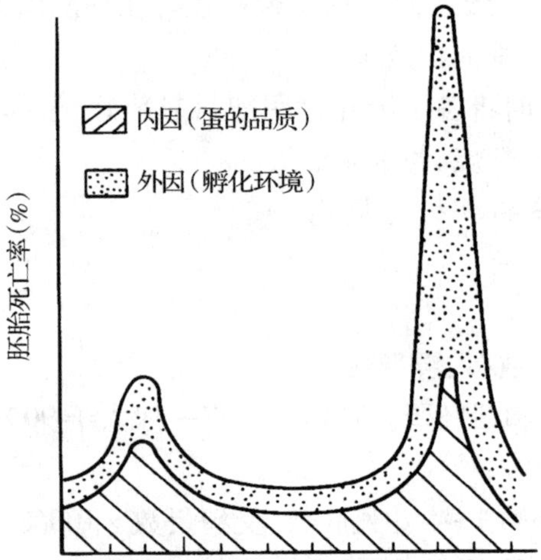

图2-12 胚胎死亡曲线

(2) 孵化期两个死亡高峰的原因分析

第1个死亡高峰期,此时正是胚胎迅速生长、形态变化显著的时期,各种胎膜相继形成而作用还不完善,胚胎对外界环境的变化很敏感,环境稍有不适,胚胎发育受阻,进而死亡。第2个死亡高峰期,此时胚胎正处于尿囊绒毛膜呼吸过渡到肺呼吸;胚胎生理变化剧烈,需氧量剧增,自温猛增;传染性胚胎病威胁日趋严重。胚蛋对孵化环境要求较高,若通风不良，散热不好，部分较弱的胚胎就不能顺利出壳。孵化率高低受内部和外部两方面因素的影响。内部因素是指种蛋内部品质，由种鸡的遗传和饲养管理决定的。外部因素包括入孵前种蛋管理和孵化中的孵化条件。自然孵化时，胚胎死亡率低，第1、2个高峰死亡率大体相同，死亡主要是由内部因素引起的。孵化机孵化法胚胎死亡率高，且第2个高峰更显著，胚胎死亡是内外因素共同影响的结果。在一定意义上讲，外部因素是主要的。外部因素对第2个死亡高峰影响大，内部因素对第1个死亡高峰影响大。

(3) 孵化各期胚胎死亡原因

前期死亡（鸡胚1—6 d）：种鸡营养水平及健康状况不良，主要是缺维生素A和维生素B_2；种蛋贮存时间过长，保存温度过高或受冻；种蛋熏蒸消毒过度；孵化前期温度过高；种蛋运输时剧烈震动。

中期死亡（鸡胚7—12 d）：种鸡营养水平及健康状况不良，主要是缺维生素B_2和维生素D_3；脏蛋没有及时消毒；孵化温度过高，通风不良；翻蛋不当。

后期死亡（鸡胚13—18 d）：种鸡营养水平差，缺维生素B_{12}；湿度过高；温度过高；温度过低；通风换气不良。

闷死壳内：出雏时温度、湿度过高；通风不良；胚胎软骨畸形，胎位异常；颈、腿麻痹。

啄壳后死亡：高温高湿（洞口黏液多）；通风不良；移盘后温度骤降；小头往上入孵；头两周未翻蛋；20—21 d孵化温度过高，湿度过低。

(4) 种蛋、胚胎、初生雏生物学检查的基本特征

种蛋、胚胎、初生雏生物学检查的基本特征见表2-15。

表2-15　种蛋、胚胎、初生雏生物学检查的基本特征

	原因	新鲜蛋	照蛋			死　胎	初生雏
			胚龄 5—6 d	胚龄 10—11 d	胚龄 19 d		
种蛋质量	维生素A缺乏	蛋黄淡白	无精蛋多，死亡率高，色素沉着少	胚胎发育略微迟缓	发育迟缓，肾有磷酸钙、尿酸结晶沉淀物	眼肿胀，肾有磷酸钙等结晶沉淀物，有活胚无力破壳	出雏时间延长，有许多瞎眼、眼病的弱雏
	维生素B2缺乏	蛋白稀薄，蛋壳表面粗糙	死亡率稍高，第1个死亡高峰在胚龄1—3 d	胚胎发育略微迟缓，胚龄9—14 d出现死亡高峰	死亡率增高，死胚有营养不良特征，软骨、绒毛卷缩呈结节状	胚胎有营养不良特征，躯体小，关节明显变形，颈弯曲，绒毛卷缩呈结节状，脑膜水肿	侏儒体型，绒毛卷缩呈结节状，雏颈和脚麻痹，趾弯曲

续表

	原因	新鲜蛋	照蛋			死　胎	初生雏
			胚龄 5—6 d	胚龄 10—11 d	胚龄 19 d		
	维生素 D3 缺乏	壳薄而脆,蛋白稀薄	死亡率稍增加	尿囊发育迟缓,胚龄 10—16 d 出现死亡高峰	死亡率显著增高	胚胎有营养不良的特征。皮肤水肿,肝脏有脂肪浸润,肾脏肥大	出雏时间拖延,初生雏软弱
	蛋白中毒	蛋白稀薄,蛋黄流动		死亡率增高,脚短而弯曲,鹦鹉喙,蛋质量减轻	胚胎营养不良,脚短而弯曲,腿关节变粗,鹦鹉喙,绒毛基本正常	弱雏多,且脚和颈麻痹	
	种蛋保存时间长	气室大,系带和蛋黄膜松弛。	很多胚死于头2天,剖检时胚盘表面有时有泡沫	胚发育迟缓,脏蛋、裂纹蛋被细菌污染,出现腐败蛋	胚发育迟缓		出雏时间延长,绒毛黏有蛋白。出雏不集中,雏品质不一致
	胚蛋受冻	很多蛋的壳冻裂	头几天胚大量死亡,尤其是头1天。卵黄膜破裂				
	运输不当	蛋壳破裂,系带断裂,气室流动					
孵化管理技术	头2 d 过热		部分胚胎发育良好,畸形多,黏壳上		头、眼、腭多见畸形	头、眼、腭多见畸形	出雏提前,多畸形,如无颅、无眼等
	3~5 d 过热		多数发育良好,时有充血、溢血、异位现象	尿囊合拢提前	异位,心、肝、胃变态畸形	异位,心、肝、胃变态畸形	出雏提前,但出雏时间拖延

续表

原因	新鲜蛋	照蛋 胚龄 5—6 d	照蛋 胚龄 10—11 d	照蛋 胚龄 19 d	死　胎	初生雏
短期强烈过热		胚干燥而黏壳上	尿囊血液呈暗黑色，且凝滞	皮肤、肝、脑、肾点状出血	异位，头弯左翅下或两腿间。皮肤、心脏有点状出血	
孵化后半期长时间过热				出壳较早，内脏出血	破壳时死亡多，蛋黄吸收不良，卵黄囊，肠、心脏充血	出雏较早，但出雏时间拖延，雏弱小，黏壳上，脐部愈合不良且出血，壳内有血污
温度偏低		胚发育很迟缓，气室过大	胚发育很迟缓，尿囊充血未合拢	胚发育很迟缓，气室边缘平整	很多活胎但未啄壳，尿囊充血，心脏肥大，卵黄吸入呈绿色，残留胶状蛋白	出雏晚且出雏时间拖延，雏弱，脐带愈合不良，腹大有时下痢，蛋壳表面污秽
湿度过高		气室小	尿囊合拢迟缓，气室小	气室边缘平齐且小，蛋质量减轻而小	啄壳时洞口多黏液，喙黏在壳上，嗉囊、胃、肠充满黏性液体	出雏晚而出雏时间拖延，绒毛长，与蛋壳黏着，腹大柔软无力，脐部愈合不良
湿度偏低		胚死亡率高，充血并黏附壳上，气室大	蛋质量损失大，气室大	蛋质量损失大，气室大	外壳膜干黄并与胚胎黏着，破壳困难，绒毛干短	出雏早，雏弱小干瘪，绒毛干燥污乱发黄。雏鸡脱水
通风不良		死亡率增高	羊水中有血液	羊水中有血液，内脏充血，胎位不正	胚胎在蛋的小头啄壳，多闷死壳内	雏鸡出雏不集中，且品质不一致。雏不能站立，蛋白黏绒毛
翻蛋不正常		卵黄囊黏附壳膜	尿囊合拢不良	尿囊外有黏着性的剩余蛋白，异位		
卫生条件差		死亡率增高	腐败蛋增加	死亡率增高	死胎率明显增高	雏软弱无力，脐部愈合不良，潮湿有异臭味，脐炎

注:胚胎营养不良症状的主要特征是:骨骼早期发生变形、软骨,因而产生胚胎肢体短缩,骨骼发育明显受阻。同时,其他组织器官营养不良,如羊水稠度高,蛋白、蛋黄利用不全,皮肤水肿,结节状绒毛,脑膜水肿,肝脏灰黄色、质脆。肾尿酸盐、磷酸盐沉淀。形态学上表现为胚体小、两肢缩短、关节肿大畸形、骨干弯曲、鹦鹉喙、颅骨开裂、颈弯曲等

3. 提高孵化率的途径

(1) 搞好种禽饲养,保证所产种蛋质量

家禽胚胎发育主要在蛋内完成,种蛋的品质对孵化率具有重大影响。种蛋为种禽所产,搞好种禽饲养是提高种蛋品质的根本措施。首先,要搞好种禽日粮的配合、加工、保存和饲喂,使种禽获得全价营养,保证所产种蛋中含有足够营养,满足胚胎顺利发育的需要,特别是满足各种维生素和微量元素的需要。其次,搞好种禽综合性卫生防疫工作。要对种禽场实施更为严格的卫生防疫措施,防止各种病原体的污染,保证种禽健康。严格执行封闭、隔离、消毒、免疫接种、药物预防、饲养管理等综合性防疫技术规范,特别对经种蛋垂直传播的疾病要搞好净化工作,定期检疫,坚决淘汰阳性个体。第三,搞好对种禽的配种管理,确保种蛋有较高的受精率。

(2) 加强种蛋管理,确保入孵前种蛋品质

增加每天种蛋收集的批次(每隔 2 h 收集种蛋 1 次),减少窝外蛋。每批种蛋收集后及时消毒,并入库保存。尽量减少种蛋保存的时间,一般以不超过 7 d 为好。

(3) 创造良好的孵化条件

掌握好孵化条件是提高种蛋孵化率的关键,其中温度和通风换气是孵化条件的重点。首先要做好温度的管理。要根据不同种蛋、不同规格的孵化器、不同孵化季节、不同胚龄等实施恰当的孵化温度,孵化前期尤其是前 5 d 要注意保温,孵化后期尤其是移盘后要注意散热,防止超温。其次,要搞好通风换气管理。孵化室通风换气设计要科学,保证孵化器进气新鲜,出气顺畅。最好各室单独通风,将废气排除室外。至少应以孵化室和出雏室为界,前后两单元各有一套单独通风系统。孵化器风门按规范操作,保证孵化器内空气相对新鲜,尤其要注意出雏期间保证足够通风换气量,力避停电等意外情况的发生。

(4) 抓住孵化过程中的两个关键时期

整个孵化期有两个关键阶段,必须特别重视。第一阶段是前期 1—7 d,此期要特别注意保温;第二阶段是后期 18—21 d(鸭 24—28 d、鹅 26—31 d),此期要特别注意通风换气。1—7 d 要尽快达到适宜孵化的温度的措施有:种蛋入孵前预热;孵化 1—5 d 将进出气孔全部关闭;熏蒸消毒孵化器内的种蛋时应在蛋壳表面的水珠干后进行,并避免在 1—4 d 胚龄进行;5 d(鸭 6 d、鹅 7 d)前不照蛋,以免温度下降;提高孵化室温度;避免长时间停电。后期 18—21 d 通风换气要充分,措施有:避免在 18 d 移盘(鸭 22—23 d、鹅 25—26

d)，可提前或推后；啄壳出雏时提高湿度、降低温度，避免高温、高湿；出雏器温度一般不超过37℃～37.5℃，湿度提高到70%～75%；加大通风换气量；保证正常供电，切不可停电；捡雏不可太频繁，在60%～70%出壳时捡一次，最后出雏结束时再捡一次。

五、练习

(1) 结合生产，运用孵化机孵化法孵化种蛋。
(2) 影响种蛋孵化率的因素有哪些？

模块三　初生雏的管理

一、学习目标

※终极目标：会对初生雏鸡进行处置。
※促成目标：
(1) 会对初生雏鸡进行强弱分级；
(2) 会对初生雏鸡进行雌雄鉴别；
(3) 会对初生雏鸡进行马立克疫苗接种；
(4) 会对初生雏鸡进行运输。

二、学习任务

(1) 雏鸡强弱分级；
(2) 雏鸡雌雄鉴别；
(3) 接种马立克疫苗；
(4) 雏鸡运输。

三、实践操作

(一) 雏鸡强弱分级

1. 健雏选择与存放

(1) 雏鸡感官鉴别标准　见表2-16。

表 2-16　健雏与弱雏的感官鉴别

项　目	健　雏	弱　雏
出壳时间	正常(20.5—21 d)	过早或过迟
绒毛	整洁、有光泽、长度正常	蓬乱污秽,无光或短缺
体质量	匀称一致,达标	大小不一,过重或过轻
脐部	愈合良好,干燥,有绒毛覆盖	愈合不好,有黏液、血液或卵黄外突
腹部	大小适中,柔软	特别大或小
手感	有膘、饱满、有挣扎力	瘦弱、松软、无挣扎力
精神	活泼、结实、反应快	痴呆、闭目、怕冷、站立不稳、反应迟钝
鸣声	脆而响亮	嘶哑或鸣叫不休

(2) 存放　健雏挑出后,放于消毒好的专用雏鸡盒中并暂存于雏鸡存放室。存雏室温度保持在25℃～29℃,空气新鲜,黑暗,使雏鸡有一良好的休息环境。雏鸡以每盒50～100只分放,盒与盒可重叠或交错放置,最下层要用空盒或木板垫起。存放时要经常观察雏鸡动态,发现打堆、张口喘气,表明温度太低或太高。雏鸡存放时间不宜过久,应尽早运达育雏舍,及时开水、开食。

2. 弱雏特征

绒毛污乱,常有蛋壳、壳膜粘连或绒毛扭结。脐部愈合不良、红肿、结巴或潮湿带血污。蛋黄吸收不良,腹大拖地。精神不振,两眼时开时闭,叫声无力,对光、声反应迟钝。站立不稳,常两腿或一腿叉开。形态臃肿或干瘪,个体大小不一。

3. 残雏、畸形雏特征

弯喙或交叉喙。脐部开口并流血,蛋黄外露甚至拖地。脚、头麻痹,瞎眼扭脖。雏体干瘪,绒毛稀短焦黄。

雏鸡分级见图2-13。

健雏

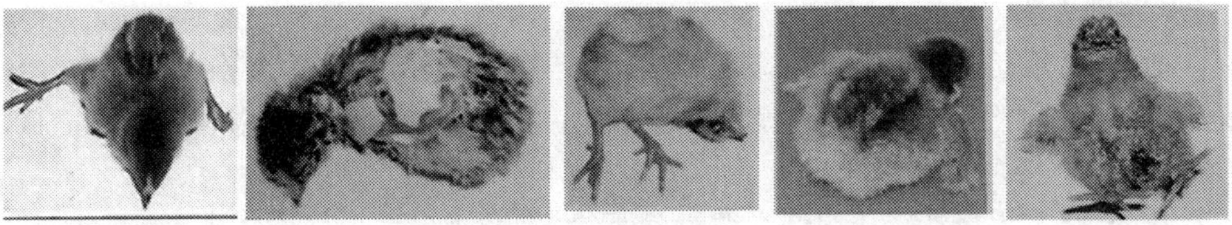

劈叉腿　黏壳　转脖　不能站立　脐孔带血

弱雏和残雏

图 2-13　雏鸡分级

（二）雏鸡雌雄鉴别

1．翻肛鉴别法

（1）雏鸡鉴别室及设备

雏鸡鉴别室一般位于出雏室和雏鸡待运室之间，面积根据鉴别任务的大小而定，一般每位鉴别员占地面积不小于 12 m^2（包括存放鉴别雏的地方）。室内要易冲洗消毒，平坦水泥地面，在离地 1 m 高墙壁上用水泥抹平，上刷油漆或镶贴瓷砖。为了保温和遮光，在离地 1.7 m 以上开一个宽为 90～100 cm 的条形窗，室内设空调，温度保持在 22℃～26℃，窗户用黑红布遮光，一般以 10 Lx 光照度为好，以便于雏鸡安静和鉴别光线的集中。鉴别设备有：鉴别桌（见图 2-14）、鉴别盒、鉴别椅、鉴别灯、排粪缸、雏鸡盒。

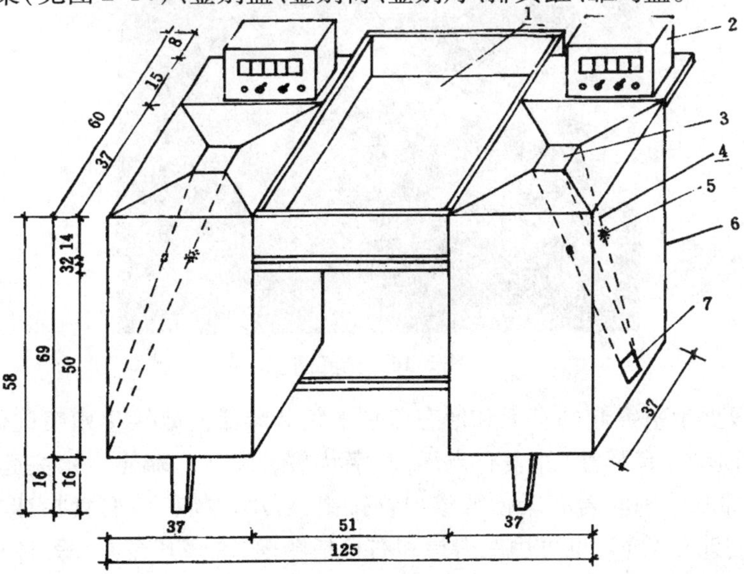

1. 鉴别盒（无底）；2. 雏鸡计数器；3. 雏鸡进口；4. 斜管；5. 光电接收器；6. 雏鸡箱；7. 雏鸡出口

图 2-14　雌雄鉴别桌

（2）鉴别方法

① 抓雏：右手朝向雏鸡运动的方向，掌心贴雏背将雏抓起，然后将雏鸡头部向左侧迅速移至放于排粪缸附近的左手，雏背贴掌心，肛门向上，雏颈轻夹在中指和无名指之间，双翅夹在食指与中指之间，见图2-15。

② 排粪：将左手拇指轻压腹部左侧髋骨下缘，借助雏鸡呼吸将粪便排入排粪缸中。

③ 翻肛：左手拇指放于肛门左侧，右手食指放于肛门右侧，右拇指侧放于雏鸡脐带处。右拇指沿直线往上顶推，右食指往下拉，往肛门处收拢，左拇指也往里收拢，三指凑拢一挤，肛门即翻开。见图2-15、2-16。

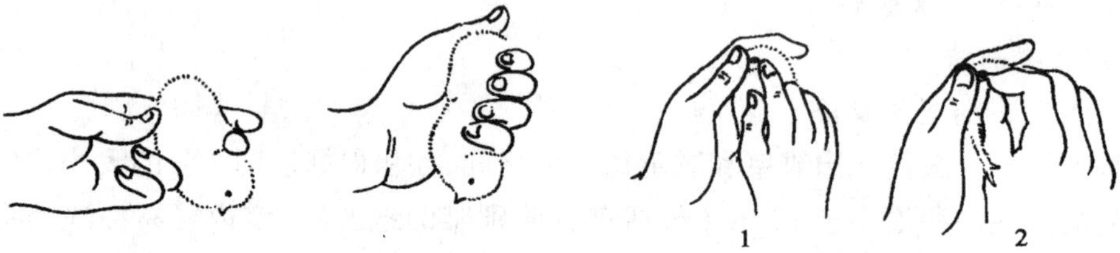

夹握法握雏　团握法握雏　翻肛手法

图2-15　握雏及翻肛手法

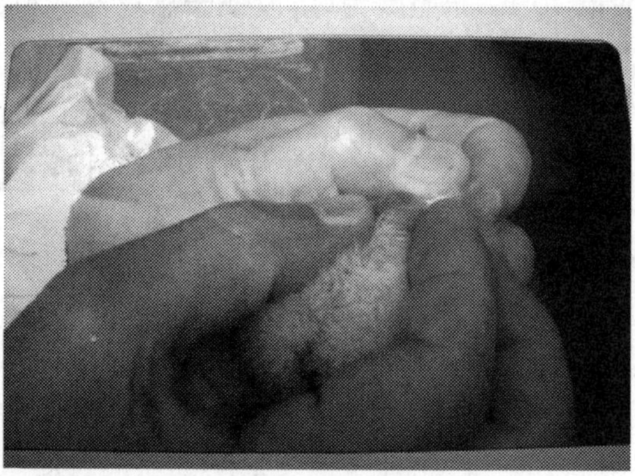

图2-16　翻肛图

④ 鉴别：根据生殖突起的有无和形态差别来判断雌雄。雄雏生殖突起位于肛门浅处下方，充实似球形，富有弹性，外表有光泽，八字状皱襞发达。雌雏生殖突起退化，八字状皱襞不发达。翻肛鉴别时若有粪便或渗出物排出，可用左拇指或右食指抹去，再行观察。若生殖突起一时难以分辨，也可用左拇指和右食指触摸，观察其充血和弹性程度。若触摸易充血、有弹性、表面紧张有光泽，一般为雄性雏鸡；若不易充血、柔软透明、无弹性，一般为雌性雏鸡。

⑤ 放雏：将鉴别好的雏鸡，按雌雄分别轻放不同的雏鸡盒中。

（3）鉴别注意事项

鉴别前要消毒：鉴别员穿消毒好的工作服、鞋，戴帽、口罩，并用新洁尔灭消毒液洗手。鉴别时间在雏鸡出壳后 2 ~ 12 h 较好，最迟不能迟于出壳后 24 h。鉴别灯光照强度要适中，一般采用 40 ~ 60 W 带罩乳白色灯泡的光线。动作要轻捷，避免伤害雏鸡。

2. 自别雌雄法

（1）慢羽与快羽自别雌雄

根据伴性遗传规律，若母本为慢羽，父本为快羽，则下一代雄性为慢羽，雌性为快羽。快羽即主翼羽长于覆主翼羽，慢羽即主翼羽短于或等于覆主翼羽。将初生雏鸡翅膀拉开，根据主翼羽与覆主翼羽的相对长度即可判断雌雄，见图 2-17。

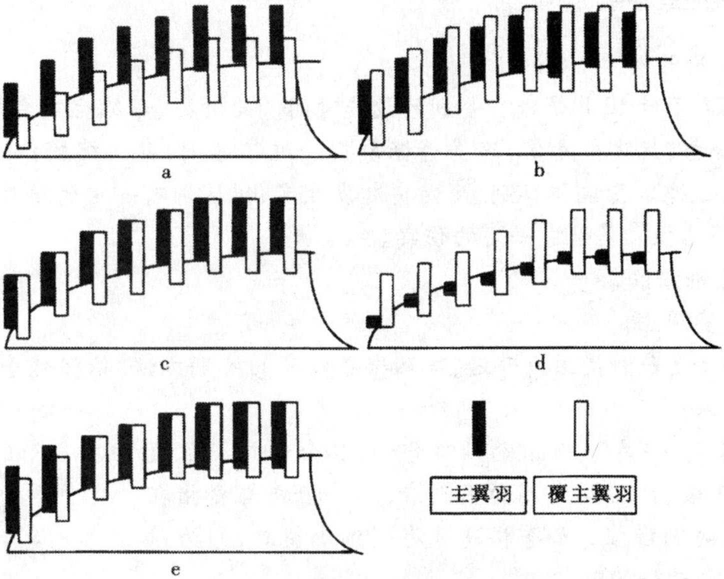

a. 快羽 b. 慢羽 c. 慢羽 d. 慢羽 e. 慢羽

图 2-17　雏鸡快慢羽示意图

（2）银色与金色绒羽自别雌雄

根据伴性遗传规律，若母本为银色绒羽，父本为金色绒羽，则下一代雄性为银色绒羽，雌性为金色绒羽。金银色绒羽的伴性遗传，由于存在其他羽色基因的作用，其子一代雏鸡羽毛会出现中间类型，见表 2-17。

表 2-17 银色与金色绒羽自别雌雄公雏与母雏的特征

性别	类型 1（约占 60%）	类型 2（约占 30%）	类型 3（约占 5%）	类型 4（约占 4%）	类型 5（约占 1%）
母雏	浅褐色，头部带白色条纹，背部有 1 条或 3 条白色条纹	全身浅褐色	浅褐色，头部有白斑	深红色，头部和背部有黑色条纹	白色，眼睛周围为浅褐色并延伸至头顶
公雏	白色，头部带红色条纹，背部有 1 条或 3 条红色条纹	全身白色或近白色	白色，头部有红斑	白色，头部和背部有黑色条纹	白色，眼睛周围为红色，头顶隐约可见红斑

附：雏鸭、雏鹅雌雄鉴别

1. 雌雄鉴别时间

在出壳绒毛干后 12 h 是进行鉴别的最佳时间。此时公、母雏生殖突起形态相差最为显著，也容易抓握，且腹部充实，容易开张肛门。过早鉴别，身体绵软，呼吸弱，蛋黄吸收差，不易翻肛；过晚进行翻肛鉴别，生殖突起发生变化，区别有一定的难度，并且肛门发紧不易翻开，若用力操作易造成一定的伤害。

2. 雌雄鉴别方法

（1）肛门鉴别法

肛门鉴别法是一种使用最普遍，准确率也较高的鉴别方法，依操作手法不同，又可分为以下 3 种方法：

① 捏肛鉴别法：左手拇指紧贴雏背部，其余四指托住腹部，使其背向上腹向下，肛门朝向鉴别者；右手拇指与食指在泄殖腔外部的两侧轻捏。如手指感觉有一细小突起，即为雄雏鸭；若没有，则为雌雏鸭。

② 翻肛鉴别法：此法是最为常用的鉴别方法。左手中指与无名指夹住颈口，使其腹部向上，右手大拇指与食指放在泄殖腔两侧，轻轻翻开泄殖腔。若在泄殖腔下方见到 0.2～0.4 mm的细小突起为雄雏鸭；如是呈八字状的皱襞，则为雌雏鸭，见图 2-18。

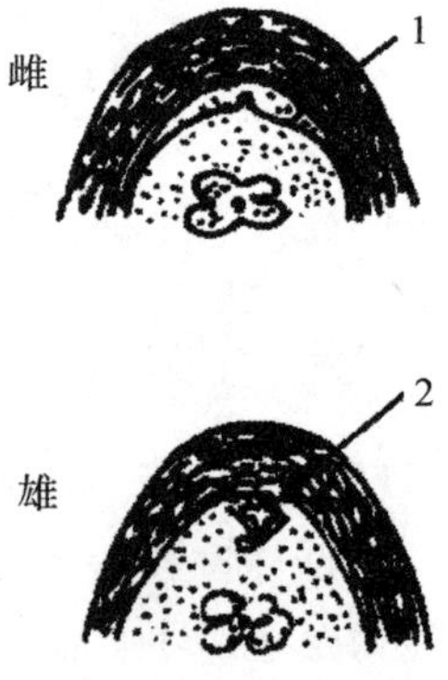

1. 八字状襞；2. 阴茎雏形

图 2-18 初生雏鸭（鹅）翻肛鉴别雌雄

③ 顶肛鉴别法：此法最难掌握，但熟练掌握后速度最快，抓握手法与捏肛相似，左手抓握苗雏，右手中指在泄殖腔外部轻轻向上一顶，感觉有细小的突起者为雄雏；反之，则为雌雏。

(2) 外形鉴别法

此法需要丰富的实践经验,且各品种间也有一定的差异,所以多用于粗略的估算群体中雌雄雏的性别比例。

① 头部:雄雏头部较大,喙长,颈长,脚高,尾羽尖,体形较长,喙部周围毛边呈角形;雌雏头部较小,喙短,颈短,脚矮,尾羽散开,体形短圆,喙部周围的毛边呈弧形。

② 鼻子和下颌:雄雏鼻子狭窄,线形,鼻边粗硬,呈起伏状;雌雏鼻孔宽大,圆状,鼻边柔软,不呈起伏状。下颌毛边明显坚实,呈三角形而且不整齐者为雄雏;下颌毛边缘呈弧形且整齐者是雌雏。

(3) 鸣管鉴别法

鸣管又称下喉,在气管分叉的顶部,是鸭的发声器官。雌雄雏鸭的鸣管在形态结构上有较大的差异:雄雏鸭的鸣管膨大呈球形,直径 3 ~4 mm,在胸前就可摸到,而雌雏鸭仅在气管的交叉处稍微粗大些。操作时用右手托住雏鸭,右手食指置于相当于鸡的嗉囊位置,左手拇指放于雏鸭的颈后部,食指置于雏鸭下颌处。如果是雄雏鸭,当左手食指使雏鸭头部上下活动时,右手食指可触摸到 4 个稍微活动的类似绿豆粒大小的硬物,而雌雏鸭无此感觉。

(三) 雏鸡接种马立克疫苗

1. 准备注射器具

连续注射器经清洗后进行煮沸消毒。

2. 稀释疫苗

HVT 苗或二价苗(-16℃冷冻保存)用马立克疫苗专用稀释液(4℃保存)进行稀释,稀释疫苗时要避免疫苗剧烈震荡。配制疫苗时通常按 2 倍剂量,并注意疫苗瓶要反复冲洗 3 ~4 次,以确保接种剂量(一般要求 2 000 ~4 000 PFU/只)。

3. 免疫接种

颈部皮下注射,剂量 0. 2 mL/只。注射针头选择细而短的型号,避免接种时伤害雏鸡,见图 2-19。

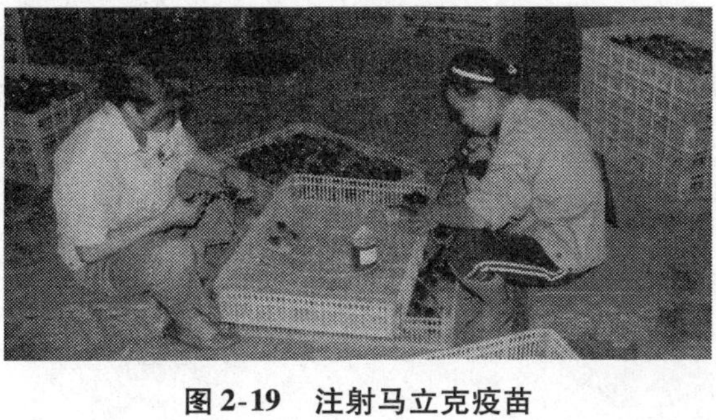

图 2-19 注射马立克疫苗

4. 注意事项

（1）雏鸡出壳后 24 h 内接种完毕。

（2）疫苗稀释后仍要放在冰瓶内，并在 2 h 内用完。

（3）防止雏鸡早期感染，对种蛋、孵化机、孵化室、育雏室及育雏器具要严格消毒；20 日龄前雏鸡严格隔离饲养，并对饲养环境经常消毒；不同日龄的鸡群不能混养。

（4）注意接种场地及周围环境卫生，并严格消毒。

（5）环境温度保持在 25℃ ~29℃。

（四）雏鸡运输

1. 运输工具

（1）运雏盒　由纸质或塑料制成，纸质一般一次性使用，塑料一般经消毒后可重复使用。运雏盒形状见图 2-20。

塑料

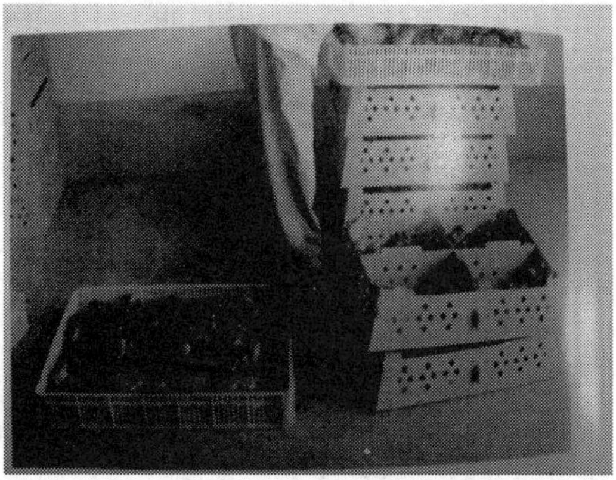

纸质

图 2-20　运雏盒

纸质雏鸡盒是用瓦楞纸板打孔（直径 1.5 cm）做成上小下大的梯形，分成 4 格，每格可放雏鸡 25 只。规格（cm）为（53 ~60）×（38 ~45）×16.3。4 个角各伸出 1 个高 2.7 cm 的 3.5 cm×3.5 cm 的三角垫，以便叠放时在上下盒之间保持 2.7 cm 的间隙，以用于通气和散热。塑料运雏盒是用硬质塑料做成的下小上大的梯形，中间分成 4 格，底部垫上纸板，每格存放 25 只雏鸡。

（2）运雏车　专用运雏车可自动调节车厢内温度和通风量（见图 2-21）。

图 2-21　运雏车

2. 运输要求

（1）迅速及时　一般要求雏鸡出壳后 24 h 运达育雏舍，最迟不超过 48 h。

（2）舒适安全　运输途中要防闷、防热、防寒、防压、防淋、防颠簸震动。最好采用带空调的专用运雏车运送。

（3）注意卫生　运雏盒、运输车辆要严格消毒。

注：对于自然交配的种用雄雏出壳后还要进行剪冠、断趾处理。剪冠一般用弯剪贴着头顶皮肤由前往后把鸡冠平剪掉。断趾一般用截爪器或电烙铁截去第 1 和第 2 趾的趾爪，即将趾甲盖后面趾头的外关节切断并烧烙。

四、知识点击

（一）鸡泄殖腔的构造与雌雄鉴别

1. 鸡泄殖腔的构造

鸡泄殖腔是直肠末端到肛门开口的一段空腔，将泄殖腔背壁纵向切开，由内向外有 3 个皱襞：第 1 个皱襞是黏膜皱襞，与直肠绒毛状皱襞相连；第 2 个皱襞位于泄殖腔中间，由斜行的小皱襞集合而成，在泄殖腔背壁较宽广，至腹壁逐渐变细，终止于第 3 个皱襞；第 3 个皱襞为形成泄殖腔开口的皱襞，见图 2-22。

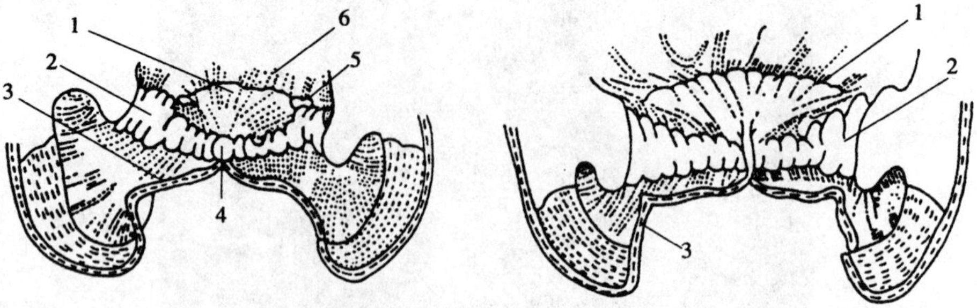

1. 第 1 个皱襞;2. 第 2 个皱襞;3. 第 3 个皱襞;4. 生殖突起;5. 输精管突起;6. 直肠末端

图 2-22　雏鸡泄殖腔构造

雄性泄殖腔共有 5 个开口:两个输尿管开口于泄殖腔上壁第 1 个皱襞的外侧;两个输精管开口于泄殖腔下壁第 1、2 个皱襞的凹处,成年鸡有小乳头突起;再一个为直肠开口。在近肛门开口泄殖腔下壁中间第 2、3 个皱襞相合处有一芝麻大的白色球状突起,两侧围以规则的"八"字状皱襞,白色球状突起称为"生殖突起"。生殖突起和"八"字状皱襞构成"生殖隆起"。在交配时,生殖隆起充血勃起围成管状,精液通过该管射至母鸡阴道口。雌性泄殖腔有 4 个开口:两个输尿管开口和一个直肠开口与雄性一样,而在泄殖腔左侧稍上方,第 1、2 个皱襞间有一输卵管开口。在雄性生殖突起存在的部位,雌性没有白色球状突起,而成凹陷状。雏鸡雌雄鉴别就是基于这一解剖特点进行的。

2. 初生雏鸡生殖突起的形态差异

初生雏鸡生殖突起的形态差异见表 2-18。

表 2-18　初生雏鸡生殖突起的形态差异

性别	类型	生殖突起	"八"字皱襞
雌雏	正常型	无	退化
	小突起	突起较小,不充血,突起下有隐约可见的凹陷	不发达
	大突起	突起稍大,不充血,突起下有凹陷	不发达
雄雏	正常型	大而圆,形状饱满,充血,轮廓明显	很发达
	小突起	小而圆	较发达
	分裂型	突起分裂为两部分	较发达
	肥厚型	较正常型大	发达
	扁平型	突起大而扁	发达、不规则
	纵　型	尖而小,着生部位较深,突起直立	不发达

（二）伴性遗传与自别雌雄配套系

1. 伴性遗传原理

鸡体细胞中有 39 对染色体，其中 38 对为常染色体，1 对为性染色体。雄鸡性染色体的组成为 ZZ，雌鸡性染色体组成为 ZW。伴性遗传即基因位于性染色体上的遗传方式，因 Z 染色体较长，W 染色体很短，故伴性遗传主要是指基因位于 Z 染色体上的遗传方式。若雄鸡性染色体 ZZ 上有一对隐性纯合基因 aa，雌鸡性染色体 ZW 上有一显性基因 A，则雄鸡形成一种精子即 Z^a，雌鸡形成两种卵子即 Z^A、W。精子与卵子结合产生下一代，雄鸡为 Z^AZ^a，雌鸡为 Z^a W。上一代父本表现 a 控制的性状，母本表现 A 控制的性状，子一代雄性表现 A 控制的性状，雌性表现 a 控制的性状。母本的性状传递给雄性子一代，父本的性状传递给雌性子一代，形成交叉遗传现象。养鸡生产中利用伴性遗传原理，可培育自别雌雄配套系。

2. 伴性遗传的应用

（1）慢羽（K）、快羽（k）自别雌雄

亲本　♂ Z^kZ^k　×　Z^KW ♀
　　　快羽　　　　慢羽
　　　　　　↓
子一代　♂ Z^KZ^k　　Z^kW ♀
　　　慢羽　　　　快羽

（2）银色羽（S）、金色羽（s）自别雌雄

亲本　♂ Z^sZ^s　×　Z^SW ♀
　　　金色　　　　银色
　　　　　　↓
子一代　♂ Z^SZ^s　　Z^sW♀
　　　银色　　　　金色

（3）芦花（B）、非芦花（b）自别雌雄

亲本　♂Z^bZ^b　×　Z^BW♀
　　　非芦花　　　芦花
　　　　　　↓
子一代　♂Z^BZ^b　　Z^bW♀
　　　芦花　　　　非芦花

(4) 淡色胫(Id)、深色胫(id)自别雌雄

亲本　♂$Z^{id}Z^{id}$　×　$Z^{Id}W$♀

　　　深色胫　　淡色胫

　　　　　↓

子一代　♂$Z^{Id}Z^{id}$　　$Z^{id}W$♀

　　　淡色胫　　深色胫

3. 伴性遗传在四系配套褐壳蛋鸡中的应用

曾祖代	♂A × A♀	♂B × B♀	♂C × C♀	♂D × D♀
	$Z^s_k Z^s_k$ ↓ $Z^s_k W$	$Z^s_K Z^s_K$ ↓ $Z^s_K W$	$Z^S_k Z^S_k$ ↓ $Z^S_k W$	$Z^S_K Z^S_K$ ↓ $Z^S_K W$
祖代	♂A $Z^s_k Z^s_k$	B♀ $Z^s_K W$	♂C $Z^S_k Z^S_k$	D♀ $Z^S_K W$
	× ↓		× ↓	
父母代	♂AB $Z^s_K Z^s_k$	× ↓	CD♀ $Z^S_k W$	
商品代		♂ABCD $Z^S Z^s$	ABCD♀ $Z^s W$	

五、练习

1. 实践训练

在老师指导下分别练习健雏选择、雏鸡雌雄鉴别、接种 MD 疫苗、雏鸡运输管理。

2. 思考题

种蛋孵化工作全程卫生管理的意义？如何进行？

项目三

蛋鸡的培育和饲养

模块一　雏鸡的培育(0—8 周龄)

一、学习目标

※终极目标:会进行雏鸡培育。
※促成目标:
(1) 会进行育雏前准备;
(2) 会进行雏鸡的饲粮配方设计;
(3) 会进行雏鸡的饲养管理;
(4) 会进行雏鸡的疾病防治。

二、学习任务

(1) 育雏前准备;
(2) 雏鸡饲粮配方设计;
(3) 雏鸡喂水、喂食;
(4) 雏鸡管理;
(5) 雏鸡断喙;
(6) 雏鸡防疫。

三、实践操作

(一) 育雏前准备

1. 育雏舍及育雏设备的准备

(1) 育雏舍准备

育雏舍建设时选址一般坐北向南,东西走向,离其他鸡舍 100 m 以上的上风向或安全角,有条件的可单独设场。育雏舍设计要求保温性能好,墙体厚度一般在 20 cm 以上,屋檐至地面距离不超过 2.5 m,窗面积不要过大,采光系数为 1: (12 ~15),屋面保温性能要好,最好设置天花板。适当注意通风换气,但气流不能过速,进风口不能直吹鸡只。小批量育雏可采用自然通风(如进风口可设在迎风面墙壁下方,采用翻窗或百叶窗进气,背风面墙壁上方设排气口),大批量育雏须专设机械通风系统(如负压机械通风可在侧墙上方进风口设计成通风小窗,对面侧墙下方设出风口,用风机往舍外抽气)。舍内混凝土地面,墙壁水泥粉刷,以便于冲洗消毒。在育雏开始前 4 周对育雏舍进行整修。育雏舍面积根据育雏规模、育雏方式、饲养密度等具体确定。

(2) 育雏设备准备

① 饲养设备:层叠式育雏笼及其喂料、饮水、承粪、网垫等配套设备(立体育雏);育雏伞及围栏、垫料、料桶、饮水器配套设备(地面平面育雏)。

② 供温设备:根据不同情况可选择热风炉、保温伞、直燃式加热器、煤炉、锅炉(水暖、气暖)、红外线灯、地下烟道等供温设备。

此外,还有供电、配电设备,通风、照明设备,卫生、消毒设备等。

2. 育雏用品的准备

育雏开始前应准备好饲料、燃料、药品、温度计、卫生用品、清扫工具等。

3. 育雏舍消毒

育雏前应对育雏舍、育雏设备、育雏工具等进行彻底消毒。首先对育雏舍、育雏设备进行清扫,将粪便、垫料、羽毛、灰尘等彻底清理,再用高压水枪进行冲洗,待舍内干燥后用消毒药液喷洒消毒,在进雏前 5 d 熏蒸消毒,1 ~2 d 后打开门、窗散气。

4. 育雏室预温

在进雏前 1 ~2 d 启用加温设备,将育雏舍温升高至育雏温度并保持,等待雏鸡进舍。起初育雏舍温度一般要达到 25℃ ~29℃,垫料、育雏器下温度一般达到 34℃ ~35℃。

(二) 雏鸡饲粮配方设计

饲粮配方设计的方法较多,有试差法、四角法、差代法和电子计算机计算法等。试差法是畜牧生产中最常用的一种设计方法,即根据饲养标准及饲料供应情况,选用数种饲料,先初步规定用量进行试配,然后将其所含养分与饲养标准对照比较,并通过调整饲料用量使之符合饲养标准的规定。若设计蛋鸡 0—8 周龄饲粮配方,具体步骤如下:

(1) 查找《中国鸡饲养标准》,列出蛋鸡 0—8 周龄营养需要量,见表 3-1。

表 3-1　蛋鸡 0—8 周龄每千克饲粮的养分含量

代谢能（MJ/kg）	粗蛋白（%）	赖氨酸（%）	蛋氨酸（%）	蛋氨酸+胱氨酸（%）	Ca（%）	P（%）	NaCl（%）
11.92	19.0	1.00	0.37	0.74	0.90	0.70	0.30

（2）查《中国饲料成分及营养价值表》，列出所用饲料原料（一般包括能量饲料、蛋白质饲料、矿物质饲料）的养分含量，见表 3-2。根据雏鸡生理特点，饲粮原料要求粗纤维含量低、营养价值高、品质优良、容易消化。特别注意不能使用霉变饲料，尽量不使用有毒有害原料如菜籽粕、棉籽粕等。

表 3-2　每千克饲料中所含营养成分

饲料	代谢能（MJ/kg）	粗蛋白（%）	赖氨酸（%）	蛋氨酸（%）	蛋氨酸+胱氨酸（%）	Ca（%）	P（%）
玉米	14.06	8.6	0.27	0.13	0.31	0.04	0.21
豆粕	10.29	47.2	2.54	0.51	1.16	0.32	0.62
鱼粉（进口）	12.13	60.5	4.35	1.65	2.21	3.91	2.90
麸皮	6.57	14.4	0.47	0.15	0.48	0.18	0.78
磷酸氢钙						21	18
贝壳粉						33.4	0.14

（3）试配　根据饲粮配合时对各种饲料大致比例的要求，初步确定各种饲料的用量，并计算其养分含量，然后将各种饲料中的养分含量相加，并与饲养标准对照比较。先进行代谢能、粗蛋白、氨基酸营养指标的试算（预留 3%），见表 3-3、3-4。

表 3-3　初配和试算

饲料	比例	代谢能（MJ/kg）	粗蛋白（%）
玉米	0.61	14.06×0.61＝8.576 6	8.6×0.61＝5.246
豆粕	0.21	10.29×0.21＝2.160 9	47.2×0.21＝9.912
鱼粉	0.04	12.13×0.04＝0.485 2	60.5×0.04＝2.42
麸皮	0.11	6.57×0.11＝0.722 7	14.4×0.11＝1.584
合计	0.97	11.945 4	19.162
标准		11.92	19
差数		+0.025 4	+0.162

表 3-4　初配和试算

饲料	比例	赖氨酸(%)	蛋氨酸(%)	蛋氨酸＋胱氨酸(%)
玉米	0.61	0.27×0.61＝0.164 7	0.13×0.61＝0.079 3	0.31×0.61＝0.189 1
豆粕	0.21	2.54×0.21＝0.533 4	0.51×0.21＝0.107 1	1.16×0.21＝0.243 6
鱼粉	0.04	4.35×0.04＝0.174 0	1.65×0.04＝0.066 0	2.21×0.04＝0.088 4
麸皮	0.11	0.47×0.11＝0.051 7	0.15×0.11＝0.016 5	0.48×0.11＝0.052 8
合计	0.97	0.923 8	0.268 9	0.573 9
标准		1	0.37	0.74
差数		－0.076 2	－0.101 1	－0.166 1

(4) 调整　根据试配日粮与饲养标准比较的差异程度,调整某些饲料的用量,再进行计算和对照比较,直至与标准符合或接近为止。从表 3-3、3-4 可以看出,配方中能量和蛋白质指标基本符合饲养标准(与标准相差≤5%),需补充赖氨酸0.076 2%÷78.8%＝0.096 7%和蛋氨酸0.166 1%。

(5) 计算钙、磷含量,并与饲养标准进行比较,见表 3-5。

表 3-5　钙、磷含量计算表

饲料	比例	钙(%)	磷(%)
玉米	0.61	0.04×0.61＝0.024 4	0.21×0.61＝0.128 1
豆粕	0.21	0.32×0.21＝0.067 2	0.62×0.21＝0.130 2
鱼粉	0.04	3.91×0.04＝0.156 4	2.9×0.04＝0.116
麸皮	0.11	0.18×0.11＝0.019 8	0.78×0.11＝0.085 8
合计	0.97	0.267 8	0.460 1
标准		0.9	0.7
差数		－0.632 2	－0.239 9

(6) 补充钙、磷　选用磷酸氢钙补足磷,磷酸氢钙含磷量为18%,需要磷酸氢钙量为:0.239 9%÷18%＝1.332 8%,其中含钙量为1.332 8%×21%＝0.279 9%。尚不足的钙由贝壳粉补充,需要贝壳粉量为:(0.632 2%－0.279 9%)÷33.4%＝1.054 8%。再加0.3%食盐、蛋氨酸0.166 1%、赖氨酸0.967%、复合添加剂预混料0.25%,见表3-6。

表3-6　调整后的配方

饲料名称	比例	饲料名称	比例	营养指标	提供量
玉米	0.61	食盐	0.003	代谢能(MJ/kg)	11.945 4
豆粕	0.21	蛋氨酸	0.001 661	粗蛋白(%)	19.162
鱼粉	0.04	赖氨酸	0.000 967	钙(%)	0.90
麸皮	0.11	复合添加剂预混料	0.002 5	总磷(%)	0.70
磷酸氢钙	0.013 328			赖氨酸(%)	1.00
贝壳粉	0.010 548			蛋氨酸(%)	0.435
				蛋氨酸+胱氨酸(%)	0.74
合计			1.002 004	食盐(%)	0.3

从表3-6可知,配方基本符合饲养标准,但总份数需调整到1。

(7)根据饲养标准再对调整后配方作微调,列出最终的饲料配方及养分含量,见表3-7。

表3-7　最终配方及营养水平

饲料名称	比例	营养指标	提供量
玉米	0.61	代谢能(MJ/kg)	11.93
豆粕	0.21	粗蛋白(%)	19.13
鱼粉	0.04	钙(%)	0.90
麸皮	0.107 72	总磷(%)	0.70
磷酸氢钙	0.013 5	赖氨酸(%)	1.00
贝壳粉	0.010 6	蛋氨酸(%)	0.44
食盐	0.003	蛋氨酸+胱氨酸(%)	0.74
蛋氨酸	0.001 68		
赖氨酸	0.001		
复合添加剂预混料	0.002 5		
合计	1	食盐(%)	0.3

附：

一、蛋鸡的营养需要标准

生长蛋鸡的营养需要标准见表3-8。

表3-8　生长蛋鸡的营养需要标准

营养指标	单　位	0—8周龄	9—18周龄
代谢能	MJ/kg(Mcal/kg)	11.91(2.85)	11.70(2.80)
粗蛋白质	%	19.0	15.5
蛋白能量比	g/MJ(g/Mcal)	15.95 (66.67)	13.25(55.30)
赖氨酸能量比	g/MJ(g/Mcal)	0.84(3.51)	0.58(2.43)
赖氨酸	%	1.00	0.68
蛋氨酸	%	0.37	0.27
蛋氨酸+胱氨酸	%	0.74	0.55
苏氨酸	%	0.66	0.55
色氨酸	%	0.2	0.18
精氨酸	%	1.18	0.98
亮氨酸	%	1.27	1.01
异亮氨酸	%	0.71	0.59
苯丙氨酸	%	0.64	0.53
苯丙氨酸+酪氨酸	%	1.18	0.98
组氨酸	%	0.31	0.26
脯氨酸	%	0.50	0.34
缬氨酸	%	0.73	0.60
甘氨酸+丝氨酸	%	0.82	0.68
钙	%	0.90	0.80
总磷	%	0.70	0.60
非植酸磷	%	0.40	0.35
钠	%	0.15	0.15
氯	%	0.15	0.15
铁	mg/kg	80	60
铜	mg/kg	8	6

续表

营养指标	单 位	0—8 周龄	9—18 周龄
锌	mg/kg	60	40
锰	mg/kg	60	40
碘	mg/kg	0.35	0.35
硒	mg/kg	0.30	0.30
亚油酸	%	1	1
维生素 A	IU/kg	4000	4000
维生素 D	IU/kg	800	800
维生素 E	IU/kg	10	8
维生素 K	mg/kg	0.5	0.5
硫胺素	mg/kg	1.8	1.3
核黄素	mg/kg	3.6	1.8
泛酸	mg/kg	10	10
烟酸	mg/kg	30	11
吡哆醇	mg/kg	3	3
生物素	mg/kg	0.15	0.10
叶酸	mg/kg	0.55	0.25
维生素 B_{12}	mg/kg	0.010	0.003
胆碱	mg/kg	1300	900

二、常用饲料原料的营养价值

常用饲料原料的营养价值见表3-9。

表 3-9 常见饲料原料营养价值表

饲料名称	干物质（%）	粗蛋白（%）	代谢能（MJ/kg）	钙（%）	总磷（%）	非植酸磷（%）	赖氨酸（%）	蛋氨酸（%）
玉米	86.0	8.7	13.56	0.02	0.27	0.12	0.27	0.13
高粱	86.0	9.0	12.30	0.13	0.36	0.17	0.22	0.08
小麦	87.0	13.9	12.72	0.17	0.41	0.13	0.33	0.14
稻谷	86.0	7.8	11.00	0.03	0.36	0.20	0.31	0.10
次粉	88.0	15.4	12.76	0.08	0.48	0.14	0.33	0.14
小麦麸	87.0	15.7	6.82	0.11	0.92	0.24	0.47	0.15
米糠	87.0	12.8	11.21	0.07	1.43	0.10	0.56	0.25

续表

饲料名称	干物质(%)	粗蛋白(%)	代谢能(MJ/kg)	钙(%)	总磷(%)	非植酸磷(%)	赖氨酸(%)	蛋氨酸(%)
大豆粕	89.0	44.2	10.00	0.33	0.62	0.21	2.54	0.51
棉籽粕	90.0	43.5	8.49	0.28	1.04	0.36	1.39	0.41
菜籽粕	88.0	38.6	7.41	0.65	1.02	0.35	1.35	0.77
鱼粉	90.0	62.5	12.18	3.96	3.05	3.05	4.35	1.65
肉骨粉	93.0	50.0	9.96	9.20	4.70	4.70	2.60	0.67
石粉				38.4				
磷酸氢钙				23.4	18.0	18.0		

（三）雏鸡喂水、喂食

1. 雏鸡喂水

(1) 开饮时间　雏鸡进入育雏舍休息 2 h 后即可喂水(开饮)。

(2) 饮水器具　通常有真空式饮水器、乳头式饮水器、吊塔式饮水器、水槽(目前少用)等。

(3) 饮水方法　若采用真空式饮水器,每 100 只雏鸡放 2 ~ 3 个 2 L 饮水器,均匀放置,每天要清洗、消毒,饮完要及时添加。若采用乳头式饮水器,一般每 8 ~ 10 只雏鸡配置 1 个乳头。使用乳头式饮水器雏鸡要适当引导,在雏鸡到达前将乳头饮水器下面的盛水杯中放满水,雏鸡进舍后让雏鸡稍事休息,然后教雏鸡第 1 遍饮水。方法是用手轻握雏鸡,使其喙在盛水杯中蘸一下。第 2 遍教雏鸡饮水一般在第 1 次喂食后进行。如此 3 遍后改为往盛水杯中导水(用手轻按乳头,水自动流入盛水杯中)。期间要认真观察鸡群,发现未喝到水的雏鸡立即挑出另行饲喂。导水工作应坚持到 5 d 以后,直到所有雏鸡都知道去乳头上取水饮用(乳头上悬挂一滴水有利于引导雏鸡乳头饮水)。适时调整乳头饮水器的高度,雏鸡日龄与乳头饮水器的高度为:1—3 d 7 ~ 8 cm,4—7 d 9 ~ 10 cm,8—14 d 13 cm,15—21 d 16 cm,22—28 d 19 cm,29—35 d 21 cm,36—41 d 23 cm,42 d 后 28 cm 并保持(若育雏前 2 周采用真空式饮水器饮水,以后采用乳头式饮水器饮水,两种饮水器更换要有 7 ~ 10 d 的过渡期)。

最初雏鸡饮水最好用与舍温相当(25℃)的冷开水,第 1 次饮水中需加 5% ~ 8% 的糖,同时加抗生素、多维素或电解质营养液(配比:硫酸铜 19%、硫酸亚铁 6%、硫酸锰 0.5%、硫酸钾 8.5%、硫酸钠 8.0%、硫酸锌 0.5%、糖 57.5%),饮足 8 ~ 12 h。其后饮水中不加糖,其他同前饮至 3 d,以后从冷开水过渡到生水。雏鸡一般采用自由饮水,饮水要求卫生、及时、足量。雏鸡饮水标准与人饮用水标准一样。鸡场要采用适当的地下水源,谨防水源污染,饮水最好要经消毒处理(如 1 ~ 3 mg/kg 含氯消毒剂)。雏鸡饮水开始后,饮水器中通常不能断水。雏鸡饮水量参考标准见表 3-10。

表 3-10　每只雏鸡每天饮水量参考标准

	周龄							
	1	2	3	4	5	6	7	8
饮水量（mL）	12～25	25～40	40～50	45～60	55～70	65～80	75～85	85～90

2. 雏鸡喂食

（1）开食时间　雏鸡第 1 次喂食（开食）时间一般是第 1 次饮水 2～3 h 后进行（出壳后 24 h 开食最佳）。

（2）采食器具　通常有开食盘、料槽、料桶、料盘等。

（3）喂料方法　开食采用开食盘喂料，每 100 只雏鸡配 2～3 个开食盘。开食饲料可用玉米粉，喂 2 d 后改用全价配合饲料。开食当日要想方设法使雏鸡都学会采食，以保证生长的均匀性。措施有增加喂料频率，每 2～3 h 喂 1 次料，以增加采食刺激；增加光照强度（3 d 前 20～40 lx，4—15 d 20 lx，以后 10～15 lx），使雏鸡看得见采食；保持适宜育雏温度，使雏鸡活动自如。在开食当晚检查雏鸡嗉囊有无饲料，以判断是否学会采食。针对个别雏鸡尚未学会采食（嗉囊无饲料）的，要个别辅导。方法是将其口扒开，放入饲料少许即可。雏鸡每天喂料次数随日龄增加而下降，1～2 周龄每天 5～6 次，3～4 周龄每天 4～5 次，5 周龄以后每天 3～4 次。每次喂料量一般控制在 20～30 min 内吃完为宜。雏鸡开食盘喂料 3 d 后逐步过渡到食槽、料桶、料盘喂料。雏鸡采食位置和高度要适当，料槽喂料 4～8 cm/只，料桶喂料每 30～40 只 1 个料桶（底盘直径 40 cm），料盘喂料每 20～30 只 1 个料盘。随雏鸡周龄增加调整采食高度，保持与鸡背同高或稍高。雏鸡体质量发育标准与周喂料量见表 3-11。

表 3-11　雏鸡体质量发育标准及周喂料量

周　龄	周末体质量（g/只）	耗料量（g/只）	累计耗料量（g/只）
1	70	84	84
2	130	119	203
3	200	154	357
4	275	189	546
5	360	224	770
6	445	259	1029
7	530	294	1323
8	615	329	1652

注：料量为 0—8 周龄自由采食量

(四) 雏鸡管理

1. 饲养方式

育雏应根据实际情况选择适当的饲养方式,常见的有以下 3 种:

(1) 垫料地面平养　即在育雏舍地面平铺一层厚约 5 cm 的垫料,在垫料上放喂料、喂水器具,雏鸡在垫料上活动、采食、饮水、休息,见图 3-1。该饲养方式的优点是投资少、雏鸡活动空间大。缺点是:饲养密度低;需要大量垫料;鸡体与粪便接触,易染病(如白痢、球虫病和各种肠炎等);经常需要清除垫料,劳动量相对较大。垫料地面平养的关键在于垫料管理,应选择干燥、柔软、清洁、不霉变、无异味的垫料,常用的有稻壳、砻糠、刨花、锯末、麦秸、稻草等。育雏过程中应经常清理、更换被粪便污染的垫料(一般 10 ~ 15 d1 次),要特别注意饮水器周围的垫料管理,一旦局部潮湿、发霉,须及时更换。若采用厚垫料方式育雏,应先将育雏舍打扫干净,消毒后,将生石灰按 1 kg/m^2 散在地面上,然后铺上 5 cm 厚的垫料,随着育雏的进行,逐渐加铺新垫料。育雏期间若发现垫料板结,及时用草叉将垫料松动,使其保持松软、干燥状态,垫料于育雏结束后一次性清除(育雏结束时垫料厚度可达 15 ~ 25 cm)。厚垫料育雏的特点是鸡粪和垫料发酵产热,可提高室温,还可在微生物作用下产生维生素 B_{12},被鸡采食利用。此育雏方式不仅节省清运垫料的人力,还能充分利用鸡粪作为高效有机肥料。

图 3-1　垫料地面平养

(2) 网上平养　即在育雏室离地面 60 cm 高处架设网床(铁丝网或塑料网,网眼为 1.25 cm × 1.25 cm),喂料、喂水器具放在网上,雏鸡在网上活动、采食、饮水、休息,见图 3-2。该饲养方式的优点是:雏鸡粪便落于网下,鸡体与粪便不接触,减少染病的机会;

且较地面平养饲养密度高,不需要垫料,节约垫料开支。但育雏 10 d 后要注意通风,以免氨气浓度偏高。

图 3-2 网上平养

(3) 笼养 即采用专用的蛋鸡育雏笼饲养。育雏笼一般为 3 层或 4 层叠层式,每层由加热笼、保温笼、雏鸡活动笼三部分组成,笼下有承粪板,食槽、水槽挂于活动笼外。9DYL-4 型电热育雏笼外形尺寸为 455 cm × 150 cm × 175 cm,每组笼可养雏鸡 700 ~ 800 只,见图 3-3。雏鸡笼养除具有网上平养的优点外,还有房舍利用率高、饲养密度大、管理方便、育雏效果好的特点。但一次性投资较大、易出现跑鸡和夹(挂)伤雏鸡现象。

图 3-3 笼养

2. 温度管理

温度管理是育雏成败的关键,整个育雏期间供温应适宜、平稳,切忌忽高忽低。育雏温度包括雏鸡活动区温度和室温。活动区温度是指育雏笼热源区靠底网温度或散养时鸡背高度处的温度(若为育雏伞则指育雏伞边缘离垫料表面 5 cm 高度的温度)。室温是指远离热源的两窗之间墙壁离地面 1 m 高度处的温度。温度调控标准见表 3-12。

表 3-12 雏鸡供温参考标准(℃)

	日龄						
	0—3	4—7	8—14	15—21	22—28	29—35	36—42
活动区温度	35 ~ 33	33 ~ 31	31 ~ 29	29 ~ 27	26 ~ 24	23 ~ 21	22 ~ 18
室　　温	29	29	26	23	23	23 ~ 18	23 ~ 18

温度调控一方面看温度计,另一方面看雏鸡的表现。温度适宜时,雏鸡采食、饮水后活泼爱动,休息时安静伸颈伏地,并均匀分散在活动区内;温度偏高,则远离热源,双翅下垂,张开喘气,食欲减退;温度偏低,则拥向热源,聚集成堆,尖声鸣叫(见图 3-4)。

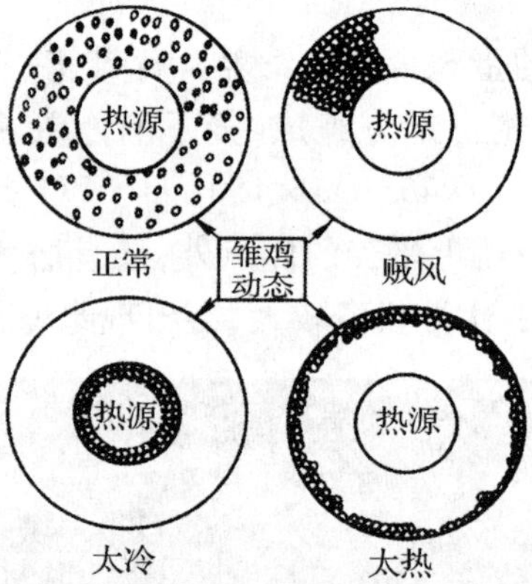

图 3-4 不同温度条件下雏鸡的动态

育雏施温时应根据不同情况对温度进行适当调整。小群育雏高,大群育雏低;弱雏高,强雏低;夜间高,白天低;阴雨天高,晴天低;肉鸡高,蛋鸡低;免疫、断喙后 2 ~ 3 d 和雏鸡生病期要高。一般高低温度相差不超过 2℃。

在育雏后期雏鸡从加温到不加温的过程称脱温。脱温一般要有 1 周的过渡期,采用白天不加温夜晚加温,晴天不加温阴雨天加温。密切观察脱温期间雏鸡动态,谨防打堆等情况发生,避免引起伤亡。若遇雏鸡健康不佳等逆境,要暂缓脱温。

3. 湿度管理

育雏舍湿度要求：前10 d相对湿度65%～70%，10 d后相对湿度50%～60%。生产实践中往往前10 d舍内湿度偏小，10 d后舍内湿度偏大，因此在育雏0～10 d须对育雏舍增湿，可采用室内挂湿帘、火炉上放水桶使水沸腾产生蒸汽或直接向地面、墙壁洒水（不可直接对垫料洒水）等方法。10 d后要注意减湿，可采用加强通风换气、及时更换垫料、减小饲养密度、防止饮水器漏水等措施。判断室内湿度是否正常，除看湿度计外，可根据人的感觉和雏鸡表现来判断。若人入室后感到湿热，不觉鼻干口燥，雏鸡活动时无灰尘，则表明湿度适宜。

4. 通风换气管理

育雏舍在注意保温的同时要密切关注通风换气，舍内二氧化碳浓度不应超过0.5%，氨气浓度不应超过20 mg/L。通风换气量要求见表3-13。

表3-13　不同日龄鸡换气量（1 000只/h）

日龄	体质量（kg）	换气量（m^3）	
		最大	最小
0—20	230	1 800	456
21—30	305	2 400	600
31—50	600	4 680	1 200
51—70	810	6 300	1 620

注：最大换气量：体质量1 kg为7.8 m^3/h；最小换气量：体质量1 kg为1.98 m^3/h

开放式育雏舍主要通过开关门窗换气，密闭式育雏舍主要通过机械动力换气。通风时尽量避免冷空气直吹鸡体，可通过布帘、翻窗、过道等形式缓解气流。室内通风是否正常，主要以人的感觉来判断，即人是否感到闷气、呛鼻辣眼、有无过分臭味等。要特别解决好通风与保温的关系，采用热风炉供暖，可有效解决通风与保温的矛盾。若采用火炉供温，应注意防止室内一氧化碳过量和氧气不足，育雏前2周应以保温为主，每天定时打开部分门窗或风机进行通风（通风前应提高室温1℃～2℃）。2周后适当延长通风时间，加大换气量。

5. 光照管理

育雏期间光照管理是蛋鸡全程光照管理这一系统工程的重要组成部分，必须严格按照光照方案执行，具体要求见表3-14。

表 3-14　不同周龄雏鸡舍光照要求

周龄	光照时间(h/d)	光照强度(lx)	单位面积辐射能通量(W/m²)
1 {0—3 d	24	20～40	5～10
1 {4—7 d	23	20～30	5～8
2	22	10～20	3～5
3	20	10～20	3～5
4	18	10	3
5	16	10	3
6	14	10	3
7	12	10	3
8	10	10	3

注:灯泡高度为 2 m,灯泡间距离为 3 m

舍内人工光照的照明线路设置见育成鸡培育模块中蛋鸡光照程序制定部分,光照时间控制用电子时间控制器,光照强度控制可采用育雏第 1 周用 100W 灯泡,2～3 周换 60 W 灯泡,以后用 40 W 灯泡。

6. 密度管理

育雏期间应保持适宜的饲养密度,谨防密度过大。随着雏鸡日龄的增加,应定期调群,减小饲养密度。雏鸡适宜饲养密度见表 3-15。

表 3-15　不同周龄蛋雏鸡推荐饲养密度(只/m²)

周龄	地面平养	网上平养	笼养
1—2	30	40	60
3—4	25	30	40
5—6	20	25	30
7—8	10	15	25

分群与调整饲养密度可结合免疫接种、断喙、转群等工作一起进行。调整饲养密度时可将雏鸡较大、偏小者分别组成新群(饲养上采用抑大促小,提高均匀度),并将病、弱雏单独组群,以便于管理。一般 8 周末结合转群集中分群 1 次。

雏鸡在适宜饲养密度下,应保持应有的采食、饮水位置,具体见表 3-16。采食、饮水高度随雏鸡的生长及时调整,原则上采食器具上檐比鸡背高 2 cm。

表 3-16 不同周龄雏鸡采食、饮水位置推荐标准

周龄	采食位置		饮水位置		
	料槽（cm/只）	料桶（只/个）	水槽（cm/只）	真空饮水器（只/个）	乳头饮水器（只/个）
1—2	3.5～5	45	1.2～1.5	60	10
3—4	5～6	40	1.5～1.7	50	10
5—6	6.5～7.5	30	1.8～2.2	45	8
7—8	7.5～8.5	25	2.2～2.5	40	8

注:料桶食盘直径 40 cm,饮水器水盘直径 35 cm

7. 日常管理

（1）平养

① 分圈饲养:以护网或护板档隔成各自独立的小圈,每圈饲养数量以 200～500 只为宜。若用育雏保温伞供温,每个小圈内可放 2～4 只保温伞。

② 减少饲料和饮水污染:喂料注意少喂勤添,定时清洗喂料及饮水用具。若采用真空饮水器,则应将其适当垫高。

③ 加强垫料管理:应保持垫料干燥松软,定期加铺新垫料(一般 10 d 左右加铺 1 次)。饮水器周围若有潮湿的垫料,要及时更换。

④ 防止雏鸡被踩压:饲养人员操作时要小心,以免踩伤雏鸡。放料桶时,注意其位置附近是否有雏鸡。注意防止围网、工具等翻倒。

（2）笼养

① 减少跑鸡:注意笼网破损、栅距偏大或网片固定不牢等跑鸡现象。饮水器换水操作过程中也要避免跑鸡。

② 防止卡伤雏鸡:育雏前要认真检修笼具,育雏期间要认真观察,及时处理被卡、挂的雏鸡。

③ 捉回地面雏:从笼中跑到地面的雏鸡,应及时将其捉回笼内,每天集中捕捉 2～3 次。

④ 适时使用料槽:育雏前 3 d 一般使用开食盘喂料,从第 4 天开始将雏鸡用的料槽挂在前网和侧网外,训练雏鸡在槽内采食,7～10 d 即可完全用料槽喂料。

⑤ 搞好弱雏复壮:及时将弱雏挑出,单独放在温度较高的笼内,饮水中添加适量的糖、复合维生素、口服补盐液、抗菌药物等,以促进体质恢复。必要时可采用带有软塑料管的注射器,将上述溶液经口注入鸡嗉囊内(平养时也要做好本项工作)。

（3）育雏舍日常操作程序(供参考)

8:00－8:10:观察记录和调节温度、湿度;观察雏鸡健康状况,如有异常及时报告。

8:10－10:30:清洗饮水器、加水、加料。

10:30－11:00:带鸡消毒;环境消毒。

11:00－11:30:清扫地面。

11:30－14:00:休息。

14:00－14:30:观察鸡群、补水、补料。

14:30－16:30:除粪。

16:30－17:00:清扫地面。

17:00－17:30:清除煤渣等;观察鸡群健康状况。

17:30－17:50:补水、补料

17:50－18:00:观察并记录温度、湿度。

注:

① 18:00～次日8:00育雏舍需安排饲养员轮流值班,观察调节舍内温度、湿度,补水、补料,同时执行光照程序。

② 每天要有当班记录,每2小时须如实记录温度、湿度1次。

③ 每天舍内温差控制在2℃以内。

④ 视粪便数量情况,一般每2～3天安排清除1次。

附:

(一)雏鸡的生理特点与育雏

蛋鸡整个生产周期分为育雏期、育成期和产蛋期。育雏期是很重要的生产阶段,对塑造良好的产蛋体型,即适宜的体质量和骨架发育具有重要作用。育雏阶段的生产目标为:①健康,即在整个育雏期没有发生重大的疫情,鸡只健康状况良好,育雏成活率达98%以上。②骨骼发育良好,8周末白壳蛋鸡胫长达87 mm,褐壳蛋鸡胫长达85 mm,分别达成年胫长的85%和80%。胫长测量方法见图3-5。③体质量达标或略超,如8周末罗曼褐壳蛋鸡体质量标准为687 g/只,罗曼白壳蛋鸡体质量标准为560 g/只。④整齐度良好,均匀度达80%以上。了解雏鸡的生理特点是搞好育雏工作的前提,与育成鸡和产蛋鸡相比,雏鸡有以下生理特点:

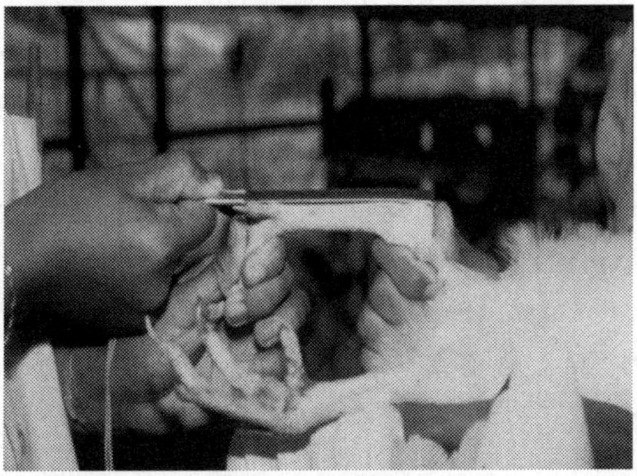

图3-5 测量胫长

1. 保温及体温调节能力差

雏鸡一身绒毛，且皮肤薄、皮下脂肪少，缺少对外界环境温度变化的缓冲作用，保温能力相对较差。雏鸡的神经和内分泌系统尚未发育成熟，体温调节能力差。刚出壳的雏鸡体温比成年鸡低2℃～3℃，3日龄后逐渐上升，约10日龄时与成年鸡接近，3周后体温调节才逐渐增强，8周后体温调节能力才很完善。根据该特点，育雏时供给雏鸡平稳适宜的环境温度是育雏成败的关键，过高、过低的温度或忽高忽低的温度对雏鸡极为有害。

2. 代谢旺盛

雏鸡代谢旺盛表现在心率快（约300次/min）、呼吸频率高（约40次/min），安静状态下单位体质量耗氧量和二氧化碳排放量是家畜的1倍以上，再加上育雏时育雏室相对比较密闭，饲养密度又较高，容易引起舍内空气的污浊，氧气含量下降，二氧化碳、氨气等浓度上升，故育雏时要重视育雏舍通风换气，防止发生生产事故。

3. 生长发育快，消化能力弱

雏鸡相对增重较快，一般蛋雏鸡出壳时体质量在40 g/只左右，到8周育雏结束时可达600 g/只以上，是初生体质量的15倍以上。增重快要求较多的营养供应，但雏鸡胃研磨颗粒饲料的能力差，消化道容积小，消化液量少，食物在消化道内停留的时间短，故消化能力差。根据该特点，雏鸡饲粮配制时营养水平要高，各种营养素含量高而平衡（具体见饲养标准），粗纤维含量控制在3%以下，喂料时实行少食多餐。

4. 抗病性差

雏鸡免疫系统尚未发育成熟，对病原微生物的抵御能力差，故雏鸡易生病、易死亡。根据该特点，育雏时应加强疫病防控，要搞好育雏舍规划设计，做好雏鸡饲养管理工作，加强封闭隔离、消毒、免疫接种和预防性投药等。

5. 敏感性强

雏鸡对饲料中有毒有害成分较为敏感,故在饲粮配制时要选择优质原料,严禁饲料霉变,菜籽粕、棉籽粕等原料尽量少用,添加药物、食盐等成分时要剂量适宜,混合均匀。

6. 缺乏自卫能力

雏鸡自卫能力差,尤其在3周前对老鼠、黄鼠狼、猫等无自我防御能力,饲养人员要加强看护,堵塞可能进入舍内的漏洞,避免损失。

7. 胆小

雏鸡胆小,易受惊吓,异常的响声、晃动的光影、陌生的人或动物都会造成惊群,育雏时要注意环境安静和稳定。

8. 群居性强

雏鸡喜欢群居而不愿独处,单只离群时会不停奔跑鸣叫寻找同伴,但群体太大不利于管理,育雏时应根据具体情况分群管理。

(二) 管理因素引起雏鸡死亡的原因分析

(1) 低温　鸡是恒温动物,保持稳定、适宜的体温对生命活动至关重要。雏鸡体温调节能力较差,保持适宜的体温需要适宜的环境温度。育雏时环境温度过低,常常是雏鸡死亡的重要原因。据研究,1日龄雏鸡对10℃环境无耐受力,尤其在食物不充分时,15℃便是1日龄雏鸡的致死温度。若温度是逐渐下降的,即使25℃环境,也能使雏鸡致死。

低温危害的表现:在第1周内有相当高的死亡率(通常第1周雏鸡死亡率不超过0.5%),尤其在第3天达死亡高峰。受害鸡的绒毛蓬乱,相互拥挤,打堆,翅膀下垂,发出叽叽的叫声,虚脱。若低温持续时间较长,则可引起大批死亡。剖检死雏一般没有明显的肉眼病变,有时可见到嗉囊空虚,腹内有未吸收完的卵黄囊,肾脏苍白,肺的边缘轻度发红,细菌检测阴性。根据病史和对环境作调查分析即可作出诊断。

造成雏鸡低温环境的原因可能有:外界气温过低,雏鸡舍保温性能差,加温能力弱(或在夜间停电、熄火、断气等);育雏室内有贼风或穿堂风;温度计失灵;温度计挂放的位置和高度不当。

(2) 高温　暂时的高温,雏鸡有一定的适应和调节能力,但长时间高温,体温调节机制无法应对。若温度超过一定的限制,雏鸡就会死亡。雏鸡对高温的耐受性在很大程度上受湿度和通风的影响。

高温危害的表现:张口喘气,远离热源,精神懒散,食欲降低,饮水增加,体质量减轻,体温升高,雏鸡不断死亡。即使没有大批死亡,由于高热,影响雏鸡食欲,导致饥饿,使生长发育停滞,还能诱发其他疾病。高温引起的死亡鸡,一般没有明显的病变,仅可见到胃肠空虚,肺充血、淤血和水肿。

造成雏鸡高温环境的原因可能有：外界温度过高，育雏舍内湿度大，通风不良；饲养密度太高；温度计失灵或挂放的位置和高度不当，造成舍内加温过度，或热量分布不均。

(3) 缺水　雏鸡必须持续供应足量的清洁饮水，若1日龄就缺水或饮水受到限制，则雏鸡会在5～7日龄大批死亡。

缺水危害的表现：精神不振，食欲停止，翅膀下垂，呆滞，嗜睡，眼球下陷，腿部皮肤皱缩，虚脱而死。剖检变化是脱水和消瘦，嗉囊和肠管空虚，肝脏皱缩变小，色较淡，胆囊肿大，肾脏肿大，尿酸盐析出。

造成雏鸡缺水的原因有：水供应不足或不能连续供水；饮水器不足，或放置在过冷、过热、过远、无光的地方，雏鸡无法接触到；饮用水的适口性不好或有异味；雏鸡严重腹泻。

(4) 饥饿　1～2日龄雏鸡因体内尚有卵黄供应其营养，一般不会出现饥饿。但3日龄后的雏鸡必须定时供应饲粮，以满足雏鸡维持和生长的需要。有多种因素影响雏鸡的采食和食欲，以致雏鸡因饥饿而死亡。

饥饿危害的表现：雏鸡消瘦、苍白、无力或昏睡。剖检的主要病变为嗉囊空虚，肠管内充满气体和液体，肝脏皱缩，胆囊肿大，肾脏苍白，有尿酸盐析出，内脏痛风，肛门嵌塞。

造成雏鸡饥饿的原因有：缺水或料盘、饮水器数量不足，放置位置不当(过冷、过热、过远、无光等)；饲料或饮水品质不良(霉变或有异味)；环境不良如过冷、过热、湿度过大、通风不良、噪音过大、光线过暗、密度过大等；弱雏或雏鸡有病(如沙门菌、大肠杆菌或球虫等感染)。

(5) 一氧化碳中毒　在冬春季用煤炉加温育雏时，在烟囱阻塞，煤烟倒流，或排烟管破裂、连接不紧等情况下，加上舍内不注意通风，易发生一氧化碳中毒。

一氧化碳中毒的表现：病雏表现不安或呆立，昏睡，呼吸困难，头向后伸，死前发生痉挛和惊厥。亚急性中毒表现为精神沉郁，食欲减少，绒毛蓬乱。剖检无明显病变。

一旦发生中毒，立即将鸡舍门窗打开通气，将所有的鸡都转移到空气新鲜的环境中。

(五) 雏鸡断喙

1. 断喙工具

电动断喙器。

2. 断喙时间

6—10日龄断喙，12周龄修剪。若使用乳头式饮水器，一般4周断喙。

3. 断喙方法

(1) 接通电源后旋动电压调节开关，同时观察上面刀片的红热情况，一般刀温调到微红至橘红程度(具体应按鸡的大小来确定)。

(2) 待切刀发红后，立即开动电机及风扇启动船形开关。

(3) 根据鸡的大小选好切刀孔径(一般7—10 d的雏鸡选择4.4 mm的孔径,7—10 d以后的雏鸡选择4.8 mm的孔径),然后左手抓住鸡的双脚,右手拇指抵住雏鸡后脑,食指轻按喉部,使舌头回缩和上下喙闭合。将雏鸡头部往前水平牵引,把鸡喙伸进刀孔,距鼻孔下缘2 mm处切刀落下,并在刀片上停2~3 s烧灼止血。烧灼时喙切面四周在切刀上滚动,以压平嘴角,防止喙外缘重新生长(见图3-6、3-7、3-8)。

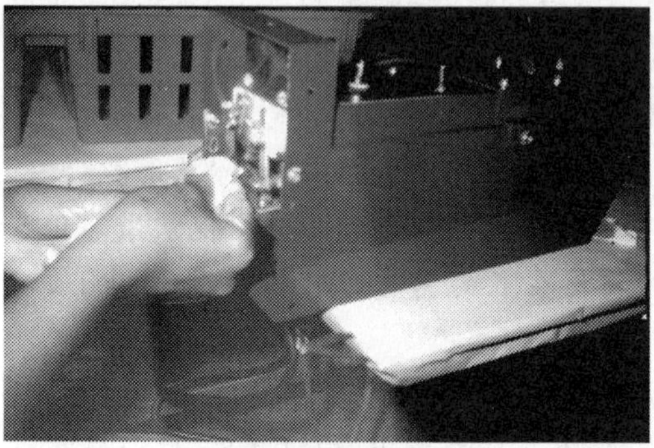

雏鸡断喙时的操作

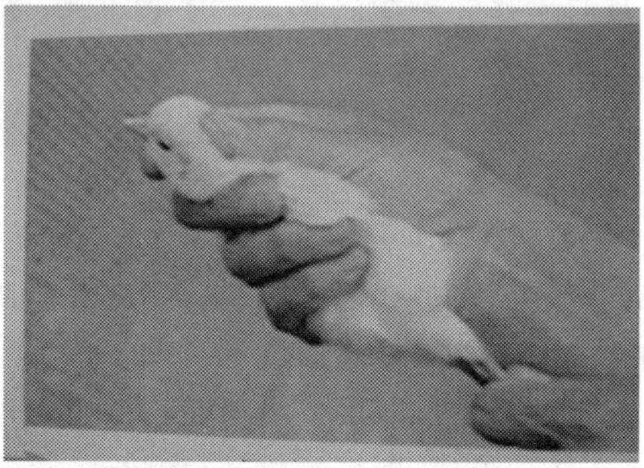

雏鸡断喙时的握鸡手法

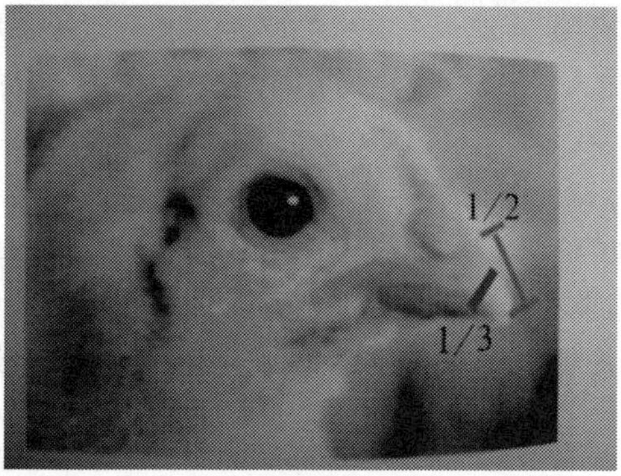

雏鸡切割图

图3-6 雏鸡断喙

正确的断喙

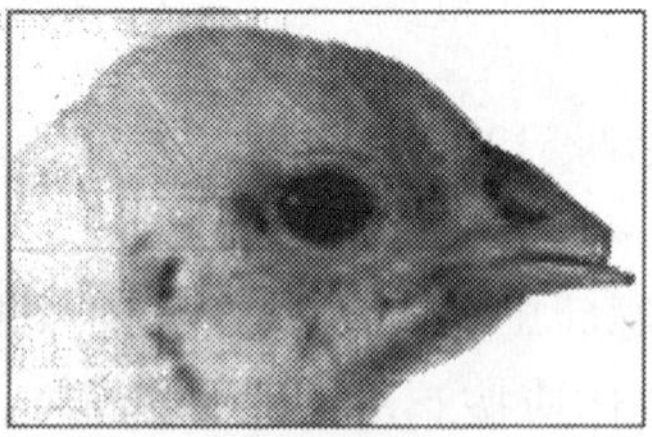

不正确的断喙

图3-7 断喙效果比较(雏鸡)

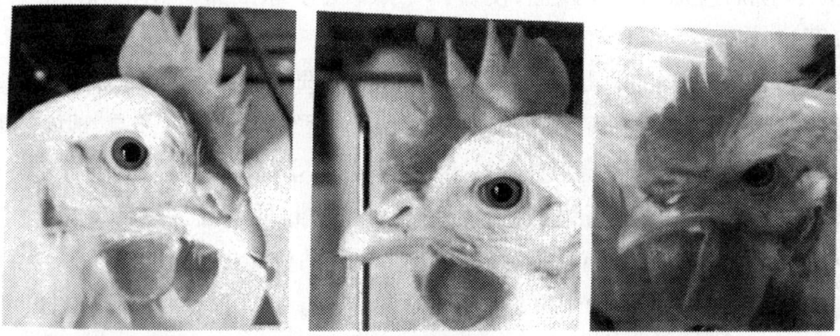

断喙不良　　断喙鸡正常　　未断喙

图 3-8　断喙效果比较(成年鸡)

4. 断喙注意事项

(1) 断喙前后各 2 d,在料中添加维生素 K(2 mg/kg),并适量添加抗生素、多维素以缓解应激。

(2) 断喙前 6 h 停料,以免断喙时雏鸡粪便污染操作人员。

(3) 断喙后 3 d 料槽内适当多加些料,以免采食时啄到槽底引起疼痛。

(4) 断喙前 5 d、断喙后 3 d 不宜进行免疫接种。

(5) 断喙后注意观察,若喙部出血则要及时烧灼止血。

(6) 在高温、转群、生病、接种疫苗等应激情况下不要断喙。

(六) 雏鸡防疫

1. 消毒

(1) 育雏舍消毒

① 清扫:将育雏舍饲喂器具中剩余饲料清除后,把舍内能搬动的器具、设备如料槽、饮水器等搬至室外,彻底清理舍内粪便、垫料、羽毛等污物,然后按照从上到下、从里到外的顺序彻底清扫房顶、墙壁、地面、房梁、门窗及附属设施,对不易清扫干净的地方(裂隙、椽子背面、粗糙面)、舍内饲料间、明沟等要特别注意清扫干净。作业时为了防止病原体扩散,可适当喷洒消毒液。

② 冲洗:用高压水枪(压力 30 kg/cm^2)对育雏舍进行冲洗,进一步清除舍内污物。冲洗时仍按从上到下、从里到外的顺序进行(一般需要水量 6L/m^2)。要单向冲洗,污水流向同一方向。对作业不方便的地方,要水洗和手刷相结合,达到无羽毛、无粪便、无灰尘、无蜘蛛网。冲出的污水要进入排水沟,不能到处乱流。搬至室外的器具、设备等经清洗、曝晒后移至室内并安装好。

③ 干燥:冲洗后应放置 1 d 以上,使舍内干燥(可使球虫卵囊死亡和防止残留水滴降低消毒液浓度)。

④ 液体消毒:选择适当的消毒剂(对耐腐蚀的部位可选用热火碱溶液,其他部位应选择腐蚀性小的消毒剂,如葵甲溴铵),对照产品剂量要求稀释后,按照房顶、墙壁、笼具、地面的顺序进行喷洒。喷洒剂量至少 2 ~3 L/m^2,使药液在器具、墙壁等表面达滴水、淌水程度,让药液充分浸泡。

⑤ 熏蒸消毒:采用甲醛、高锰酸钾熏蒸法。首先封闭育雏舍,计算房舍体积,按照 30 ~42 mL/m^3 甲醛、15 ~21 g/m^3 高锰酸钾剂量将药品称量好,分别放置。然后将高锰酸钾倒入铁制或陶瓷容器(体积为甲醛体积的 10 倍左右)中,用与甲醛等量的热水将其溶解后再倒入甲醛,操作人员迅速撤离,封闭入口。密闭熏蒸 24 ~48 h 后,打开门窗散气。为提高消毒效果,事前应提高育雏舍舍温达 20℃以上。熏蒸消毒前应将育雏过程中使用的工具、工作服、鞋帽等放进育雏舍一并消毒。熏蒸消毒时间一般应在进雏前 5 ~6 d 进行,以便消毒后有充裕时间散出甲醛气。育雏舍整个消毒程序时间安排应不少于 15 d。

注: 为增加消毒效果,必须按规定浓度和剂量使用消毒剂;必须清除消毒物品表面存在的有机物;消毒时最好升高环境温度和湿度;尽量延长消毒剂作用时间;亦可用多聚甲醛与二氯异氰尿酸钠粉末混合点燃熏蒸。

(2) 环境消毒

鸡入舍前对育雏舍周围 5 m 以内及外墙用 0.2% ~0.3% 过氧乙酸或 2% 的火碱水喷洒消毒;场区的道路、建筑物等按此每季度消毒 1 次。

(3) 车辆消毒

外部车辆不允许进入生产区。内部车辆运输回场时,车轮要在大门口消毒池中转 1 圈以上,进入生产区要经过消毒走廊消毒(消毒走廊设有消毒池和上下左右消毒喷头,可以从四面喷洒消毒液到车体),见图 3-9。

图 3-9　车辆消毒

（4）人员消毒

外来人员禁止进入生产区参观，进入场内管理区均须在大门口先换鞋经喷雾消毒通道消毒后方可进入。场内饲养员和技术人员每次进入生产区前从专用洗浴、消毒通道并脱光随身衣服后进入洗浴室。淋洗全身后，用毛巾擦干身体，光身从消毒通道进入对面更衣室，换上工作服后进入生产区。进舍前须再一次换鞋，脚踏消毒池或消毒盆，全身用紫外线照射消毒，手用消毒液消毒，见图3-10。下班后从生产区出来要脱下工作服，从消毒通道回到洗浴室，洗浴后换上原来的衣服回到生活区。通常在一个育雏期内饲养人员不得外出，本场人员若去过发生传染病的地方，回场后应彻底消毒，并短期隔离。

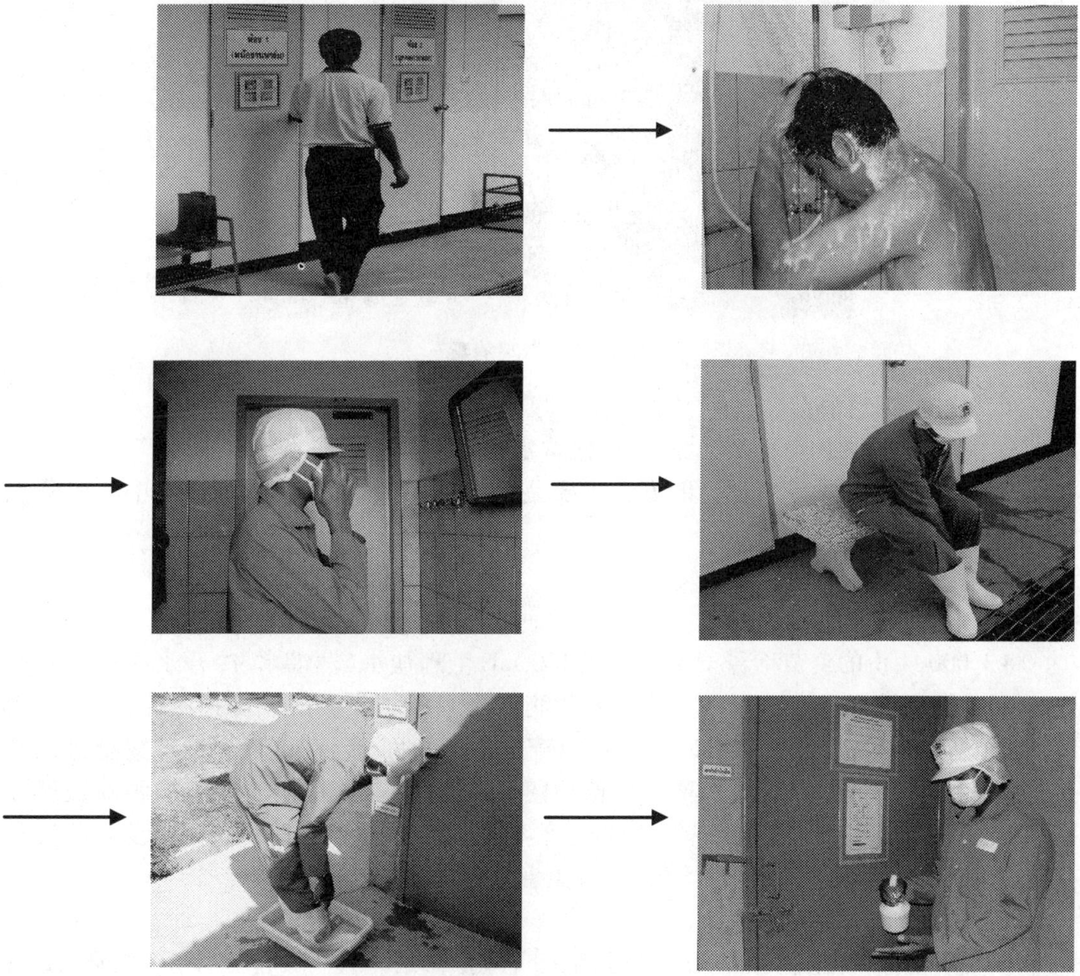

图3-10　饲养人员消毒

（5）鸡体消毒

在育雏过程中，平时要定期对鸡体喷洒消毒液。小型育雏可使用普通农用喷雾器，大型育雏要使用专用喷雾装置。要选择对鸡呼吸道刺激小、安全性高、杀灭病原体能力强的消毒剂，如阳离子清洁剂、碘制剂、过氧乙酸、抗毒威、菌毒敌、除菌净等。喷雾量冬季0.1～0.2 L/m^2，夏季0.2～0.3 L/m^2，其他季节在两者之间。雾滴以80～100 μm为宜。育雏期每天喷雾1次（育成鸡隔天喷雾1次，产蛋鸡隔2 d喷雾1次），见图3-11。

图3-11　带鸡消毒

（6）饮水、饲料消毒

① 饮水消毒：常用消毒剂为漂白粉，使饮水中含氯量达3 mg/kg即可。

② 饲料消毒：目前饲料消毒的方法主要是制成颗粒饲料，利用加工过程中高温蒸汽杀死病原体。

2. 疫苗接种

（1）点眼、滴鼻免疫

将1 000头份的疫苗稀释于50 mL或100 mL生理盐水（蒸馏水、冷开水亦可）中，充分摇匀，然后用消毒过的小滴管直接把疫苗滴入雏鸡眼结膜囊内或鼻孔内，每只雏鸡滴1～2滴（见图3-12）。注意接种时要满滴（滴管悬空滴下）接种，应等到滴珠完全进入鼻孔或结膜囊内才将雏鸡放手，切莫让疫苗滚落。点眼、滴鼻法适用于雏鸡接种新城疫Ⅱ系、Ⅲ系、Ⅳ系、克隆30疫苗及传染性支气管炎、传染性喉气管炎等弱毒型疫苗。此法具有突破母源抗体干扰、免疫剂量均匀一致、免疫效果好的特点。

（2）注射免疫

① 皮下注射：马立克疫苗一般选用颈背皮下注射。操作者左手食指与拇指捏住雏鸡颈背部皮肤并提起，右手持连续注射器，将针头刺入皮下疏松组织，每只接种0.2 mL（见图3-12）。

注意针头不要刺入皮下太深，避免刺伤雏鸡。同时针头不要穿透对侧皮肤，将疫苗打到体外。

② 肌肉注射：将疫苗注入鸡胸肌（见图3-12）、外侧腿肌或翅膀肩关节附近肌肉。按疫苗使用说明书稀释后，雏鸡一般每只注射0.2～0.5 mL，成鸡一般每只1 mL。胸肌注射时应斜向入针，以免刺入肝脏、心脏或胸腔，造成死亡，雏鸡接种时尤其要注意。肌肉注射法适合于新城疫Ⅰ系疫苗、禽霍乱弱毒疫苗、油乳剂灭活疫苗的接种。

注射免疫法具有剂量准确、抗体水平高且均匀的优点，适合小群或需要坚强免疫力的种鸡群。

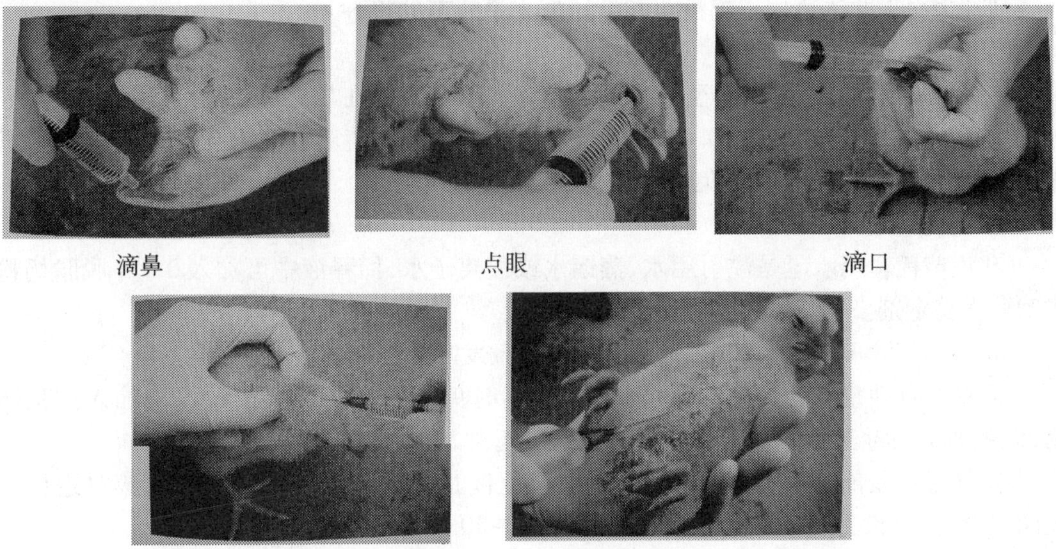

滴鼻　　点眼　　滴口

皮下注射　　肌肉注射

图3-12　免疫接种方法

（3）饮水免疫

将疫苗混于水中，使鸡在2 h内饮完。此法适用于新城疫弱毒疫苗、传染性支气管炎弱毒疫苗和传染性法氏囊弱毒疫苗的接种。饮水免疫法具有省工、省力、方便和对鸡群应激小的优点，但也存在抗体水平不齐，免疫效果不十分理想的缺点。为提高饮水免疫效果，要注意以下事项：

① 根据气候、季节和饲料条件事前停水2～4 h，保证含有疫苗的饮水1～2 h内饮完。每只雏鸡2 h的饮水量为：5—7 d 4～5 mL，10—14 d 8 mL，20 d 12 mL ，28 d 17 mL，40—45 d 28 mL。饮水免疫时间一般选在中午或下午。

② 用于饮水免疫的疫苗剂量应加倍。

③ 免疫用水必须是不含消毒剂、清洁剂和重金属离子的凉水。若用含氯自来水时，

要先煮沸放置过夜再用。饮水中须加0.2%脱脂奶粉或山梨醇作为疫苗稳定剂。

④ 饮水器具要充足、干净,保证每只雏鸡都有位置同时饮水,不能使用金属饮水器具,可使用塑料或陶瓷饮水器。

⑤ 为使抗体水平一致,最好在饮水免疫后紧接着重复免疫1次。

(4) 翼膜刺种免疫

将1 000头份疫苗稀释于25 mL生理盐水或凉开水中,充分摇匀,然后用煮沸消毒过的接种针或蘸水笔尖蘸取疫苗,刺种于翅膀内侧无血管的翼膜处。雏鸡刺种1次即可,大鸡需刺种2次。此法适用于鸡痘苗和新城疫Ⅰ系疫苗的接种。

(5) 气雾免疫

将鸡群置于密闭室内,把经稀释的疫苗用气雾免疫枪在靠近鸡头附近喷射,形成30～50 μm(育成鸡、产蛋鸡采用10～20 μm)直径的雾化粒子,使鸡群将雾化粒子吸入呼吸道深部,达到免疫的目的。气雾免疫注意事项:

① 免疫剂量要加倍。

② 疫苗稀释用水应是注射用水、蒸馏水或去离子水,稀释液中可加入0.2%脱脂奶粉或明胶做稳定剂。

③ 雏鸡雾滴不宜太小(30～50 μm),以免激发呼吸道病。

④ 在病毒性疫苗稀释时可加入链霉素,同时免疫前后的饲料或饮水中加入抗菌药物,以免加重鸡毒支原体及大肠杆菌引起的气囊炎。

⑤ 气雾免疫前,可适当调高饲养密度,避免直射阳光(最好在夜间鸡群密集时进行),关闭门窗、排风设备和通风孔等。喷完后等15～20 min方可通风。

附:商品蛋鸡免疫程序

商品蛋鸡免疫程序见表3-17。

表3-17　商品蛋鸡免疫程序(仅供参考)

日龄	疫苗种类	免疫方法
1	马立克病双价弱毒疫苗(Z_4+FC_{126})	颈背皮下注射
5—6	鸡支原体冻干疫苗	1倍量点眼
7—9	新城疫Ⅳ系+传染性支气管炎$_{120}$+肾型传染性支气管炎二联三价或四价疫苗	1倍量点眼
11—12	法氏囊疫苗	2倍量滴口或饮水
21	新城疫Ⅳ系疫苗	2倍量点眼
24—26	法氏囊疫苗	2倍量滴口或饮水
	双价$H_5N_1+H_9N_2$禽流感疫苗	0.35 mL颈背皮下注射

续表

日龄	疫苗种类	免疫方法
32	传染性支气管炎 H_{52} 疫苗	1 倍量点眼
45	传染性喉气管炎疫苗	1 倍量滴鼻
	鸡痘疫苗	1 倍量刺种
55	传染性支气管炎 H_{52} 疫苗	1 倍量点眼或 2 倍量饮水
65	新城疫Ⅳ系疫苗	2 倍量饮水
	或新城疫Ⅰ系疫苗	1 倍量注射
	双价 $H_5N_1 + H_9N_2$ 禽流感疫苗	0.5 mL 颈背皮下或肌肉注射
95	新城疫Ⅳ系疫苗 + 传染性支气管炎 H_{52} 疫苗	1 倍量点眼
120—125	新城疫、传染性支气管炎、减蛋综合征三联疫苗	0.5 mL 肌肉注射
	新城疫Ⅳ系疫苗	2 倍量点眼
	鸡痘疫苗	1 倍量刺种
160	双价 $H_5N_1 + H_9N_2$ 禽流感疫苗	0.5 mL 颈背皮下或肌肉注射

注：① 120—125 日龄后每隔 2 ~ 2.5 个月免疫 1 次新城疫Ⅳ系疫苗

② 160 日龄后每隔 3 ~ 3.5 个月重新免疫禽流感疫苗 1 次

3．预防性投药

（1）雏鸡投药程序（供参考）

① 1—4 d 预防鸡白痢、脐炎、支原体、大肠杆菌等疾病，同时阻断病原体在雏鸡群内传播。推荐用恩诺沙星饮水。

② 8—10 d 防止因接种疫苗所引起的应激性呼吸道病。建议用泰乐菌素 3 ~ 5 d，并注意白痢病的预防性投药。

③ 10—12 d 开始投喂预防球虫的药物，同时预防坏死性肠炎。

④ 15—18 d 防止因接种疫苗所引起的应激性呼吸道病。建议用泰乐菌素 3 d，或用强力霉素、环丙沙星等。

⑤ 22—24 d 防止因接种疫苗所引起的应激性呼吸道病及传染性鼻炎，同时预防支原体、大肠杆菌等疾病，可使用泰乐菌素 + 强力霉素。

（2）投药方法

① 群体给药

拌于饲料：将药物混合于饲料中，随雏鸡采食而摄入体内。此法适用于需长期连续投服的药物、不溶于水的药物、加入水中使适口性变差或影响药效的药物。一般抗球虫、组织滴虫、蠕虫的药物和促生长、控制传染病的药物常以拌料投药。混于饲料中的药物浓度一般以 mg/kg 表示。为了使所有鸡吃到大致相等的药物，必须将药物和饲料混合均匀。先将药物和少量饲料混匀，然后加到大批饲料中，继续混合均匀。加入饲料中药量越小，越是要注意先用少量饲料混匀（直接将药物加到大批饲料中是很难混匀的）。对于某些容易引起药物中毒或副作用较大的药物如磺胺类、呋喃类等药物，尤其要混合均匀。

溶于饮水：将药物溶解于饮水中，随雏鸡饮水而摄入体内。此法适用于短期投药；紧急治疗投药；病鸡已不吃料，但还常饮水；鸡场不加工饲料等。药物一般要求易溶于水，对于不易溶于水的药物要研磨成细微颗粒，同时在饮用过程中不断加以搅拌，才能保证药效，避免中毒。饮水投药可用少量水让雏鸡于短时间内饮完，也可将药物稀释到一定浓度自由饮水。饮水中药物浓度也以 ppm 表示，鸡采食量一般为饮水量的 1/2，饮水中药物浓度应为拌料的一半。饮水投药时应注意：喂药前停水（寒冷季节停水 4 ~5 h，气温高的季节停水 2 ~3 h）；针对不同日龄鸡群计算适宜供水量（保证鸡只在一定时间内喝到规定量的药物）。

体表给药：将杀虫剂等外用药物采用喷雾、药浴、喷洒等方法杀灭鸡体外寄生虫。

② 个体给药

直接口服：将药物的片剂或胶囊直接投入鸡食管上端，或用带有软塑料管或橡皮管的注射器将药物经口注入鸡嗉囊内。此法适合于个别治疗。液体药物灌服时不能直接把药液倾注于鸡口腔内或软塑料管插入过浅，以免流入气管，引起窒息死亡。

体内注射：常用皮下注射及肌肉注射，有时也用静脉注射。如为刺激性药物应采用深层肌肉注射，注射部位有翼根内侧肌肉、胸部肌肉及腿部外侧肌肉，以翼根内侧肌肉注射较为安全。胸部肌肉注射避免将药物注入肝脏或体腔，引起伤亡。腿部外侧肌肉注射应避免误伤坐骨神经，引起跛行。皮下注射常选用颈部皮下或腿内侧皮下，油乳剂疫苗或注射量较多时，适用于皮下注射。急性严重病例或刺激性及高渗溶液可采用静脉注射。方法是将鸡仰卧，拉开一翅，在翅膀中部羽毛较少的凹陷处有翼根静脉和翼下静脉。注射时先将局部用乙醇棉球消毒，左手压住静脉根部，使血管充血后变粗，然后将针头刺入静脉内，见有回血，即放开左手，将药液缓慢注入。

附:常用药物的使用方法

常用药物的使用方法见表3-18。

表3-18　常用药物的使用方法

名称	适应证	用法、用量
青霉素G	链球菌病、葡萄球菌病、螺旋体病、禽霍乱、坏死性肠炎、李氏杆菌病、丹毒病及各种并发或继发感染	肌肉或皮下注射:雏鸡2 000~5 000 IU/只,成鸡5 000~10 000 IU/只;饮水:2~3次/d,雏鸡2 000~5 000 IU/只,成鸡5 000~10 000 IU/只
链霉素	结核杆菌病、鸡白痢、大肠杆菌病、禽霍乱、鸡伤寒	肌肉注射,每天2次,每次50~200 mg/kg
庆大霉素	绿脓杆菌病、大肠杆菌病、结核杆菌病、支原体病、葡萄球菌病、鸡白痢	饮水:3 000~5 000 IU/只,每天1次;肌肉注射:3 000~5 000 IU/只,每天2次
阿米卡星	大肠杆菌病、鸡伤寒、鸡白痢、链球菌病、葡萄球菌病、禽霍乱	肌肉注射:5~7.5 mg/kg,每天2次
强力霉素	副伤寒、衣原体病、鸡白痢、支原体病	饮水:50~100 mg/kg;混饲浓度为100~200 mg/kg;口服10~20 mg/kg,每天1次
氟苯尼考	禽霍乱、大肠杆菌病、鸡白痢	口服:10%粉剂,20~30 mg/kg,每天2次,连用3~5 d;肌肉注射:20 mg/kg,每隔48 h1次,连用2次
红霉素	禽霍乱、布鲁菌病、鸡支原体病、立克次氏体病	口服:5 mg/kg,每天2次;混饮:100 mg/kg,连用3~5 d;混饲:20~50 mg/kg,连用5 d;肌肉注射:10~30 mg/kg,每天2次
林可霉素	支原体、传染性鼻炎	皮下注射:30 mg/kg,每天1次,连用3 d
克林霉素	同林可霉素(比林可霉素抗菌作用强)	皮下注射:30 mg/kg,每天1次,连用3 d
泰乐菌素	支原体病、葡萄球菌病、链球菌病、绿脓杆菌病、螺旋体	混饲:10~500 mg/kg;防治支原体病时,8周龄以下鸡以口服为好,8周龄以上鸡皮下注射25 mg/kg
莫能菌素	金黄色葡萄球菌病、链球菌病、枯草杆菌病、球虫病	雏鸡拌料:77~120 mg/kg
盐霉素	金黄色葡萄球菌病、链球菌病、枯草杆菌病、球虫病	雏鸡拌料:60~70 mg/kg
克球多	球虫病	治疗量:拌料0.006%,连用8 d;预防量:0.004%,雏鸡从15日龄开始连续喂至60日龄
氯苯胍	球虫病	拌料:0.0033%,连用3~5 d

续表

名称	适应证	用法、用量
制霉菌素	白色念珠菌病、球孢子菌病、鹅口疮、曲霉菌病	每千克饲料中添加50万~100万U,连用1~3周。雏鸡每100只1次饮量为50万~100万U,每天2次,连用3 d
磺胺脒	肠炎、腹泻、球虫病	口服:每天0.1 g/kg,分2~3次
磺胺嘧啶	绿脓杆菌病、大肠杆菌病、结核杆菌病、支原体病、葡萄球菌病、鸡白痢、弓形虫病	口服:初次0.2 g/kg,维持0.1 g/kg,每次同服碳酸氢钠;混饲浓度0.125%~0.250%
复方敌菌净	球虫病、禽霍乱、鸡白痢	拌料:0.02%,喂3~5 d停止几天再喂
磺胺甲基异恶唑	慢性呼吸道病(与TMP合用),禽霍乱、禽副伤寒	肌肉注射或拌料,0.07 g/kg,每天2次
磺胺二甲基嘧啶	绿脓杆菌病、大肠杆菌病、结核杆菌病、支原体病、葡萄球菌病、鸡白痢、螺旋体病	拌料0.1%;饮水0.1%~0.2%
恩诺沙星	绿脓杆菌病、大肠杆菌病、支原体病、葡萄球菌病、鸡白痢、副伤寒	拌料浓度为100 mg/kg
氧氟沙星	绿脓杆菌病、大肠杆菌病、支原体病、葡萄球菌病、鸡白痢、副伤寒	拌料浓度为100 mg/kg
环丙沙星	大肠杆菌病、支原体病、鸡白痢	饮水浓度为75~100 mg/kg,拌料浓度为75 mg/kg
干扰素	病毒病	肌肉注射:200万~500万U/次
黄芪多糖	病毒病	肌肉、皮下注射:2 mL/kg,每天1次,连用2 d
左旋咪唑	鸡蛔虫、异刺线虫、鹅裂口线虫、同刺线虫、鸭丝虫	口服、混饲、饮水:25 mg/kg
丙硫苯咪唑	鸡蛔虫、异刺线虫、鹅裂口线虫、同刺线虫、鸭丝虫、鹅绦虫	口服:10~20 mg/kg

四、知识点击

(一)常用消毒药使用及消毒效果的检查

1. 常用消毒药的特点及使用

(1) 煤酚皂溶液(来苏儿)　为钾皂制成的甲酚液(甲酚含量大于47%),为浅棕黄色或暗红色的澄明液体。对一般繁殖型的病原菌有较强的杀灭作用,腐蚀性和毒性较低,主要用于鸡舍、笼具和排泄物的消毒及器械用具和饲养员洗手消毒等。因本消毒药有特殊的气味，不宜用于肉品和蛋品的消毒。常用3% ~5%水溶液喷洒消毒和作为鸡场进出大门的消毒池用药。

（2）氢氧化钠（烧碱）　本品对病毒、细菌、芽孢都有强大的杀灭作用，对寄生虫卵也有杀灭作用，易吸收水分潮解，应密封保存。常用2% ~3%水溶液喷洒消毒或作为进出大门口的消毒池用药。因对组织、金属和纺织品等都有腐蚀作用，故消毒后间隔1 d要用水冲洗饲槽、地面，方可让鸡进舍。

（3）过氧乙酸（过醋酸）　为无色透明液体，市售成品有40%水溶液，该产品性质不稳定，须低温（2℃ ~4℃）、避光保存。遇热（50℃以上）易引起爆炸，浓度10%以下无此危险。本品的杀菌作用快而强，抗菌谱广，对病毒、细菌、芽孢、霉菌均有效，可用于鸡舍、场地等环境的消毒，对鸡、人无害，还可用于水果、蔬菜和肉品消毒。常用0.5%溶液喷洒消毒房舍、笼具等，0.3%溶液带鸡消毒。要现配现用，稀释液保存不超过3 d。

（4）漂白粉（氯化石灰）　主要成分为次氯酸钙，遇水产生极不稳定的次氯酸，次氯酸又可释放出活性氯和初生态氧，呈现杀菌作用。能杀灭细菌、芽孢、病毒及真菌。10% ~20%乳剂常用于鸡舍、环境和排泄物消毒。在1 m^3 水中加漂白粉5 ~10 g可用于饮水消毒。

（5）新洁尔灭　季铵盐消毒剂，为无色或淡黄色胶状液体。对一般病原菌都有强大的杀灭作用。0.1%水溶液用于浸泡器械、玻璃、搪瓷、橡胶制品的消毒，也可用于皮肤消毒和种蛋浸泡消毒。0.15% ~2.0%用于鸡舍内空间喷雾消毒。

（6）百毒杀　为季铵盐类阳离子表面活性消毒剂。其特点是以两条石蜡长链取代两个 CH_3 原子团，再以杀菌力强的溴原子代替氯原子，使杀菌力倍增。本品广泛用于鸡舍、环境、种蛋、孵化设备和饮水消毒，10 000 ~20 000倍稀释，可长期或定期用于饮水消毒，防止饮水系统堵塞，有防霉、除藻、除臭的功能。3 000倍稀释用于鸡舍、环境、笼具、器具等消毒。

（7）抗毒威　是以二氯异氰尿酸钠为主剂的复方消毒剂，是一种新型、广谱、高效、速效、安全的消毒剂，易溶于水，可用于鸡舍、笼具、环境喷洒消毒，种蛋浸泡消毒和饮水消毒。4000倍稀释用于饮水消毒，400倍稀释用于喷洒、浸泡消毒。

（8）畜禽乐　本品的杀菌原理为消毒剂中亲水基团与亲脂基团集中于菌体表面，改变细胞膜的通透性，使细胞不能新陈代谢而死亡。它是一种新型、高效、无毒、无残留的复合型消毒剂，对细菌、病毒都有较强的杀灭作用，适用于鸡舍、环境、笼具和饮水消毒。400倍稀释用于喷洒消毒，1 500倍稀释用于饮水消毒。

（9）福尔马林　为37% ~40%的甲醛溶液。甲醛可与微生物蛋白质的氨基结合，引起蛋白质变性而起到杀菌作用。2% ~4%水溶液用于喷洒墙壁、地面等，熏蒸消毒

30 mL/m³。

（10）高锰酸钾　是一种强氧化剂，遇有机物即起氧化反应，在酸性溶液中杀菌作用增强。0.1%的溶液能杀死多种繁殖型细菌，也可用于饮水消毒。此外，常利用高锰酸钾的氧化作用来加速甲醛蒸发而起到空气消毒作用。

2. 影响消毒液消毒效果的因素

（1）消毒剂种类　不同病原微生物对不同消毒剂的敏感性不同，应选择敏感性较高的消毒剂，同时要经常更换消毒剂种类，轮换使用消毒剂。

（2）消毒药浓度　一般来说，同一种消毒药浓度与消毒效果成正比。消毒时必须按规定的浓度和用量使用。

（3）物体表面有机物　被消毒物体表面存在有机物尤其是粪便对消毒效果的影响很大。一方面，有机物给病原体提供了隐蔽场所，使得消毒剂难以接触到它们；另一方面，大块有机物就像海绵一样迅速吸附消毒剂粒子，使自由消毒剂粒子减少，导致消毒效率下降。

（4）消毒剂作用时间　消毒剂作用时间越长，消毒效果越好。

（5）消毒液温度　消毒液温度越高，消毒作用越强。

（6）环境湿度　环境湿度增加，消毒作用增强。

3. 消毒效果的检查方法

（1）鸡舍地面杂菌数下降的检查方法　对消毒前后鸡舍、地面、笼具等划出10 cm×10 cm的正方形数块，每个正方形都用灭菌的湿棉签（质量0.25～0.33 g）来回擦拭5次，再将此棉球浸入有30 mL灭菌生理盐水的试管中（若用含氯制剂消毒时需用0.5%～1%无菌硫代硫酸钠溶液），然后在其中压出、沾上、再压出，如此进行5次，用镊子将棉签拧干，弃之。检查时，将消毒前后各试管振荡1 min，每个试管接种于2个普通琼脂平皿中，每个平皿接种0.2 mL，将平皿向四周转动，让接种液均匀向四周扩散，置恒温箱培养24 h，观察结果。

细菌减少百分率（%）=（消毒前菌落数－消毒后菌落数）/消毒前菌落数×100%

评价标准：减少80%～90%为优；70%～80%为良；60%～70%为可；60%以下为劣。

（2）对肠道传染病病原的杀菌效果检查　以大肠杆菌作为指标，采用远藤或伊红美蓝培养基，其他方法步骤同前。

（3）对呼吸道传染病病原的杀菌效果检查　以溶血性链球菌作为指标，采用血琼脂培养基，其他步骤同前。

（4）空气消毒效果检查　在消毒前将4个平皿（普通琼脂平皿或血琼脂平皿）置于不同的位置，打开盖子，经10 min后将培养皿盖好，置于培养箱培养。育雏舍熏蒸后，再将新培养皿放在消毒前同样的位置和同样作用时间后，置于恒温箱培养，经 24 h 后，取出培养皿，计数菌落数并比较。空气中杂菌下降的计算方法同前。一般经熏蒸消毒后空气中不应有溶血性链球菌存在。一般认为 100 cm^2 面积、5 min 所得细菌数，等于 10 m^3 空气所含细菌数。通常以 1 m^3 空气中的细菌数和链球菌数量作为细菌污染空气的指标。冬季细菌数 4 500 个以上，绿色链球菌 36 个以上时，即为空气被污染。

（二）疫苗的种类和使用

1. 疫苗的种类

（1）细菌性疫苗　即由细菌、支原体、螺旋体等制成的疫苗，按其性状的不同又可分为弱毒活菌苗和灭活苗。

（2）病毒性疫苗　即由致弱的病毒等制成的疫苗，也可分为活苗和灭活苗。

（3）寄生虫疫苗　即由寄生虫制成的疫苗。

（4）同源组织灭活苗　即利用死禽脏器制成的组织匀浆悬浊液，加入甲醛进行灭活脱毒制成的疫苗。

（5）多价苗　由同一种病毒的不同毒株或同一细菌的不同血清型制成的疫苗。

（6）联苗　由不同病毒或细菌混合制成的疫苗。

此外，还有如基因工程亚单位苗、基因工程活载体苗、基因缺损苗、合成肽苗等。

2. 疫苗的保存与运输

疫苗对温度很敏感，一般需低温保存。不同的苗株和制剂其保存的温度和有效期限有差别，具体见表 3-19。

表 3-19　不同类型疫苗保存时间(d)

疫苗种类	保存期			
	-15℃	0℃ ~4℃	10℃ ~25℃	25℃ ~30℃
冻干疫苗	365	182	7	2
冻干菌苗	365	365	182	10
液体疫苗	365	60	1	4 h
油乳剂灭活苗	-	365	182	60

疫苗运输时要保持低温，大量疫苗长距离运输应配备专门冷藏车，少量疫苗运输要用冷藏箱，内放冰块，避免阳光照射。油乳剂灭活苗不可置于0℃以下冰冻。切忌保存、运输温度忽高忽低。

3. 免疫接种方法

免疫接种方法见本模块实践操作部分。

4. 免疫接种注意事项

(1) 接种前应根据本场实际情况,结合当地疫情,制定一个经济有效的免疫程序。接种后应做免疫记录,内容包括日期、品种、日龄、疫苗种类、生产厂家、批号、失效期、接种方法、接种剂量、接种人员等。

(2) 选择正规厂家生产的高质量疫苗,按规定条件运输和保存。使用前要逐瓶检查,注意疫苗瓶有无破损,封口是否严密,禁止使用过期疫苗。

(3) 接种前,应对鸡群进行健康状况检查。只有鸡群健康、饲养管理和环境卫生条件良好,才能保证接种安全并产生理想免疫力。对有病或健康不良的鸡群接种,就可能出现不良免疫反应,产生的免疫力也差。

(4) 接种病毒疫苗时,前 2 d 和后 3 d 在饲料或饮水中添加抗菌药物,以防细菌感染;接种弱毒活菌苗前后各 5 d,停止使用抗菌药物;接种前 1 d、接种当天和接种后 1 d 停止鸡体消毒。

(5) 接种前,必须对接种用具进行严格消毒,但不得留下消毒剂痕迹;接种后,对接种工具必须灭菌消毒,剩余疫苗液要进行灭活处理。

(6) 雏鸡首免要在母源抗体较低的情况下接种,否则会产生中和效应,影响免疫效果。弱毒苗与灭活苗同时接种可消除母源抗体的影响。

(7) 免疫剂量要准确,在考虑到浪费、损耗的情况下,不要随意加大剂量。除有些疫苗需专用稀释剂外,活疫苗一般用生理盐水或冷开水稀释(气雾免疫用蒸馏水或去离子水稀释)。稀释后疫苗应在规定时间内用完。

(8) 免疫接种后,密切观察鸡群动态,若有不良反应或发病,应及时采取措施。对一些疫苗还应进行抗体监测,检查接种效果。

5. 免疫失败的原因分析

疫苗接种后,抵挡不住相应疫病的流行或产生严重反应(在 24 ~ 48 h 内普遍出现严重的全身反应,甚至大批死亡)称为免疫失败。引起免疫失败的原因有以下 5 点:

(1) 疫苗质量问题

① 疫苗毒力过强。如弱毒苗毒力增强或污染了强毒,灭活苗灭活方法错误,造成灭活不彻底。有的在制备过程中细菌已产生大量内毒素,在这种情况下,可使免疫接种的鸡在短时间内出现严重反应,甚至大批死亡。

② 疫苗免疫原性差。抗原不能激发机体产生有效的免疫反应(体液免疫和细胞免疫),表现为鸡群在免疫有效期内完全不能抵抗该疫病的自然感染,免疫无效。

③ 疫苗的血清型不符。同一种病原微生物往往有多种血清型,若疫苗中所包含的血清型与鸡群感染的病原血清型不一致,则会导致免疫失败。

④ 某批号疫苗质量问题。由于某批号疫苗质量问题所造成的免疫失败，往往不限于一个鸡群或一个鸡场，凡使用该批号的疫苗都可能发生同样的问题。

(2) 疫苗运输、保存不当

疫苗运输中的具体要求见表 3-19(见第 118 页)。

(3) 被免疫鸡群自身的问题

① 免疫抑制。机体免疫功能受到抑制，如幼雏期感染法氏囊病，免疫器官法氏囊受到损害，或雏鸡先天发育不良、后天管理不善、营养不良等引起抵抗力减弱的因素都可能导致免疫失败。

② 在接种疫苗前，鸡群已处于感染潜伏期，在接种疫苗后往往会在短期内使鸡群大批发病。

③ 被免疫鸡群感染慢性呼吸道病、沙门菌病、大肠杆菌病、寄生虫病等，平时有病亡鸡，但呈散发，若受到免疫应激，会加重病情，使死亡数大幅增加，甚至引起流行。

(4) 接种技术错误

① 滴鼻、点眼时速度过快，免疫未被吸入。

② 油乳剂灭活苗注射免疫时因疫苗黏滞，注射剂量不足，甚至打空针。

③ 饮水免疫时，疫苗浓度配制不当，用水量过多或过少；免疫前未停水；饮水器具不足或分布不均匀；水质不良，含有化学物质或消毒剂，引起疫苗失效。

④ 气雾免疫时，雾点微粒过大，沉降快，密封不严，未被鸡吸入。

⑤ 注射免疫时，稀释液、疫苗瓶、注射器、针头等消毒不严，被病原污染，可造成严重后果。

⑥ 接种途径错误，如 1 周龄内雏鸡采用饮水免疫法接种鸡新城疫疫苗，强化免疫时将新城疫Ⅰ系苗用于点眼、滴鼻等。

⑦ 捉鸡时动作粗暴，应激反应严重。

⑧ 漏防鸡过多。

(5) 免疫程序不合理

如雏鸡在免疫接种时母源抗体水平太高；产蛋高峰期安排接种；几种疫苗同时接种或先后接种，安排不合理，影响免疫效果。

(三) 合理用药

1. 家禽用药特点

由于家禽在解剖生理、生化代谢和遗传繁殖等方面具有特殊性，故在用药上有如下特点：

(1) 家禽口腔无牙齿，食物在口腔内停留时间短，舌黏膜的味觉乳头又较少，所以当消化不良时,不宜使用苦味健胃药,不能使苦味刺激禽的味觉感受器,也不能引起反射性健胃作用,而应选用大蒜、醋酸等助消化药物。

(2) 家禽无逆呕动作,所以当家禽服药过多或其他毒物中毒时,不能采用催吐方式排出药物,通常采用嗉囊切开术排除毒物。

(3) 家禽呼吸系统有特殊的气囊结构,气体交换的部位在呼吸性支气管,呼吸黏膜薄,有效交换面积大(为人的10倍),在吸气和呼气时均能进行气体交换。故气雾用药时,药物既可在呼吸道发挥局部作用,亦可由呼吸道黏膜快速吸收产生全身作用。气雾用药不仅适合于呼吸系统疾病的治疗,也适合于鸡白痢、禽伤寒、禽副伤寒、禽霍乱、大肠杆菌病、霉形体病等的防治。

(4) 鸡对咸味无辨别能力,特别是雏鸡血脑屏障发育不健全(4 周龄前),氯化钠较易通过血脑屏障进入脑组织而致中毒。

(5) 家禽尿液多数情况下呈酸性,一般为 pH5.3 ~6.4,故应用磺胺类药物时,应特别注意配合碳酸氢钠,以减轻对肾脏的损害。

(6) 家禽血浆中胆碱酯酶贮藏量很少,对有机磷药物敏感,使用有机磷药物驱虫时应注意用法用量,以防中毒。

(7) 家禽体内缺乏形成尿酸的酶,所以以尿酸盐的形式排泄氨。尿酸盐不易溶解,既可沉积于肾脏引起肾炎、肾肿大及花斑肾,亦可沉积于关节、皮下或内脏器官,引起痛风。法氏囊病、肾型传染性支气管炎、维生素 A 缺乏及饲料蛋白质过高、高钙低磷都会使尿酸盐在肾脏等部位沉积。应用丙磺舒、阿司匹林等抗痛风药及促进尿酸盐排泄的药物如碳酸氢钠(钾),均可缓解或改善尿酸盐沉积的症状。

(8) 家禽对环境因素的变化反应敏感,免疫接种、断喙、运输、转群、高热、噪音、更换饲料等都能引起应激反应,在变更饲养制度或实施某些技术措施时,宜使用抗应激药物如维生素 C、多维素等。

(9) 鸡无汗腺,又有丰富的羽毛,对高温十分敏感。在炎热的夏季,应特别注意环境降温和通风,同时要注意补充碳酸氢钠、氯化钾、氯化铵、维生素 C 等药物。

(10) 家禽为卵生生物,有些传染病可通过种蛋垂直传播,因此可用消毒药处理种蛋;为防止胚胎源性疾病,还可胚胎注射给药。鸡在育雏阶段,为控制由种蛋传递的鸡白痢、霉形体病等,一般在育雏前 3 周用不同类的抗菌药物轮换使用进行预防。

2. 药物使用注意事项

(1) 严格掌握适应证　根据临诊诊断,弄清病因,选择适当药物,有条件时最好做药敏试验,选择最敏感的高效低毒药物用于防治,切勿盲目乱用药物。一般来讲,革兰阳性菌引起的感染,可选用青霉素类、头孢菌素类、红霉素类、林可胺类、四环素等;对革兰阴性菌引起的感染可选用氨基糖苷类、氯霉素类、喹诺酮酸类等;对耐青霉素、四环素的葡萄球菌感染可选用红霉素、庆大霉素、阿米卡星等;对霉形体或立克次体病可选用强力霉素和克林霉素;对真菌感染可选用泰乐菌素、制霉菌素、灰黄霉素等;对病毒可选用病毒唑(利巴韦林)、金刚烷胺、干扰素、黄芪多糖等;对球虫、蛔虫、绦虫等可选用氯苯胍、吡喹酮、地克珠利、左旋咪唑、丙硫咪唑(阿苯达唑)等。

(2) 选择适当的给药方法,严格掌握剂量、途径和疗程　不同的给药方法可影响药物作用出现的快慢、维持时间的长短和药效的强弱,甚至引起药物作用性质的改变。如治疗肠道疾病时宜内服;治疗呼吸道疾病时,最好经呼吸道途径给药,如气雾给药;规模化饲养一般采用群体给药,以降低饲养人员劳动量和鸡群的应激反应;但对危重病例,宜采用注射给药途径。药物剂量是决定药物效应的关键因素,用药量过小不产生任何效应,用药量过大则会引起中毒甚至死亡。要做到安全有效,就应严格掌握药物的剂量范围,按规定的用药量、用药时间和给药次数用药。特别对安全范围小的药物,不可随意加大剂量。一般首次剂量宜大,以便维持血液中的有效浓度,集中优势兵力给病原体以决定性打击,以后根据病情酌情减量。用药要有一定的疗程,一般 3 ~ 5 d。疗程不足或症状改善即停止用药会使疾病复发,同时引起病原体产生耐药性。用药期间应密切注意用药效果,对无效或产生不良反应的要及时停药、改药。

(3) 防止耐药性产生　要避免长期单一使用某种药物,有计划地交替使用几种同效药物,避免病原体耐药性产生。

(4) 联合用药　同时使用两种或两种以上的药物治疗疾病,有时可产生协同作用,可提高疗效,消除和减轻不良反应,减少细菌耐药性产生。如青霉素和链霉素、磺胺药与抗菌增效剂等联合应用比单独使用效果好。但联合用药有时会产生拮抗作用,使药物出现分离、潮解、沉淀、变色等理化性质变化,减低药效,甚至产生有害作用。联合用药时要特别注意药物间的配伍禁忌。

(5) 注意药物批号和有效期　药物批号一般以 6 位数字表示,前两位表示年份,中间两位表示月份,最后两位表示日期。6 位数字加一短线表示生产批次。如 120525 - 2 表示 2012 年 5 月 25 日第 2 批产品。要密切注意药品标签上药物的有效期,禁止使用过期药物。如上例批号标明有效期 2 年,即此药可应用到 2014 年 5 月 25 日。

(6) 遵守休药期规定,防止药物在禽体和蛋中残留　家禽生产中出于预防或治疗目的,经常会对家禽用药,药物往往会在禽体或禽蛋中残留。残留的药物在加热后仍不失去活性者,在人们食用含有残留物的禽肉和禽蛋时,就会间接引起耐药性传递及中毒、过敏、致畸或致癌等不良反应,间接危害人类健康。因此,家禽用药时,要选用国家允许使用的药物,对家禽禁用或家禽某生产阶段禁用(如产蛋阶段禁用)的药物坚决不能使用,见表

3-20。不能盲目用药,不能随意加大剂量,同时要遵守药物休药期规定,如抗球虫药氯苯胍在鸡屠宰前7 d停止给药。

表3-20　食品动物禁用的药物及化合物

兽医及其他化合物名称	禁止用途	禁用动物
β-兴奋剂类:克伦特罗、沙丁胺醇、西马特罗及其盐、酯及制剂	所有用途	所有食品动物
性激素类:己烯雌酚及其盐、酯及制剂	所有用途	所有食品动物
氯霉素及其盐、酯及制剂	所有用途	所有食品动物
安苯砜及其制剂	所有用途	所有食品动物
硝基呋喃类:呋喃唑酮、呋喃它酮、呋喃苯烯酸钠及其制剂	所有用途	所有食品动物
硝基化合物:硝基酚钠、硝呋烯腙及其制剂	所有用途	所有食品动物
催眠、镇静类:安眠酮(甲喹酮)及其制剂	所有用途	所有食品动物
林丹	杀虫剂	水生食品动物
毒杀芬(氯化烯)	杀虫剂、清塘剂	水生食品动物
呋喃丹(克白威)	杀虫剂	水生食品动物
杀虫脒(克死螨)	杀虫剂	水生食品动物
双甲脒	杀虫剂	水生食品动物
酒石酸锑钾	杀虫剂	水生食品动物
锥虫胂胺	杀虫剂	水生食品动物
孔雀石绿	抗菌、杀虫剂	水生食品动物
五氯酚酸钠	杀螺剂	水生食品动物
各种汞制剂:氯化亚汞(甘汞)、硝基亚汞、醋酸汞、吡啶基醋酸汞	杀虫剂	动物
性激素类:甲睾酮、丙酸睾酮、苯丙酸诺龙、苯甲酸雌二醇及其盐、酯及制剂	促生长	所有食品动物
催眠、镇静类:氯丙嗪、安定及其盐、酯及制剂	促生长	所有食品动物
硝基咪唑类:甲硝唑、地美硝唑及其盐、酯及制剂	促生长	所有食品动物

3. 蛋鸡用药程序

蛋鸡用药程序见表3-21。

表 3-21　蛋鸡用药程序(供参考)

日龄	用药目的	可使用的药物
0—10	预防由沙门菌和大肠杆菌引起的脐炎、大肚脐,并提高雏鸡免疫力	硫酸新霉素可溶性粉:50～75 mg/L,连用 3～5 d 盐酸沙拉沙星可溶性粉:25～75 mg/L,连用 2～3 d 恩诺沙星溶液:25～75 mg/L,连用 2～3 d 盐酸二氟沙星溶液:25～75 mg/L,连用 2～3 d
11—42	预防球虫病、支原体病和大肠杆菌病	预防球虫药物:盐霉素、莫能菌素、地克珠利等 预防支原体病和大肠杆菌病的药物: 二氟沙星可溶性粉:25～75 mg/L(水),连用 2～3 d 左旋氧氟沙星可溶性粉:25～75 mg/L(水),连用 2～3 d 氟苯尼考散:20～30 mg/kg(体质量),连用 3～5 d 联合用药:阿莫西林＋硫氰酸红霉素,阿莫西林＋克拉维酸钾＋酒石酸泰乐菌素等,饮水或拌料
43—90	预防大肠杆菌病、慢性呼吸道病和非典型新城疫及其混合感染引起的顽固性呼吸道病	大肠杆菌病和慢性呼吸道病混合感染:阿莫西林＋克拉维酸钾＋酒石酸泰乐菌素,饮水或拌料 滑腱症:维生素 B_1 和锰盐,连用 1 周 传染性喉气管炎:接种前后 3 d,电解多维饮水,连用 3～5 d 顽固性呼吸道病:左旋氧氟沙星饮水或氟苯尼考散拌料,连用 3～5 d
91—180	防止新母鸡病的发生,清除卵巢炎、输卵管炎及肠道疾病	防止新母鸡病:电解多维＋阿莫西林混合饮水,连用 5～7 d 预防卵巢炎和输卵管炎:氟苯尼考散拌料,每隔 20～30 d 用药预防 3～5 d,连用两个疗程 顽固性腹泻:饲料转换要 1 周过渡;人工盐拌料 预防慢性球虫病:地克珠利或二硝托胺全天药量集中投服,连用 3～5 d
180 d 后	定期消除卵巢炎和输卵管炎;预防新城疫	预防产蛋不上高峰综合征:每月定期在料中加黄芪多糖和维生素 E10～15 d 预防卵巢炎和输卵管炎:氟苯尼考散拌料,每隔 20～30 d 用药预防 3～5 d

五、练习

1. 在老师指导下培育一批雏鸡。
2. 总结提高本批育雏成活率的技术措施。

模块二　育成鸡的培育(9—18 周龄)

一、学习目标

※终极目标:会进行育成鸡的培育。

※促成目标

(1) 会进行转群;

(2) 会进行体质量测定和均匀度计算;

(3) 会进行蛋鸡光照程序的制定;

(4) 会进行育成鸡的管理。

二、学习任务

(1) 转群;

(2) 体质量测定和均匀度计算;

(3) 制定蛋鸡光照方案;

(4) 育成鸡的管理。

三、实践操作

(一) 转群

转群是育成鸡培育过程中的一项常规工作,必须认真做好,方法如下:

1. 转群时间

雏鸡一般 6—8 周龄从育雏舍转入育成舍;育成鸡 16—18 周龄从育成舍转入产蛋舍。若鸡群出现健康不佳、高温等应激反应,可适当调整。

2. 转运工具

塑料转运笼。

3. 转群前的准备

(1) 待转鸡舍要彻底清扫、冲洗、消毒(一般需 15 d 左右,具体见产蛋鸡饲养有关部分),使鸡群进新舍后有一清洁的开端。

(2) 转群前 6 h 应停料,让其将剩料吃完;转群前 2 ~ 3 d 和入舍后 3 d,饲料中增加多维素 1 ~ 2 倍,饮水中加电解质和抗菌药物,以降低应激反应。

(3) 组织好转群人员:一般将人员分为抓鸡组、运鸡组、接鸡组 3 组。抓鸡组人员负责在原鸡舍抓鸡装笼并运至原鸡舍门口;运鸡组人员把鸡从原鸡舍门口运至新鸡舍门口;接鸡组人员将运来的鸡进行质量复检,然后按鸡大小分别入笼。

(4) 注意对运输工具、运输人员的消毒。

(5) 新鸡舍应在转群前将饲料添加好,使转群后的鸡马上可以吃上料。

(6) 平养时转群前应将原鸡舍饮水器、料桶或料槽搬到舍外或悬吊起来,以减少鸡只盲目奔跑时被撞伤。

4. 转群时的注意事项

(1) 转群最好在夜间进行,抓鸡时微光即可。密闭式鸡舍也可白天进行,整个舍内仅留 1 个或 2 个小功率灯泡照明,便于工作人员在昏暗的光线下抓鸡。

(2) 抓鸡、放鸡时轻拿轻放,一般抓鸡两只脚,不能抓鸡颈、尾、翅等,以免鸡只受伤。一次抓鸡数量不宜太多,以免造成骨折。

(3) 结合转群对鸡群进行清理和选择,淘汰不合格的次劣鸡,如体质量过轻、有病、残鸡、易性鸡,并彻底清点鸡数。

(4) 天气较冷时,尽量减少两舍的温差(特别是平养时从育雏舍转到育成鸡舍),最好使待转鸡舍较原鸡舍高 1℃。一般舍温在 18℃以上不需考虑以上问题。

(5) 转群时不要同时进行断喙、接种疫苗等使应激叠加的工作。

(6) 运鸡笼装鸡密度适宜,防止闷、压、挤等,一般 10 周龄鸡 10 ~ 15 只/m^2,15 周龄鸡 10 ~ 12 只/m^2,18 周龄鸡 8 ~ 10 只/m^2。

(7) 转群时尽量原笼同放。

(8) 运输过程中,不要使鸡受热、受凉,尽量减少在路途的时间。

5. 转群后的注意事项

(1) 转群后当天 24 h 光照,以便熟悉环境和有足够的时间采食和饮水。

(2) 注意观察鸡群动态,如采食、饮水高度和位置是否合适,是否有扎翅、挂头、别脖、打斗、跑鸡等现象发生。

(3) 转群后 3 ~ 5 d 内饲养管理条件尽量与转群前相同。

(4) 密切注意观察鸡群健康状态,防止因转群激发疾病。

(二) 体质量测定和均匀度计算

蛋鸡开产时的体质量和均匀度与产蛋性能关系极为密切,监测鸡群体质量和均匀度是育成鸡管理过程中高度关注的内容,必须定期测量,及时校正,方法如下:

1. 称重及体质量校正

(1) 称重工具

家禽秤(图 3-13)。

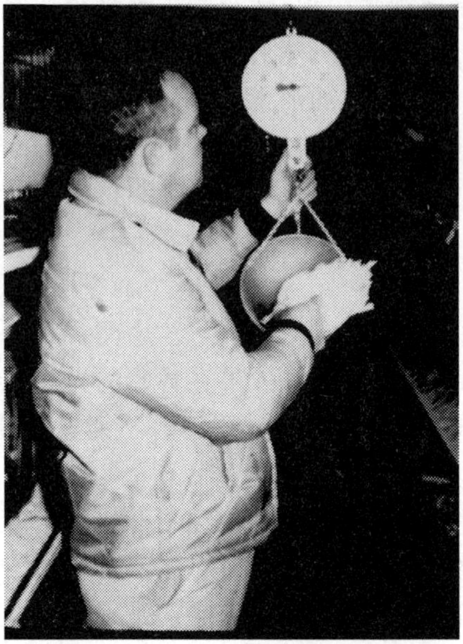

图 3-13 家禽称重

(2) 称重时间

轻型蛋鸡一般从 6 周龄开始每周称重 1 次,中型蛋鸡从 4 周龄后每周称重 1 次。通常选择生产性周末之日,早晨喂料前空腹或停料日称重。

(3) 抽测要求

① 抽测比例:按鸡群数量的 1% ~5% 抽样,鸡群小按 5% 抽样,鸡群大(如万只以上)按 1% 抽样,最少抽测数量不低于 50 只,最好 100 只左右为宜。

② 随机抽样:平养鸡群抽样时,先把舍内鸡群徐徐驱赶,使舍内各区域鸡及大小不同的鸡均匀分布,然后在舍内对角线方向采取两点,用铁丝网围出大约需要的鸡数,逐一称重登记。笼养鸡群抽样时,应从不同鸡舍位置、不同鸡笼层次随机抽样,每层笼取样数相等。凡抽测的鸡笼中所有个体均逐一称重。

(4) 计算平均体质量

将逐一称重的体质量相加除以抽测鸡数。

(5) 与标准体质量对照并进行体质量校正

当实际体质量与标准相符时,下周料量按标准施行。若体质量低于标准体质量,每低 1% 体质量则加料 1%(每只每日喂料量不宜高出标准 3 g)。若实际体质量等于或高于标准10%以内,则不用采取措施。若高于标准10%以上,就要限制饲喂,下一周仍按本周的实际喂料量执行,不宜在此基础上减料。最佳体质量应是标准体质量或在育成后期较标准体质量重50～100 g。商品蛋鸡育成期标准体质量和周喂料量见表3-22。

表3-22　商品蛋鸡育成期标准体质量和周喂料量

周　龄	周末体质量(g/只)	耗料量(g/只)	累计耗料量(g/只)
9	700	357	2 009
10	785	385	2 394
11	875	413	2 807
12	965	441	3 248
13	1 055	469	3 717
14	1 145	497	4 214
15	1 235	525	4 739
16	1 325	546	5 285
17	1 415	567	5 852
18	1 505	588	6 440
19	1 595	609	7 049
20	1 670	630	7 679

注:9—18周龄结合光照进行限饲

2. 均匀度计算

(1) 计算公式

均匀度 = 平均体质量 ±10% 平均体质量范围内的鸡数/抽测鸡总数 ×100% 。

(2) 计算步骤

① 计算平均体质量:见上。

② 计算平均体质量 ±10% 范围:平均体质量 − 10% 平均体质量 ~ 平均体质量 + 10% 平均体质量。

③ 在抽测鸡体质量记录中查找并统计在②范围内的鸡只数量。

④ 计算鸡群均匀度:③中统计的鸡只数除以抽测鸡总只数 ×100% 。

附：育成鸡的整齐度

1. 育成鸡整齐度与产蛋期生产性能的关系

育成鸡尤其是育成后期群体整齐度对成年的产蛋性能会产生极大影响，具体见表3-23。

表 3-23　16 周龄整齐度与成年产蛋性能的关系

性状	相关	产蛋期表现
68—72 周龄产蛋率	++46	良好的产蛋持久性
72 周成活率	+++61	总死亡数减少
60 周龄每只入舍鸡产蛋	+++54	产更多蛋
60—79 周龄每只入舍鸡产蛋	+++60	产更多蛋
70 周龄每只入舍鸡产蛋	+++72	产更多蛋

2. 鸡群整齐度的判断与提高

(1) 判断标准

鸡群整齐度判断标准见表 3-24。

表 3-24　鸡群整齐度判断标准

均匀度(%)	整齐度判断
85 以上	特佳
81 ~ 85	佳
76 ~ 80	良好
70 ~ 75	一般
70 以下	不良

育成鸡培育过程中，鸡群均匀度越高越好，10 周龄时应至少达到 70%，15 周龄至少达到 75%，18 周龄时至少达到 80% 以上，最好达到 85% 以上。

(2) 均匀度的影响因素

① 遗传因素：遗传基础的一致性，一般经高度选育的品系经杂交后形成的杂交种个体之间的遗传基础较为一致，增重潜力相当。

② 疾病因素：各种因素引起的鸡群健康问题，都会引起均匀度下降。

③ 管理因素：喂料不均匀、密度太大、限制饲养、采食位置不够等均会引起均匀度下降。

(3) 提高鸡群均匀度的措施

① 保证遗传基础相对一致。

② 搞好疾病的防治。

③ 保证均匀采食:要有足够的采食位置,保证每只鸡都能同时吃到料;限制饲养时采用全天料量一次性投放,加料速度尽量快,尤其在平养情况下。

④ 保持合适的饲养密度:具体见第 135 页表 3-30。

⑤ 搞好分群管理:平时注意将体质量偏重、偏轻的个体分别相对集中安置,形成重体质量群体、中等体质量群体和轻体质量群体。分群后要采取“抑”重“促”轻的措施,调整喂料量,使之逐渐趋向标准体质量。

(三) 制定蛋鸡光照方案

制定蛋鸡全程光照方案是蛋鸡生产过程中极其重要的技术环节,对育成鸡开产日龄、性成熟和体成熟平衡的调节和产蛋期产蛋性能的发挥都具有重要作用。方法如下:

1. 制定蛋鸡光照方案的原则

(1) 光照时间　育雏、育成期每天光照时间应逐渐缩短或保持恒定,但不能少于 8 h。产蛋期光照应逐渐增加或恒定(一般 16 h),不能减少,但每天不能超过 17 h,不能低于 14 h。

(2) 光照强度　育雏初期 20 lx ,以后逐渐减至 10 lx,育成期 5 ~ 10 lx,产蛋期 10 ~ 20 lx。

2. 不同类型鸡舍光照方案的设计

(1) 密闭式鸡舍光照方案

密闭式鸡舍光照方案见图 3-14 和表 3-25。

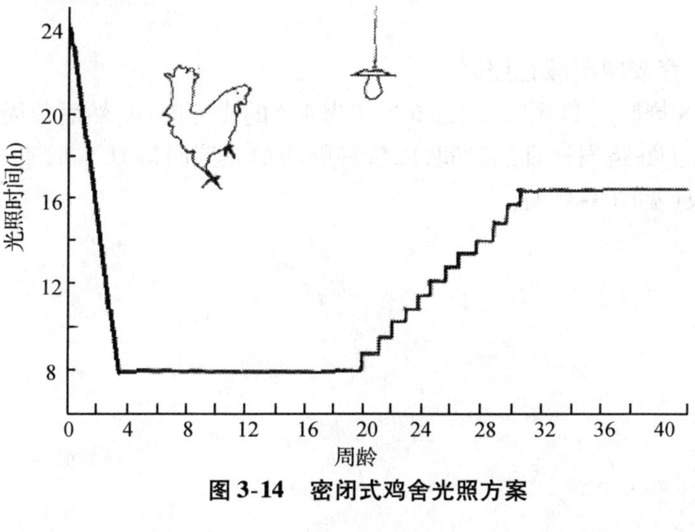

图 3-14　密闭式鸡舍光照方案

表 3-25　密闭式鸡舍光照方案

	周龄										
	1—3 d	4 d—18 周	19	20	21	22	23	24	25	26—68	69—76
光照时间(h)	23	8	9	10	11	12	13	14	15	16	17
光照强度(lx)	20	5～10					10～20				
灯泡瓦数(W)	60	15～25					40～60				

注:产蛋初期延长光照的同时,不宜使光照强度突然增加,以减少发生脱肛现象

(2) 开放式鸡舍光照方案

① 自然光照方案:自然光照方案见表 3-26。此光照方案在我国适合于每年 4 月上旬至 9 月上旬出壳的蛋雏鸡。

表 3-26　自然光照方案

	周龄										
	1—3 d	4 d—18 周	19	20	21	22	23	24	25	26—68	69—76
光照时间(h)	23	自然光照	10	11	12	13	14	15	16	16	17
光照强度(lx)	20						10～20				
灯泡瓦数(W)	60						40～60				

② 育雏育成期控制光照方案:本方案在我国适合于 9 月中旬至来年 3 月下旬出壳的蛋雏鸡。

方案一:育雏、育成期渐减光照制

查出本批鸡 18 周龄时日照时间,加 6 h 作为 4 d 的光照时间,然后每周减少光照时间 20 min,到 18 周龄正好是当地日照时间,以后每周增加光照时间 0.5 h,直到每天 16 h 并保持到产蛋期结束(见图 3-15)。

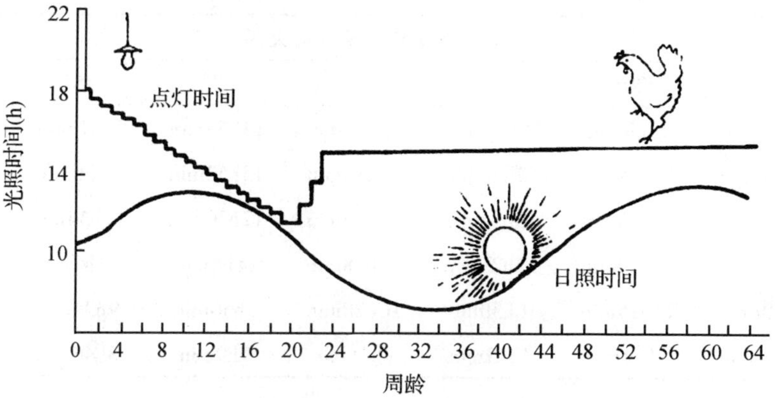

图 3-15　渐减光照制

方案二:育雏、育成期恒定光照制

查出本批鸡育成期当地自然光照最长一天的光照时间,自 4 d 起即给予这一光照时间(自然光照不足部分用人工光照补充),并保持至自然光照最长一天,以后采用自然光照至 18 周龄,以后产蛋期同上。

方案三:育雏、育成期遮光处理方案

本批鸡从 4 d～18 周龄采用鸡舍窗户上安装遮光黑帘,每天定时开闭,保持每天日照时间 8 h,其他时间光照安排同上。

附: 不同纬度的日照时间

不同纬度的日照时间见表 3-27。

表 3-27　不同纬度日照时间表

日　期	不同纬度日出至日落大约时间						
	10°	20°	30°	35°	40°	45°	50°
1 月 15 日	11h24min	11h0min	10h15min	10h4min	9h28min	9h8min	8h20min
2 月 15 日	11h40min	11h34min	11h4min	10h56min	10h36min	10h26min	10h0min
3 月 15 日	12h4min	12h2min	11h56min	11h56min	11h54min	11h52min	12h0min
4 月 15 日	12h26min	12h32min	12h58min	13h4min	13h20min	12h28min	14h0min
5 月 15 日	12h48min	12h56min	13h50min	14h2min	14h34min	14h50min	15h46min
6 月 15 日	13h2min	13h14min	14h16min	14h30min	15h14min	15h36min	16h56min

续表

日期	不同纬度日出至日落大约时间						
	10°	20°	30°	35°	40°	45°	50°
7 月 15 日	12h54min	13h8min	14h4min	14h20min	14h58min	15h16min	16h26min
8 月 15 日	12h36min	12h44min	13h20min	13h30min	13h52min	14h6min	14h40min
9 月 15 日	12h16min	12h15min	12h24min	12h26min	12h30min	12h34min	12h40min
10 月 15 日	11h48min	11h30min	11h26min	11h18min	11h6min	11h2min	10h40min
11 月 15 日	11h28min	11h15min	10h30min	10h20min	9h50min	9h34min	5h45min
12 月 15 日	11h18min	11h4min	10h2min	9h48min	9h9min	8h46min	4h40min

3. 鸡舍灯光设计与控制

在鸡舍内应力争各处光线均匀分布。平养鸡舍内,灯泡应装在喂料和供水设施上方,以保证此处有足够的亮度,满足采食、饮水的要求。在笼养鸡舍,灯泡应设在走道正中的上方,对于叠层式鸡笼应考虑尽量减少上、下各层笼间的照度差异,必要时考虑在中部设置灯泡。通常灯泡安排设置,每排间距 3 m,同排灯泡间距 3 m,灯泡距地面高度 2 m,相邻排的灯泡间交错设置(平养鸡舍第 1 排和最后 1 排灯分别离鸡舍纵向墙壁 1.5 m)。光源可采用白炽灯,也可采用荧光灯,两者各有利弊。同样功率的荧光灯所产生的照度是白炽灯的 3 ~4 倍,但荧光灯投资大,且低温条件下发光效率下降。使用白炽灯若加灯罩,可通过反光增加照度 50% 。若灯泡太脏,则可能会使照度下降 30% ~50% 。光照控制设备常用光照控制器,利用定时器的多时段自编程序功能,实现精确控制舍内光照时间。有些定时控制器还有自动测光装置,天亮时自动关灯,阴雨天光线昏暗时自动开灯照明。有的还通过电压调整改变灯光亮度,使开关灯时有渐亮渐暗过渡,不惊吓鸡群,还使灯泡使用寿命延长。

(四) 育成鸡管理

育成鸡培育目标为:①体质量达标:18 周龄达 1 400 ~1 450g/只。②均匀度良好:均匀度大于 80% 。③适时开产:5% 产蛋率 19—20 周龄,50% 产蛋率 22—23 周龄。④健壮的体格。为此,必须做好生产管理工作,方法如下:

1. 饲养方式

育成鸡的饲养方式与雏鸡的饲养方式相似,见雏鸡培育模块的相关部分,要根据实际情况选择适宜的饲养方式进行饲养。

2. 换料与喂料

(1) 换料　育成期(9—18 周龄)蛋鸡要根据饲养标准和饲料原料情况设计饲料配

方，此时在原料选择上可适当选择一定比例的粗饲料和杂粕（如菜籽粕、棉籽粕）等原料。鸡经转群转入育成鸡舍 3～5 d 鸡群状况基本稳定后，就可将育雏料换成育成料。因雏鸡料和育成鸡料在原料组成和营养成分上有较大差异，换料必须逐渐进行，换料的具体方法见表 3-28。

表 3-28　育成鸡逐渐换料法

方法	雏鸡料＋育成鸡料	饲喂时间（d）
1	2/3＋1/3	2
	1/2＋1/2	2
	1/3＋2/3	2～3
	0＋1	
2	2/3＋1/3	3
	1/3＋2/3	4
	0＋1	
3	1/2＋1/2	5～6
	0＋1	

（2）喂料　蛋鸡育成阶段通常按自由采食量的 80% 供料，即采用每日限饲法进行限制饲养，表 3-22（见第 128 页）为商品蛋鸡育成期供料标准，具体限饲程度应根据称重结果有所变化，对于发育较差的鸡群不宜采用限制饲养。采用平养方式饲养时应尽可能在上午一次性地将全天的料量投放于料桶或料槽内。采用笼养饲养时，育成前期可在上午和下午分两次投料，育成后期则在上午一次性投料。为提高饲料消化率，笼养育成鸡每 10 d 左右应单独补喂 1 次砂砾，每次每只鸡添加量 10 g，颗粒大小与绿豆相似，即直径 3～4 mm。育成阶段采食、饮水器具数量和高度要及时调整，高度随鸡长大不断提高，采食器具上缘比鸡背高 2 cm。育成鸡采食、饮水器具数量配制标准见表 3-29。

表 3-29　育成鸡所需喂料和饮水器具数量

鸡种类别	喂料器具		饮水器具	
	料槽（cm/只）	料桶（个/100 只）	水槽（cm/只）	乳头式饮水器（只/个）
白壳蛋鸡	6.4	3	2	10
褐壳蛋鸡	7.6	4	2	10

3. 减少鸡只外逃

笼养时经常检查笼门及网片的固定情况,网上平养应注意网片与周围的联结情况。跑出笼外或掉入网床下面的鸡应及时捕捉,放入原群,最好每晚捕捉 1 次。

4. 疏散密度

每隔 4 ~5 周集中疏散密度 1 次。育成鸡密度标准见表 3-30。

表 3-30 育成鸡饲养密度

鸡种类型	周 龄	垫料地面(只/m^2)	网上平养(只/m^2)	笼养(cm^2/只)
轻型蛋鸡	9—12	9 ~ 11	10 ~ 12	300 ~ 350
	13—18	7 ~ 9	8 ~ 10	400 ~ 450
中型蛋鸡	9—12	8 ~ 10	10 ~ 11	320 ~ 370
	13—18	7 ~ 8	8 ~ 9	430 ~ 480

5. 补充断喙

于 12 周末进行第 2 次断喙,只切去初次断喙后再生部分。

6. 创造适宜环境

育成舍温度应尽可能保持在 15℃ ~30℃ 范围内,夏季注意降温,冬季注意防寒。舍内湿度应保持 55% ~60% ,特别注意管理不善时舍内湿度过大。根据外在气温高低决定舍内换气量和气流速度,有害气体的含量不应超标,工作人员进入舍内后应无明显的嗅觉不适感。光照时间和强度要控制好,避免育成鸡性早熟和啄癖发生。尽可能减少突发的异常声响、突然的闪亮、陌生人及其他动物进入鸡舍引起的惊群现象。

7. 搞好卫生防疫

搞好环境、鸡只、人员、设备、用具及饮水等消毒。按照免疫程序高质量接种疫苗,最好每次接种后 7 ~14 d 抽查血清抗体滴度以了解免疫接种效果。对地面散养鸡应进行驱虫,至少在转入产蛋鸡舍上笼前进行 1 次。日常管理中发现病、弱鸡应及时隔离,并查找原因以便采取措施,防止在鸡群中蔓延。育成鸡免疫程序见第 110—111 页的表 3-17。

8. 育成期日常操作程序(供参考)

8:00 -8:20:观察鸡群,剔出病弱鸡只单独饲养,称重日称重。

8:20 -9:20:加料、匀料、投药、打扫卫生。

9:20 -10:20:调群(按体质量大小)。

10:20 -11:00:匀料、消毒、洗水箱。

11:00 -14:00:午休。

14:00 -15:00:加料、匀料。

15:00－15:30:洗水管等。

15:30－17:00:调群(按体质量大小)。

17:00－17:30:匀料、统计报表。

21:00－21:30:值夜班人员听鸡呼吸是否有声音。

注:

(1) 水箱周二、周五各清洗1次,饮水投药后立即清洗。

(2) 每月15日和30日冲洗水管,饮水投药后立即清洗。

(3) 灯泡周一、周四各擦拭1次。

(4) 带鸡消毒每2天1次,环境消毒每周1次,疫病流行期每天2次,免疫前后3 d不消毒。

(5) 鸡舍地面、墙壁及周围环境每天清扫。

四、知识点击

(一) 鸡舍温度控制

鸡是恒温动物,在变化着的环境温度条件下可通过自身的体温调节机制进行调节,以保持体温的恒定,维持正常的生命活动。当外界温度较高时,通过增加散热量来保持体温稳定;反之,温度较低时,通过增加产热量来维持体温稳定。但当外界温度太高、太低或变化太快时,体温调节易出现问题,各种生理功能减弱甚至紊乱,从而对机体的健康和生产性能造成较大的影响。

1. 对健康的影响

高温会使鸡的免疫器官如胸腺、法氏囊和脾脏萎缩,血液中淋巴细胞和嗜酸性细胞减少,异嗜细胞增多,巨噬细胞吞噬机能降低,γ-球蛋白含量下降。这就造成高温应激条件下鸡群的抗病力下降,对病原微生物的敏感性增强,即使接种疫苗也往往效果不佳。低温易诱发呼吸道疾病发生,能使雏鸡白痢更加严重。

2. 对生产性能的影响

(1) 对产蛋性能的影响　鸡产蛋适宜温度为13℃～20℃,温度过高、过低对产蛋性能均有不良影响。高温引起产蛋率下降、蛋重变小、蛋壳变薄变脆、蛋表面粗糙,尤其是30℃以上的高温对产蛋会有显著影响;低温特别是气温突然下降或持续低温也会使产蛋率下降。故产蛋鸡舍在炎热的夏季和寒冷的冬季要特别注意防暑降温和防寒保暖工作,千方百计使舍温常年保持在5℃～28℃范围内。

(2) 对公鸡繁殖率的影响　在气温过高或过低的情况下,公鸡的交配活动会明显减少,采用自然交配繁殖的种蛋受精率显著下降。高温影响公鸡睾丸的功能,精液量、精子密度、精子活力会明显下降。有试验表明,13—18 个月龄的芦花公鸡在 39℃高温中,其射精量会减少一半,精子密度也降低 1/3 ~ 1/2。在夏季即使采用人工授精方法繁殖也不容易获得高的受精率。

3. 鸡舍温度的调控措施

(1) 选择适宜的鸡舍类型。根据本地区一年四季气候变化的特点,所养鸡只的周龄和不同类型鸡舍的温度调节特性,确定鸡舍类型。同时要考虑建造和运行成本。

(2) 搞好房舍的保温隔热设计,尤其要重视面积较大的屋顶隔热设计。

(3) 合理应用供热和降温设备,如热风炉供暖系统和湿帘风机降温系统。

(4) 搞好房舍的遮阴。在鸡舍四周及运动场上种植高大的阔叶乔木,使鸡舍和运动场在炎热夏季处于树荫下,减弱辐射热。

(5) 调整饲养密度,冬季饲养密度可增加 10% ~ 20%,夏季应降低饲养密度 20% ~ 30%,同时采食和饮水器具数量相应增减。

(二) 鸡舍通风的意义与方法

规模化养鸡生产通常采用舍内密集饲养,在此过程中每天产生大量的废气和氨等有害气体,对鸡群健康造成严重威胁。为了排出水分和有害气体,补充氧气并保持适宜温度,必须注意鸡舍的通风换气。

1. 舍内有害气体的卫生要求

舍内的有害气体包括粪尿分解产生的氨气和硫化氢,呼吸或物体燃烧产生的二氧化碳,以及垫料发酵产生的甲烷,另外用煤炉加热燃烧不完全还会产生一氧化碳。这些气体对鸡的健康和生产均有负面影响,随着有害气体浓度的增加,舍内氧气含量也会降低。鸡舍内各种气体的浓度有一个允许范围值,见表 3-31。通风换气是调节鸡舍空气环境状况最主要、最常用的手段。

表 3-31 鸡舍内各种气体的致死浓度和最大允许浓度

气 体	致死浓度(%)	最大允许浓度(%)
二氧化碳	>30	1
甲 烷	>5	5
硫化氢	>0.05	0.004 0
氨	>0.05	0.002 5
氧	<6	

2. 通风方式

鸡舍通风按通风的动力不同可分为自然通风、机械通风和混合通风 3 种。机械通风又主要分为负压通风、正压通风。

(1) 自然通风 依靠自然风的风压作用和鸡舍内外温差的热压作用,形成空气的自然流动,使舍内外的空气得以交换。开放式鸡舍采用自然通风,空气通过通风带或窗户进行流通。在高温季节,仅靠自然通风降温效果不理想。

(2) 机械通风 即依靠动力强制进行舍内外空气的交换。一般使用轴流式或蝴蝶拢风筒式通风机进行通风。吊扇只起到使动物感觉凉爽的作用,起不到气体交换的作用,不能改善舍内空气质量。

① 负压通风:利用排风机将舍内污浊空气强行排出舍外,在舍内造成负压,新鲜空气便从进风口自行进入鸡舍。负压通风投资少,管理比较简单,进入鸡舍的气流速度较慢,鸡体感觉比较舒适,成为广泛应用于封闭鸡舍的通风方式。

② 正压通风:风机将空气强制输入鸡舍,而出风口作出相应调节,以便出风量稍小于进风量而使鸡舍内产生微小的正压。空气通常是通过纵向安置等于禽舍全长的管道而分布于鸡舍内的,全重叠多层养鸡通常要使用正压通风。热风炉加热的鸡舍也是正压通风,不过送入鸡舍的是经过加热的热空气。

③ 正、负压混合通风:在鸡舍的一面墙体上安装输风机,将新鲜空气强行输入舍内;对面墙上安装抽风机,将污浊废气、热量强行排出舍外。对高密度饲养鸡舍有时需要使用此通风方式。

根据鸡舍内气流运动方向,鸡舍通风还可分为纵向通风和横向通风。

(1) 纵向通风 风机全部安装在鸡舍一端的山墙(一般在污道一边)或山墙附近的两侧墙壁上,进风口在对面山墙或靠山墙的两侧墙上,鸡舍其他部位无门窗或门窗关闭,空气沿鸡舍的纵轴方向流动(见图3-16、3-17)。封闭鸡舍为防止透光,进风口设置遮光罩,排风口设置弯管或用砖砌遮光洞。进气口风速一般要求夏季2.5~5 m/s,冬季1.5m/s。

(2) 横向通风 横向通风的风机和进风口分别均匀布置在鸡舍两侧纵墙上,空气从进风口进入鸡舍后横穿鸡舍,由对侧墙上的排风扇抽出(见图3-17)。采用横向通风方式的鸡舍,舍内空气流动不够均匀,气流速度偏低,死角多,因而空气不够清新,现在较少使用。

图 3-16　蝴蝶式风筒风机纵向通风

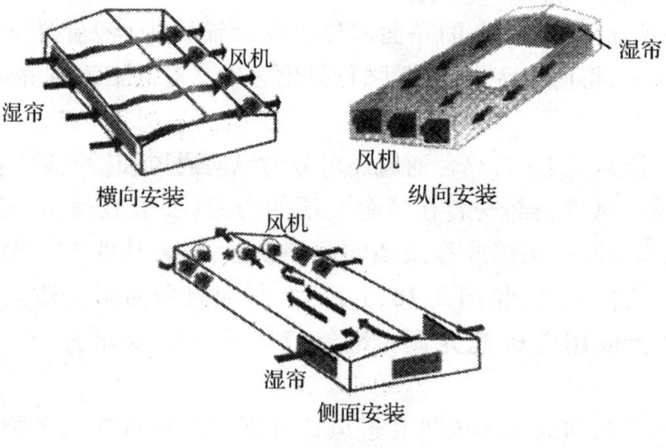

图 3-17　风机的安装方式

3. 通风量的调节

（1）通风量　通风量取决于鸡的类型、年龄、体质量和外界温、湿度（见表 3-32）。

表 3-32　不同气候区域鸡的最大通风量($m^3 \cdot h^{-1} \cdot kg^{-1}$)

鸡的种类	体质量(kg)	外界可能达到的最高温度		
		中温区(27℃)	高温区(>27℃)	低温区(15℃)
雏　鸡		5.60	7.50	3.75
后备鸡	1.15~1.18	5.60	7.50	3.75
蛋　鸡	1.35~2.25	7.50	9.35	5.60
肉　鸡	1.35~1.80	3.75	5.60	3.75
肉种鸡	2.35~4.45	7.50	9.35	5.60
蛋种鸡	1.35~2.25	7.50	9.35	5.60

(2) 通风量的计算　通风量是根据热平衡或者根据有害气体浓度控制要求确定的。负压通风的总风量(L)可按下面的公式计算:

$$L(m^3/h) = K_1 \times j \times N$$

式中,K_1 为通风系数,$K_1 = 1.2 \sim 1.5$;j 为每只鸡夏季的通风量(m^3/h);N 为鸡舍内饲养鸡只总数(只)。

(3) 通风量的调节　进行鸡舍通风设计时,一般以该类型鸡舍夏季的最大通风量要求进行设计,具体通风量和气流速度要依据不同季节的要求,通过调整风机或门窗的开启数量进行调节。气流速度雏鸡舍夏季0.5 m/s,冬季0.2~0.3 m/s,春秋季0.3~0.4 m/s;其他类型的鸡舍夏季1.0~1.5 m/s,冬季0.3 m/s,春秋季0.4~0.5 m/s。

4. 气流分布的调节

对不同类型的鸡舍,在不同季节的通风目的不同。雏鸡舍及春季、秋季、冬季的青年舍和成年舍通风的主要目的是换气,因此主气流应从粪层表面经过,以便及时将粪便中的水分和产生的有害气体排出。夏季通风的主要目的是缓解热应激,主气流应从鸡体周围通过,以降低实感温度。

舍内气流的分布,主要受进风口和风机的位置和数量的影响。为了保证舍内中下部气流的均匀性,首先要保证进风口和风机分布的均匀性,风机的位置和进风口的位置应主要集中于鸡舍中下部。

(三) 光照对蛋鸡生产的影响

光照对公鸡的繁殖力、母鸡的性成熟和产蛋性能都有较显著的影响,其作用机制如下:

鸡有两个光感受器,一个为视网膜感受器即鸡眼睛,另一个位于下丘脑。光线的刺激经视神经叶的神经途径而达于下丘脑,另外,光线也可以直接透过颅骨作用于松果体和下丘脑。下丘脑接受刺激后分泌促性腺激素释放激素,这种激素通过垂体门脉系统达于垂体前叶，引起卵泡刺激素和排卵激素的分泌，促进母鸡卵泡的发育和排卵。发育的卵泡产生雌激素，促进母鸡输卵管发育，使鸡冠大、面红、耻骨开张等第二性征显现。同时雌激素还促进钙的代谢，以利蛋壳的形成，排卵激素则引起母鸡排卵。光照对公鸡睾丸发育和精子形成的作用也与母鸡类似。

小公鸡开始产生精液的日龄与光照时间的长短呈负相关，在光照长度递增期间，可以促进精子生成，反之则有抑制作用。光照对睾丸的刺激作用主要在生长前期，一般认为每天至少须有 12 h 的光照时间才能促使睾丸达到最佳生长状态和大量精子的生成，成年公鸡每天获得 14 h 的光照时间，可保证良好的精液生成效果。小母鸡的性成熟日龄与生长期的光照时间有很大关系，在渐长的光照时间下，较为早熟，但产蛋前半期小型蛋较多，产蛋量较少；在渐短的光照时间下，较为晚熟，在产蛋上半期能生产较大、较多的蛋。一般认为，每天 10 h 或多于 10 h 的光照时间，足以导致最快的性成熟；10 h 以下性成熟的日龄随光照时间的缩短而延长。小母鸡在 10 周龄前其性器官发育缓慢，因此光周期的变化对其性成熟时间影响不大，12 周龄后小母鸡的输卵管质量、容积、长度等逐渐增大，16 周龄后母鸡卵巢质量迅速增加（见表 3-33），为使小母鸡适时开产，育成鸡要特别注意光照控制。母鸡开产阶段光照时间的增加必须有规律地进行严格控制，光照变化太大或混乱会引起不良后果，甚至停产换羽。整个产蛋期保持长而稳定的光照制度对产蛋最为有利，因此产蛋期母鸡光照时间每天需保持 14～16 h。

表 3-33　母鸡生殖系统发育情况

项目	16 周龄	18 周龄	20 周龄	22 周龄
输卵管长（cm）	17.5	33.1	60.8	67.7
输卵管质量（g）	12.8	36.5	68.6	77.2
卵巢质量（g）		6.5	33.0	39

光照强度会影响鸡的活动性，要根据视觉和生理需要设定光照强度，过强、过弱均会带来不良后果。光照太强不仅浪费电能，而且鸡显得神经质，易惊群，活动量大，消耗能量，还易发生啄癖；光照太弱，则影响采食和饮水，起不到刺激作用，影响产蛋。表 3-34 列出了不同类型的鸡需要的光照强度。

表 3-34　鸡对光照强度的需求

项目	鸡龄	单位面积辐射能通量(W/m^2)	光照强度(lx)		
			最佳	最大	最小
雏鸡	1—7 d	4 ~ 5	20	–	10
育雏育成鸡	2—20 周龄	2	5	10	2
产蛋鸡	20 周龄以上	3 ~ 4	15	20	5
肉种鸡	30 周龄以上	5 ~ 6	30	30	10

为了使照度均匀,一般光源间距为其高度的 1 ~ 1.5 倍,不同列灯泡采用梅花分布,注意鸡笼下层的光照度是否满足要求。使用灯罩比无灯罩的光照度提高约 45%。由于鸡舍内蜘蛛网、灰尘等因素,灯泡和灯罩容易脏,应经常擦拭干净,损坏的灯泡要及时更换,以保持足够亮度。

五、练习

1. 在老师指导下进行育成鸡生产管理。
2. 制定某开放式鸡舍 4 月 10 日出壳蛋鸡的全程光照程序。

模块三　产蛋鸡的饲养(19—72 周龄)

一、学习目标

※终极目标:学会产蛋鸡的生产技术。

※促成目标:

(1) 会进行开产前准备;

(2) 会进行产蛋鸡的管理;

(3) 会进行产蛋鸡的选择淘汰;

(4) 会进行产蛋曲线的绘制与分析;

(5) 会进行新城疫抗体效价的测定。

二、学习任务

(1) 开产前准备;

(2) 产蛋鸡的管理;

(3) 产蛋鸡的选择与淘汰;

(4) 产蛋曲线的绘制与分析;

(5) 新城疫抗体免疫检测。

三、实践操作

(一) 开产前的准备

1. 产蛋舍的准备

在转群前 15 d 开始准备产蛋舍,具体安排如下:

(1) 转群前 15 d,清理待转群蛋鸡舍。首先将能搬到舍外的饲养设备如料桶、饮水器等搬至舍外,然后彻底清除舍内粪便、垫料(平养),再清扫房顶、墙壁、窗户、风机、笼具上的灰尘、羽毛等。清扫应从上到下,由内向外,做到无粪便、羽毛、垫料等残留。视工作量大小,一般需 2 d 时间。

(2) 转群前 13 d,清洗鸡舍。清洗前将不能接触水的电器、机器等用塑料布包裹,然后用高压水枪冲洗房顶、墙壁、地面和舍内饲养设备如笼具等,搬至舍外的饲养设备于舍外冲洗干净并晒干。做到地面无积水,舍内任何表面都要冲洗到,无脏污物附着。

(3) 转群前 11 d,检修设备。对舍内饲养设备进行维修,对电灯、电路、机械、仪器等进行检修。做到各种设备运转正常。

(4) 转群前 10 d,治理环境。清除舍外排水沟杂物,清理鸡舍四周杂草,做到排水畅通,不影响通风。

(5) 转群前 9 d,舍外清扫消毒。整修道路,清扫院落,做到无垃圾、无凹坑、无粪便、无羽毛。用 2% ~3% 的热火碱水进行舍外消毒。

(6) 转群前 8 d,鸡舍消毒准备。把搬至舍外的设备搬至舍内;关闭门窗和通风孔;准备好消毒设备和药物。

(7) 转群前 7 d,鸡舍消毒。选择合适消毒药(每批鸡换一种消毒药),并按照消毒药使用说明书配制好消毒液,对房顶、墙壁、地面、设备等进行喷雾消毒。喷洒要到位,不留死角。药液用量要充足(按照消毒药使用说明书进行,一般要求 1 000 ~2 000 mL/m^2),消毒 10 h 后通风,通风 3 ~4 h 后关门窗。

(8) 转群前 6 d,安装设备。将所有设备安装好,包括饲养设备、机械设备、控制设备等。

(9) 转群前 5 d,熏蒸消毒。关闭门窗和通风孔,将喂料工具、清扫工具、饲养员工作服、鞋帽等拿进舍内一并熏蒸消毒。熏蒸剂量:每立方米用高锰酸钾 21 g,甲醛 42 mL。

按照鸡舍体积分别算出高锰酸钾和甲醛用量，并称量好药品待用。地面洒水后，在中间走道每隔 10 m 放置一个熏蒸盆，盆内先放好高锰酸钾，然后从距离门最远端的熏蒸盆开始依次倒入甲醛，速度要快，出门后立即把门封严。熏蒸 48 h。

（10）转群前 3 d，熏蒸 48 h 后打开门窗、通气孔散气，人员进入必须穿消毒过的工作服和鞋。

（11）转群前 2 d，调试各种设备。

（12）转群前 1 d，将准备好的鸡舍料（原育成料）、水提前加好，等待转群。

2. 转群

转群时间一般在 16 ~ 18 周，最迟不能迟于 20 周，对于育雏育成一体鸡舍，转群可提前至 10 周龄。转群具体方法和注意事项见育成鸡培育模块有关部分。

3. 换料与饲喂

转群后 3 ~ 5 d 内仍用育成料饲喂，以减少应激。对于 18 周龄体质量达标（1 400 ~ 1 450 g/只）即可用预产期饲料，其营养水平为代谢能 11.5 MJ/kg，粗蛋白质 17%，钙 2%（满足部分早产鸡和形成髓骨对钙的需要，具体见表 3-35），复合维生素添加量应与产蛋鸡相同或略高。当产蛋率达 5% 时换成产蛋前期料。喂料采用自由采食，敞开饲喂，以期有良好增重和促进开产（产蛋期敞开饲喂从 19 周开始到产蛋高峰过后 2 周止）。日喂次数可确定为 2 次或 3 次。日喂 3 次时，第 1 次喂料应在上午光照开始后 2 h 进行，最后 1 次应在晚上熄灯前 3 h 进行，中间加喂 1 次。喂料量以早、晚两次为主。换料要注意过渡。

表 3-35 产蛋鸡和蛋种鸡的饲养标准

营养指标	单位	19 周龄—开产	开产—高峰期（>85%）	高峰后（<85%）	种鸡
代谢能	MJ/kg （Mcal/kg）	11.50 （2.75）	11.29 （2.70）	10.87 （2.65）	11.29 （2.70）
粗蛋白质	%	17.0	16.5	15.5	18.0
蛋白能量比	g/MJ （g/ Mcal）	14.78 （61.82）	14.61 （61.11）	14.26 （58.49）	15.94 （66.67）
赖氨酸能量比	g/MJ （g/ Mcal）	0.61 （2.55）	0.64 （2.67）	0.61 （2.54）	0.63 （2.63）
赖氨酸	%	0.70	0.75	0.70	0.75
蛋氨酸	%	0.34	0.34	0.32	0.34
蛋氨酸 + 胱氨酸	%	0.64	0.65	0.56	0.65

续表

营养指标	单位	19周龄—开产	开产—高峰期（>85%）	高峰后（<85%）	种鸡
苏氨酸	%	0.62	0.55	0.50	0.55
色氨酸	%	0.19	0.16	0.15	0.16
精氨酸	%	1.02	0.76	0.69	0.76
亮氨酸	%	1.07	1.02	0.98	1.02
异亮氨酸	%	0.60	0.72	0.66	0.72
苯丙氨酸	%	0.54	0.58	0.52	0.58
苯丙氨酸+酪氨酸	%	1.00	1.08	1.06	1.08
组氨酸	%	0.27	0.25	0.23	0.25
缬氨酸	%	0.62	0.59	0.54	0.59
甘氨酸+丝氨酸	%	0.71	0.57	0.48	0.57
可利用赖氨酸	%	–	0.66	0.60	–
可利用蛋氨酸	%	–	0.32	0.30	–
钙	%	2.00	3.50	3.50	3.50
总磷	%	0.55	0.60	0.60	0.60
非植酸磷	%	0.32	0.32	0.32	0.32
钠	%	0.15	0.15	0.15	0.15
氯	%	0.15	0.15	0.15	0.15
铁	mg/kg	60	60	60	60
铜	mg/kg	8	8	8	8
锰	mg/kg	80	60	60	60
锌	mg/kg	60	80	80	60
碘	mg/kg	0.35	0.35	0.35	0.35
硒	mg/kg	0.30	0.30	0.30	0.30
亚油酸	%	1	1	1	1
维生素A	IU/kg	4 000	8 000	8 000	10 000
维生素D	IU/kg	800	1 600	1 600	2 000
维生素E	IU/kg	8	5	5	8
维生素K	mg/kg	0.5	0.5	0.5	1.0
硫胺素	mg/kg	1.3	0.8	0.8	0.8

续表

营养指标	单位	19 周龄—开产	开产—高峰期（>85%）	高峰后（<85%）	种鸡
核黄素	mg/kg	2.2	2.5	2.5	3.8
泛酸	mg/kg	10	2.2	2.2	10
烟酸	mg/kg	11	20	20	30
吡哆醇	mg/kg	3	3.0	3.0	4.5
生物素	mg/kg	0.10	0.10	0.10	0.15
叶酸	mg/kg	0.25	0.25	0.25	0.35
维生素 B_{12}	mg/kg	0.004	0.004	0.004	0.004
胆碱	mg/kg	500	500	500	500

4. 延长光照

一般从 19 周龄开始逐渐延长光照，每周增加时间控制在 1 h 以内，达产蛋最高峰 25 周时光照时间达 16 h，以后稳定不变。光照强度要逐渐增加，不要突然改变，以免增加脱肛情况发生。若 18 周龄鸡体质量偏轻，延长光照时间要相应延后；若鸡体质量较重时，前 2 周光照时间增幅可适当加大。

5. 接种疫苗

根据免疫程序在开产前要接种禽流感、新城疫、传染性支气管炎、减蛋综合征、鸡痘等疫苗，要保证接种质量，确保接种效果。

6. 合理使用抗菌药物

开产前后鸡的生理变化很大，生理应激较大，抵抗力因此而下降，这一时期容易发病，应定期（每两周 1 次，开产前要进行 1～2 次）通过饮水或饲料添加抗生素，以提高抗病能力。开产后每 4 周应用 1 次，注意不能使用产蛋期禁用药物和对产蛋有影响的药物。产蛋期间用药一定要特别慎重，因一般药物如抗生素、磺胺类药物等均能在蛋中残留，人吃了含有这些残留药物的蛋，会对身体有不同程度的危害，故产蛋鸡用药期间所产的蛋和用药后 7 d 内的蛋不得出售和食用。

7. 坚持严格消毒

按照要求定期（一般隔 2 d 1 次）进行带鸡消毒和舍内外环境消毒，生产人员、生产工具等也要按规定消毒。

8. 设置产蛋箱

平养鸡舍在开产前 2 周，应在光线较暗、相对安静、通风良好的地方设置产蛋箱，一般产蛋箱深 40 cm，宽 30 cm，高 35 cm，按 4～5 只母鸡放置 1 只产蛋箱。为减少占地面积，产蛋箱通常每4～6只重叠在一起，一般为2～3层，每层设跳板，底层距地面40～50 cm。箱内铺垫草，夜间关门，以防母鸡在箱内过夜、排便，污染产蛋箱。为了让母鸡在产蛋箱内产蛋，要将地面容易做窝的地方及低暗处清扫干净，必要时在箱内放1个蛋进行引导。最初若有母鸡箱外产蛋，要及时将其捉进产蛋箱，以尽可能减少出现窝外蛋。

（二）产蛋鸡的管理

1. 饲养方式

产蛋鸡的饲养方式主要是笼养，因其具有饲养密度高、劳动生产力高、生产性能好、节约饲料、便于管理等优越性被国内外广泛采用。在我国笼养的主要形式为全阶梯式或半阶梯式，发达国家和我国的大型蛋鸡养殖集团多采用叠层式笼养。后者房舍利用率更高，但对通风、采光控制的要求也更严格。产蛋鸡不同饲养方式的饲养密度比较见表3-36，不同饲养方式的喂料和饮水设备及产蛋箱数量见表3-37。

表3-36　商品蛋鸡不同饲养方式的饲养密度（只/m^2）

蛋鸡类型	地面平养	地网混养	网上平养	笼养
白壳蛋鸡	6.3	7.2	11.0	26.3
褐壳蛋鸡	5.4	6.3	8.5	20.8

表3-37　商品蛋鸡不同饲养方式的喂料、饮水设备和产蛋箱数量

项目	平养	笼养
料槽长度（cm/只）	8	8
料桶（个/100只）	4	-
水槽长度（cm/只）	5	5
乳头式饮水器（只/个）	-	4
吊塔式饮水器（只/个）	60	-
产蛋箱（只/个）	5	-

2. 产蛋鸡舍的环境控制

（1）温度控制　产蛋鸡适宜温度为13℃～20℃，13℃～16℃产蛋率较高，15.5℃～20℃饲料转化率较高，一般认为15℃～25℃是理想的舍温控制范围。但考虑到不同季节外界气温变化的特点，要求蛋鸡舍常年维持在5℃～28℃范围是较为实际的，舍温高于28℃、低于5℃时产蛋率会显著下降。冬季对于不太寒冷的地区，若鸡舍条件较好，舍内鸡饲养密度和群体规模正常时,维持5℃以上的舍温是可能的。对于冬季寒冷的地区须使用热风炉或暖气提高舍温。夏季外界气温常较高,要想方设法降低舍温如安装风扇、舍内喷雾、房舍四周种树遮阴、降低饲养密度、饮用清凉饮水等,目前理想的方法是给鸡舍安装湿帘降温系统。平时注意收听天气预报,要特别注意气温的突然变化,如突然寒流、突然热浪要提前做好应对准备。

(2) 通风换气　正确、适当的通风换气有助于给产蛋鸡提供新鲜空气,排除舍内氨气、硫化氢、二氧化碳等有害气体;调节舍内温度和相对湿度;排除尘埃;降低病原微生物数量。在春、秋季节可以充分利用自然通风,根据情况,开关门窗调节通风量。夏季、冬季则宜关闭部分门窗采用机械通风。尤其要注意冬季在保温的同时不能忽视通风换气,即使在严寒季节也要进行低流量或间隙通风。进气口与排气口设置要合理,气流能均匀流进全舍而无贼风。进气口要能调节方位和大小,天冷时进入舍内的气流应由上而下,不能直吹鸡体。舍内通风量控制标准,应保证有害气体含量不超过规定标准,不使人、鸡在舍内有不适感。气流速度夏季不能低于0.5 m/s,冬季不能高于0.2 m/s。

(3) 光照控制　按照蛋鸡产蛋阶段的光照程序严格执行,具体见育成鸡培育部分。产蛋期间应避免光照时间忽长忽短,每日光照起始和停止时间要固定。为了保证灯泡的照度,每周用软的抹布将灯泡上的灰尘擦净,损坏的灯泡要及时更换,电路故障要及时检修。

3. *产蛋鸡的日常管理*

(1) 观察鸡群

① 清晨开灯后,观察鸡群的健康状况和粪便情况。健康鸡羽毛紧凑,冠脸红润,活泼好动,眼大有神,反应灵敏。健康鸡的粪便盘曲而干,有一定形状,呈灰褐色,上面有白色的尿酸盐附着。若粪便发绿、黄、红、白而且较稀,则有感染疾病的可能(夏季鸡饮水多,粪便较稀是正常现象;转群后部分鸡粪便白、稀可能因惊吓未采食;初生雏鸡粪便正常是草绿色)。若发现病鸡和异常鸡,应及时隔离饲养或淘汰。发现死鸡要及时交给兽医人员处理。

② 夜间闭灯后,首先将跑出笼外的鸡捉回原笼,然后仔细倾听鸡群动静,是否有呼噜、喷嚏和甩鼻的声音。若发现异常,应及时上报技术人员。

③ 在喂料给水时,要观察喂料、饮水设备的高度、结构、数量是否能适应鸡采食、饮水的需要,同时要注意观察采食、饮水情况和饲料质量等。健康鸡采食积极,要及时挑出不采食鸡。

④ 及时挑出并淘汰有脱肛或啄癖(啄肛、啄蛋、啄羽)的鸡。分析发生原因,及时采取预防措施(具体见啄癖发生原因及预防措施)。

⑤ 仔细观察,及时挑出开产过迟(7 月龄仍未开产)、鸡冠发白或萎缩以及开产不久就换羽停产的鸡。健康鸡与病弱鸡的外部区别见表 3-38。

表 3-38 健康鸡与病弱鸡的外部区别

观察项目	健康鸡	病弱鸡
冠、肉垂	鲜红、湿润、丰满、温暖、无病灶	苍白、萎缩、干燥、冷凉、紫色、有病灶(如鸡痘、葡萄球菌病)
眼	大而有神	小而无神,常紧闭
脸部	红润,无病灶	苍白,有病灶(如流鼻涕、流泪、有干酪样物等)
胸	胸骨硬而直	胸骨脆弱,呈 S 形,有病灶(如胸囊肿等)
翼	紧贴身躯	翼下垂或折断或烂翅
尾部	尾部直立	尾部下垂
跖和趾	正常	跖骨粗大、踝关节肿大、跛脚、“鹰爪”、有病灶(如脚趾瘤、烂趾)
体质量	符合品种要求	轻
羽毛色泽	羽毛有光泽	羽毛污乱、无光泽

(2) 严格按作息程序完成各项工作

① 按时开、关灯:具体按光照方案执行。

② 定时喂料:初产及产蛋高峰期以每天 3 次为宜,第 1 次早晨 6:00~7:00,第 2 次上午 10:30~11:00,第 3 次下午 4:30~5:30。3 次喂料量分别占全天料量的 35%、25%、40%。产蛋中、后期每天可喂 2 次,上午 8:00 喂 1 次,下午 5:00 喂 1 次,分别占全天料量的 45%、55%。喂料实行“净槽”管理,防止槽内剩料长时间积淀于槽底,而造成营养损失、饲料变味、发霉等问题,促进当日营养摄入的全价平衡。即每次喂料应将料槽内的饲料完全吃净,然后再考虑下次喂料。商品褐壳蛋鸡体质量及日喂料量见表 3-39。

③ 定时收蛋:一般每天收蛋两次,上午 11:00 收 1 次,下午 5:00 收 1 次。每次收蛋要轻拿轻放,破蛋、软皮蛋、畸形蛋、脏蛋要单独放置,并及时做好记录。注意观察蛋壳颜色、蛋壳质地、蛋的形状和质量与以往比有无明显变化。

表 3-39　商品褐壳蛋鸡体质量及日喂料量

周龄	罗曼褐		海兰褐		海塞克斯褐	
	体质量(g)	日采食量(g/日)	体质量(g)	日采食量(g/日)	体质量(g)	日采食量(g/日)
18	1 500	85	1 550	82	1 490	85
20	1 600	95	1 660	86	1 710	100
22	1 680	105	1 750	92	1 870	110
24	1 750	115	1 830	100	1 910	116
26	1 770	120	1 900	107	1 950	119
28	1 790	120	1 960	111	1 970	120
30	1 810	120	2 010	115	1 980	120
32	1 820	120	2 060	116	2 000	120
34	1 830	120	2 100	117	2 020	120
36	1 840	120	2 130	117	2 030	120
38	1 850	120	2 160	118	2 040	118
40	1 860	120	2 180	119	2 050	118

④ 定期清粪、打扫、消毒:采用机械清粪方式,每天上午、下午各进行 1 次;采用人工清粪方式,每 2 ~4 天清粪 1 次,清粪后要将舍内走道清扫干净。采用高床或半高床式鸡舍,在设计时要保证粪层表面的气流速度和方向,以便及时将有害气体和水分排出舍外。每天在喂料后要对地面进行清扫,在清扫之前要适当对地面洒水,以减少舍内空气中的灰尘。灯泡每周擦拭 1 次。选择消毒效果好、无刺激性、无腐蚀性、对鸡毒性低的消毒剂,每隔 2 ~3 d 带鸡消毒 1 次,夏季高温季节每天消毒 1 次。若采用水槽、吊塔式饮水器饮水,每天应清洗消毒。料槽、料车、料盆每周消毒 1 次。

(3) 保持全天供应足量、清洁的饮水

产蛋鸡每天每只饮水量 200 ~300 mL,要备好应急用水,防止停电或供水系统发生故障而停水。鸡的饮用水标准与人一样,要特别注意防止饮水被大肠杆菌污染,对鸡场地下水要进行化验,检验合格方能使用。

(4) 保持舍内安静,减少各种应激

产蛋鸡对环境变化非常敏感,遇到突发情况如高声叫喊、车辆鸣号、燃放鞭炮、闪烁光影、新奇的颜色、生人入舍、抓鸡、注射免疫、断喙、换料、停水、停光、飞鸟、狗猫入舍等都会产生强烈应激,表现为“炸群”、食欲缺乏,产蛋下降,产软蛋,以致健康状况改变,严重时还会导致鸡群发病死亡。因此,必须尽可能减少应激,给鸡群创造良好的生产环境。在某些应激不可避免要出现的情况下,应提前在饲料和饮水中加入适量的复合维生素和维生素 C。

(5) 经常检查设备完好情况

检查料槽有无破损、接口是否脱开、堵板是否丢失；饮水器是否漏水或断水；风机运转时有无异常声音；百叶窗启闭是否灵活；窗户是否有破损，能否固定；灯泡有无损坏，是否干净；笼网有无破损，是否有鸡只外逃或挂伤；蛋是否能顺利滚入蛋槽中，是否从缝隙中掉下。

（6）减少饲料浪费

减少蛋鸡饲养过程中的饲料浪费，效益非常明显（据有关统计，损失达总料量的3%～5%），应从以下几方面采取措施：

① 料槽结构设计采用口窄、肚大、底宽形状或采用带有回檐的料槽。

② 加料不超过槽深1/3。

③ 饲养员要经常匀料，使饲料在料槽中均匀分布，不形成小堆。

④ 加强饲养员喂料时的责任心，布料时不要散落槽外。最好采用高质量机械喂料。

⑤ 料槽接口保持完好，两端堵头牢固，料槽无破损。

⑥ 尽量使用乳头式饮水器。若使用水槽饮水，则水深应浅。

⑦ 防止水进入料槽使饲料发霉、结块、酸败。

⑧ 及时淘汰停产、低产鸡。

⑨ 饲料粉碎不要太细，以免造成采食困难和料尘飞扬。

⑩ 配制全价日粮。

（7）做好记录

每天要做好生产记录，反映鸡群实际生产动态，以便及时了解生产、指导生产、考核经营管理效果。记录通常以日报表的形式反映出来，见表3-40。

表3-40　蛋鸡生产日报表

日期	日龄	存栏（只）	死淘（只）		产蛋数（枚）			产蛋率（%）	产蛋量（kg）	耗料量（kg）
			淘汰	死亡	完好	破损	小计			

（8）产蛋舍日常操作程序（供参考）

5:00：开灯。

5:50－6:00：观察鸡群，剔出病弱鸡只单独饲养。

6:00－7:30：加料、匀料、打扫卫生。

7:30－8:30：休息、吃早饭。

8:30－9:00:匀料、擦灯泡。

9:00－10:00:收蛋。

10:00－10:30:消毒、洗水箱。

10:30－11:00:加料、匀料。

11:00－11:30:收集死鸡统一处理。

11:30－14:00:午休。

14:00－14:30:匀料。

14:30－15:30:收蛋。

15:30－16:00:擦灯泡。

16:00－17:00:加料、匀料。

17:00－17:30:收蛋、打扫卫生、收集死鸡、统计报表。

21:00:熄灯。

4. 产蛋鸡的阶段管理

根据鸡群的产蛋情况,将产蛋期分为3个阶段:第一阶段为产蛋前期,即产蛋率从5%到最高峰(95%左右)再回落到85%;第二阶段为产蛋中期,即产蛋率从85%到75%;第三阶段为产蛋后期,即产蛋率从75%直到最后淘汰。

(1) 产蛋前期　从20周龄至42周龄。本阶段产蛋鸡的特点是产蛋率快速上升达最高峰并维持在产蛋高峰状态,蛋质量不断增加(从40 g/只到56 g/只以上),母鸡体质量不断增加(增重400～500 g/只)。因此,产蛋前期蛋鸡营养需要量较大,应配制高营养水平的日粮,同时尽量促进鸡只多采食,敞开饲喂,以满足产蛋需要和增加营养储备。喂料量具体应掌握到第2天早晨开灯时,料槽中仍有薄薄一层料。本阶段由于蛋鸡生理变化和生产负荷较大,因此抵抗力较弱,容易感染疾病,应加强卫生防疫工作,减少应激,保持良好的生产环境。国外育种公司日粮营养标准推荐为:代谢能(ME) 11.5 MJ/kg、粗蛋白(CP)19%、钙(Ca)3.6%、磷[P(f)]0.48%、食盐(NaCl)0.35%、蛋氨酸(Met)0.43%、赖氨酸(Lys) 0.99%。

(2) 产蛋中期　从43周龄至62周龄。本阶段产蛋鸡的特点为产蛋率有所回落,蛋质量增加缓慢,体质量已达成年体质量,沉积脂肪能力加强。因此,产蛋中期日粮营养水平要适当下降,料量适当控制。国外育种公司日粮营养标准推荐为:ME 11.5 MJ/kg、CP 18%、Ca 3.6%、P(f) 0.46%、NaCl 0.36%、Met 0.41%、Lys 0.92%。采用适当限制饲养,喂料减量到自由采食量的91%～92%,控制体质量增加在50g以内。具体方法:每100只鸡每天饲料喂料量减少227 g,连续3～4 d。假如饲料减少未使产蛋量比正常情况下降得更多(正常每周产蛋率下降0.5%～0.6%),则继续数天使用这一给料量,然后再尝试类似的减量。只要产蛋率下降正常，这一减量方法就可持续下去。若产蛋率下降异常，就将给料恢复到前一个水平。当鸡群遇应激或气候异常寒冷时，不要减少给料量。

（3）产蛋后期　从63周龄至72周龄。本阶段产蛋鸡的特点为产蛋率继续回落，蛋质量仍缓慢增加，但鸡对钙的吸收能力下降，蛋壳变薄，颜色变浅，发白，破损率明显上升，脱肛和腹膜炎鸡增多。因此，产蛋后期蛋鸡死淘率明显上升，在管理上应采取以下措施：

① 调整营养水平：ME 11.5 MJ/kg、CP 16%～17%、Ca 3.7%～4.0%、P(f)0.35%～0.40%、NaCl 0.36%、Met 0.36%、Lys 0.78%。B族维生素提高10%～20%，维生素E提高1倍，微量元素增加1倍。注：不同配方日粮更换时要有1周的过渡期。

② 钙源采用1/3贝壳粉+2/3石粉，每天下午5:00以后喂大颗粒贝壳粉（直径3～5 mm），每1 000只鸡3～5 kg。

③ 料中加氯化胆碱、乳酶生、腐殖酸、益生素等添加剂，以减少脂肪沉积、促进消化和增强抗病力。

④ 延长光照时间到16.5～17 h/d，并适当增加光照亮度。

⑤ 加强选择淘汰，将停产、低产、生病、过肥、过瘦的鸡及时淘汰。

⑥ 加强抗体监测，对抗体滴度较低的鸡群要及时进行免疫接种。

附：洁蛋加工与储存

在不同国家洁蛋加工方式不完全一样。机械化程度高的国家，鸡蛋一产出来，就通过传送带送到成套加工设备上，一整套流程都是通过机器完成，见图3-18。目前，国内的多数洁蛋公司生产商多采用单台作业方式，在很多环节加了人工操作。流程一般为：

蛋收集──→手工分拣──→光照筛选──→清洗──→低温干燥──→消毒──→喷码──→喷保鲜膜──→分级包装──→低温贮藏（0℃左右），见图3-19。

图3-18　蛋自动传送

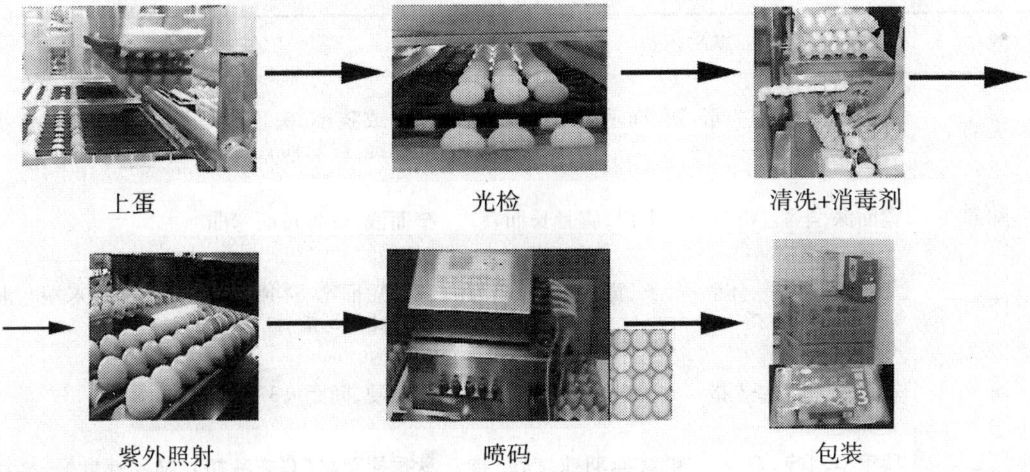

图 3-19　洁蛋加工流程

（三）产蛋鸡的选择与淘汰

根据外貌和生理特征及时淘汰停产蛋鸡和低产蛋鸡是蛋鸡生产的常规工作，尤其在产蛋中后期更应加强选择，以提高生产效益。

1. 产蛋鸡与停产鸡的外貌区别

产蛋鸡与停产鸡的外貌特征区别见表 3-41。

表 3-41　产蛋鸡与停产鸡外貌特征区别

部位	产蛋鸡	停产鸡
冠、肉垂	膨大、鲜红、细致、润泽、温暖	皱缩、色淡、粗糙、无温暖感
肛门	松弛湿润、椭圆形、粉红	干燥紧缩、圆形、黄色
腹部容积	宽大柔软，胸骨末端与耻骨间距 3 ~ 4 指	小、无弹性，胸骨末端与耻骨间距 2 ~ 3 指
耻骨	耻骨末端薄、柔软、有弹性，间距≥2 指	耻骨末端粗厚、硬、无弹性，间距≤1 指
色素消退（黄皮肤鸡）	肛门、眼圈、喙、脚呈白色	肛门、眼圈、喙、脚呈黄色
换羽（秋季）	未换羽	已换羽或正在换羽

2. 高产蛋鸡与低产蛋鸡的外貌区别

高产蛋鸡与低产蛋鸡的外貌特征区别见表 3-42。

表 3-42 高产蛋鸡与低产蛋鸡的外貌特征区别

部位	高产蛋鸡	低产蛋鸡
头部	清秀,头顶宽呈方形,冠、肉垂大而细致,喙粗短而稍弯曲	粗大或狭小,头顶窄呈长方形,冠、肉垂小而粗糙,喙长而直
胸部	宽而深,丰满,稍向前方突出,胸骨长而直	窄而浅,胸骨短而弯曲
体躯	背部长、宽、平,体躯深、长、宽,胸骨末端与耻骨间距≥4 指	背部短而窄,体躯短、窄、浅,胸骨末端与耻骨间距≤3 指
耻骨	软而薄,间距≥3 指	厚而硬,间距 <3 指
换羽	秋季换羽晚(秋末冬初),换羽速度快,持续时间短	秋季换羽早(夏末秋初),换羽速度慢,持续时间长
色素消退(黄皮肤鸡)	褪色依次而彻底,褪色部位多	褪色混乱、不彻底、部位少
活力	活泼好动,食欲旺盛	行动缓慢,胆怯

（四）产蛋曲线的绘制与分析

蛋鸡产蛋规律表现为典型的产蛋曲线,实际生产中产蛋情况有时和标准曲线不一致,经常会出现产蛋率突然下降,给蛋鸡生产带来很大损失。分析产蛋率下降的原因,及时采取有针对性的措施,纠正生产中的技术问题,对于减少经济损失、提高效益至关重要。具体方法为:

1. 绘制标准产蛋曲线

根据罗曼褐壳蛋鸡商品代生产性能标准,在坐标纸上,以横坐标表示周龄,以纵坐标表示产蛋率,将所列各周龄产蛋率连接成线,即是产蛋年的标准曲线。

附：罗曼褐壳蛋鸡商品代生产性能标准

罗曼褐壳蛋鸡商品代生产性能标准见表3-43。

表3-43 罗曼褐壳蛋鸡商品代生产性能标准

周龄	入舍母鸡产蛋率(%)	周龄	入舍母鸡产蛋率(%)	周龄	入舍母鸡产蛋率(%)
21	10.0	41	87.7	61	73.7
22	40.0	42	87.0	62	73.0
23	72.0	43	86.3	63	72.3
24	85.0	44	85.6	64	71.6
25	89.0	45	84.9	65	70.9
26	91.5	46	84.2	66	70.2
27	92.1	47	83.5	67	69.5
28	92.4	48	82.8	68	68.8
29	92.5	49	82.1	69	68.1
30	92.5	50	81.4	70	67.4
31	92.4	51	80.7	71	66.7
32	92.3	52	80.0	72	66.0
33	92.1	53	79.3	73	65.3
34	91.8	54	78.6	74	64.6
35	91.4	55	77.9	75	63.9
36	90.8	56	77.2	76	63.2
37	90.3	57	76.5	77	62.5
38	89.7	58	75.8	78	61.8
39	89.1	59	75.1	79	61.1
40	88.4	60	74.4	80	60.4

2. 绘制实际产蛋曲线

根据某鸡场罗曼褐壳蛋鸡商品代产蛋率统计表，在上述标准产蛋曲线的同一坐标纸上，标出各周龄的产蛋率，连接各点，即得到该鸡群一个产蛋年的产蛋曲线。

附：罗曼褐壳蛋鸡商品代产蛋率统计

罗曼褐壳蛋鸡商品代产蛋率统计见表3-44。

表3-44　罗曼褐壳蛋鸡商品代产蛋率统计表

周龄	入舍母鸡产蛋率(%)	周龄	入舍母鸡产蛋率(%)	周龄	入舍母鸡产蛋率(%)
21	10.0	41	87.3	61	71.2
22	37.2	42	86.9	62	70.7
23	72.0	43	86.2	63	70.4
24	85.0	44	85.5	64	69.0
25	89.0	45	84.7	65	68.4
26	91.5	46	84.1	66	68.2
27	92.0	47	83.2	67	68.0
28	92.5	48	82.4	68	67.7
29	92.5	49	82.0	69	67.0
30	87.6	50	81.8	70	66.0
31	86.7	51	80.7	71	65.6
32	85.2	52	78.4	72	65.2
33	84.0	53	76.3	73	
34	88.7	54	75.2	74	
35	89.2	55	74.3	75	
36	90.4	56	73.0	76	
37	90.2	57	71.8	77	
38	89.7	58	71.6	78	
39	88.8	59	72.3	79	
40	88.5	60	71.9	80	

3．比较分析

将鸡群的实际产蛋曲线与标准曲线比较，如果两者形状相似，上下接近或在标准曲线之上，说明鸡群产蛋性能正常，鸡群健康和饲养管理良好。若产蛋曲线下滑太多或在某一时期出现波谷，如图3-20所示，说明鸡群可能生病或饲养管理出现问题，应查找原因，以便采取相应措施，加以改进。

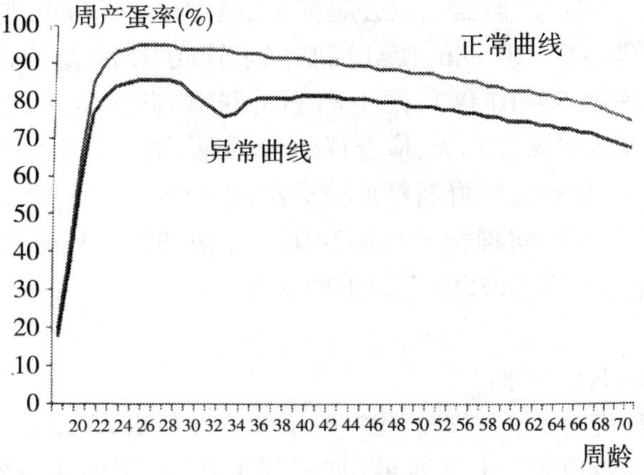

图 3-20　产蛋曲线

附：产蛋率突然下降的原因分析

(1) 疾病方面　目前蛋鸡在产蛋阶段经常发生的传染病有禽流感、新城疫、传染性支气管炎、产蛋下降综合征、传染性脑脊髓炎、淋巴细胞性白血病、鸡痘、马立克病、霉形体病、大肠杆菌病等。发生产蛋异常首先要怀疑鸡群是否患上传染病，应根据不同传染病的流行特点、症状和病理变化进行初步判断，必要时进行实验室检测。若确定是某种传染病引起的产蛋异常，则按照该传染病的防治要求进行防治。

(2) 营养方面　饲料成分或质量发生显著改变，如饲料配方、原料来源发生重大变化，饲料霉变，维生素、微量元素添加剂质量伪劣等。

(3) 环境方面　光照程序突然变化，如突然停止光照、缩短光照时间、减小光照强度等；通气严重不足，如冬季为了保温，长期不通风换气，造成舍内有害气体浓度太高；温度突然过高或过低，如热浪或寒潮袭击、夏季连续几天闷热造成高温高湿环境、密闭式鸡舍遇天气酷热又遇长时间停电等。

(4) 管理方面　连续几天喂料不足或因饲料适口性问题采食量下降；饮水系统发生故障造成断水或由于其他原因造成鸡群长时间饮水不足；各种应激，如异常响声、异常光影、陌生人畜出现、饲养人员或工作服颜色改变、作息程序变动、接种疫苗、用药不当等。

(五) 新城疫免疫检测

1. 材料准备

(1) 1%鸡红细胞悬浮液的准备　用灭菌注射器吸取无菌的3.8%枸橼酸钠溶液(约

为采血量的1/4)，然后用该注射器采取公鸡翼下静脉血5～10 mL，放入无菌离心管，用离心机以3 000 r/min离心5～10 min，使红细胞沉于管底，用滴管吸取上清液弃之，再加生理盐水(为红细胞体积的8～10倍)，同上离心沉降，如此重复4次，最后将红细胞配成1%悬浮液。如果需要暂时保存几天，应配成10%悬液，置于4℃冰箱保存备用。

(2) 被检血清　采自被检鸡群新鲜血液分离的血清。

(3) 其他材料　新城疫病毒标准抗原和阳性血清，96孔V型微量反应板，定量移液器，微型振荡器，恒温培养箱，0.85%灭菌生理盐水。

2. 方法

(1) 红细胞凝集(HA)试验

① 用移液器向反应板上1～12个孔中分别加生理盐水25 μL。

② 用另一移液器吸取25 μL病毒液，加于第1孔中，用该移液器挤压3次使混合均匀，然后向第2孔移入25 μL，挤压3次后再向第3孔移入25 μL，依次倍比稀释到第11孔，使第11孔中液体混合后从中吸取25 μL弃去。第12孔不加病毒抗原作为对照孔。

③ 用另一移液器吸取1%鸡红细胞悬浮液依次加入12个孔中，每孔加25 μL。

④ 将反应板置于微量振荡器上振荡1 min，并放于37℃恒温箱中作用15～30 min，观察判断结果。待第12孔(对照孔)的红细胞全部沉入孔底中间，即可判断各孔的红细胞凝集情况，以病毒最大稀释度的孔出现凝集现象者(100%凝集)为该病毒的凝集价，即1个血凝单位。

⑤ 结果判断及记录："+"表示红细胞完全凝集。红细胞完全沉于反应孔底层，呈颗粒状，边缘不整或呈锯齿状，上层液体中无悬浮红细胞。"-"表示红细胞未凝集。反应孔底部的红细胞没有凝集成一层，而是沉淀成小圆点，位于小孔最底端。"±"表示可疑。红细胞下沉情况在"+"与"-"之间。HA试验的具体操作见表3-45。

表3-45　HA试验操作示意表(μL)

	孔号											
	1	2	3	4	5	6	7	8	9	10	11	12
抗原稀释倍数	1:2	1:4	1:8	1:16	1:32	1:64	1:128	1:256	1:512	1:1 024	1:2 048	RBC对照
生理盐水	25	25	25	25	25	25	25	25	25	25	25	25
抗原	25	25	25	25	25	25	25	25	25	25	25	
1%红细胞	25	25	25	25	25	25	25	25	25	25	25	25
振荡1 min，37℃作用20 min												
判定举例	+	+	+	+	+	+	±	±	±	-	-	-

（2）红细胞凝集抑制(HI)试验

①4个血凝单位病毒(抗原)的制备　如上述病毒的血凝价为第6孔(即为64倍稀释),4个血凝单位病毒则为64/4=16,即16倍稀释即得。

②用移液器向反应板上第1~11个孔中分别加生理盐水25 μL,第12孔加生理盐水50 μL。

③用另一移液器吸取25 μL待检血清,加于第1孔中,用该移液器挤压3次使混合均匀,然后向第2孔移入25 μL,挤压3次后再向第3孔移入25 μL,依次倍比稀释到第10孔,使第10孔中液体混合后从中吸取25 μL弃去,第11个孔不加血清作为抗原对照孔,第12孔不加血清和抗原作为红细胞对照孔。

④加入4个血凝单位病毒,从1~11个孔均各加25 μL,将反应板置于微量振荡器上振荡1 min,并放于37℃恒温箱中作用15~30 min。

⑤取出反应板,用另一移液器吸取1%鸡红细胞悬浮液依次加入12个孔中,每孔加25 μL。再将反应板置于微量振荡器上振荡1 min,并放于37℃恒温箱中作用15~30 min。

⑥观察结果并记录:"－"表示红细胞不凝集。高抗体浓度的待检血清能抑制病毒对鸡红细胞的凝集作用,使孔中的红细胞呈圆点状沉于孔底中央,而不出现血凝现象。"＋"表示红细胞完全凝集。随着血清稀释倍数的增加,对病毒血凝抑制作用减弱,反应孔中的病毒逐渐表现血凝作用,而最终使红细胞完全凝集,沉于反应孔底层,呈颗粒状,边缘不整或呈锯齿状。"±"表示可疑,红细胞下沉情况在"－"与"＋"之间。HI试验具体操作见表3-46。

表3-46　HI试验操作示意表(μL)

	孔号											
	1	2	3	4	5	6	7	8	9	10	11	12
血清稀释倍数	1:2	1:4	1:8	1:16	1:32	1:64	1:128	1:256	1:512	1:1 024	抗原对照	RBC对照
生理盐水	25	25	25	25	25	25	25	25	25	25	25	50
被检血清	25	25	25	25	25	25	25	25	25	25		
4单位抗原	25	25	25	25	25	25	25	25	25	25	25	
振荡1 min,37℃作用20 min												
1%红细胞	25	25	25	25	25	25	25	25	25	25	25	25
振荡1 min,37℃作用30 min												
判定举例	－	－	－	－	－	－	＋	＋	＋	＋	＋	－

能完全抑制红细胞凝集的血清最大稀释度被称为血清的血凝抑制滴度或抗体的血凝

抑制效价。

3. HA、HI 试验的应用

(1) 用于新城疫病毒感染的诊断

① 鉴定新城疫病毒：从病鸡分离出的病毒做 HA、HI 试验，若能凝集红细胞并能被已知的抗鸡新城疫血清所抑制，则该病毒即为新城疫病毒。若病毒不凝集红细胞，则不是新城疫病毒。若该病毒虽然能凝集红细胞，但不能被鸡新城疫血清抑制，也说明不是新城疫病毒。

② 新城疫病毒感染的群体诊断：免疫鸡群中 HI 抗体水平新母鸡群大多在 5 ~ 6，最高为 7.5，老母鸡大多在 6 ~ 7，最高 8.5。而感染鸡群大多在 8.5 以上，最高可达 10 以上。就个体分布来说，免疫鸡群 HI 抗体 10 以上的仅占 1%，而感染鸡群 HI 抗体超过 10 的占 25% 以上。因此，鸡群 HI 抗体滴度平均 8.5 以上，高抗体个体比例在 25% 以上时，结合临床诊断和病变，即可诊断该鸡群有新城疫病毒感染。

(2) 用于检测鸡群免疫状态

① 血清抗体测定：鸡群和个体血清中的 HI 抗体水平对弱毒疫苗应用效果和对强毒侵袭的抵抗力都有密切关系。当 HI 抗体在 7 以上时进行免疫，由于病毒被中和而未能在体内复制，故不能产生免疫力；HI 在 4 ~ 6 时，免疫效果也不佳；当抗体降至 3 或 3 以下时，则免疫效果良好。而对强毒感染的抵抗力正好相反，HI 抗体在 4 以上时，保护率在 90% 以上，在 3 时只有 50% 的鸡得到保护。因此，对鸡群 HI 抗体水平进行免疫监测，据此选择最佳的初次免疫和再次免疫时间，是制定免疫程序和保证鸡群免于新城疫病毒感染的有效方法。

② 卵黄抗体测定：雏鸡母源抗体对初次免疫的效果有显著影响，但由于雏鸡采血量太少，测定有一定困难，通过对母鸡血清抗体、卵黄抗体和 1 d 雏鸡母源抗体三者关系的了解，结果表明，卵黄抗体和母鸡血清抗体基本一致，而 1 d 雏鸡母源抗体则较卵黄抗体低 1 个滴度，因此，可利用卵黄抗体的测定估测 1 d 雏鸡母源抗体水平。

测定卵黄 HI 抗体时，可用新鲜不受精的头照蛋，吸取卵黄 0.5 mL，混于 8% 枸橼酸钠溶液中，然后按照 HI 试验法确定 HI 抗体效价。判断时，为避免卵黄对观察的影响，可在反应板背面观察，每批抽检 20 ~ 30 只蛋，计算几何均数。

雏鸡母源抗体以半衰期 5 d 下降 1 个滴度，不同母源抗体雏鸡 HI 下降到免疫临界点即 3 log 2 的时间和抗体水平密切相关。若卵黄抗体为 5 时，1 d 雏鸡母源抗体滴度为 4，降至 3 log 2 的时间为 5 日龄，即雏鸡在 5 日龄为首次免疫的最佳日龄。

(3) 检测治疗用血清或卵黄中的抗体效价

一般供紧急预防和治疗用的血清或卵黄抗体滴度需达 9 以上。经 HI 试验合格的血清或卵黄，用于紧急预防时每只鸡注射0.5～1 mL，用于治疗时每只鸡注射1 mL，必要时可重复注射1次。

四、知识点击

（一）应激的形成与危害

应激是指鸡体对外界刺激或刺激因素的非特异性反应，这些因素包括冷、热、噪音、环境、管理、营养和疾病等。应激反应的过程分3个阶段：第一阶段为警觉反应，当鸡体感受到应激因子存在时，产生立即性的对抗反应，这种反应是由于肾上腺髓质部释放大量肾上腺激素刺激机体将储存的能量释放出来，血糖浓度增加；第二阶段为抗拒反应，此时肾上腺素继续分泌，抗拒应激因子，直到机体能适应新的环境或持续到应激因子消失；第三阶段为死亡阶段，如果应激因子继续存在，机体无法调适到适应的水平，就会死亡。动物机体对外界的应激有一定的应变和适应能力，但如果应激强度太大或持续时间过长，超过机体的生理耐受力，则会影响鸡的生长发育、繁殖和抗病能力，甚至直接引起死亡，常给养鸡生产带来一定的损失，所以应尽量避免或减缓应激的发生。生产中的应激常有如下几种类型：

1. 环境应激

（1）温度应激　舍温15℃～20℃时对育成鸡和产蛋鸡是最适宜的。在该温度下育成鸡生长发育良好，产蛋鸡产蛋性能能得到最好的发挥，种蛋受精率也高。若气温急剧变化如高温、寒冷等恶劣天气突然来袭或持续反复作用，则会使鸡生长停滞、产蛋下降，甚至发病死亡。因此，在搞好鸡舍保温隔热设计、安装湿帘等降温设施的同时，饲养人员每天要坚持收看天气预报，及时做好防暑降温和防寒保暖工作。

（2）通气应激　通风换气不足是养鸡生产中常见的一种环境应激，尤其是育雏舍和冬季其他生产阶段鸡舍更易发生。必须搞好鸡舍通风换气设计，平时要做好通风管理工作，谨防舍内空气污浊、有害气体浓度太大。

（3）其他环境应激　光照的突然变化如光照时间和光照强度改变、停电、电路故障等；噪声如大声喧哗、汽车鸣笛、燃放鞭炮、器具碰撞等。

2. 管理应激

人为的饲养管理失误是最常见也是影响最大的应激。如饮水不足、饮水不及时；不同日龄鸡混养；饲养密度过高；鼠、狗、猫、鸟突然进入鸡舍；作息时间、作息程序、饲养人员及其服饰改变，此外还有捕捉、断喙、转群、分群、运输等。

3. 营养应激

饲料配制营养不全价、配方发生重大变化、饲料霉变、原料质量差、喂料不足等是生产中常见的营养性应激。

4. 生理应激

蛋鸡在开产前后和产蛋高峰期有较大的生理应激。开产前后体内激素水平急剧变化,卵泡刺激素(FSH),排卵诱导素(OIH)等激素大量分泌,血液浓度呈数十倍、上百倍地上升,体内原有的激素平衡被打破,产生巨大的生理应激。同时,卵巢和输卵管质量、体积、长度显著增加,肝脏、心脏等器官质量快速增加,法氏囊不断萎缩,产道经常受伤等也给机体造成很大的生理应激。产蛋高峰期的蛋鸡生产负荷很大,几乎每天产蛋,生理应激同样较大,因此,开产前后和产蛋高峰期对蛋鸡生产来说是一个坎儿,必须全力做好卫生防疫和营养、环境等的稳定工作。

5. 防疫卫生应激

生产中常见的有疫苗接种、某些药物投放过量引起中毒、鸡群消毒、清理粪便、鸡群生病等。防疫卫生工作是鸡场常规工作,必须严格执行有关制度,同时生产过程中必须规范操作,具体见有关章节。

(二) 啄癖的形成原因与防止措施

啄癖是指鸡只相互之间打斗,表现出啄羽、啄冠、啄肩、啄脚趾、啄肛和啄蛋等恶癖。啄癖发生在养鸡生产中常常会引起较大损失,在平时饲养管理过程中必须密切关注和高度重视。

1. 啄癖形成的原因

(1) 品种　白壳蛋鸡、地方鸡种神经类型属于活泼好动型,较褐壳蛋鸡和肉鸡更容易产生互啄。

(2) 营养　日粮能量过高,粗纤维含量过低;氨基酸不平衡,含硫氨基酸不足;钙磷比例不当;食盐含量太低;维生素、微量元素不足;等等。

(3) 环境　光线太强;密度太大;通风不良;高温;等等。

(4) 管理　喂料不足或限制饲养;采用颗粒饲料;母鸡过肥引起难产、脱肛;外伤;大小混群;等等。

(5) 疾病　体外寄生虫、法氏囊发炎等会引起自啄;大肠杆菌、沙门菌等引起脱肛而啄肛。

2. 啄癖的防止措施

(1) 分析啄癖发生的可能原因,采取相应对策措施。

(2) 及时发现,及时隔离,及时治疗,及时淘汰。

(3) 7~10 d 给雏鸡断喙。

(4) 给鸡戴眼镜,使鸡眼睛只能看到鸡体两侧,往前方看不见,见图 3-21。

图 3-21　戴眼镜防啄癖

（5）若大群发生，可在饲料中加 1% 硫酸钠或硫酸钙，连喂 7 d，以后改为 0.2% 浓度长期使用；在饲料中加 1% 羽毛粉，可明显减少啄肛的发生。

（三）蛋的破损和防止措施

在正常情况下，蛋的破损率应在 2% 以下，但由于种种原因，有时会超过 5%，甚至蛋壳质量普遍下降，蛋壳颜色发生改变，给蛋鸡生产带来较大损失。

1. 影响蛋壳质量的因素

生产中蛋壳质量下降表现为产软壳蛋、畸形蛋、蛋壳斑驳、黄色蛋壳、蛋壳有皱纹、蛋壳颜色变浅等。引起蛋壳质量下降的因素有：

（1）营养因素　日粮中钙、磷的含量不足及比例不合适；饮水中 Na^+、K^+、Cl^- 过高；微量元素锌、锰和常量元素镁不足；维生素 D_3 不足；饲料霉变。

（2）环境因素

① 温度：高温特别是持续高温影响钙的摄入量，同时因呼吸加快，血液中 CO_2 减少，影响钙在蛋壳中沉积而使蛋壳质量下降。

② 应激：异常的响声、噪音等使鸡受到惊吓，易使蛋壳没有沉积好的蛋提前产出。

③ 舍内氨气浓度过高，产生氨中毒，使蛋壳变薄。

④ 光照不稳定。

（3）疾病因素　侵害鸡输卵管的疾病，会使壳腺萎缩甚至破坏，对蛋壳在子宫中沉积有很大影响，较为重要的有新城疫、禽流感、传染性支气管炎、减蛋综合征、大肠杆菌病、沙门菌病等。

（4）防疫因素　注射接种疫苗、使用磺胺类和呋喃类药物等会产畸形蛋和软壳蛋。

（5）年龄因素　产蛋初期因蛋壳腺发育不成熟，特别是料中钙缺乏时，产软壳蛋、无壳蛋增多。随着周龄的增加，生殖功能逐渐下降，钙利用率和沉积能力随之下降，蛋壳常常变薄。

（6）品种　一般褐壳蛋品种较白壳蛋品种蛋壳质量好。

附：引起蛋壳颜色变浅的因素

（1）遗传因素　根据品种不同可分为产白壳蛋、褐壳蛋、粉壳蛋和绿壳蛋。不同鸡只之间蛋壳颜色也有差异，这是遗传差异产生的。

（2）日龄因素　褐壳蛋鸡开产时蛋颜色较深，随着日龄的增加逐渐减色。

（3）疾病因素　新城疫、禽流感、肾型传染性支气管炎、减蛋综合征、鸡白痢等。

（4）药物因素　药物过量或中毒如磺胺类、呋喃类、抗球虫药、驱虫药、诺氟沙星等。抗球虫药尼卡巴嗪会干扰壳色素合成，导致褐壳蛋品种产白壳蛋。

（5）饲料因素　日粮长期维生素A不足；掺假劣质添加剂；饲料霉变；料中钙含量太高。

（6）应激因素　母鸡在遭受各种应激因素时都会影响色素沉积，使蛋壳颜色变浅。

2. 降低蛋破损率的措施

（1）选择蛋壳质量较好的品种饲养。

（2）配制全价平衡日粮　全价平衡日粮可减轻机体代谢和消化负担，增强抗病力，使代谢旺盛，生殖系统功能健全，为蛋壳沉积准备好基本条件。配料时要特别注意钙、磷含量及比例。要求预产期饲料中将钙含量提高到2%，产蛋高峰期要保持3.5%左右，产蛋后期提高到3.6%～4.0%；有效磷产蛋前、中期保持0.45%，后期降到0.35%。钙原料最好选用1/3贝壳粉+2/3石粉。同时，注意维生素A、维生素D_3和锌、锰、镁等含量要充足。产蛋后期为防止蛋壳质量下降，每天下午5时后单喂大颗粒性贝壳粉（直径3～5 mm）3～5 g/只。

（3）做好防暑降温工作　夏季高温季节要想方设法降低舍内温度，可采用湿帘通风系统。同时饲料中要增加维生素C 0.1%～0.3%和$NaHCO_3$ 0.1%～1%。

（4）做好疾病防治工作　特别对蛋壳质量影响较大的疾病要加强监测和防控。疫苗接种最好不使用注射法，不要使用对蛋壳有影响的药物，不能随意加大药物使用剂量，以防中毒。要防止饲料霉变，谨防黄曲霉毒素中毒。

（5）防止各种应激　保持环境安静，避免惊群、炸群。

（6）加强产蛋管理　增加检蛋次数，减少窝外蛋，使用喷塑底网，增强饲养人员责任心。

五、练习

1. 在老师指导下参与产蛋鸡生产管理。
2. 总结实习场提高产蛋量的技术措施。

模块四　蛋种鸡的饲养

一、学习目标

※终极目标:学会蛋种鸡的生产技术。

※促成目标:

(1) 学会蛋种鸡的管理;

(2) 学会鸡强制换羽;

(3) 学会鸡人工授精;

(4) 学会鸡白痢检疫。

二、学习任务

(1) 蛋种鸡的管理;

(2) 强制换羽;

(3) 鸡人工授精;

(4) 鸡白痢检疫。

三、实践操作

(一) 蛋种鸡管理

蛋种鸡的管理与商品蛋鸡在育雏、育成和产蛋各阶段有许多类似,但也存在不同之处,相同部分见上述有关部分,现重点介绍不同部分的管理操作。

1. 生长期(0—20 周龄)的管理

(1) 分群管理　按照蛋种鸡杂交繁育体系,将不同代次、不同系别的鸡分为不同室或不同群进行管理,防止混杂,保证严格按杂交模式进行制种。不同系的鸡最好做不同的标记,万一个别混群也能辨别。

(2) 密度管理　见表3-47。

表 3-47　蛋种鸡育雏、育成期的饲养密度(只/m^2)

类　别	周　龄	笼　养	网上平养	地面散养
轻型蛋鸡	0—2	74	17	13
	3—4	49	17	13
	5—7	36	17	13
	8—20	转入育成笼	8.0	6.3
中型蛋鸡	0—2	59	13	11
	3—4	39	13	11
	5—7	29	13	11
	8—20	转入育成笼	7.0	5.6

(3) 检疫　对沙门菌病、霉形体病、淋巴细胞性白血病、传染性贫血、传染性脑脊髓炎、大肠杆菌病等垂直传播疾病进行检疫和净化工作,通过检疫淘汰阳性个体,保留阴性个体做种用。如鸡白痢的检疫是种鸡场的一项常规工作,可在 12、18 周龄分别进行全血平板凝集试验,在鸡群开产后每 10～15 周重复进行 1 次。要求种鸡群白痢的阳性率不超过 0.5%。具体见鸡白痢检疫部分。

(4) 强化免疫　种鸡体内的抗体水平和抗体水平均匀度会对后代雏鸡的免疫效果产生直接影响。种鸡在开产前,在接种商品蛋鸡常规疫苗的基础上,还要接种传染性法氏囊疫苗,必要时还要接种传染性脑脊髓炎疫苗等。蛋种鸡免疫程序见表 3-48。

表 3-48　蛋种鸡免疫程序(供参考)

日龄	疫苗种类	接种方法	备注
1	马立克病疫苗	颈部皮下注射	1.2～2 羽份
7—10	传染性支气管炎 H_{120} 苗	滴鼻或点眼	1.5 羽份
	新城疫Ⅳ苗	滴鼻或点眼	2 羽份
14—15	传染性法氏囊中等毒力苗	滴口或饮水	2 羽份
22—25	新城疫Ⅳ苗	点眼	2 羽份
	新城疫油乳苗	胸肌注射	0.5 羽份
	鸡痘苗	翼膜刺种	1 羽份(4—10 月必须用)
28—32	传染性法氏囊中等毒力苗	饮水	2 羽份

续表

日龄	疫苗种类	接种方法	备注
37—40	传染性支气管炎 H_{52} 苗	饮水	4 羽份
45—50	传染性喉气管炎苗	点眼	1 羽份
	传染性鼻炎油乳苗	胸肌注射	1 羽份
	鸡毒支原体活苗	点眼	1.5～2 羽份
60—70	新城疫Ⅳ苗	胸肌注射或气雾免疫	2 羽份（据抗体监测结果决定）
80	传染性支气管炎 H_{52} 苗	饮水	4 羽份
90	传染性喉气管炎苗	点眼	1 羽份
	脑脊髓炎活疫苗	饮水	1.5 羽份，限疫区使用
120	新支减三联油苗	肌注	1.5 羽份
	鸡痘苗	翼膜刺种	2.5～3 羽份
130	传染性鼻炎油乳苗	胸肌注射	1 羽份
	鸡毒支原体活苗	点眼	1.5～2 羽份
140	传染性法氏囊油乳苗	肌肉注射	1 羽份
280	新城疫油乳苗	肌肉注射	1.5 羽份
	传染性法氏囊油乳苗	肌肉注射	1 羽份

注：① 新支减：新城疫、传染性支气管炎、减蛋综合征的简称。新城疫油乳苗与传染性法氏囊油乳苗、传染性支气管炎活苗、传染性喉气管炎活苗同时使用会相互干扰，使用间隔不少于 1 周；传染性支气管炎疫苗和传染性喉气管炎疫苗使用间隔不少于 1 周；新城疫活苗与传染性支气管炎活苗常联合使用，两苗比例适当不会产生干扰

② 根据当地疫情可考虑使用的疫苗：禽脑脊髓炎活疫苗、禽流感油乳苗、传染性鼻炎油乳苗和鸡毒支原体活苗等。禽脑脊髓炎活疫苗在使用前后 2 周不应用其他疫苗

（5）公母混群　平养采用自然交配繁殖方式时，公鸡母鸡混群不迟于 18 周龄。公母混群最好在晚间进行，以减少鸡群应激。混群时要将公鸡均匀放入鸡舍内。最好先将公鸡用铁丝网隔开，单独饲养 1～2 周，待公鸡间相互熟悉后再混入母鸡群。合理的公母比例应为：轻型蛋鸡 1:（12～15），中型蛋鸡 1:（10～12）。

（6）控制开产日龄　为了使母鸡开产时有较大蛋质量，尽早达到收集种蛋的最低蛋质量标准（50 g/只），必须控制蛋种鸡开产日龄，一般要求比商品蛋鸡晚开产 1～2 周。

2. 繁殖期(21—68 周龄)的管理

(1) 饲养方式　蛋种鸡饲养方式主要有两种,即笼养和混合地面平养(见肉用种鸡饲养模块)。随着人工授精技术的大力推广,笼养方式已成为蛋种鸡的主要饲养方式。

(2) 光照管理　一般蛋种鸡从育成期光照转为产蛋期光照应从 20 周龄开始延长,其他同商品蛋鸡产蛋期。

(3) 配料管理　配制蛋种鸡产蛋期饲粮时要注意在营养需要上与商品蛋鸡的差异,在某些维生素和微量元素方面要高出许多(表 3-49 为某公司商品蛋鸡和蛋种鸡对某些营养需求的推荐比较)。要想种蛋有理想的受精率、孵化率和健雏率,必须保证饲料中有足够的维生素和微量元素供应。同时,为了减少因饲料而感染疾病的问题,蛋种鸡日粮在原料的选择上应尽量不使用鱼粉、肉骨粉、蚕蛹等易被细菌污染的动物性原料。日粮中棉籽粕、菜籽粕的用量也应严格控制,防止其毒素超标,对种蛋品质产生不良影响。为了在产蛋中、后期蛋质量不至于过重(超过 65 g/只)和保持良好的蛋壳品质,应适当降低饲料能量(或亚油酸)水平和蛋白质(尤其是含硫氨基酸)含量,或适当控制喂料量并下午补喂大颗粒贝壳粉。

表 3-49　商品蛋鸡与蛋种鸡对某些营养需求的差别

营养素	商品蛋鸡	蛋种鸡
维生素 A(IU/kg)	10 000	15 000
维生素 E(mg/kg)	10.3	30 ~ 50
维生素 B_1(mg/kg)	1	2
维生素 B_2(mg/kg)	4	8
维生素 B_6(mg/kg)	3	4
维生素 B_{12}(μg/kg)	15	20
泛酸(mg/kg)	8	18
叶酸(mg/kg)	0.5	1
生物素(μg/kg)	25	100
锰(mg/kg)	70	80
锌(mg/kg)	50	60
铁(mg/kg)	40	60
碘(mg/kg)	0.3	1.0

(4) 种蛋收集与管理　母鸡刚开产时的蛋,蛋质量较轻,蛋形不规则,受精率低,一般

不宜作为种蛋孵化。现代良种蛋鸡，一般在24周龄或平均蛋质量到50 g时开始留种蛋。平养自然交配时，一般18周龄将公鸡放入母鸡群中，让公母鸡彼此有一个相互熟悉和建立群序的时间，然后按上述时间留种蛋。笼养人工授精时，在收集种蛋前2 d开始对同一群鸡连续输精2 d，于第3天开始收集种蛋。收集种蛋期间，每天应收蛋4～6次，上午不应少于3次。饲养员收蛋前应用消毒药液洗手，收蛋时要对种蛋进行外观选择，剔除不合格种蛋，把合格种蛋放在蛋托上，大头往上放置。夏季要防止种蛋被阳光直射和温度过高，冬季要防冻和温度过低。每批次种蛋收集结束后，对本批种蛋要及时消毒，并对消毒后的种蛋立即转入蛋库保存（种蛋入库后最好进行第2次消毒）。一般66～68周龄以上种鸡所产的种蛋，蛋质量过重，蛋壳品质不良，受精率较低，应停止收集种蛋。种鸡即可淘汰或进行强制换羽。

3. 种公鸡管理

（1）配料管理

根据公鸡的生理和生产特点，在营养需要上和同龄母鸡存在较大差异，应配制公鸡专用日粮实行公母分饲（种鸡平养时给公鸡穿鼻签，见图3-22，公鸡料桶提高，母鸡料槽上加隔栅）。后备公鸡育雏期营养需要为：ME 11～12 MJ/kg、CP 18%～19%、Ca 1.1%、P(f)0.45%；育成期营养需要为：ME 11～12 MJ/kg、CP 12%～14%、Ca 1.0%、P(f)0.45%。繁殖期种公鸡营养需要为：ME 10.87～12.12 MJ/kg、CP 12%～14%、Ca 0.9%～1.2%、P(f)0.65%～0.8%、维生素A 10 000～20 000 IU/kg、维生素D_3 2 000～3 850 IU/kg、维生素E 20～40 mg/kg、维生素C 0.05～0.15 g/kg。

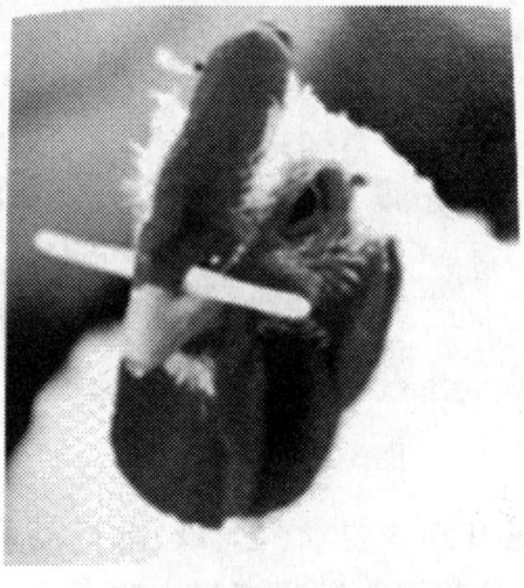

图3-22　公鸡穿鼻签

（2）选择淘汰

① 第1次选择：雏鸡出壳后进行雌雄鉴别时，选留生殖突起发达，结构典型的小

公雏。

② 第2次选择:6~8周龄时选留个体发育良好、体质量较重,冠、肉垂较大,颜色鲜红者。要特别重视冠形,因小公鸡早期冠形发育与睾丸大小成显著正相关。选留公母比例为1:(7~8)。

③ 第3次选择:17~18周龄时选择体质量达标(体质量太重、太轻均淘汰),发育良好、胸宽而向前突出、背宽而骨骼结实、羽毛丰满、冠肉垂鲜红且大的个体,结合按摩时有性反应(如翻肛、交配器勃起和排精)进行选留。至此时选留数量:自然交配为1:(9~10),人工授精为:1:(15~20)。

④ 第4次选择:自然交配一般在混群后10~20 d进行。此时应淘汰性欲不强、过于胆怯、没有交配能力和影响其他公鸡配种的公鸡。此时公母比例为1:(10~15)。若采用人工授精配种,应在22—24周龄进行采精训练和精液品质检查,选留能顺利进行按摩采精且精液量大、精液品质好的公鸡。此时留种比例为1:(20~30)。

(3) 剪冠、断喙、断趾

① 剪冠:为了区别父本公鸡与母本公鸡,同时减少公鸡笼养时的剐伤或平养时的啄伤,在进入育雏室前须用专用剪冠工具进行剪冠处理,见图3-23。也可用剪毛用弯剪在贴近头部皮肤处将雏鸡的冠剪去,冠基剩余越少越好(南方炎热地区只剪去冠齿)。剪冠前将剪刀消毒处理,剪冠后用乙醇或甲紫、碘酒对雏鸡伤口进行消毒。注意不要剪破头皮。

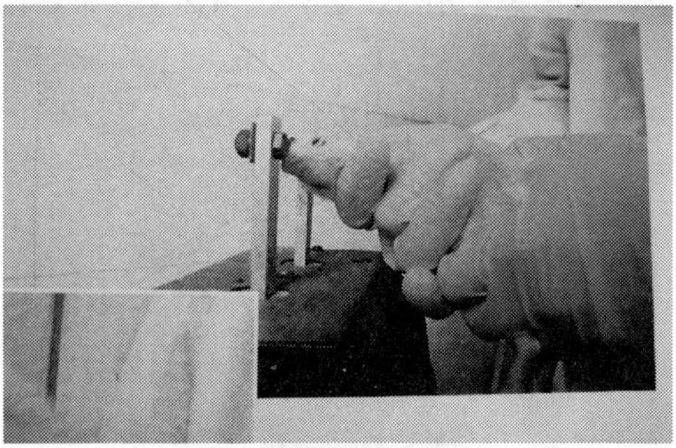

图3-23 公鸡剪冠

② 断喙:采用笼养方式时,其断喙要求(公、母)与商品蛋鸡相同。若平养时采用自然交配繁殖方式,母鸡与前相同,公鸡可不断喙或仅上喙断去1/3,成年后上、下喙基本保持平齐。公鸡喙断去过多会影响交配过程。

③ 断趾:在1~3 d对公鸡进行断趾,以防止在自然交配时刺伤母鸡背部或人工授精

时抓伤工作人员的手、臂。方法是用断趾器或断喙器将第 1、2 趾从爪根处切除并烧烙切面，见图 3-24。

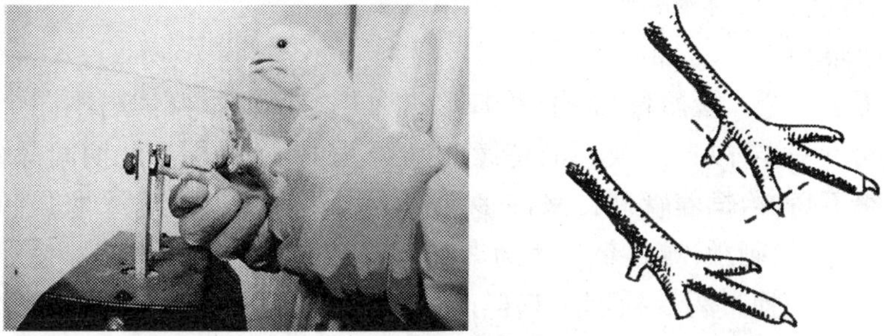

图 3-24　公鸡断趾

（4）温度管理

成年公鸡在 20℃ ~25℃环境条件下，可产生理想的精液品质。温度高于 30℃，导致精子产生暂时受抑制；温度低于 5℃时，公鸡性活动降低。因此，要尽量使舍温不超过 30℃，不低于 5℃，有利于提高受精率。

（5）单笼饲养

人工授精时，繁殖期种公鸡可采用单笼饲养，以免相互打斗、爬跨，影响精液数量和品质，见图 3-25。若将公鸡单独饲养，每天光照 12 ~14 h，光照强度保持 10 lx，则更有利于产生优良的精液。

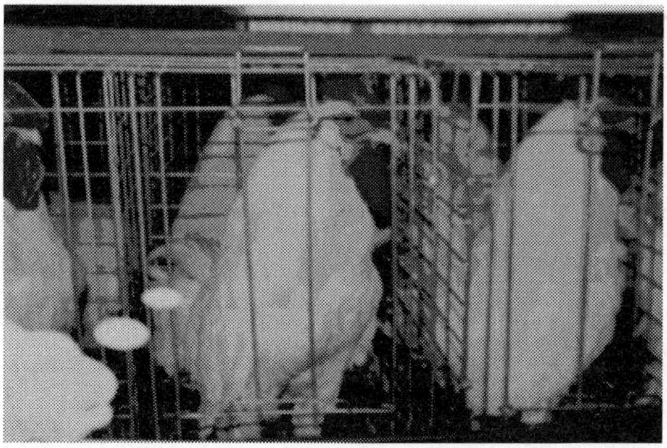

图 3-25　种公鸡单笼饲养

（6）体质量检查

为保证整个繁殖期种公鸡的健康和具有优良的精液品质，应每月检查一次体质量，公鸡体质量应保持基本稳定。凡体质量减低在 100 g 以上的公鸡,应暂停采精,或延长采精间隔,并另行饲养,以尽快恢复体质。凡体质量显著增加的公鸡,应适当限制采食,避免太肥,以免降低配种能力和精液品质。

(二) 强制换羽

蛋鸡在经历了一个产蛋阶段后,于夏末或秋季开始换羽。群体内不同个体换羽开始时间和持续时间不一样,故自然换羽的持续时间可达 14 ~ 16 周。此期间部分个体停产,因而群体产蛋率不高,给饲养管理带来许多麻烦。强制换羽是人为采取强制性方法给鸡群造成突然的、强烈的刺激,导致新陈代谢紊乱后停产换羽。强制换羽可使鸡群在 7 周左右的时间完成羽毛脱换过程。换羽后鸡群产蛋整齐,蛋品质好,鸡群成活率高,可继续利用 6 ~ 9 个月。

强制换羽最常用的方法是饥饿法,步骤如下:

1. 强制换羽前的准备

(1) 鸡群调整　用于强制换羽的鸡群应是已产蛋 9 ~ 11 个月的健康鸡群,产蛋率已降到 70% ~ 80%。将群内已开始换羽个体挑出,集中放在舍内某一区位。把病、弱、残个体挑出淘汰。

(2) 抽测 50 只左右鸡的体质量(被测个体做标记),并记录。

(3) 强制换羽实施前 1 周,重新注射产蛋阶段的疫苗如新城疫、禽流感疫苗等。

2. 强制换羽的实施

(1) 第 1—3 天　停水、停料,采用自然光照。若是夏季每天供水 1 h。

(2) 第 4—7 天　停料,每天供水 2 次,每次 0.5 h,自然光照。

(3) 第 8—12 天　停料,正常供水,自然光照。此期间注意抽称鸡的体质量,若当前体质量与停料前相比减轻 25%,即可进入恢复期。

(4) 恢复期(30 d 左右):第 13 天供 30 g/只育成料,正常供水,自然光照。第 14—19 天供料每两天增料 20 g/只,至第 19 天达 90 g/只。第 20—26 天自由采食育成料,正常供水,自然光照。第 27—42 天自由采食育成料,正常供水,每天延长光照 0.5 h,至 16 h 保持稳定。

(5) 产蛋期:第 43—56 天,采食蛋鸡料,正常供水,每天光照 16 h。

3. 强制换羽注意事项

(1) 强制换羽最好选在秋冬之交。

(2) 换羽期注意鸡群的死亡率。一般来讲,第 1 周死亡率不能超过 1%,前 10 d 不能超过 1.5%,前 5 周不能超过 2.5%,8 周死亡率不能超过 3%。

(3) 不能连续换羽和给公鸡换羽。强制换羽前挑出已换或正在换羽的鸡,单独饲养,避免造成死亡。公鸡强制换羽会影响精液品质。

(4) 从开始停料到产蛋率达50%的时间为50～60 d为宜,过早则换羽不完全,过晚则表明恢复期过慢。

(5) 平养换羽时,要把垫料全部清除干净,防止因饥饿啄食垫料,造成消化系统疾病。

(三) 鸡人工授精

鸡人工授精是目前蛋种鸡的主要繁殖方式,为笼养蛋种鸡场的一项常规工作。方法如下:

1. 鸡人工授精器具与消毒

(1) 人工授精器具　见图3-26、3-27和表3-50。

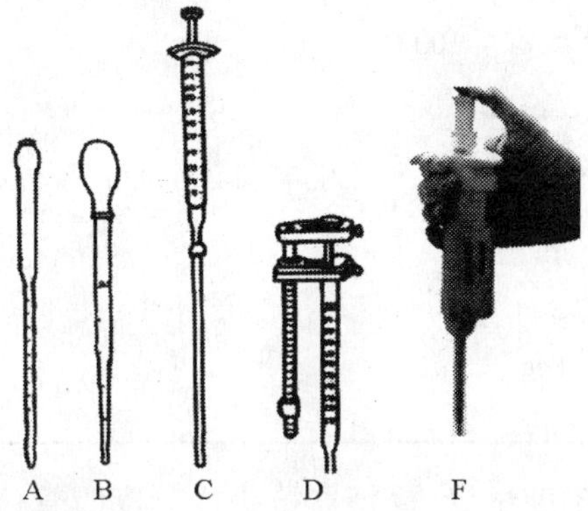

A、B:有刻度的玻璃滴管; C:前端连有无毒塑料管的1 mL注射器; D:可调定量输精器;F:输精用微量移液枪

图3-26　输精用具(右图为采精用塑料管)

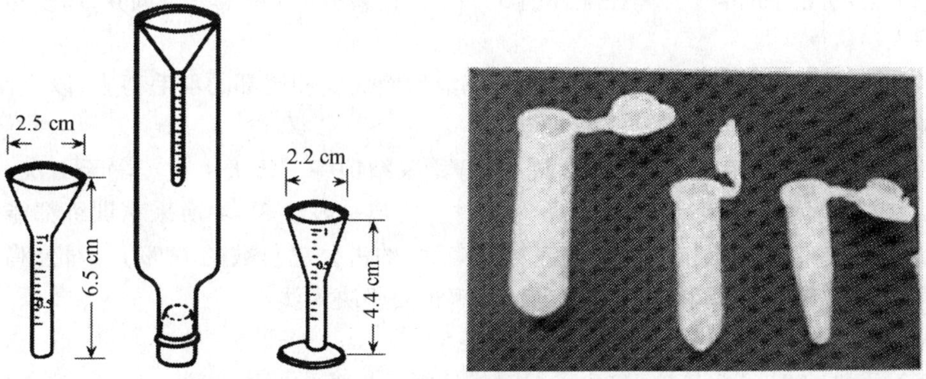

图3-27　采精用具(右图为采精用塑料管)

表 3-50　人工授精器具

名　称	规　格	用　途
集精杯	漏斗形集精杯、刻度集精杯、小烧杯	收集精液
刻度吸管或微量移液器或输精枪	0.03～0.5 mL	输精
保温瓶或杯		精液保温和贮存精液
刻度试管	5～10 mL	贮存精液
消毒锅	大号	消毒采精输精用具
注射器	20 mL	吸取蒸馏水及稀释液
注射针头	12#	备用
温度计	100℃	测水温
生理盐水		稀释精液
蒸馏水		冲洗器械
显微镜		精液品质检查
载玻片、盖玻片、pH 试纸		检查精液、测精液 pH 值
药棉		卫生消毒
其他如搪瓷盘、剪刀、毛巾、烘箱、脸盆、试管刷、洗洁精等		

（2）消毒　集精杯、刻度试管、输精器枪头或刻度吸管（胶头除外）、注射器、针头、载玻片等器具，在每天使用后都应先用清水浸泡，然后用毛刷细心洗刷，冲洗干净后在消毒锅中煮沸消毒，然后在烘箱中烘干备用。

2．采精前准备

（1）公鸡隔离饲养　公鸡在配种前 3～4 周内（转群后）转入单笼饲养，以便熟悉环境和管理人员。

（2）公鸡剪毛　在训练采精之前将公鸡泄殖腔周围和尾部的羽毛剪去，以方便采精，防止精液污染。

（3）采精训练　在配种前 1～2 周内，开始采精训练。每天 1 次或隔天 1 次，一旦训练成功，应坚持隔天采精，使之建立条件反射。公鸡一般经 3～4 次采精训练都能采到精液，经多次训练仍采不出精液的公鸡应尽早淘汰（约占公鸡总数的 10%）。对公鸡进行精液品质鉴定，精液品质差和精液数量少的公鸡也要坚决淘汰。

（4）准备好人工授精器具　具体见表 3-50。

（5）采精前 3～4 h 禁食，防止采精时排便污染精液。

3．采精技术

（1）采精方法

生产中一般采用按摩法进行采精,见图 3-28。具体有以下两种方法:

① 双人采精:2 人协作,1 人保定,1 人采精。保定人员双手握住鸡的腿部,用大拇指压住两边的几根主翼羽,使公鸡尾部向前,头部向后,平放于右侧腰部。采精人员站在保定人员右侧,右手中指和无名指夹住采精杯,杯口向外,右手拇指和食指伸开,以虎口部贴于公鸡后腹部柔软处。左手伸展,除拇指外,其余四指并拢,手掌贴于公鸡背部并向后腰荐及尾根部按摩,当手到尾根部时稍加力。连续按摩 3 ~5 次,当公鸡出现压尾反射时,左手将公鸡尾羽压向其背部,拇指和食指放于泄殖腔中上部两侧轻轻挤压,与此同时,右手将集精杯口贴于泄殖腔下缘,承接乳白色精液。挤压应反复几次,直至无精液流出为止。

② 单人采精:采精人员坐在约 35 cm 高的小凳上,左腿放在右腿上,将公鸡双腿夹于两腿之间,使其头向左,尾向右。右手持采精杯贴于公鸡后腹部柔软处,左手如前述,由背向尾按摩 3 ~5 次,即可翻尾、挤肛、承接精液。

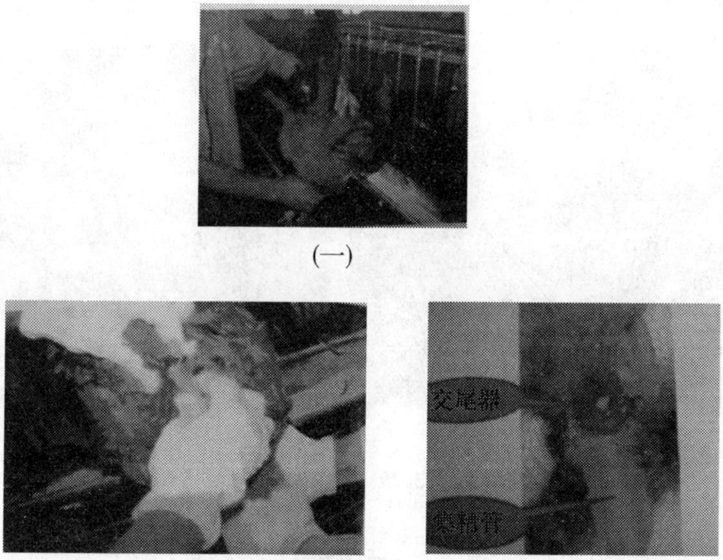

(一)

(二)　(三)

图 3-28　人工采精图

(2) 采精注意事项

① 采精频率:一般采用隔日采精,也可连续采精 2 d 休息 1 d,以便让公鸡有充分的恢复时间。若配种任务大,也可在 1 周内连续采精 3 ~5 d,休息 2 d。要注意公鸡体质量和营养状况的变化,不要使用过度(公鸡体质量不能减轻)。

② 采精人员要固定,抓鸡、放鸡动作要轻,按摩、挤压力度要适宜。

③ 采精地点要固定(一般在公鸡笼边),环境要安静、清洁。

④ 每只公鸡最好使用1只集精杯,凡被粪便、血液、尿液等污染的精液应弃之。

⑤ 加强营养,采精期间应保证饲料中的蛋白质水平(CP12% ~14%),配种任务较重时还可加喂鸡蛋,以补充营养。

4. 输精技术

(1) 输精方法

输精时一般2人合作,1人翻肛,1人输精。翻肛人员将笼门打开,左手伸入笼内抓住母鸡双腿,尾部向上拉至笼门口,右手拇指和其余四指分别放于泄殖腔两侧向下挤压,即可使泄殖腔翻出,泄殖腔左上部稍隆起部位即为输卵管阴道部开口,见图3-29、3-30。注意要使翻开的泄殖腔呈现稳定状态,以便于输精人员进行输精操作。输精人员将吸有精液的输精器插入阴道2 ~3 cm(老母鸡需4 ~5 cm),挤出精液后拔出。与此同时,翻肛人员右手放松对腹部的压力即可。

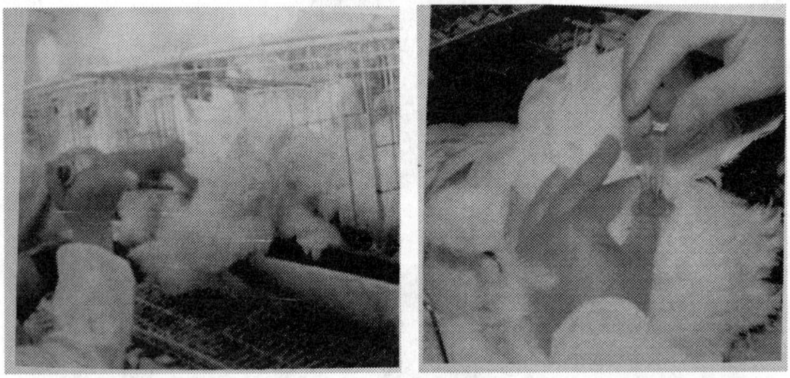

(一) (二)

图3-29 人工输精

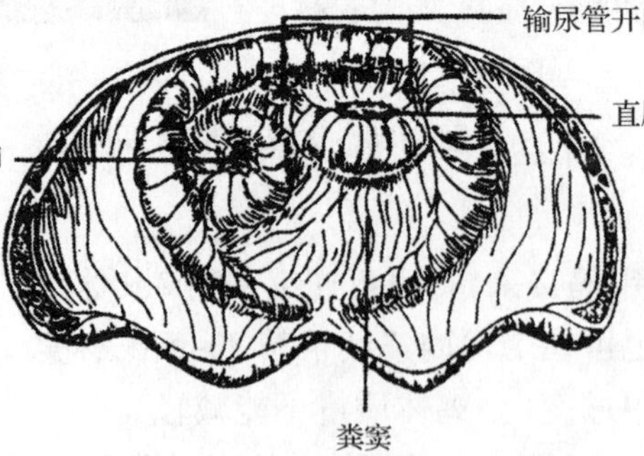

图3-30 母鸡泄殖腔模式图

(2) 输精要求

① 输精量:若以原精输,则每次0.025 mL(含精子数0.5亿~1.0亿),首次加倍。

② 输精间隔:一般每5~6天输精1次,老母鸡可4~5 d输精1次。

③ 输精时间:下午3~4点后。

(3) 输精注意事项

① 当给母鸡腹部施以压力时,要着力于腹部左侧。因阴道开口在泄殖腔左侧上方。

② 翻肛人员用力不能太大,以防止输卵管中有蛋被压破。

③ 插入输精器时必须对准输卵管开口中央,垂直插入,不能斜插。否则,容易损伤输卵管壁。

④ 有时翻肛时看不到阴道开口,那是因为被肛门括约肌盖住,输精时要用输精器轻轻拨一下肛门括约肌,露出阴道口后再输精。

⑤ 翻肛人员要与输精人员密切配合,当输精器插入的一瞬间,翻肛人员应立即解除对母鸡腹部的压力,保证精液全部输入。

⑥ 注意输精量要足,不要输入空气和气泡。

⑦ 为了防止交叉感染,最好输1只母鸡换1个枪头。若做不到,至少要用药棉擦拭一下枪头。

⑧ 要防止漏输,对病鸡要及时挑出。

附:

一、精液常规检查

(1) 外观检查　正常精液为乳白色、不透明的液体。混入尿液时呈粉白棉絮状;混入粪便则为黄褐色;混入血液为粉红色。

(2) 精液量检查　可以用刻度集精杯或刻度吸管检查精液数量。正常公鸡一次可采得0.3~0.5 mL精液。

(3) 精子活力检查　于采精后20~30 min内进行,取精液和生理盐水各1滴,置于载玻片的一端混匀,放上盖玻片。在37℃~38℃条件下于200~400倍显微镜下观察。根据具有受精能力的直线前进运动的精子占的比例进行评定,可评为1.0、0.9、0.8 ……级。

(4) 精子密度检查　取1滴原精液置于载玻片上,放上盖玻片,在400倍显微镜下观察。若整个视野布满精子,精子之间无间隙,则判断为密,每毫升约含40亿个以上的精子;若精子之间有1~2个精子的空隙,则判断为中,每毫升有20亿~40亿个精子。若精子之间有较大的空隙,则判断为稀,每毫升含20亿个以下的精子,见图3-31。

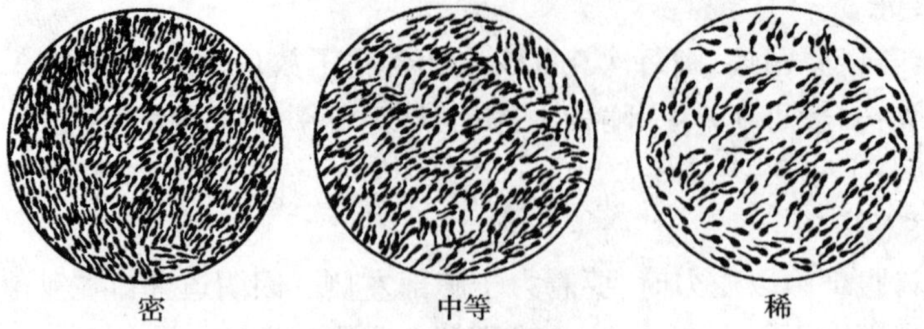

图 3-31 精子密度

(5) 精液 pH 值检查 用精密 pH 试纸测定,精液的 pH 一般为 6.2~7.4。

(6) 精子畸形率检查 取 1 滴原精液在载玻片上,抹片自然阴干,干后用 95% 乙醇固定 1~2 min,水洗,再用 0.5% 甲紫染色 3 min,水洗,阴干,在 400~600 倍显微镜下检测。数出 300~500 个精子中有多少个畸形精子,计算百分率。畸形精子有以下几种:尾部盘绕、断尾、无尾、盘绕头、钩状头、小头、破裂头、钝头、膨胀头、气球头、丝状中段等,见图 3-32。

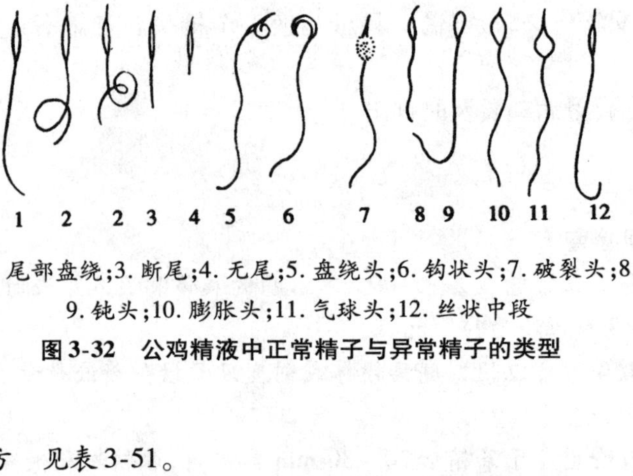

1. 正常;2. 尾部盘绕;3. 断尾;4. 无尾;5. 盘绕头;6. 钩状头;7. 破裂头;8. 小头;
9. 钝头;10. 膨胀头;11. 气球头;12. 丝状中段

图 3-32 公鸡精液中正常精子与异常精子的类型

二、精液稀释

(1) 稀释液配方 见表 3-51。

表 3-51 常用稀释液成分

成 分	生理盐水	等渗糖液	Lake 液	PBSE 液	Broun 液	磷酸缓冲液
葡萄糖		5.7			0.50	
果糖			1.00	0.5		
棉籽糖	3.864				3.864	
肌醇					0.22	

续表

成　分	生理盐水	等渗糖液	Lake 液	PBSE 液	Broun 液	磷酸缓冲液
谷氨酸钠(H_2O)			1.92	0.867	0.234	
氯化镁($6H_2O$)			0.068	0.034	0.013	
醋酸钠($3H_2O$)			0.857	0.43		
枸橼酸钠($2H_2O$)			0.128	0.064	0.231	
枸橼酸					0.039	
氯化钙					0.01	
磷酸二氢钾				0.065		1.456
磷酸氢二钾($3H_2O$)				1.27		0.837
TES				0.195	2.235	
氯化钠	0.9					

注：① 表中成分的剂量单位均为 g，其数值均为加蒸馏水配制成 100 mL 稀释液的用量

② TES 为 N－三甲基－2－氨基乙烷磺酸

（2）稀释液配制注意事项　配制时应严格执行操作规程。所用试剂应为化学纯或分析纯；用新鲜的呈中性的蒸馏水或离子水；一切用具要彻底洗净、消毒、烘干；各种药品的称量要准确，并经充分溶解、过滤、密封消毒；要调整 pH、渗透压。

（3）精液稀释方法　采精后应尽快稀释，将精液和稀释液分别装于试管中，并同时放入 35℃～37℃保温瓶或恒温箱中，使两者温度相等或接近。稀释时应将稀释液沿装有精液的试管壁慢慢加入，轻轻转动，使两者混合均匀。稀释比例一般为 1:(1～2)。

三、水禽采精与输精

（1）采集前准备　采精前 5～20 d 对水禽进行训练。一般公鹅需要 7～10 d，公鸭需要 10～15 d，短的 3～5 d 即可采出精液。

（2）采精步骤　公鹅的采精需 3 人合作，1 人保定，1 人采精，1 人集精。常用背腹式按摩采精。方法为保定者将公鹅两腿自然分开，鹅头被轻夹于左腋下，鹅尾朝向采精者，采精者用左手从翅膀的基部向尾部方向进行按摩，同时右掌心放在公鹅腹部，当按摩公鹅背部 4～5 次后，立即有性反射，鹅尾上翘时便可挤压公鹅的尾部，右手对腹部进行有节奏的按摩（从胸骨前端向泄殖腔方向），使阴茎勃起。在阴茎勃起的瞬间，采精者左手拇指和食指从尾部移向泄殖腔背部，轻轻挤压泄殖腔背侧。这样，阴茎勃起射精时，阴茎基部的输精沟完全闭合，使精液沿着输精沟从阴茎顶端射出。此时，集精者迅速用集精杯沿排精沟收集精液。采精者挤压泄殖腔背侧的拇指和食指应有节奏地挤压和放松，反复此动

作，直到鹅不排精或精液稀薄为止。公鸭的采精与公鹅的按摩方式相似，但兴奋敏感部位不同，公鹅主要在尾根部，而公鸭在坐骨部，因此按摩公鸭时右手拇指和食指应放在泄殖腔两侧上下按摩。

(3) 输精方法　将母鹅或母鸭固定在输精台上，输精者面向尾部，左手的食指、中指等四指并拢将尾部拨向一边，大拇指紧靠泄殖腔的下缘，轻轻向下方压迫，使泄殖腔张开，右手将带有精液的输精管插于泄殖腔后，向左下插进，输精器自然插于输卵管开口 2 ~ 4 cm 深，同时左手大拇指放松，由右手输入所需的精液量。输精时间以 12:00 以后为宜，精液输入量为 6 000 万 ~8 000 万个精子。

(四) 鸡白痢检疫

1. 材料准备

鸡白痢阳性和阴性血清、鸡白痢全血平板凝集抗原、清洁玻璃板、玻璃铅笔、接种环、针头、胶头滴管、酒精灯、吸管(0.5、5 mL)、乙醇消毒棉球、消毒盘、脱脂棉、纱布、火柴、工作服、胶鞋。

2. 检疫方法

(1) 将玻璃板擦拭干净，用玻璃铅笔划成 1.5 ~2 cm 的小方格，并编号。

(2) 将抗原充分振荡后，用胶头滴管吸取 1 滴(0.05 mL)于玻璃板小方格内。随即以针头刺破被检鸡的翼下静脉或鸡冠，用接种环取血一满环(0.02 ~0.04 mL)，立即与小方格中的抗原混匀，扩散至 2 cm。置于 20℃下或在酒精灯上微加温，2 min 内判断结果。

(3) 结果判断

阳性反应(+):2 min 内出现明显颗粒或块状凝集；

阴性反应(-):2 min 内不出现凝集或呈现均匀一致的微细颗粒或边缘有细絮状物；

疑似反应(±):不易判断为阳性反应和阴性反应。

(4) 选择淘汰　凡是检疫呈阳性反应的种鸡坚决淘汰，呈阴性反应的保留，疑似反应的暂留，并做好记录，待下次检疫再选留。

3. 检疫时间

蛋种鸡开产前 12 周龄和 18 周龄分别检疫 1 次，开产后每 10 ~15 周检疫 1 次。

4. 检疫注意事项

(1) 检疫应在 20℃左右的温度下进行。试验时要用阳性和阴性血清做对照。

(2) 操作用过的用具如采血针、接种环等经消毒后方可再用。

(3) 本试验方法只适用于母鸡和 1 岁以上的公鸡检疫，对幼龄仔鸡敏感性差。

四、知识点击

（一）家禽良种繁育体系与蛋用鸡种

1. 家禽良种繁育体系

现代家禽良种繁育体系由育种和制种两部分组成。育种体系包括品种场、育种场、测定站和原种场；制种体系包括曾祖代场、祖代场、父母代场、商品代场。

（1）各级场功能及相互关系

① 品种场：收集、保存各种品种、品系资源，观测性能、特征及其遗传情况，为育种提供可利用的素材。

② 育种场：利用品种场提供的育种素材，选育或合成具有突出特点的专门化高产品系，并进行杂交组合试验，筛选出最佳杂交组合，为曾祖代场提供配套系原种。

③ 测定站：将育种场筛选出的最佳杂交组合，按照规范要求开展随机抽样性能测验。

④ 原种场（曾祖代场）：饲养育种场提供的配套杂交用纯系种禽，对纯系进行扩繁并进一步选育提高，向祖代场提供祖代种禽。

⑤ 祖代场：从曾祖代场引种，饲养祖代种禽，并按既定杂交模式生产父母代种禽提供给父母代场。种鸡四系配套的祖代引种比例为♂A 系 1∶♀B 系5∶♂C 系5∶♀D 系35（肉鸡的父系应多些）。

⑥ 父母代场：从祖代场引进父母代种禽进行饲养，并按照固定的杂交模式生产商品代。种鸡四系配套的父母代引种比例为♂AB15∶♀CD100。

⑦ 商品代场：从父母代场引进商品代进行商品生产。

注：各级场的规模应根据下级场的需求量和扩繁比例确定。从曾祖代到祖代和从祖代到父母代扩繁比例为 30～50 倍，从父母代到商品代扩繁比例蛋鸡约为 50 倍，肉鸡约为 100 倍。

（2）杂交形式

① 两系杂交：为最简单的杂交配套模式（见图 3-33）。两系配套体系是比较原始的形式，从纯系育种群到商品代的距离短，因而遗传进展传递快。不足之处是不能在父母代利用杂种优势来提高繁殖性能，扩繁层次简单，从育种群到商品代的扩容数量少，从育种公司的经济利润上讲是不利的，因此大型育种公司基本已不提供两系杂交的配套组合。

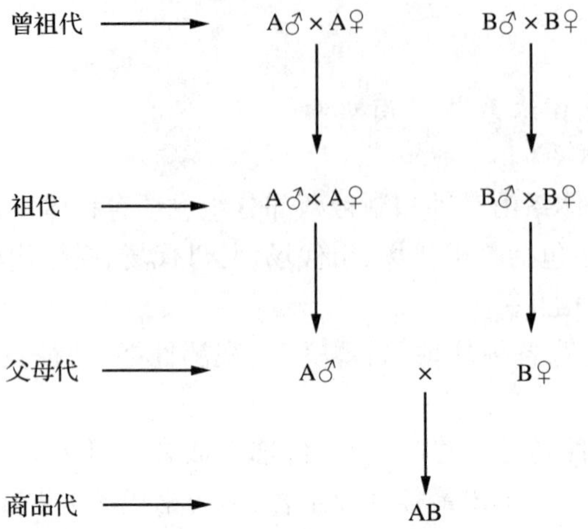

图 3-33　两系杂交模式图

② 三系杂交:这种形式从本质上讲是最普遍的(见图 3-34)。三系配套时父母代母本是二元杂种,其繁殖性能具有一定的杂种优势,再与父系杂交仍可在商品代产生杂种优势,因此从提高商品代生产性能上讲是有利的。在供种数量上,母本经祖代和父母代二级扩繁,供种量可大幅增加,而父系只有一级扩繁,由于公鸡需要数量少,所以完全可满足需要。因此,三系杂交是相对较好的一种配套形式,既能达到大规模扩繁、较大程度地利用杂种优势,又能达到节约纯系选育和饲养量的目的。

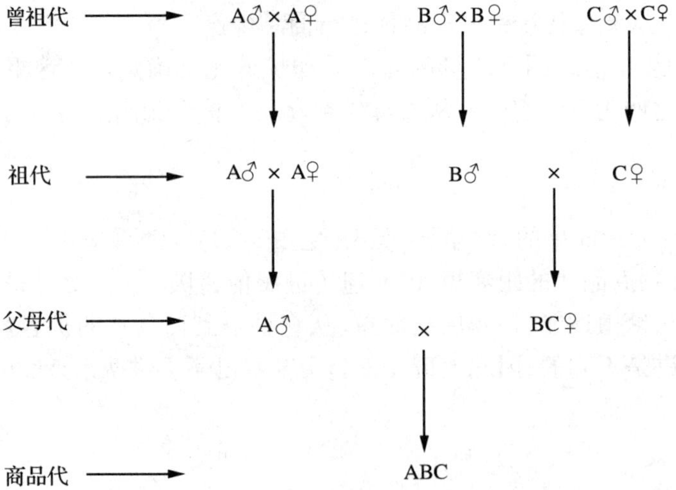

图 3-34　三系杂交模式图

③ 四系杂交：目前，大型育种公司倾向于四系配套杂交生产商品代（见图3-35）。从商业角度看，按四系配套只提供单性别的种给下一级场（祖代场、父母代场），有利于控制种源，保证供种的连续性。但从鸡育种积累的资料来看，四系杂交生产的双交种的生产性能并没有明显超过两系配套和三系配套的杂种。实际上，有不少育种公司的鸡种是按四系配套宣传和报价，而以三系配套的形式供种。

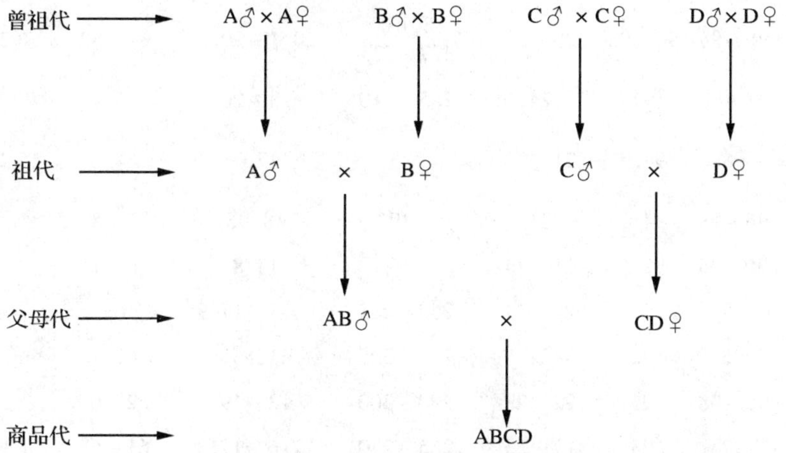

图3-35 四系杂交模式图

2. 现代蛋用鸡种介绍

部分现代商品蛋鸡及其主要生产性能见表3-52，其中最常用的白壳蛋鸡和褐壳蛋鸡的外貌见图3-36、3-37。

表3-52 部分现代商品蛋鸡及其主要生产性能

鸡种	后备鸡成活率（%）	产蛋鸡成活率（%）	50%开产周龄	72周龄入舍鸡产蛋（枚）	产蛋总质量（kg）	平均蛋质量（g）	料蛋比
海兰褐	96~98	94	22—23	317	20.2	63.7	2.11:1
海兰褐佳	96~98	94	21—22	295	19.2~20.65	65~70	2.05:1
罗曼褐	96~98	95	23—24	295~305	18.2~20.5	63.5~64.5	2.10:1
宝万斯褐	98	94.7	20—21	321	20.07	62.5	2.24:1
海赛克斯褐	97	95.5	23—24	290	18.3	63.2	2.39:1
依莎褐	98	93	24	285	18.2	63.5~64.5	(2.4~2.5):1
迪卡褐	99	95	22—23	305	19.8	65	(2.07~2.28):1

续表

鸡种	后备鸡成活率（%）	产蛋鸡成活率（%）	50%开产周龄	72周龄入舍鸡产蛋(枚)	产蛋总质量(kg)	平均蛋质量(g)	料蛋比
京白988	96～98	94.5	23	310	18.66	63	2.0∶1
滨白584	92	>90	24	270～280	16.5	60	(2.5～2.6)∶1
华都京白A98	96～98	94～95	20—21	80周 327～335	20.1～20.5	61～62	(2.1～2.2)∶1
海兰W-36	97～98	96	24	285～310	18～20	63	2.2∶1
巴布可克B-300	98	94.5	21—22	285	17.2	64.6	(2.3～2.5)∶1
宝万斯白	96～98	94.1	21	319	18.96	59.8	2.21∶1
尼克白	95～98	92.5	22—24	260	19.8	60.1	2.25∶1
星杂288	98	92	23—24	260～285	16.4～17.9	63	2.3∶1
迪卡白	96	92	21	295～305	18.5	61.7	2.17∶1
罗曼白	96～98	95	22—23	290～300	18～19	62～63	2.35∶1
星杂444粉	92	93	22—23	265～280	17.6～17.8	61～63	(2.45～2.7)∶1
农昌2号粉	90.2	93	23—24	255	15.25	59.8	2.7∶1
京白939粉	96～98	92～93	21—22	299	17.9	60～63	2.33∶1
新杨蛋鸡绿	95～97		22	227～238		48.8～50	
三凰蛋鸡绿			21—22	190～205		50～55	2.3∶1

图3-36　白壳蛋鸡

图3-37　褐壳蛋鸡

(二) 生产性能指标名称及计算

1. 生活力指标

(1) 雏鸡成活率　育雏期末成活雏鸡数/入舍雏鸡数×100%。

(2) 育成鸡成活率　育成期末成活的育成鸡数/育雏期末入舍鸡数×100%。

(3) 母鸡存活率　[入舍母鸡数-(死亡数+淘汰数)]/入舍母鸡数×100%。

2. 产蛋力指标

(1)开产日龄　个体记录以产第1枚蛋的平均日龄计算。群体记录,蛋鸡、蛋鸭按全群日产蛋率达50%的日龄作为开产日龄。肉鸡、肉鸭、鹅以5%产蛋率作为开产日龄。

(2) 产蛋量　指母鸡在统计期内的产蛋数量,常计算年产蛋量、500日龄产蛋量、72周龄产蛋量。

① 按母鸡饲养只日统计。1个母鸡饲养只日就是指1只母鸡饲养1 d。

母鸡饲养只日产蛋量(枚/只)=统计期内总产蛋数/平均饲养母鸡只数=统计期内总产蛋数/统计期内总饲养只日数/统计期日数。

② 按入舍母鸡数统计。

入舍母鸡产蛋量(枚/只)=统计期内总产蛋数/入舍母鸡数。

(3) 产蛋率　指母鸡在统计期内的产蛋百分率。

饲养只日产蛋率=统计期内总产蛋数/统计期内总饲养只日数×100%。

入舍母鸡产蛋率=统计期内总产蛋数/入舍母鸡数×统计期日数×100%。

(4) 蛋质量

① 平均蛋质量:从300 d开始计算。个体记录者须连续称取3个以上的蛋,求平均值。群体记录时则连续称取3 d总蛋质量,求平均值。平均蛋质量以g为单位。

② 总蛋质量:总蛋质量(kg)=(平均蛋质量×平均产蛋量)/1 000。

3. 饲料报酬指标

常用产蛋期料蛋比表示,即产蛋期消耗饲料量除以总产蛋量,也就是每产1 kg蛋所消耗的饲料量(kg)。

4. 繁殖力指标

(1) 种蛋合格率　指种母鸡在规定的产蛋期内所产符合种蛋要求的种蛋数占产蛋总数的百分比。

种蛋合格率=合格种蛋数/产蛋总数×100%。

(2) 种蛋受精率　指受精蛋数占入孵蛋数的百分比。

种蛋受精率=受精蛋数/入孵蛋数×100%。

(3) 孵化率

① 受精蛋孵化率=出雏数/受精蛋数×100%。

② 入孵蛋孵化率=出雏数/入孵蛋数×100%。

(4) 健雏率　指健康雏鸡数占出雏数的百分比。

健雏率=健雏数/出雏数×100%。

(5) 种母鸡提供的健雏数　指在规定产蛋期内,每只种母鸡提供的健康雏鸡数。

五、练习

1. 在老师指导下参与蛋种鸡生产管理。
2. 总结实习场提高种蛋受精率的技术措施。

项目四
肉鸡的饲养

模块一　肉用仔鸡的饲养

一、学习目标

※ 终极目标:学会肉用仔鸡的生产技术。

※ 促成目标:

(1) 学会快速生长型白羽肉用仔鸡的生产技术;

(2) 学会优质型黄羽肉用仔鸡的生产技术。

二、学习任务

1. 快速生长型白羽肉用仔鸡的管理;

2. 优质型黄羽肉用仔鸡的管理。

三、实践操作

(一) 快速生长型白羽肉用仔鸡的管理

白羽肉用仔鸡生产的管理方法与蛋鸡的育雏阶段有许多类似,但也存在很大不同,现重点介绍不同部分的管理操作。

1. 饲养方式

白羽肉用仔鸡生长速度快、体质量重加之不爱运动,生产中易发生胸囊肿,因此,主要采用厚垫料平养及网上平养两种饲养方式。

(1) 厚垫料平养　进鸡前在鸡舍地面上按照5.5 kg/m^2 铺上垫料(厚度10~12 cm),

肉用仔鸡在垫料上自由采食、饮水和活动。平时不清粪和更换垫料,只将饮水器周围的潮湿垫料更换,定时用耙齿将垫料抖松,使表面的鸡粪落入下层,以防止表面垫料与粪便结块,并根据污染程度,及时铺上新垫料,始终保持垫料松软干燥。待肉仔鸡出栏后,再将粪便和垫料一次性清除。垫料要求松软,吸水性强,不霉变,卫生干燥,长度以 5 ~ 10 cm 为宜。可因地制宜选择稻壳、锯屑、刨花、麦秆、稻草、玉米秸等作为垫料。该饲养方式的优点是投资少,节省人力,适应肉鸡的习性,降低了胸囊肿、龙骨弯曲和腿病的发病率。缺点是舍内灰尘多、潮湿、氨气浓度高,易诱发眼病和呼吸道疾病;鸡体与粪便直接接触,易发生球虫病;占地面积大,需要大量垫料等。因此,采用厚垫料平养必须搞好环境和卫生条件的控制,平时要加强通风、防湿和减少粪便污染,切实做好疾病的预防工作。

(2) 网上平养　将肉用仔鸡饲养在离地面 50 ~ 60 cm 高的塑料网床上[育雏前 10 d 在大孔径(2.0 cm)的塑料网上铺一层小孔径(1.0 cm)塑料网,10 日龄后将上面的小孔网撤掉],网床四周用 30 ~ 40 cm 高的塑料网围挡,鸡群在网床上采食、饮水和活动,粪便通过网眼落到地面或刮粪槽中(采用机械清粪)。这种饲养方式为部分肉仔鸡饲养场和专业户采用,其优点有不需垫料,劳动强度小,管理方便;鸡体与粪便不接触,减少了球虫病的感染机会,饲养密度比地面平养高 20%。缺点是投资成本较高。

2. 饮水管理

肉用仔鸡饮水要求清洁、及时、足量。雏鸡进舍前,应将饮水器清洗、消毒、调试好。若采用真空式饮水器,配置数量为每 1 000 只雏鸡配 15 个雏鸡饮水器,3 周后换成 4 L 饮水器(采用吊塔式饮水器 125 只鸡 1 个)。采用乳头式供水系统,每个乳头可供 8 ~ 12 只雏鸡使用。从第 1 天起,雏鸡饮水器和乳头式饮水系统同时使用,并逐渐减少雏鸡饮水器数量,4 ~ 5 d 后完全过渡到乳头式饮水系统。饮水器应置于喂料器和热源之间,距喂料器近些,保证鸡在 1.5 m 内能饮到水、吃到料。饮水设备边缘的高度,应随鸡日龄的增加不断调整,以略高于鸡背为宜。雏鸡进舍后休息 1 ~ 2 h 即可饮水,以后不可间断(饮水免疫前要停水 3 ~ 4 h)。第 1 天最好饮用 5% ~ 8% 的糖水以补充能量,从第 2 天起,在饮水中加速溶维生素、电解质、药物等,以增强鸡体的抗病力。有条件时育雏头 3 天可饮用与室温一致的温开水。使用饮水器(真空式、吊塔式)供水时,每天要清洗消毒 1 次。表 4-1 所示为每 1 000 只肉用仔鸡在不同温度下每天的饮水量。

表 4-1 每 1 000 只肉用仔鸡每天饮水量(L)

周 龄	不同温度条件(℃)		
	10	21	32
1	23	30	38
2	49	60	102
3	64	91	208
4	91	121	272
5	113	155	333
6	140	185	380
7	174	216	428
8	189	235	450

3. 喂料管理

要保证肉用仔鸡应有的生长速度,须自由采食,昼夜饲喂,想方设法使其多吃料。雏鸡初次饮水 2 h 后即可开食。每 100 只雏鸡配 42 cm×42 cm 方形塑料开食盘 1 个(也可使用塑料蛋托或深色塑料布代替),与饮水器相间排布。第 1 天完全采用开食盘饲喂,从第 2 天起应逐渐往料桶中加料(若使用机械喂料,设备也应在 2~3 d 后启用),使雏鸡逐渐适应在料桶等喂料器中采食。逐渐减少开食盘数量,4~5 d 后完全过渡到小料桶等喂料器喂料(开食盘应每天清洗消毒)。要保证鸡的采食位置,小料桶(3~4 kg)每 30 只鸡配 1 个料桶,2 周后换成大料桶(7~10 kg)。机械喂料时,若是盘形喂料器,每 30 只鸡 1 只料盘,4 周后 12~14 只鸡 1 只料盘;若是链式喂料器,要保证每只鸡 5 cm 的采食位置,4 周后每只鸡要有 15~20 cm 的采食位置,原则上应保证每只鸡有同时采食的位置。喂料器高度要随鸡日龄的增加及时调整,保持与鸡背等高。要选用适当的料型,一般前期选用碎粒料,21 d 后换成中、后期颗粒料。增加喂料次数,3 d 内隔 2 h 喂 1 次料,夜间停喂 4~5 h,每天饲喂 8~10 次。3 d 后逐渐减少喂料次数,但每天不少于 6 次,2 周后每天 4 次,4 周后每天 2 次(采用机械喂料,可增加喂料次数,第 1 周每天 8 次,第 2 周每天 7 次,第 3 周始每天 5~6 次)。实践证明,短时间停料能刺激鸡的食欲,分次间断给料比始终不断给料有更明显的采食高峰。停料时间长短要根据鸡龄和每天喂料次数而定,前期一般空料时间不超过 0.5 h,饲养中、后期断料时间可逐渐延长,如喂料次数由 4 次减为 2 次时,每天早晨 6 点和下午 6 点各加料 1 次,加料后 9~10 h 料桶有料,剩余 2~3 h 为断料时间。固定加料时间有利于建立采食条件反射,增强供料时间内鸡的食欲。肉用仔鸡生产一般分为 3 个阶段,即前期(0~21 d)、中期(22~37 d)和后期(38 d~出栏),不同阶段饲料更换要逐渐过渡。肉用仔鸡采食不足(与标准比)可能有以下几个原因:①鸡群发病;②舍内温度过高;③通风不良,臭味太大;④饲料适口性下降或霉变;⑤饮水不足或断水;⑥突然换料;⑦各种应激如噪音、接种疫苗、捕捉和作息程序、作息时间、饲养人员改变等。肉用仔鸡的营养标准见表4-2、4-3,饲料配方见表4-4。

表4-2　2.25 kg以上的爱拔益加肉用仔鸡营养推荐标准

指标	育雏料	中期料	后期料	后期料(Ⅱ)
粗蛋白(%)	20.0	20.0	18.5	18.0
代谢能(MJ/kg)	11.75	13.4	13.4	13.4
粗脂肪(%)	5.0~7.0	5.0~7.0	5.0~7.0	5.0~7.0
亚油酸(%)	1.0	1.0	1.0	1.0
抗氧化剂(mg/kg)	120	120	120	120
抗球虫剂	+	+	+	-
钙(%)	0.90~0.95	0.80~0.85	0.78~0.80	0.78~0.80
可利用磷(%)	0.45~0.47	0.40~0.43	0.37~0.40	0.37~0.40
盐(%)	0.30~0.45	0.30~0.45	0.30~0.45	0.30~0.45
钠(%)	0.18~0.22	0.18~0.22	0.18~0.22	0.18~0.22
钾(%)	0.70~0.90	0.70~0.90	0.70~0.90	0.70~0.90
镁(%)	0.06	0.06	0.06	0.06
氯(%)	0.20~0.30	0.20~0.30	0.20~0.30	0.20~0.30
精氨酸(%)	1.15	1.20	0.96	0.95
赖氨酸(%)	1.00	1.01	0.94	0.90
蛋氨酸(%)	0.40	0.44	0.38	0.36
蛋氨酸+胱氨酸(%)	0.78	0.82	0.77	0.72
色氨酸(%)	0.20	0.19	0.18	0.17
苏氨酸(%)	0.68	0.76	0.70	0.68
锰(mg/kg)	100	100	100	75
锌(mg/kg)	75	75	75	60
铁(mg/kg)	100	100	100	75
铜(mg/kg)	8	8	8	6
碘(mg/kg)	0.45	0.45	0.45	0.45

续表

指标	育雏料	中期料	后期料	后期料(Ⅱ)
硒(mg/kg)	0.30	0.30	0.30	0.30
维生素 A(IU/kg)	9 000	9 000	7 500	5 000
维生素 D_3(IU/kg)	3 300	3 300	2 500	2 000
维生素 E(IU/kg)	30.0	30.0	30.0	30.0
维生素 K_3(mg/kg)	2.2	2.2	1.65	1.0
硫胺素(mg/kg)	2.2	2.2	1.65	1.0
核黄素(mg/kg)	8.0	8.0	6.0	5.0
泛酸(mg/kg)	12.0	12.0	9.0	7.5
烟酸(mg/kg)	66.0	66.0	50.0	30.0
吡哆酸(mg/kg)	4.4	4.4	3.0	2.0
叶酸(mg/kg)	1.00	1.00	0.75	0.5
胆碱(mg/kg)	550	550	440	300
维生素 B_{12}(mg/kg)	0.022	0.022	0.015	0.012
生物素(mg/kg)	0.20	0.20	0.15	0.10

表 4-3 2.25 kg 以下的爱拔益加肉用仔鸡营养推荐标准

指标	育雏料	中期料	后期料/宰前料
粗蛋白(%)	23.0	20.0	18.5
代谢能(MJ/kg)	13.0	13.4	13.4
粗脂肪(%)	5.0~7.0	5.0~7.0	5.0~7.0
亚油酸(%)	1.0	1.0	1.0
抗氧化剂(mg/kg)	120	120	120
抗球虫剂	+	+	+
钙(%)	0.90~0.95	0.80~0.90	0.80~0.85
可利用磷(%)	0.45~0.47	0.40~0.45	0.40~0.43
盐(%)	0.30~0.45	0.30~0.45	0.30~0.45
钠(%)	0.18~0.22	0.18~0.22	0.18~0.22
钾(%)	0.70~0.90	0.70~0.90	0.70~0.90

续表

指标	育雏料	中期料	后期料/宰前料
镁(%)	0.06	0.06	0.06
氯(%)	0.20～0.30	0.20～0.30	0.20～0.30
精氨酸(%)	1.28	1.20	0.96
赖氨酸(%)	1.20	1.01	0.94
蛋氨酸(%)	0.47	0.44	0.38
蛋氨酸+胱氨酸(%)	0.92	0.82	0.77
色氨酸(%)	0.22	0.19	0.18
苏氨酸(%)	0.78	0.76	0.70
锰(mg/kg)	100	100	100
锌(mg/kg)	75	75	75
铁(mg/kg)	100	100	100
铜(mg/kg)	8	8	8
碘(mg/kg)	0.45	0.45	0.45
硒(mg/kg)	0.30	0.30	0.30
维生素 A(IU/kg)	9000	9000	7500
维生素 D_3(IU/kg)	3300	3300	2500
维生素 E(IU/kg)	30.0	30.0	30.0
维生素 K_3(mg/kg)	2.2	2.2	1.65
硫胺素(mg/kg)	2.2	2.2	1.65
核黄素(mg/kg)	8.0	8.0	6.0
泛酸(mg/kg)	12.0	12.0	9.0
烟酸(mg/kg)	66.0	66.0	50.0
吡哆酸(mg/kg)	4.4	4.4	3.0
叶酸(mg/kg)	1.00	1.00	0.75
胆碱(mg/kg)	550	550	440
维生素 B_{12}(mg/kg)	0.022	0.022	0.015
生物素(mg/kg)	0.20	0.20	0.15

表 4-4　肉用仔鸡饲料配方(参考)

饲料原料	配合比例(%)		
	前期	中期	后期
玉米	61.70	68.20	70.80
豆粕	28.00	25.30	22.70
鱼粉	7.00	3.00	3.00
磷酸氢钙	1.50	1.70	1.70
石粉	0.50	0.45	0.45
食盐	0.30	0.35	0.35
预混料	1.00	1.00	1.00
营养水平			
代谢能(MJ/kg)	12.38	12.64	12.64
粗蛋白(%)	22.20	19.00	18.00
钙(%)	0.97	0.89	0.88
总磷(%)	0.63	0.61	0.60

4. 温度管理

肉用仔鸡所需的环境温度比同龄蛋用雏鸡高1℃左右,供温标准可掌握在第1~2天35℃~33℃,以后每天降低0.5℃左右,一般以每周递减3℃的降温速度比较合适。降温速度过快,雏鸡不适应,易诱发疾病,影响增重;下降太慢,则影响采食量,不利于增重,也不利于羽毛生长。从5周龄起,环境温度应保持在20℃左右,对增重速度和饲料转化率极为有利。有试验证明,温度每增加或降低1℃,8周龄肉用仔鸡体质量约减少或增加20 g/只,8周龄肉用仔鸡总采食量减少或增加50 g/只。

5. 光照管理

肉用仔鸡的光照要求与蛋用雏鸡有很大不同,其特点为光照时间要长,强度要弱。长时间光照的目的是延长采食时间,弱光照的目的是降低鸡的兴奋性,使鸡保持安静状态。光照方法有3种:①连续光照法:即在进雏后的头2天,每天光照24 h,从第3天开始实行23 h光照,夜间停止光照1 h,以防止万一停电对鸡群造成应激。此法的优点是采食时间长,增重快,但耗电多,鸡腹水症、猝死、腿病多。②间歇光照法:即全封闭鸡舍实行1~2 h照明,2~4 h黑暗的光照制度;开放式鸡舍,白天采用自然光照,从第2周开始实行晚上间断照明,即喂料时开灯,喂完后关灯。采用此法光照,鸡群必须具备足够的采食、饮水位置,保证肉用仔鸡有足够的采食和饮水时间。③短光照法:即第1周每天光照23~24 h,

第2周每天减少2 h光照至16 h,第3、4周每天16 h光照,从第5周的第4天起每天增加2 h,至周末达到23 h光照,以后保持23 h光照至出栏。此法可控制鸡的前、中期增重,减少猝死、腹水和腿病的发病率,最后进行"补偿生长",出栏体质量不低却提高了成活率和饲料报酬。对生长快(7日龄体质量达175 g)的鸡可用此法。光照强度:育雏初期,为便于雏鸡采食饮水和熟悉环境,光照强度应强一些,以后逐渐降低,以防止鸡过分活动或发生啄癖。育雏第1周为4~5 W/m^2,第2周降为3 W/m^2,第3周为2 W/m^2,4周龄后0.75~1 W/m^2(灯间距3 m,灯高2 m)。若鸡场装有电阻器可调节光的照度,则0~3 d用25 lx,4~14 d用10 lx,15~35 d从10 lx减至5 lx,35 d后保持5 lx。

6. 密度管理

肉用仔鸡适于高密度饲养,但不同日龄、体质量、管理方式、通风条件和气温的饲养密度是不同的。网上饲养比地面平养密度高20%,同样面积的鸡舍夏季密度要降低20%~30%。环境控制鸡舍饲养密度可达30~33 kg/m^2,而开放式自然通风鸡舍饲养密度不宜超过20~22 kg/m^2。肉用仔鸡生产期在同一鸡舍内饲养时,采用逐步扩散的办法即育雏时只用1/3的面积为育雏间,3周龄前集中保温;3周龄后撤除隔离装置,沿鸡舍纵向扩大面积;5周后散满全舍。肉用仔鸡饲养密度的控制详见表4-5、4-6。

表4-5 不同体质量肉用仔鸡的饲养密度(网上平养)

体质量(kg)	开放式鸡舍		环境控制鸡舍	
	只/m^2	kg/m^2	只/m^2	kg/m^2
1.5	15	22.5	22	33.0
2.0	11	22.0	17	34.0
2.5	9	22.5	14	35.0
3.0	7	21.0	11	33.0
3.5	6	21.0	9	31.5

表4-6 不同日龄肉用仔鸡的饲养密度(地面垫料平养)

日 龄	饲养密度(只/m^2)	备注
1—7	40	
8—14	30	
15—28	25	每周应将鸡群疏散1次
29—42	16~17	
43—56	10~12	

7. 通风管理

肉用仔鸡饲养密度大,生长快,代谢旺盛,易造成舍内空气污浊,对鸡的健康生长十分不利。鸡舍若通风不良,易造成呼吸道病和腹水综合征的发生。所以,既要保证舍内适宜的温度,又要注意通风换气。实际生产中,以人感觉不到明显臭气为宜(氨气浓度不超过 20 mg/L),1 ~2 周龄以保温为主,3 周龄注意通风,4 周龄后加大通风。环境控制鸡舍通风量要求每小时每千克体质量达 3.6 ~4 m^3(冬季最小通风量为 1 m^3/kg)。

8. 公母分群管理

不同性别肉用仔鸡因生理基础不同,在生长发育、营养需要、环境条件和出栏时间上存在较大差异,因此,公、母鸡应根据其特点分群管理。

(1) 分期出栏　肉用仔鸡母鸡一般 6 周龄后增重速度相对下降,料重比显著提高,若已达上市要求,即可出栏。而公鸡 9 周龄后才生长速度降低、饲料消耗增加,所以,公鸡在 9 周龄出栏较为合适。公、母肉用仔鸡的生长速度、料重比见表 4-7。

表 4-7　公、母肉用仔鸡的生长速度、料重比

性别	指标	2 周	4 周	6 周	8 周	10 周
公	生长速度(g)	315	875	1630	2410	3350
	料重比	1.3	1.61	1.79	2.00	2.24
母	生长速度(g)	260	745	1340	1930	2450
	料重比	1.3	1.63	1.84	2.08	2.40

(2) 按公、母分别配制不同营养水平的日粮　公母分群饲养的营养标准见表 4-8。

表 4-8　爱拔益加肉用仔鸡公母分饲的营养标准

营养指标	前期料(0—21 d)		中期料(22—37 d)		后期料(38 d—出栏)	
	公	母	公	母	公	母
CP(%)	23.0	23.0	21.0	19.0	19.0	17.5
ME(MJ/g)	12.98	12.98	13.40	13.40	13.40	13.40
Ca(%)	0.90 ~0.95	0.90 ~0.95	0.85 ~0.88	0.85 ~0.88	0.80 ~0.85	0.80 ~0.85
Pf(%)	0.45 ~0.47	0.45 ~0.47	0.42 ~0.44	0.42 ~0.44	0.40 ~0.42	0.40 ~0.42
Lys(%)	1.25	1.25	1.10	0.95	1.00	0.90
M + C(%)	0.96	0.96	0.85	0.75	0.76	0.70

(3) 按公、母鸡提供适宜的环境条件　公鸡前期的温度要求较母鸡高 2℃,待全身长

出大部分羽毛时,可把温差调整到1℃,后期公鸡比母鸡怕热,室温应比正常低1℃ ~2℃。4周龄后公鸡的温度要适当下降快些,以促进生长。公鸡体质量重,胸囊肿较为严重,若采用地面垫料平养,应给予更厚、更松软的垫料。

9. 防疫管理

肉用仔鸡生长速度快、生产周期短、饲养密度大、抗病力差,在防疫管理上有其自身特点。

(1)"全进全出"制管理　同一场或同一幢鸡舍在同一天进同一日龄的肉用仔鸡苗进行饲养,在同一天出栏。上一批鸡出栏后,留2周以上的时间彻底清扫消毒鸡舍才进下一批鸡,以切断病原的循环感染,使疫病减少,死亡率降低。

(2)预防接种　要根据当地传染病的流行特点,结合本场实际制定合理的免疫程序,同时要保证接种质量。弱毒苗首次免疫一般采用点眼滴鼻法,饮水免疫要按技术要求操作,具体见蛋鸡生产有关部分。肉用仔鸡的参考免疫程序见表4-9。

表4-9　肉用仔鸡的参考免疫程序

日　龄(d)	疫苗类型	免疫方法
7	新城疫、传染性支气管炎、肾型传染性支气管炎二联三价苗	点眼滴鼻
12—14	传染性法氏囊疫苗	饮水
18	新城疫、传染性支气管炎二联苗	饮水
24	传染性法氏囊疫苗二免	饮水
33—35	新城疫克隆苗	饮水

(3)药物预防　根据本场实际,定期进行预防性投药,以确保鸡群稳定健康。如1 ~4 d的饮水中加抗菌药物(环丙沙星、恩诺沙星),防止脐炎、鸡白痢、慢性呼吸道病等蛋传疾病。17 ~19 d再次用以上药物饮水3 d,同时加TMP以防止抗药性产生。15日龄后地面平养要注意球虫病的预防。若遇阴雨天或粪便过稀即应在饮水中加药预防。如鸡群采食量减少、出现血便,则应立即投药治疗。预防、治疗球虫时,必须防止药物残留,出栏前1 ~2周停止用药。预防球虫病必须从管理上入手,要严防垫料潮湿,发病期间每天清除垫料粪便,以清除球虫卵囊发育的环境。

10. 出栏管理

肉用仔鸡体质量达上市要求后,应及时出售。要根据饲料信息和市场信息,安排适宜的出栏时间(一般6周龄左右)。肉鸡出栏时应尽可能防止碰伤。有计划地在出场之前4 ~6 h使鸡吃光饲料,吊起或移出料桶和其他饲具,饮水器在抓鸡前撤除。为了减少鸡的骚动,最好在夜晚抓鸡,舍内安装蓝色或红色灯泡,使光照减至最小,然后用围栏圈鸡捕捉。如是无窗鸡舍，也可利用光来引导鸡走到笼车里，这种引导捕捉可大大减少在捕捉与装运过程中的损伤率。抓鸡、入笼、装车、卸车、放鸡的动作要轻巧敏捷，不可粗暴丢掷，应抓鸡两只脚，不应抓鸡翅膀。鸡笼最好使用塑料笼，尽量缩短抓鸡、装运和在屠宰厂的候宰时间。夏季要防止烈日曝晒，注意通风、防暑，寒冷季节应当适当采取保暖措施。笼子、用具、车辆等回场后须经消毒处理才能再次使用，见图 4-1、4-2、4-3。

图 4-1　抓鸡

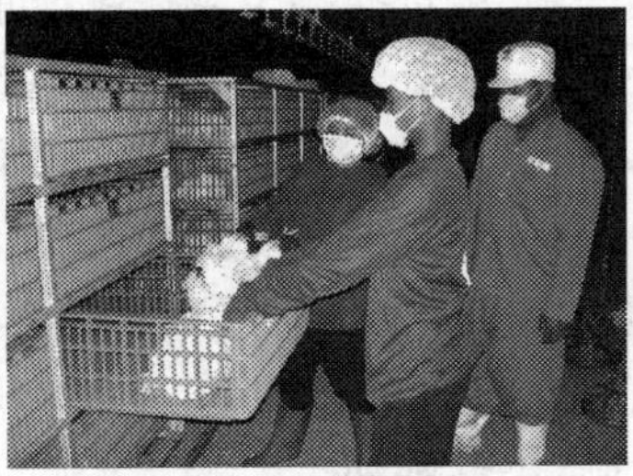

图 4-2　塑料笼装鸡

图 4-3　肉鸡运输

11. 肉用仔鸡生产中易出现问题的处理

（1）胸囊肿

胸囊肿就是肉鸡胸部皮下发生的局部炎症，是肉用仔鸡最常见的疾病。虽然不传染也不影响生长，但严重影响屠体的商业价值和等级，造成一定的经济损失。胸囊肿的产生是因为胸部皮下受长时间的摩擦和压迫等刺激，造成皮质硬化，形成囊状组织，里面逐渐积蓄一些黏稠的渗出物，成为水泡状的囊肿。囊肿初期颜色较浅，面积较小，后期颜色变深，面积也变大。肉用仔鸡生长快、体质量重，加上不爱运动，一天有 68% ~72% 的时间处于伏卧状态，伏卧时体质量 60% 由胸部支撑，这样胸部与地面或硬质网面接触受压时间长，压力大，导致胸囊肿发生。生产中要减少胸囊肿发生可采取以下措施：

①加强垫料管理，保持松软干燥和一定厚度，避免鸡体与地面直接接触。

②适当促使鸡只活动，减少伏卧时间。

③不采用金属网面。

（2）腹水综合征

腹水综合征是肉鸡饲养过程中特有的非传染性疾病，主要原因是肉用仔鸡肺泡外层的血气屏障膜较厚，交换气体的通透性差，氧气交换效率低，加之肉用仔鸡生长速度快，代谢需要氧气多，心脏功能相对较弱，导致体内红细胞数量增加，血液黏滞度较大，回流缓慢，在腹腔血管中滞留时间变长，血液内压增加，使血浆渗出液增加，并蓄积在腹腔中形成腹水综合征。此外，腹水综合征还和缺硒及某些药物的长期使用有关。控制腹水综合征发生的措施为：

①改善环境条件,特别是密度较大时,应充分注意鸡舍的通风换气。

②适当降低前期料的能量和蛋白质水平。

③防止饲料中硒和维生素 E 缺乏。

④发现轻度腹水时,应在饲料中补加 0.05% 维生素 C。

(3) 腿病

由于肉用仔鸡增重速度的提高,腿部疾病也越来越严重。在正常情况下,骨骼的生长速度与整个机体的生长速度保持一致,处于平衡状态。但是,由于育种工作的进展和饲养水平的提高,使肉用仔鸡各周龄增重加快,这就打破了机体组织发育的原有平衡性,这是肉用仔鸡腿病增多的原因之一。除此之外,引起腿病的原因还有:①遗传性腿病;②感染性腿病(化脓性关节炎、脑脊髓炎、病毒性腱鞘炎);③营养性腿病(脱腱症、软骨症、维生素 B_2 缺乏症);④管理性腿病(风湿性和外伤性)。预防肉用仔鸡腿病,应采取以下措施:

①完善防疫保健措施,杜绝感染性腿病。

②确保矿物质和维生素的合理供应,避免因钙、磷缺乏引起的软脚病;缺乏锰、锌、胆碱、烟酸、叶酸、生物素、维生素 B_6 等引起的脱腱症;缺乏维生素 B_2 引起的卷趾病。

③加强管理,确保肉用仔鸡合理的生活环境,避免因垫料湿度过大、脱温过早及抓鸡不当而造成的腿病。

(4) 弱小个体

在肉用仔鸡饲养过程中少数个体发育迟缓,体小瘦弱,这种弱小个体的形成少数属于遗传原因,绝大部分为饲养过程中形成的病、弱、残、次鸡。如开食过迟的弱雏、饲养密度过大引起的大小不匀、病原感染或发病个体等。减少弱小个体的措施有:

①要抓好种鸡质量和孵化环节,提高苗鸡质量。

②抓好开食环节,做好弱小个体的护理和单独饲喂。

③要提供足够的饲养面积和采食位置,使鸡只均匀采食。

④要减少鸡群发病。

⑤要随时捡出发育不良的侏儒个体,对无饲养价值的要及时淘汰。

(5) 猝死症

猝死症表现为一些生长快、体质量重、外观正常健康的鸡突然狂叫、仰卧倒地死亡。剖检常发现肺肿大、心脏扩大、胆囊缩小。导致肉用仔鸡猝死症的原因不详,一般建议在饲料中适量添加多维素,加大通风换气,防止饲养密度过大,避免突然应激,减少前期喂料量等。

附：白羽肉用仔鸡的饲养作业规范

白羽肉用仔鸡的饲养作业规范见表4-10。

表4-10 白羽肉用仔鸡的饲养作业规范

日龄(d)	项　目	作业内容	基本要求	备　注
1 (接雏)	免疫、开饮、开食、观察、光照、值班	1. 进雏后2 h雏鸡饮水器装满温开水 2. 传染性支气管炎疫苗H120或Ma5用灭菌蒸馏水稀释，每只雏鸡右眼滴1滴 3. 将雏鸡均匀移放在育雏室内 4. 饮水2 h后给料 5. 观察温度等情况 6. 24 h光照，60W灯泡 7. 夜间有人值班	1. 20℃左右的温开水中加5%糖 2. 等疫苗进入眼内才能放鸡 3. 每只雏鸡都要饮到水，个别雏鸡要人工训水 4. 2 h给料1次，少给、勤添，晚上检查嗉囊，不会吃者要训食 5. 雏鸡分布均匀	1. 进雏前房舍要清扫、冲洗、消毒15 d左右 2. 第1周育雏密度40只/m^2 3. 人员进场、舍前要洗浴、更衣、消毒
2	记录工作、常规管理、检查	1. 常规管理 2. 观察雏鸡动态、采食情况、粪便情况、呼吸状态 3. 检查温度、湿度 4. 注意通风，24 h光照	1. 洗刷饮水器后，放入20℃左右的温开水 2. 洗刷开食盘后喂雏料，每天8~10次 3. 雏鸡活泼好动，不扎堆，温度、湿度达要求 4. 若采用保温伞加温，围栏从第2天起扩大，至6—7日龄即可撤除	1. 育雏第1周一直用20℃左右的温开水。若采用乳头式饮水器饮水，从第1天开始与雏鸡饮水器同时启用，并逐渐减少雏鸡饮水器的数量，4~5 d完全过渡到用乳头式饮水器饮水 2. 从第2天起在小料桶加料，并逐渐减少开食盘数量，4~5 d完全过渡到小料桶等饲喂器喂料
3	常规管理	调整温度、湿度，光照23 h，换消毒液，喂料、喂水、观察鸡群、卫生管理等同前	温度32℃，湿度65%~70%并保持至10 d，夜间熄灯1 h	
4	常规管理	1. 淘汰病、弱鸡 2. 适当注意通风换气 3. 换消毒液，喂料、喂水、观察鸡群、卫生管理等同前	每隔3 h喂料1次，采用煤炉加温的要谨防煤气中毒	

续表

日龄(d)	项　目	作业内容	基本要求	备　注
5	常规管理	同前	5～7 d 舍温调至30℃～32℃	
6	常规管理，调整饲喂设备及光照	1. 完全料桶等饲喂器喂料 2. 完全乳头式饮水 3. 灯泡换成40 W 4. 撤除保温伞围栏 5. 饮水中开始添加速补－14	速补－14 的饮水浓度达1/1 000，现用现配，当天用完	从今天起光照控制在2 W/m^2以下
7	常规管理，接种疫苗，扩大育雏面积，称重	1. 速补－14 饮水，其他工作同上 2. 新城疫Ⅳ系疫苗点眼或滴鼻，每只1滴 3. 塑料膜横向扩大2 m，并封闭好 4. 晚上7时称重	免疫时每只鸡不要漏免，抓鸡要轻，等疫苗完全进入鼻孔才放鸡，剂量按照说明书。适当增加料桶和饮水器的数量，抽样2%称重，随机取舍内5～8个点	雏鸡密度:35只/ m^2，称重，记录平均值
8	常规管理	1. 最后1次饮速补－14，其他同上 2. 注意通风	本周舍温逐渐降至27℃～29℃	从今天起改用清洁井水或自来水
9	常规管理，调整设施	1. 常规管理工作同上 2. 调整饲喂和饮水器具高度	饲喂和饮水器具高度与鸡背等高或略高	35只鸡1个料桶，40只鸡1个饮水器
10	带鸡消毒加强观察	1. 带鸡喷雾消毒 2. 夜间关灯后，细听鸡群有无呼吸异常声音	发现异常立即报告技术员	喷雾均匀，浓度按说明书，注意喷头向上，从本周起，每周带鸡消毒1次
11	常规管理	常规管理工作同上	加强通风	以后换气量逐渐加大
12	常规管理	常规管理工作同上	加强通风	
13	常规管理	饮水中加速补－14，其他同上	速补－14 饮水浓度达1/1 000，饮水量准备到第2天中午	

续表

日龄(d)	项目	作业内容	基本要求	备注
14	常规管理,接种疫苗,扩大育雏面积,称重	1. 速补-14饮至中午11时,其他工作同上 2. 停水,夏季停水2~3 h,冬春季3~4 h,再给鸡饮疫苗水,饮水中加倍量法氏囊疫苗和0.2%~0.3%脱脂奶粉 3. 疫苗水喝完后,洗净饮水器,继续加速补-14饮水 4. 塑料横隔膜后移3 m 5. 称重方法同上次	停水后清除饮水器中余水,用清水把饮水器洗净,禁用消毒剂,使每只鸡都喝到疫苗,1 h内喝完,塑料横隔须封严	疫苗饮水,每只鸡约20 mL饮水量,雏鸡密度30只/m^2
15	常规管理	继续加速补-14饮水,其他工作同上	本周内舍温逐步降至24℃~26℃	
16	常规管理	常规管理同上	加强通风	注意粪便状况
17—18	带鸡消毒	消毒同10日龄	加强通风	准备换料
19	常规管理,换料	1. 常规管理同上 2. 雏鸡料混加1/4中期料	饲料要混匀	自今天起至22日龄,逐步将雏鸡料换成中期料,注意鸡的反应
20	常规管理,扩群准备,换料	1. 常规管理同上 2. 雏鸡料混加2/4中期料 3. 准备饲喂、饮水、采暖设施,预温 4. 饮水中加入速补-14	摆放料桶、饮水器,放好水、料,采暖设备无故障,舍温达25℃,饲料要混匀	明天鸡舍要全部被利用,注意调好料桶、饮水器高度
21	常规管理,扩群,换料,称重,免疫接种	1. 常规管理同7日龄 2. 饲料中加3/4中期料 3. 撤除塑料横隔 4. 称重同前	扩群时人工撵鸡,尽量减少应激,使鸡均匀布满整舍(密度10只/m^2,可增至12.6只/m^2)	21—42 d易发生传染性法氏囊炎,每天要仔细观察粪便。若发现乳白色粪便,立即报告
22	常规管理,调整设施	1. 常规管理同上 2. 调整料桶、饮水器高度 3. 饮水中加入速补-14	全部使用中期料,每隔4 h喂料1次	舍温逐步降至21℃~23℃,湿度控制在55%~60%

续表

日龄(d)	项 目	作业内容	基本要求	备 注
23	常规管理	常规管理同上	加强通风	
24—26	常规管理，带鸡消毒	1. 常规管理同上 2. 消毒同17日龄	加强通风	注意更换消毒液
27	常规管理	1. 常规管理同上 2. 饮水中加入速补－14		
28	常规管理，免疫接种	1. 速补－14饮至中午11时，其他工作同上 2. 停水，夏季停水2～3 h，冬春季3～4 h，再给鸡饮疫苗水，饮水中加倍量法氏囊疫苗和0.2%～0.3%脱脂奶粉 3. 疫苗水喝完后，洗净饮水器，继续加速补－14饮水 4. 称重方法同上次	停水后清除饮水器中余水，用清水把饮水器洗净，禁用消毒剂，使每只鸡都喝到疫苗，2 h内喝完	疫苗饮水，每只鸡约45 mL饮水量
29	常规管理	继续饮用速补－14，其他工作同上	加强通风	今天起舍温逐步降到21℃，最低不能低于18℃
30—35	常规管理，称重，带鸡消毒	1. 常规管理同上 2. 35 d称重	加强通风，夏季采用湿帘降温系统	冬季在保温的同时，要注意通风，谨防发生腹水综合征
36—42	常规管理，换料，带鸡消毒，出售毛鸡	1. 常规管理同上 2. 42日龄时称重 3. 联系毛鸡出栏	加强通风换气，保持安静，根据市场信息适时出栏	禁止使用任何药物。出栏时注意不要使鸡受伤，运载工具要注意消毒

注：本作业规范仅供参考

（二）优质型黄羽肉用仔鸡的管理

优质型黄羽肉用仔鸡的管理与快速生长型白羽肉用仔鸡的管理要求不完全一致，要重点围绕“优质”搞好生产管理。

1. 饲养方式

优质型黄羽肉用仔鸡因其生长速度慢、体质量轻又活泼好动，发生胸囊肿的可能性较小，因此，可采用笼养方式饲养，尤其是在上市前 2 周，可上笼育肥。运动有利于提高肉质，阳光照射的鸡羽毛光亮，冠髯红润，符合市场需求，因此，采用带圈平面散养（一般舍外南面有 2 倍于舍内面积的运动场）和野外放养适合优质肉鸡的生产要求。

2. 配料管理

优质型黄羽肉用仔鸡的饲养期一般分为 4 个阶段，即雏鸡、中鸡、大鸡、肥鸡阶段，也可根据实际情况分为 3 个阶段，即雏鸡、中鸡、肥鸡阶段。饲养标准见表 4-11、4-12。

一般鸡群饲养到 70 日龄以后，在饲料中添加 1% ~2% 的动物或植物油脂，以提高日粮代谢能，促进体内脂肪沉积，增加羽毛光泽度。饲养后期注意选用富含叶黄素的饲料原料（如优质黄玉米、玉米蛋白粉、苜蓿粉、松针粉、草粉等）配合日粮，也可在饲料中添加人工色素（如加丽红、加丽黄、露康定红、露康定黄等），以增强鸡体的色素沉积，从而使三黄特征更加明显。上市前几周特别不要添加有不良气味的饲料原料（如鱼粉、蚕蛹粉、菜籽粕、鱼油、牛油、羊油、霉变饲料等），要选用有利于增加鸡肉风味的原料（如花生粕等）。

表 4-11　黄羽肉用仔鸡的营养需要量

营养指标	雏鸡(1—30 d)	中鸡(31—60 d)	大鸡(61—84 d)	肥鸡(85—100 d)
代谢能(MJ/kg)	11.72 ~ 12.13	12.13 ~ 12.55	12.55 ~ 12.97	12.97 ~ 13.39
粗蛋白(%)	21 ~ 22	19 ~ 20	17 ~ 18	16 ~ 17
钙(%)	0.8 ~ 1.2	0.8 ~ 1.1	0.8 ~ 1.0	0.8 ~ 1.0
总磷(%)	0.6 ~ 0.8	0.6 ~ 0.8	0.6 ~ 0.8	0.6 ~ 0.8
食盐(%)	0.3 ~ 0.4	0.3 ~ 0.4	0.3 ~ 0.4	0.3 ~ 0.4
赖氨酸(%)	1.0 ~ 1.2	0.9 ~ 1.1	0.8 ~ 1.0	0.8 ~ 1.0
蛋氨酸 + 胱氨酸(%)	0.8 ~ 0.9	0.8 ~ 0.9	0.7 ~ 0.8	0.7 ~ 0.8

表 4-12　黄羽肉用仔鸡的体质量及耗料量

周龄	周末体质量(g/只)		耗料量(g/只)		累计耗料量(g/只)	
	公鸡	母鸡	公鸡	母鸡	公鸡	母鸡
1	88	89	76	70	76	70
2	199	175	201	130	277	200
3	320	253	269	142	546	342
4	492	378	371	266	917	608

续表

周龄	周末体质量(g/只)		耗料量(g/只)		累计耗料量(g/只)	
	公鸡	母鸡	公鸡	母鸡	公鸡	母鸡
5	631	493	516	295	1 433	907
6	870	622	632	358	2 065	1 261
7	1 274	751	751	359	2 816	1 620
8	1 560	949	719	479	3 535	2 099
9	1 814	1137	836	534	4 371	2 633
10		1 254		540		3 028
11		1 380		549		3 577
12		1 548		514		4 091

3. 密度管理

优质型黄羽肉用仔鸡不适合高密度饲养,饲养密度较白羽肉用仔鸡要适当下降。1—30 d 雏鸡阶段,平面散养方式为 30 只/m^2,笼养为 45 ~ 60 只/m^2;31—60 d 中鸡阶段,平面散养为 15 只/m^2,阶梯笼养为 25 ~ 30 只/m^2;61—100 d 阶段,平面散养为 8 只/m^2,阶梯笼养为12 ~ 15 只/m^2。

4. 光照管理

优质型黄羽肉用仔鸡的光照方法和白羽肉用仔鸡不同,光照要有助于促进优质肉用仔鸡性成熟,上市时冠大面红。优质肉用仔鸡的光照方案见表 4-13。

表 4-13　优质商品肉仔鸡的光照参考方案

	1—2 d	3—7 d	8—13 d	14 d—育肥前 14 d	育肥前 14 d—育肥前 7 d	育肥前 7 d—育肥开始	育肥期
光照时间(h)	23 ~ 24	20	16	自然光照	16	20	23 ~ 24
光照强度(lx)	60	40	30		20	30	40

5. 防疫管理

优质型黄羽肉用仔鸡相对于白羽肉用仔鸡饲养期相对较长,免疫程序应有所变化。一般在白羽肉用仔鸡免疫程序的基础上,增加免疫内容:1 d 颈部皮下接种马立克疫苗,35 ~ 45 d翼下刺种鸡痘疫苗,60 d 新城疫Ⅰ系疫苗肌肉注射接种,若饲养期在 100 d 或以上的应在 80 ~ 90 d 进行一次新城疫Ⅰ系疫苗或Ⅳ系疫苗饮水免疫。预防性或治疗性用药要遵守药物使用规范,出栏前 7 ~ 10 d 停止用药。放牧条件下,鸡群感染寄生虫的机会增加,要注意观察粪便情况,及时驱虫,具体见表4-14。

表4-14 优质肉鸡药物保健程序(供参考)

日龄(d)	药物成分	使用方法	作用及注意事项
1—5	多维+葡萄糖	饮水	防应激
	抗生素如氟苯尼考、支原净	饮水	防支原体、大肠杆菌、沙门菌
10—12	抗生素如阿莫西林+泰乐菌素	饮水	防支原体、大肠杆菌、沙门菌
15—18	抗球虫药	拌料或饮水	驱球虫
25—27	抗生素如头孢噻呋+泰乐菌素	饮水	防支原体、大肠杆菌、沙门菌
	抗球虫药	拌料或饮水	驱球虫
35—40	抗生素如阿奇霉素、替米考星等	拌料或饮水	防大肠杆菌病,同时加多维缓解应激
	抗球虫药	拌料或饮水	驱球虫
50—55	抗生素如环丙沙星	拌料或饮水	
	抗球虫药	拌料或饮水	驱球虫
80	抗生素如新霉素	拌料或饮水	防细菌病
110	抗生素如诺氟沙星	拌料或饮水	防细菌病
	伊维菌素	拌料或饮水	驱虫,同时使用外寄生虫杀虫剂

注:1—20 d每天添加抗应激药物如电解多维等;免疫尤其是注射免疫后添加抗应激药物1~2 d。屠宰前15—20 d不宜使用药物,避免在肉中残留

6. 断喙

优质型黄羽肉用仔鸡一般不进行断喙或只是将喙尖烙一下,以免出售时没有卖相。啄癖的防止采用其他方法,具体见蛋鸡生产有关部分。

7. 野外放养的管理

(1) 鸡舍建设

不管是选择山地、果园还是林地作为放养地点,都要为鸡群搭建棚舍,供鸡躲避风雨及晚上休息用。规划鸡舍时要考虑所在地的气象、地质条件,要避免大风、洪水等自然灾害可能造成的危害。舍外开好排水沟利于排水,鸡舍高度2~2.5 m,舍内可用木条等制作栖架,以适应鸡的生活习性,提高饲养密度和卫生条件。放养场四周可以设置篱笆,也可以选择尼龙网、镀塑铁丝网或竹围,高度2.5 m以上,防止鸡飞出。

(2) 放牧场地

放养密度和放养数量应根据实际条件确定。若放养场地植被较好,且具备轮牧条件,

以放牧为主，补饲为辅时，密度不宜过大，每放养群体在1 000只左右为宜。如果人工采集优质牧草等天然饲料资源饲喂，或者以喂草为主，补饲为辅，则可以大群饲养，甚至可以在5 000只以上。放牧场地不宜过大，否则饲料转化率低，管理难度大。为了提高效率，进雏应选择在2—6月份，放养期3 ~4个月，这段时间刚好牧草生长茂盛，昆虫食物丰富，可以充分利用。

（3）日常管理

①信号训练：从育雏期开始，每次喂料时给鸡群相同的信号，使其形成条件反射。放养后通过该信号指挥鸡群回舍、饲喂、饮水等。坚持放养定人，喂料、饮水定时、定点，逐渐调教形成白天野外采食，晚上回舍补饲、饮水的习惯。

②放牧时机的选择：一般雏鸡0—30 d在舍内保温育雏后，此时体质量约在0.3 ~0.4 kg，根据气候和植被情况，逐渐开始放牧饲养。为了使鸡群适应放牧环境，放养前应逐渐停止供温，使鸡适应外界气温。开始放牧时以2 ~3 h为宜，以后时间逐渐延长，场地也由小到大，循序渐进。

③放牧前10 d在饲料中逐渐掺入一些细碎、鲜嫩的青绿饲料，以后可以逐步采用每日在鸡舍外附近地面撒一些配合饲料和青绿饲料，诱导雏鸡地面觅食，以适应以后的放牧生活。放牧前1周可在饮水或饲料中加复合维生素和抗菌药物。

④补料和喂水：根据放牧条件决定放牧期间的饲喂制度。若以放牧为主，一般放养第1周早、中、晚各喂1次，第2周开始早、晚各喂1次，早晨少喂，逐渐过渡到每天晚上补料1次。在过渡的同时逐渐由全价料过渡到五谷杂粮，补料量根据放牧场地植被和鸡群嗉囊充实程度而定。在放牧场地供给充足清洁的饮水，并固定位置。人工补饲优质牧草等青绿饲料时，也应注意由少到多的原则。

⑤轮牧：放养场地最好实行轮牧制度，以保证一定时间的修养期，这样可利用日光自然除菌，还有利于植物的生长和恢复。具体轮换时间应根据植被确定。

⑥放牧后期的管理：出栏前20 d左右，应逐渐减少鸡群活动量，增加喂料量，加强育肥，提高肉的脂肪含量，改善鸡肉品质。

⑦防疫管理：按照免疫程序，按时、保质、保量地接种疫苗。定期用抗菌药物进行预防性投药，根据粪便判断感染寄生虫情况，并及时驱虫。

⑧出栏管理：根据市场信息，及时出售。因放养鸡长期运动，体能好，运动能力强，需要捕捉时，最好选在晚上，弱光下进行，减少碰撞、挤压，避免不必要的损伤。

四、知识点击

（一）肉用鸡种介绍

1. 快大型肉用鸡

（1）爱拔益加（AA 肉用鸡，见图 4-4）　AA 肉用鸡是美国爱拔益加公司培育的四系配套杂交肉用鸡，该鸡全身羽毛白色，体型大，胸宽腿粗，肌肉发达，尾羽短。AA 肉用鸡的特点是生长快，耗料少，适应性强。目前，世界上有 20 多个国家与地区设有独资或合资的种鸡公司。我国从 1981 年起，广东、上海、江苏、北京和山东等省、市先后引进了祖代种鸡，父母代和商品代的饲养已遍布全国，深受生产者和消费者欢迎，成为我国白羽肉用鸡市场的重要品种。商品代生产性能 49 日龄平均体质量 3 040 g，料肉比为 1.89∶1，胸肉率 16.8%。

图 4-4　AA 肉鸡

（2）艾维茵　艾维茵肉鸡是美国艾维茵农场育种公司培育的四系配套白羽肉用鸡，1985 年由中、美、泰三方合资的“北京家禽育种有限公司”引进曾祖代种鸡，1988 年经农业部验收合格，至 1990 年已向国内外大量推广祖代及父母代种鸡。艾维茵肉用鸡为显性白羽肉用鸡，体型饱满，胸宽、腿短、黄皮肤，具有增重快、成活率高、饲料报酬高等优良特点。商品代公母混养 49 日龄平均体质量 3 177 g，料肉比为 1.84∶1。

（3）科宝-500　科宝-500 原产于美国，该品种体型大，胸深背阔，全身白羽，鸡头大小适中，单冠直立，冠髯鲜红，虹彩橙黄，脚高而粗。商品代生长快，均匀度好，肌肉丰满，肉质鲜美。40～45 日龄上市，体质量达 2 000 g，料肉比为 1.9∶1。屠宰率高，胸腿肌率 34.5% 以上。

（4）罗斯 308　罗斯 308 祖代肉种鸡是美国安伟捷公司的著名肉用鸡，其父母代肉用性能良好，商品代的生产性能卓越，可以混养，也可以通过羽速自别雌雄，把公母分开饲养，出栏均匀度好。49 日龄平均体质量可达 3 052 g，饲料转化率高，49 日龄料肉比为1.82:1。

（5）狄高　狄高肉用鸡原产于澳大利亚，是澳大利亚狄高公司培育的黄羽配套肉用鸡，也是世界著名的肉用鸡品种。生产性能优越，适应性强，易饲养，商品代雏鸡可根据羽色自别雌雄。在不同气候条件和农村条件下均可饲养。商品代肉用仔鸡35日龄，公、母鸡平均体质量可达1 800 g，料肉比为1.77:1；42日龄公、母鸡平均体质量可达2 280 g，料肉比为1.94:1；商品代肉用仔鸡49日龄，公、母鸡平均体质量可达2 750 g，料肉比为2.13:1。羽毛颜色与土鸡相似，适合农村、城镇各层次消费者的需求。狄高种母鸡具有独特的“隐性白羽”遗传性状；父本公鸡生长发育良好，产肉鸡，均可作为地方品种改良之亲本。

2. 优质型肉用鸡

（1）优良地方鸡种

①北京油鸡：产于北京郊区，肉用型。体躯中等，成年公鸡体质量2～2.5 kg，母鸡1.5～2.0 kg。羽色为红色和黄色，多数个体具有凤头、毛腿、胡子嘴的外貌特征。性成熟较晚，开产日龄210 d，年产蛋120枚，蛋质量56 g，蛋壳深褐色。

②浦东鸡：原产地上海东部，肉用型。成年公鸡体质量3～4 kg，母鸡2.5～3 kg。性成熟较晚，开产日龄210—240 d，年产蛋量120～150枚，蛋质量45.8 g，蛋壳褐色。

③清远麻鸡：原产地广东，肉用型，肉质细嫩，皮脆骨酥。背部羽毛有黑色斑点，体型小，成年公鸡体质量1.7～2.8 kg，母鸡1.3～2.5 kg。年产蛋量70～80枚，蛋质量46.6 g，蛋壳浅褐色。

④惠阳鸡：原产地广东，肉用型。成年公鸡体质量2～2.5 kg，母鸡1.5～1.8 kg。性成熟较晚，开产日龄180 d，年产蛋量108枚，蛋质量55～60 g，蛋壳褐色。

（2）选育的配套系

①石岐杂鸡：用广东省的惠阳鸡、清远鸡和石岐鸡与新汉夏、白洛克、科尼什和哈巴德杂交改良选育而成，是深圳市主要的出口肉用鸡之一。饲养110～120 d，母鸡1.75 kg以上，公鸡2 kg以上，全期饲料转化率(3.2～3.4):1，成年母鸡年产蛋120～140枚。

②京星黄羽肉用鸡：京星黄羽肉用鸡是由中国农业科学院北京畜牧兽医研究所通过近20年科技攻关培育出的优质肉用鸡新品系。京星黄鸡100配套系1—20周龄的成活率为94%～97%，父母代种鸡平均开产日龄154 d，20周龄母鸡平均体质量1 600 g，24周龄达产蛋高峰，高峰期产蛋率83%，66周龄入舍母鸡平均产蛋量183枚，平均产雏鸡140只，商品鸡60日龄公鸡平均体质量1 500 g，料肉比为2.10:1，80日龄母鸡平均体质量1 600 g，料肉比为2.95:1。京星黄鸡102配套系1—20周龄的成活率为94%～97%，父母代种鸡平均开产日龄168 d，20周龄母鸡体质量1 720 g，30周龄达产蛋高峰，高峰期产蛋率80%，66周龄入舍母鸡平均产蛋量163枚，平均产雏鸡127～132只，商品鸡50日龄公鸡平

均体质量1 500 g,料肉比为2.03∶1,63日龄母鸡平均体质量1 680 g,料肉比为2.38∶1。

③岭南黄鸡:岭南黄鸡是广东省农业科学院畜牧研究所岭南家禽育种公司培育而成的黄羽肉用鸡配套系。岭南黄鸡Ⅰ号配套系1—19周龄的成活率为96%,父母代种鸡平均开产日龄168 d,开产体质量1 500 g,30—31周龄达产蛋高峰,高峰期产蛋率83%,68周龄入舍母鸡平均产蛋量175枚,平均产雏鸡135只,商品鸡公鸡42日龄平均体质量1 431 g,料肉比为1.65∶1,63日龄母鸡平均体质量1 174 g,料肉比为2.01∶1。岭南黄鸡Ⅱ号配套系1—19周龄的成活率为95%,父母代种鸡平均开产日龄161 d,开产体质量1 500 g,29—30周龄达产蛋高峰,高峰期产蛋率为85%,68周龄入舍母鸡平均产蛋量180枚,平均产雏鸡142只,商品鸡公鸡70日龄平均体质量1 500 g,料肉比为2.80∶1,90日龄母鸡平均体质量1 250 g,料肉比为3.10∶1(见图4-5)。

图4-5　岭南黄鸡

附:近年通过国家品种审定的优质肉鸡配套系

近年通过国家品种审定的优质肉鸡配套系见表4-15。

表4-15　通过国家品种审定的优质肉鸡配套系

证书标号	配套系名称	类型	第一培育单位
1	康达尔黄鸡128配套系	肉用	深圳康达尔(集团)有限公司家禽育种中心
2	新扬褐壳蛋鸡配套系	肉用	上海新扬家禽育种中心
3	江村黄鸡JH~2号配套系	肉用	广州市江丰实业有限公司
4	江村黄鸡JH~3号配套系	肉用	广州市江丰实业有限公司
5	新兴黄鸡Ⅱ号配套系	肉用	广东温氏食品集团有限公司
6	新兴矮脚黄鸡配套系	肉用	广东温氏食品集团有限公司

续表

证书标号	配套系名称	类型	第一培育单位
7	岭南黄鸡Ⅰ号配套系	肉用	广东省农业科学院畜牧研究所
8	岭南黄鸡Ⅱ号配套系	肉用	广东省农业科学院畜牧研究所
9	京星黄鸡100配套系	肉用	中国农业科学院畜牧研究所
10	京星黄鸡102配套系	肉用	中国农业科学院畜牧研究所
11	农大3号小型蛋鸡配套系	蛋用	中国农业大学动物科学技术学院
12	邵伯鸡配套系	肉用	江苏省家禽科学研究所
13	鲁禽1号麻鸡配套系	肉用	山东省农业科学院家禽研究所
14	鲁禽3号麻鸡配套系	肉用	山东省农业科学院家禽研究所
15	文昌鸡	肉用	海南省农业厅
16	新兴竹丝鸡3号配套系	肉用	广东温氏南方家禽育种有限公司
17	新兴麻鸡4号配套系	肉用	山东省农业科学院家禽研究所
18	粤禽皇2号鸡配套系	肉用	广东粤禽育种有限公司
19	粤禽皇3号鸡配套系	肉用	广东粤禽育种有限公司
20	京海黄鸡	肉用	江苏京海禽业集团有限公司
21	京红1号蛋鸡配套系	蛋用	北京市华都峪口禽业有限责任公司
22	京粉1号蛋鸡配套系	蛋用	北京市华都峪口禽业有限责任公司
23	良凤花鸡配套系	肉用	广西南宁市良凤农牧有限责任公司
24	墟岗黄鸡1号配套系	肉用	广东省鹤山市墟岗黄畜牧有限公司
25	皖南黄鸡配套系	肉用	安徽华大生态农业科技有限公司
26	皖南青脚鸡配套系	肉用	安徽华大生态农业科技有限公司
27	皖江黄鸡配套系	肉用	安徽华卫集团禽业有限公司
28	皖江麻鸡配套系	肉用	安徽华卫集团禽业有限公司
29	雪山鸡配套系	肉用	江苏省常州市立华畜禽有限公司
30	苏禽黄鸡2号配套系	肉用	江苏省家禽科学研究所
31	金陵麻鸡配套系	肉用	广西金陵养殖有限公司
32	金陵黄鸡配套系	肉用	广西金陵养殖有限公司
33	岭南黄鸡3号配套系	肉用	广东智威农业科技股份有限公司
34	金钱麻鸡1号配套系	肉用	广州宏基种禽有限公司

(二) 肉用仔鸡生产中药物的使用

肉鸡生产中药物的不合理使用已严重阻碍肉鸡产业的健康发展,因此,必须严格执行国家的有关规定,生产合格的无公害鸡肉,以满足人民健康消费的需求。

1. 无公害食品肉鸡饲养中允许使用的药物饲料添加剂

无公害食品肉鸡饲养中允许使用的药物饲料添加剂见表4-16。

表4-16　无公害食品肉鸡饲养中允许使用的药物饲料添加剂

药品名称	用　量(g/t)	休药期(d)
抗菌药		
阿美拉霉素	5~10	0
杆菌肽锌	以杆菌肽计,4~40,16周龄以下使用	0
杆菌肽锌+硫酸黏杆菌素	(2~20)+(0.4~4)	7
盐酸金霉素	20~50	7
硫酸黏杆菌素	2~20	7
恩拉霉素	1~5	7
黄霉素	5	0
吉他霉素	促生长,5~10	7
那西肽	2.5	3
牛至油	促生长,1.25~12.5;预防,11.25	0
土霉素钙	混饲,10~50,10周龄以下使用	7
维吉尼霉素	5~20	1
抗寄生虫药		
盐酸氨丙啉+乙氧酰胺苯甲酯	125+8	3
盐酸氨丙啉+乙氧酰胺苯甲酯+磺胺喹恶啉	100+5+60	7
氯羟吡啶	125	5
复方氯羟吡啶粉(氯羟吡啶+苄氧喹甲酯)	102+8.4	7
地克珠利	1	
二硝托胺	125	3
氢溴酸常山酮	3	5
拉沙洛西钠	75~125	3

续表

药品名称	用　量(g/t)	休药期(d)
马杜霉素铵	5	5
莫能菌素	90～110	5
甲基盐霉素	60～80	5
甲基盐霉素＋尼卡巴嗪	(30～50)＋(30～50)	5
尼卡巴嗪	20～25	4
尼卡巴嗪＋乙氧酰胺苯甲酯	125＋8	9
盐酸氯苯胍	30～60	5
盐霉素钠	60	5
赛杜霉素钠	25	5

2. 无公害食品肉鸡饲养中允许使用的治疗药

无公害食品肉鸡饲养中允许使用的治疗药见表4-17。

表4-17　无公害食品肉鸡饲养中允许使用的治疗药

药品名称	剂型	用法与用量(以有效成分计)	休药期(d)
抗菌药			
硫酸安普霉素	可溶性粉	混饮,0.25～0.5 g/L,连饮5 d	7
亚甲基水杨酸杆菌肽	可溶性粉	混饮,预防25 mg/L;治疗,50～100 mg/L,连用5～7d	1
硫酸黏杆菌素	可溶性粉	混饮,20～60 mg/L	7
甲磺酸达氟沙星	溶液	20～50 mg/L,1次/d,连用3 d	
盐酸二氟沙星	粉剂、溶液	口服,混饮,5～10 mg/kg,2次/d,连用3～5 d	1
恩诺沙星	溶液	混饮,25～75 mg/L,2次/d,连用3～5 d	2
氟苯尼考	粉剂	口服,20～30 mg/kg,2次/d,连用3～5 d	30,暂定
氟甲喹	可溶性粉	口服,3～6 mg/kg,2次/d,连用3～4 d,首次量加倍	
吉他霉素	预混剂	100～300 g/t,连用5～7 d,不得超过7 d	7

续表

药品名称	剂型	用法与用量(以有效成分计)	休药期(d)
酒石酸吉他霉素	可溶性粉	混饮,250～500 mg/L, 连用3～5 d	7
牛至油	预混剂	22.5 g/t,连用7 d	
金荞麦散	溶液	治疗,混饲2 g/kg;预防,混饲1 g/kg	0
盐酸沙拉沙星	溶液	20～50 mg/L, 连用3～5 d	
复方磺胺氯哒嗪钠(磺胺氯哒嗪钠+甲氧苄啶)	粉剂	口服,每天20 mg/kg+4mg/kg,连用3～6 d	1
延胡索酸泰妙菌素	可溶性粉	混饮,125～250 mg/L, 连用3 d	
磷酸泰乐菌素	预混剂	混饲,26～53 g/t	5
酒石酸泰乐菌素	可溶性粉	混饮,500 mg/L, 连用3～5 d	1
抗寄生虫药			
盐酸氨丙啉	可溶性粉	混饮,48 g/L, 连用5～7 d	7
地克珠利	溶液	混饮,0.5～1 mg/L	
磺胺氯吡嗪钠	可溶性粉	混饮,300 mg/L;混饲,600 g/t, 连用3 d	1
越霉素A	预混剂	混饲,10～20 g/t	3
芬苯哒唑	粉剂	口服,10～50 mg/kg	
氟苯咪唑	预混剂	混饲,30 g/t, 连用4～7 d	14
潮霉素B	预混剂	混饲,8～12 g/t, 连用8周	3
托曲珠利	溶液	混饮,25 mg/L, 连用2 d	

3. 肉鸡整个饲养期禁止使用的药物

(1) 克球粉　主要有效成分为二氯二甲基吡啶酚,又名可爱丹、克球多、克球酚、氯羟吡啶、氯甲吡啶醇、氯吡醇、氯吡多、氯吡可、广虫录、乐百克、三字牌球虫粉、球落等。

(2) 尼卡巴嗪　主要成分为双硝苯脲、二甲嘧啶醇,又名球虫净、球净。

(3) 螺旋霉素。

(4) 灭霍灵。

(5) 喹乙醇　又名快育灵、倍育灵、喹酰胺醇。

(6) 甲砜霉素。

(7) 噁喹酸。

(8) 氨丙啉　安宝乐、鸡宝-20和富力宝等药物中也含有氨丙啉。

(9) 磺胺喹噁啉(SQ)。

(10) 磺胺二甲基嘧啶(SM2)。

(11) 磺胺嘧啶(SD)。

(12) 磺胺间甲氧嘧啶(SMM) 又名制菌磺。

(13) 磺胺-5-甲氧嘧啶。

(14) 甲酚和苯酚类消毒剂。

(15) 人工合成激素。

4. 无公害食品肉鸡饲养过程中可阶段使用的药物

30 日龄内可用如下磺胺药物(30 日龄后禁用):磺胺间二甲氧嘧啶、复方敌菌净、磺胺二甲基嘧啶、复方新诺明。送宰前 14 d 禁用药物:青霉素、卡那霉素、氯霉素、链霉素、庆大霉素、新霉素。送宰前 7 ~ 14 d 根据病情可继续选用如下药物:土霉素、强力霉素、北里霉素、四环素、红霉素、痢特灵(呋喃唑酮)、金霉素、泰乐菌素、快育灵、百病消、诺氟沙星、禽菌灵、痢菌净、环丙沙星、大蒜素,其药量遵照技术指导。送宰前 7 d 必须停用一切药物。所用药物应在兽医指导下科学使用。

五、练习

1. 在老师指导下进行肉鸡生产管理。

2. 总结实习场提高肉用仔鸡饲养效益的技术措施。

模块二　肉用种鸡的饲养

一、学习目标

※ 终极目标:学会肉用种鸡的生产技术。

※ 促成目标:

(1) 学会肉用种鸡的限制饲养;

(2) 学会肉用种鸡的生产管理。

二、学习任务

(1) 肉用种鸡的限制饲养;

(2) 肉用种鸡的生产管理。

三、实践操作

（一）肉用种鸡的限制饲养

肉用种鸡生长速度快，沉积脂肪能力强，育雏、育成阶段易超重，因此，要塑造肉用种鸡良好的产蛋体型，提高产蛋期繁殖效率，生长阶段限制饲养是关键。即通过限制采食量，控制生长速度，使肉用种鸡达到理想体型，适时开产。

1. 限制饲养的方法

（1）每日限饲　为每天喂料的一种限饲方式，即将每日规定的料量在上午一次性投给。这种饲喂方法对鸡应激小，但因饲喂量较少，采食时间短，要求饲料分配均匀，投料迅速，采食位置充足，使鸡只能同时吃料，采食量均匀。否则，易造成两极分化，强者吃料多，弱者吃料少，引起个体之间增重不平衡，体质量均匀度差。

（2）隔日限饲　将2 d的规定料量合在1 d投喂，喂料1 d后停料1 d。这种喂料方式给料日料量加倍，鸡群采食时间较长，强弱鸡只都能吃到一定的料量，可以避免抢料和鸡群生长不均匀的问题。当鸡群整齐度差时采用此法较为有利。但这种方式停喂时间长，因饥饱交替引起的限饲性应激较强，甚至出现少数个体因长时间饥饿后突然暴食而致死亡或休克。所以这种限料方式在育成期不单独使用，一般只在生长速度比较难控制的7～11周龄使用。

（3）5/2 限饲　指1周内5 d喂料，2 d停料，停料日一般为周三、周日。每个喂料日为1周料量的1/5，为每日喂料量的1.4倍。此法对鸡群的应激影响程度比隔日限饲减小。

（4）6/1 限饲　将1周料量分到6 d喂给，只有1 d停料。这种方式对鸡应激较小，但需要充分的饲养面积和足够的采食位置。

2. 限制饲养方案

根据肉用种鸡生长期（育雏、育成期）不同周龄的生长发育特点，采取不同的限制饲养方法，具体方案如下：

（1）种母鸡限制饲养方案

①1—3 周龄：此阶段要求鸡体充分发育，使骨骼充分生长，同时完善消化功能，为限制饲喂做准备。因此，此阶段采用育雏料，1—2 周龄内自由采食，当日耗料量达到28 g时，开始每日限饲。

②4—6 周龄：采用每日限饲法抑制其快速生长。同时必须对所有鸡称重，4 周龄末母雏胫长应在64 cm以上。自5 周龄起饲料逐渐更换为育成料，至6 周龄时按体质量重、中、轻分群。

③7—14 周龄：这个时期鸡的消化系统功能已经完善，饲料利用率很高，生长速度、脂

肪沉积量极大。应采用隔日限饲法,使体质量沿标准生长曲线的下限上升至15周龄。12周龄时再按体质量轻重分群。

④15—19周龄:此阶段骨骼生长接近完成,同时具备了强健的肌肉和功能完善而发达的内脏器官。自16周龄性腺开始发育,18周龄后卵泡快速生长。此时应改用5/2法限饲,18周龄始将育成料逐渐改为预产料。16周龄时再次按体质量调整鸡群。

⑤20—23周龄:此阶段为开产做准备的阶段,应逐步改用6/1限饲法,自23周龄起逐步过渡到每日限饲。产蛋率达5%(约25周龄)时逐步换成产蛋1期料。

(2) 种公鸡限制饲养方案

①1—6周龄:此期是骨骼、肌肉生长发育的旺盛阶段,应任其生产潜力充分发挥,为将来支撑体质量打下基础。1—3周龄采用自由采食法,3周末体质量达标后,采用每日限饲法(较种母鸡迟1周左右,公鸡日采食量达48~58 g时)。1—4周龄采用育雏料,5周龄起用育成料,6周龄时对公鸡进行一次选择,体质量应达到标准或高于标准,淘汰体质量过轻和腿部、胸部、眼睛等有疾患的公鸡。

②7—13周龄:由于前期生长较快,公鸡体内脂肪累积较多,到此阶段应减缓其生长。采用5/2限饲法进行限制饲养。8周龄胫长应达到100 mm,12周龄达125 mm。

③14—23周龄:此阶段是生殖系统快速发育的重要时期,为使其得到充分发育,限饲措施可适当放松,由5/2限饲逐渐改为每日限饲,20周龄胫长应达140 mm。20周龄时必须进行选种和公母混群,公母比例为1:(8~10)[人工授精采精前公母比例1:(20~30)]。

④24周龄后:为保持适宜的体质量和旺盛的配种能力,此阶段应降低日粮的营养水平,饲喂单配的种公鸡料,并继续采用每日限饲法饲养,做到既满足配种繁殖的营养需要,又不过量采食,使公鸡体质量适宜,结实健壮。

3. 限制饲养的注意事项

(1) 保持适宜的饲养密度,提供充足的采食、饮水位置　采食器具分布要均匀,要求喂料和饮水器具在鸡活动范围3 m以内,饮水器应距喂料器近些(在两喂料器之间),以便采食后及时饮水,防止哽噎。具体标准见肉用种鸡的生产管理部分。

(2) 科学喂料,保证均匀采食　要将一天的料量上午一次性投给,不得分几次喂给,以防强弱夺食造成体质量两极分化。投料时要迅速、均匀,若采用人工喂料,需增加人员,在均等的位置上同时添料,动作要快,一般要求在5 min内完成。也可在天亮前或晚上关灯时将料桶装好料挂起,在第2天喂料时同时放下,采食结束时再挂起。采用机械喂料时,如链式食槽喂料最好使用36 m/s高速喂料机,保证在3~5 min内将饲料输送到整个鸡舍。

(3) 各阶段及时换料　结合限饲方案和程序在保证肉用种鸡标准体质量的前提下,应按育雏期、育成期、预产期、产蛋1期和产蛋2期及时更换饲料,以满足各期的营养需要。饲料更换应逐渐进行，过渡期为 1 周。各期饲料的营养标准见表 4-18。

表 4-18　爱拔益加肉用种鸡营养标准（父母代）

营养指标	公鸡和母鸡		母　鸡			公　鸡
	育雏料（0—4 周龄）	育成料（5—17 周龄）	预产料（18—24 周龄）	产蛋 1 期料（25—44 周龄）	产蛋 2 期料（45—65 周龄）	种鸡料
粗蛋白（%）	17.0～18.0	15.0～15.5	15.5～16.5	15.5～16.5	14.5～15.5	12.0
代谢能（MJ/kg）	11.7～12.1	11.0～12.0	11.7～12.1	11.7～12.1	11.7～12.1	11.7
粗脂肪（%）	3.00	3.00	3.00	3.00	3.00	3.00
纤维素（%）	3.00～5.00	3.00～5.00	3.00～5.00	3.00～5.00	3.00～5.00	3.00～5.00
亚油酸（%）	1.00	1.00	1.00～1.75	1.25～1.75	1.00	1.00
钙（%）	0.90～1.00	0.85～0.90	1.50～1.75	3.15～3.30	3.30～3.50	0.85～0.90
有效磷（%）	0.45～0.50	0.38～0.45	0.40～0.42	0.40～0.42	0.35～0.37	0.35～0.37
总磷（%）	0.55～0.70	0.50～0.65	0.55～0.70	0.55～0.70	0.50～0.55	0.50～0.65
钠（%）	0.18～0.20	0.18～0.20	0.16～0.20	0.16～0.20	0.16～0.18	0.18～0.20
盐（%）	0.45～0.50	0.45～0.50	0.40～0.45	0.40～0.45	0.40～0.45	0.40～0.45
氯（%）	0.20～0.30	0.20～0.30	0.20～0.30	0.20～0.30	0.20～0.30	0.20～0.30
精氨酸（%）	0.90～1.00	0.75～0.90	0.90～1.00	0.90～1.00	0.88～0.94	0.66
赖氨酸（%）	0.92～0.98	0.60～0.70	0.80～0.85	0.80～0.85	0.78～0.81	0.54
蛋氨酸（%）	0.34～0.36	0.30～0.35	0.30～0.32	0.30～0.32	0.30～0.32	0.24
蛋氨酸＋胱氨酸（%）	0.72～0.76	0.56～0.60	0.60～0.64	0.60～0.64	0.54～0.56	0.45
色氨酸（%）	0.17～0.19	0.17～0.19	0.16～0.17	0.16～0.17	0.16～0.17	0.12
苏氨酸（%）	0.52～0.54	0.48～0.52	0.50～0.53	0.50～0.53	0.50～0.53	0.40
异亮氨酸（%）	0.66～0.70	0.58～0.60	0.58～0.62	0.58～0.62	0.58～0.62	0.48
锰（mg/kg）	66	66	120	120	120	120
锌（mg/kg）	44	44	110	110	110	110
铁（mg/kg）	44	44	40	40	40	40
铜（mg/kg）	5.0	5.0	8.0	8.0	8.0	8.0
碘（mg/kg）	1.1	1.1	1.1	1.1	1.1	1.1
硒（mg/kg）	0.30	0.30	0.30	0.30	0.30	0.30
维生素 A（IU/kg）	11000	11000	15400	15400	15400	15400
维生素 D_3（IU/kg）	3300	3300	3300	3300	3300	3300
维生素 E（IU/kg）	22	22	33	33	33	33
维生素 K_3（mg/kg）	2.2	2.2	2.2	2.2	2.2	2.2
硫胺素（mg/kg）	2.2	2.2	2.2	2.2	2.2	2.2

续表

营养指标	公鸡和母鸡		母鸡			公鸡
	育雏料（0—4 周龄）	育成料（5—17 周龄）	预产料（18—24 周龄）	产蛋 1 期料（25—44 周龄）	产蛋 2 期料（45—65 周龄）	种鸡料
核黄素(mg/kg)	5.5	5.5	9.9	9.9	9.9	9.9
泛酸(mg/kg)	11.0	11.0	13.2	13.2	13.2	13.2
烟酸(mg/kg)	33.0	33.0	44.0	44.0	44.0	44.0
吡哆酸(mg/kg)	1.1	1.1	5.5	5.5	5.5	5.5
叶酸(mg/kg)	0.88	0.88	1.65	1.65	1.65	1.65
胆碱(mg/kg)	440	440	330	330	330	330
维生素 B_{12}(mg/kg)	0.013	0.013	0.013	0.013	0.013	0.013
生物素(mg/kg)	0.11	0.11	0.22	0.22	0.22	0.22
抗氧化剂(mg/kg)	120	120	120	120	120	120

（4）控制饮水　限制饲养阶段应适当控制饮水，以免因限料而使鸡饮水过量，不利于保持环境卫生和减少鸡只的胸腿疾病。方法为：喂料日上午投料前 1 h 至吃完料后1 ~ 2 h充分饮水，下午可供 2 ~ 3 次，每次不少于 30 min，关灯前 1 h 供水 1 次。在气温高于 29℃时，每小时供水 1 次，时间至少 20 min，舍温高于 30℃时或鸡群发病和应激时，不应停水。在停喂日，清晨供水 30 min，上午供水 2 ~ 3 次，下午供水 2 次，关灯前供水 1 次，每次 30 min。为提高限水效果，饮水器要充足，饮水器间距离不超过 3 m，保证在开始供水后 5 min内所有的鸡都能喝到水。采用乳头式饮水器不宜采用限水方式。限水是否适当可通过鸡粪的含水量或饮水后嗉囊的软硬程度来判断，饮水不足嗉囊较为坚硬，影响正常蠕动，严重时可导致组织坏死。

（5）公母分群饲喂　雏鸡从第 1 天开始，公母鸡就应分栏或分舍饲养，分别控制限饲时间、限饲方法、喂料量和体质量，提高公母鸡群的均匀度，便于实现各自的培育目标。

（6）喂料量与体质量控制　为了掌握鸡群的生长发育情况，确定下一周的喂料量，从第 3 周起每周进行 1 次抽样称重。具体抽样、称重方法见蛋鸡生产部分。喂料量的确定，将鸡群平均体质量与标准体质量进行对比，若平均体质量比标准体质量重，则下一周少增料量或维持上一周的给料量，但不可因为体质量超标，就减少给料量。如果周末体质量比标准体质量轻，下一周的给料量应适当增加，但不宜大幅度加料。15 周龄后体质量的生长曲线要与标准曲线平行，直到性成熟。一般情况下，料量的增加 4—15 周龄每次 3 ~ 5 g/只，15—20 周龄每次 6 ~ 7 g/只，21—25 周龄每次 7 ~ 8 g/只。通常每周龄 7 d 喂饲同一料量，20 周龄前每次增加料量的幅度一般不超过 8 g。在转群、免疫、天气突变等应激因素来临前后，应适当增加5%～10%喂量。具体饲喂标准和程序见表4-19。

表4-19　爱拔益加常规系父母代种母鸡体质量标准与饲喂程序

鸡群年龄		体质量(g)		料量(g／只)		蛋白(g／只)	
周龄	日龄	标准	每周增重	日料量	累积	每日	累积
1	7	90	—	21.0	147	3.6	25
2	14	185	95	30.0	357	5.1	60
3	21	340	155	35.0	602	6.0	102
4	28	430	90	38.0	868	6.5	147
5	35	520	90	41.0	1 155	6.4	192
6	42	610	90	44.0	1 463	6.8	239
7	47	700	90	47.0	1 792	7.3	290
8	56	795	95	49.5	2 139	7.7	344
9	63	890	95	52.0	2 503	8.1	400
10	70	985	95	55.0	2 889	8.5	460
11	77	1 080	95	58.0	3 294	9.0	523
12	84	1 180	100	61.0	3 721	9.5	589
13	91	1 280	100	64.0	4 169	9.9	659
14	98	1 380	100	68.5	4 648	10.6	733
15	105	1 480	100	73.0	5 159	11.3	812
16	112	1 595	115	77.5	5 702	12.0	896
17	119	1 710	115	82.0	6 276	12.7	985
18	126	1 840	115	87.0	6 887	13.4	1 079
19	133	1 970	130	92.0	7 531	14.2	1 178
20	140	2 100	130	97.5	8 214	15.3	1 285
21	147	2 250	150	105.0	8 962	16.4	1 400
22	154	2 400	150	110.5	9 723	17.1	1 520
23	161	2 550	150	115.5	1 0532	17.9	1 645
24	168	2 710	160	120.5	1 1375	19.0	1 778
25	175	2 870	160	126.5	1 2261	19.9	1 917
26	182	2 970	100	138.5	13 320	21.8	2 070
27	189	3 060	90	150.5	14 284	23.7	2 236
28	196	3 150	90	159.0	15 397	25.0	2 411
29	203	3 225	75	159.0	16 510	25.0	2 586
30	210	3 285	60	159.0	17 623	25.0	2 762

续表

鸡群年龄		体质量(g)		料量(g／只)		蛋白(g／只)	
周龄	日龄	标准	每周增重	日料量	累积	每日	累积
31	217	3 330	45	159.0	18 736	25.0	2 937
32	224	3 350	20	159.0	19 849	25.0	3 112
33	231	3 370	20	158.0	20 955	24.9	3 287
34	238	3 385	15	157.0	22 054	24.7	3 460
35	245	3 400	15	156.0	23 146	24.6	3 632
45	315	3 520	12	151.0	33 909	23.8	5 324
55	385	3 614	9	146.0	44 304	23.0	6 961
65	455	3 694	8	141.0	54 349	22.2	8 543

（7）体型调控　肉用种鸡除每周抽样称重外，生长期还要加强体型培育。通过调整给料量或日粮营养水平，使鸡群体型发育达到理想要求。爱拔益加公司总结出用龙骨、胫骨长度和换羽速度来评定生长期生长发育状况的指标，见表 4-20、4-21。

表 4-20　肉用种母鸡的龙骨、胫骨长度和换羽速度

周龄	龙骨长度（cm）	胫骨长度（cm）	主翼羽存留根数	周龄	龙骨长度（cm）	胫骨长度（cm）	主翼羽存留根数
2	4.45			14	10.67		5.5
3	5.08			15	11.05		5.0
4	5.72	6.35		16	11.43	10.41	4.0
5	6.35			17	11.81		3.5
6	6.86			18	12.19		3.3
7	7.37			19	12.57		3.0
8	7.87	8.25		20	12.70	10.67	2.5
9	8.38		9.0	21	12.95		
10	8.89		8.5	22	13.08		
11	9.40		8.0	23	13.34		
12	9.65	9.78	7.5	24	13.34		
13	10.16		6.5	25	13.48	10.67	2.0

表 4-21　肉用种公鸡的龙骨和胫骨长度

体质量(g)	周龄	龙骨长度(cm)	胫骨长度(cm)
1 175	8	10.0	10.0
2 760 ~ 2 850	20	15.3	13.5
3 650 ~ 3 790	25	17.2	14.0
4 180 ~ 4 320	30	17.2	14.0

(8) 分群与调群　为了提高鸡群的均匀度,在限制饲养期间要按体质量轻重调整鸡群。限制饲养前应进行逐只称重,根据体质量分成重、中、轻,分别饲养,同时剔除病、弱、残鸡,根据需要做好免疫和驱虫工作。限制饲养期间,每周结合停料日下午称重时进行调群,即将重群中分化出的体质量轻的鸡调至中群,中群中分化出的体质量重的调至重群,轻的调至轻群,同样,将轻群中分化出的体质量重的调至中群。为了确保鸡群有较高的均匀度,应在6—7周龄和15—16周龄期间对全群进行逐只称重并分群,尤其在鸡群均匀度很低时更为重要。肉用种鸡在生长期的均匀度要求为:4—6周80% ~ 85%,7—11周75% ~ 80%,12—20周75% ~ 80%,20周以上85%。

(9) 限制饲养必须与光照控制结合进行,才能使性成熟与体成熟同期化。肉用种鸡生长期光照控制见肉用种鸡的生产管理部分。

(二) 肉用种鸡的生产管理

肉用种鸡的生产管理和蛋鸡有许多相似之处,但也有其特殊性。

1. 饲养方式

(1) 垫料、条板混合地面平养　在鸡舍内沿纵长的南、北墙分别铺设高40 ~ 60 cm、宽为鸡舍宽度1/3的条板棚架,鸡舍中间1/3区域为垫料地面,形成“两高一低”鸡舍。棚架上的条板沿鸡舍纵向排列,木条宽2.5 ~ 5.0 cm,木条间距离为2.5 cm。在靠近垫料一侧下部要装上铁丝网封严,防止鸡只进入板条下积粪区。棚架纵长每隔8 ~ 10 m设一坡道,使之与垫料地面连接,方便鸡只上下活动。产蛋箱一端放于条板边沿,另一端悬挂于中间垫料区之上(与鸡舍纵向垂直),以便于鸡只进出产蛋箱,也减少产蛋箱占地面积。棚架上放置喂料和饮水设备,鸡群在棚架上采食、饮水和休息,到松软的垫料上运动和配种。这种饲养方式为自然交配形式配种的肉用种鸡所普遍采用,其优点有:种鸡交配大多在垫料上,比较自然,受精率高,有时撒些谷粒于垫料上让鸡爬找,促进其运动和配种。鸡每天排粪大部分在采食时进行,落到条板下面,使垫料少积粪,少沾水,种鸡饲养区卫生条件较好,见图4-6。

图 4-6　垫料、条板混合地面平养

(2) 笼养　肉用种鸡笼多为两层阶梯笼，种母鸡每笼装 2 只，每只鸡占笼底面积 650～750 cm^2。种公鸡每笼 1 只，占笼底面积 1 300～1 600 cm^2。近年来肉用种鸡采用笼养方式，应用人工授精技术配种的比例逐渐增加，其优点是房舍利用率高、受精率高、饲养公鸡少、饲料消耗少、管理方便。但在饲养中要注意调整饲料营养，防止鸡只过肥。

2. 密度管理

肉用种鸡因其体格较大，在饲养过程中又要进行严格的限制饲养，因此饲养密度不能太大，具体见表 4-22。

表 4-22　肉用种鸡的主要饲养参数

项目		育雏期 (0—4 周龄)	育成期 (5—17 周龄)	产蛋期 (18—65 周龄)
饲养密度 (只/ m^2)	混合地面饲养	10～12	4.8～7.0	4.8～5.2
饲养密度 (只/ m^2)	笼养	10～12	半阶梯 4.0～5.0/笼	全阶梯 公鸡 1 只/笼 母鸡 2 只/笼
饲养密度 (只/ m^2)	厚垫料饲养	10～12	4.8～6.5	3.6～4.5
饲养密度 (只/ m^2)	漏缝地板饲养	10～12	4.8～7.0	4.8～6.0
料位	链式喂料器 (cm/只)	5.0	10～15	15～20
料位	盘式喂料器 (只/个，最多)	30	10～14	8～10
料位	圆形料桶 (只/个)	20～30	8～12	6～8

续表

项目		育雏期（0—4 周龄）	育成期（5—17 周龄）	产蛋期（18—65 周龄）
水位	乳头式饮水器（只/个）	10 ~ 12	8 ~ 12	8 ~ 10
	吊塔式饮水器（只/个）	80 ~ 100	80	60
产蛋箱	平养			每 4 只母鸡 1 个

3. 光照管理

光照对调节肉用种鸡的性成熟至关重要，要使肉用种鸡性成熟与体成熟同步，在搞好营养和体质量调控的同时，须为其饲养期制定合适的光照方案并严格执行。肉用种鸡的光照程序与蛋鸡、蛋用种鸡基本相同，但现代肉用种鸡对光刺激的反应不太灵敏，比蛋鸡、蛋用种鸡慢，为此，制定肉用种鸡的光照方案时，除遵循育成期短光照、时间不可延长、强度不可增强，产蛋期长光照、时间不可缩短、光照强度不可减弱等基本原则外，还须注意光照刺激的强度和要求给光时间须提前一些。例如，对于开放式鸡舍，育成期要采取遮黑措施，用黑色塑料布或油毡纸把所有窗户封严，达到不透光、不漏光，处于完全黑暗状态，同时改自然通风为纵向负压通风，房门和风机口加遮黑装置如遮光罩等。也可使用封闭性好的卷帘遮黑，需要光照时卷帘升起利用自然光线，可节约电费开支。实践证明，遮黑式鸡舍，育成鸡大部分时间处于黑暗中，一旦给予增光刺激，其敏感性强，促进鸡群开产整齐。在育成期光照向产蛋期光照转换增加光照时间时，每周增加 1 h 比每周增加 0.5 h 或 15 min 的作用要好，22 周龄时若体质量达到标准而第二性征发育不明显，一次加 3 h 比加 1 h 作用要大。肉用种鸡光照程序见表 4-23，肉用种鸡各阶段所需的光照强度及相应灯泡功率大小见表 4-24。

表 4-23 父母代肉用种鸡光照程序

鸡 龄	光照时间(h)	鸡 龄	光照时间(h)
1—2 日龄	24	19 周龄	8
1 周龄	16	20—22 周龄	11
2 周龄	12	23—24 周龄	12
3 周龄	9	25 周龄	13
4 周龄	7	26 周龄	14
5—17 周龄	5	27—37 周龄	15
18 周龄	5	38—65 周龄	保持 16 或 17

表 4-24 肉用种鸡各阶段所需的光照强度及相应灯泡的功率大小

周　龄	光照强度(lx)	灯泡功率(W)
1—3	20	40
4—19	5 ~ 8	15 ~ 25
20—65	30 ~ 50	60

4. 产蛋期的喂料管理

(1) 预产期　一般指 18—23 周龄,在此期间肉用种鸡每周增重 130 ~ 160 g,为产蛋做好营养贮备。因此,饲料要从育成料变成预产期料,每日喂料量也随之增加,增幅从 18 ~ 20周龄每周递增 6 g,至 23 周龄达最大增幅 10 g,此时应从 6/1 限饲改为每日限饲。

(2) 产蛋上升期　一般指从产蛋率 5% 至产蛋高峰(24—25 周龄至 30—31 周龄),此期间随着鸡产蛋率的逐步上升,对营养的需要不断增加,因此要从预产期料换成产蛋 1 期料,以产蛋率变化调整鸡群饲料的供给量。当产蛋率达到 5% 时(25 周龄左右),喂料量增加 5 g(基础量约为 140 g)。以后按每提高 5% ~8% 的产蛋率,每只鸡增加 3 ~5 g 料的幅度。一般当产蛋率达到 35% ~50% 时达最大喂料量(165 ~ 170 g)。由于各鸡群产蛋率上升幅度不同,增料方法可按以下方案处理。

①每日产蛋率增加 3% 以上,高峰期最大喂料量应在 35% 产蛋率时给予,即产蛋率每增加 1%,每只鸡增加料量 0.93 g,产蛋率达 35% 时的喂料量为 168 g。

②每日产蛋率增加 2% ~3% 时,高峰喂料量应在产蛋率达 50% 时给予,产蛋率每增加 1%,每只鸡增加料量 0.62 g。

③每日产蛋率增加 1% ~2% 时,高峰喂料量应在产蛋率达 60% 时给予,产蛋率每增加 1%,每只鸡增加料量 0.51 g。

④每日产蛋率增加 1% 以下时,高峰喂料量应在产蛋率达 70% 时给予,产蛋率每增加 1%,每只鸡增加料量 0.43 g。

(3) 产蛋下降期　在产蛋率下降阶段为防止肉用种鸡过量体脂沉积和超重,要采用减料措施,但减料不应使产蛋率异常下降。在产蛋高峰(30—31 周龄)后的 4 ~5 周内,继续维持最大料量。当产蛋率下降到 80% 时,可采用试探法减料。开始每周每只鸡减 1 ~2 g,如高峰喂料量为 170 g/只,减料后的第 1 周喂料量为 168 ~ 169 g/只,第 2 周为 167 ~168 g/只。连续 3 ~4 d 观察产蛋率的变化,如果产蛋率按正常规律下降,则维持减料量;如减料后产蛋率有不正常下降,则马上恢复原来喂料量。之后采用分次常规减料法,即当产蛋率每下降 4% ~5% 时,每 100 只鸡喂料量减 227 g,直至减料量约为高峰料量的 10% ~12% 止(44 周龄左右将产蛋 1 期料逐渐换成产蛋 2 期料)。减料是否适当可根据体质量判断，产蛋高峰后鸡只体质量每周增加 10 ~ 15 g 为正常。如果减料后体质量下降，则说明减料过多；若减料后体质量仍大幅上升，则说明减料不够。

5．种公鸡的管理

（1）育雏期　公鸡与母鸡要分开育雏，1 日龄公鸡要剪冠断趾，3—4 周龄前采用自由采食，充分生长使体质量为同龄母雏的 140%，胫骨长度达标准。育雏结束进行第 1 次选种，每 100 只母雏留公雏 15 只。选种时应注意体型结构，选留腿胫较长的个体，如 AA 祖代公鸡的胫骨长度要大于 10 ~ 12 cm。

（2）育成期　采用限制饲养，使其生长速度减慢，体质量控制在母鸡体质量的 130%，具体见肉用种鸡限制饲养部分。采用吊高饲喂器喂料法，训练公鸡踮起脚尖采食的习惯，达到锻炼腿部和抬高龙骨前端的效果，也有利于在 20 周混群后更习惯于专用料桶喂料。种公鸡 20 周龄时进行配种前的选种，淘汰性别鉴定错误、腿病、趾爪不直、个体弱小等不合格公鸡，选留比例为母鸡的 11% ~ 12%。

（3）配种期　20 周龄将公母混群，公母比例为 1∶8，公鸡应比母鸡提前 4 ~ 5 d 移入产蛋鸡舍，让公鸡先熟悉环境和采食槽位。加大喂料量，使公鸡 23 周龄体质量达到 3.2 ~ 3.4 kg。最好让公鸡提前 1 周延长光照，以促进性成熟。公母鸡采用同栏分饲即在混养时公母分槽饲喂，公鸡吃公鸡料，母鸡吃母鸡料。方法是在母鸡的饲喂器上装上格栅，间隙宽度调至 42 ~ 43 cm，使公鸡头伸不进，仅适合母鸡采食。公鸡饲喂器悬吊或提升至 41 ~ 46 cm，此高度只有公鸡吃到料限制母鸡采食，见图 4-7。或采用给公鸡穿鼻签，用一根长63 mm的塑料细棒，当公鸡 20—21 周龄时将鼻签穿过并嵌在鼻孔上，可防止公鸡偷吃母鸡料。控制公鸡体质量缓慢增加，防止体质量降低或超重。要及时更换病、弱、伤、残公鸡，保持适宜的公母比例。诱导公鸡活动，保持体格健壮。45 周龄后对配种能力较弱的公鸡可选用 28 周龄左右的成熟后备公鸡补充，防止产蛋后期的种蛋受精率下降。

图 4-7　公母分饲

6. 防疫管理

肉用种鸡的防疫方法和蛋用种鸡基本相同,但疫苗接种程序不同,见表4-25。

表4-25　肉用种鸡的免疫程序

鸡　龄	疫苗种类	免疫方法
1 d	马立克	颈部皮下注射0.25 mL/只
	新支双联	喷雾(1 000羽/瓶,加200 mL纯净水)
3 d	球虫	滴口1滴(1 000羽/瓶,加36 mL生理盐水)
6 d	病毒性关节炎冻干疫苗	颈部皮下注射0.2 mL/只(1 000羽/瓶,加稀释液200 mL)
10 d	霉形体油疫苗	颈部皮下注射0.25 mL/只
	法氏囊(IBD)	滴口1滴
12 d	新城疫(ND)+传染性支气管炎(IB)活疫苗	点眼1滴
	ND+IB油疫苗	颈部皮下注射0.25mL/只
15d	禽流感5型(H_5)+禽流感9型(H_9)	颈部皮下注射0.3mL/只
	鸡痘(POX)	翼下刺种
21 d	IBD	滴口1滴
28 d	ND+IB活疫苗	1.5倍量活疫苗点眼1滴
42 d	病毒性关节炎油疫苗	颈部皮下注射0.25 mL/只
	传染性喉气管炎(ILT)活疫苗	点眼1滴
7周	传染性鼻炎(IC)	颈部皮下注射0.5 mL/只
8周	ND+IB活疫苗	1.5倍量活疫苗点眼1滴
	ND+IB油疫苗	颈部皮下注射0.5 mL/只
9周	H_5+H_9	颈部皮下注射0.5 mL/只
11周	ILT	点眼1滴
12周	脑脊髓炎(AE)+ POX	翼膜下刺种1次
14周	ND+IB活疫苗	1.5倍量活疫苗点眼1滴
	ND+IB油疫苗	胸肌注射0.5 mL/只
15周	IC	胸肌注射0.5 mL/只
17周	EDS-76	胸肌注射0.5 mL/只
20周	H_5+H_9	胸肌注射0.5 mL/只

续表

鸡　龄	疫苗种类	免疫方法
21 周	新支法关四联疫苗	胸肌注射 0.5 mL/只
	霉形体	胸肌注射 0.5 mL/只
27—28 周	ND + IB 活疫苗	进口 1.5 倍量活疫苗点眼 1 滴，国产 2 倍量（后期 3 倍量）
	ND + IB 油疫苗	胸肌注射 0.5 mL/只（进口），肌肉注射 0.8 mL/只（国产）
40 周	新支油疫苗 + 新支活疫苗	油疫苗肌注，活疫苗点眼
	H_5+H_9	肌肉注射 0.8 mL/只

注：新城疫、禽流感每隔 6 ~ 8 周免疫 1 次；ND + IB 活疫苗每 4 周 1 次饮水免疫，3 倍量（点眼）到 4 倍量（40 周以后），饮水免疫水中需加脱脂奶粉保护

7. 其他管理

断喙、温度、湿度、通风换气、种蛋收集等管理同蛋鸡生产的相关部分。

四、知识点击

（一）提高种蛋受精率和合格率的措施

1. 加强种公鸡的选择与淘汰

（1）选择体质量适中、体态匀称、体格健壮的公鸡留种，淘汰个体小、体质差、雄性不佳的公鸡。平时在管理中要经常观察所有公鸡在鸡群中的行为活动，对于采食能力差，常呆立于舍内墙边、屋角的“胆小”公鸡应立即淘汰。

（2）配种前最好进行精液品质检查（人工采精），淘汰精液品质较差的个体。

（3）应定期更换血缘，从外场引进公鸡，淘汰近亲繁殖的个体（纯种繁育）。

（4）及时淘汰生病、受伤的公鸡，补充健康合格的公鸡。

（5）及时淘汰周龄较大，配种能力差的老龄公鸡。

2. 确定最佳的公母比例

18—20 周龄混群时公母比例以 1:（8 ~ 10）为宜，公鸡不可过多。否则，会出现过量交配和打斗，而使公母鸡不同程度受伤，甚至死亡，受精率也会降低。笼养人工授精时，公母鸡比例可在 1:（25 ~ 30）。为保证后期种公鸡的数量和平时淘汰公鸡后的补充，应在组群时留好后备公鸡，一般可多留 3% ~ 5% 另栏饲养。笼养时，每笼只放 1 只公鸡。

3. 搞好种公鸡的饲喂管理

专门配制和饲喂符合公鸡营养需要的日粮，注意料量，适当限制饲养，防止过肥。定期称重，保持体质量稳定或略增加。

4. 加强检疫

坚决淘汰可通过交配传染疾病的公鸡，如患有大肠杆菌病、鸡白痢等的公鸡。

5. 加强种蛋管理

（1）种蛋的收集　产蛋率和蛋质量达到标准后，便可收集种蛋。种蛋应使用专用的蛋托和蛋箱。所使用的蛋托和蛋箱必须经过消毒，捡蛋前必须经过洗手消毒，捡蛋时应先将合格种蛋放入蛋托内且钝端朝上。然后再将不合格的蛋拣出另放。为保证种蛋减少污染和方便消毒，每天至少要捡蛋4～6次，而且上午产蛋比较多，因此，上午至少捡蛋3次。夏季要防止种蛋被阳光直射和温度过高，冬季要防冻和温度过低。每次捡蛋后，应及时做好记录并尽快在短时间内完成消毒（一般要求捡蛋后1 h内较好）。消毒好的种蛋立即放入蛋库保存。

（2）产蛋箱的管理　整个生产期要经常对产蛋箱进行检查并及时维修。经常更换产蛋箱内的垫料，保持蛋箱清洁卫生，及时清除产蛋箱内的尘埃和鸡粪。晚上捡完最后一次蛋后，关好产蛋箱门，第2天开灯后再打开箱门，定期对产蛋箱进行清理消毒。

（二）鸡场粪便处理

1. 生产有机肥

通过鸡粪发酵生产的有机肥具有养分全面、肥效持久、含有大量有益微生物、松喧土壤和改善土壤结构等优点，是农作物和果蔬生产中的良好肥料，特别是有机农产品生产中最佳的配套肥料。生产流程为：鸡粪 + 辅料（秸秆粉 + 玉米面）+ 菌种──→搅拌──→堆制发酵──→晾干──→包装──→出厂。一般1吨鸡粪有机肥，需鸡粪1吨，秸秆粉300 kg，玉米面5 kg，菌种8 kg，过磷酸钙15 kg。

注意事项：

（1）鲜鸡粪需干燥控水：手捏成团，手指缝见水但不滴水，松手一触即散。

（2）搅拌要匀、透，堆顶打孔（通气）。

（3）塑料布覆盖后，每天通风换气1～2 h，每7天翻堆1次。

用发酵剂发酵鸡粪，一般需20 d腐熟，达到无臭、无味、无害，堆肥松软呈黄褐色，堆内有灰白色菌丝，有机质达45%左右。

2. 生产沼气

通过鸡粪厌氧发酵可生产沼气。沼气是一种清洁能源，燃烧后产生的热能可用于炊事、供暖、照明、发电等，经沼气装置发酵后排出的料液和沉渣，含有较丰富的营养物质，可用做肥料。沼气生产流程见图4-8。在建造沼气池时要注意密闭，做到不透气、不渗水。沼气池发酵原料中，除鸡粪（提供氮元素）外，还需提供农作物秸秆等含纤维素（提供碳元素）丰富的物质，两者比例合适，要求C∶N＝25∶1。发酵原料要含水量适宜，有机物和水的比例为1∶1.5～3。沼气池内的温度要维持在20℃～40℃，pH值一般控制在6.5～8.5。

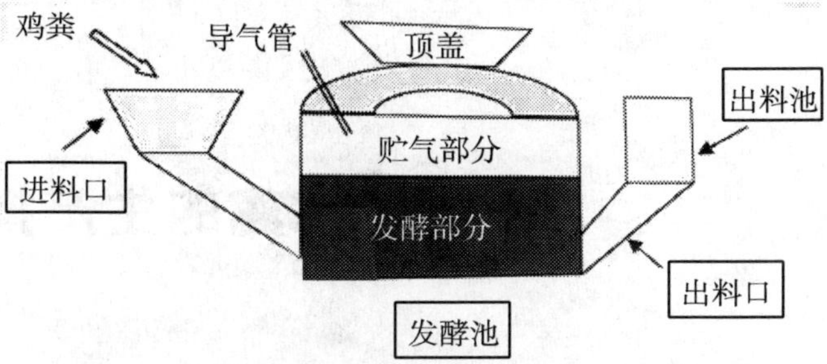

图4-8　沼气生产流程

五、练习

1. 在老师指导下参与肉用种鸡的生产管理。
2. 总结实习肉用种鸡场提高产蛋率和种蛋受精率的技术措施。

项目五

水禽的生产技术与管理

模块一　鸭的生产技术与管理

一、学习目标

※ 终极目标:学会鸭的生产技术。

※ 促成目标:

(1) 学会蛋用鸭的生产技术;

(2) 学会肉用鸭的生产技术。

二、学习任务

(1) 蛋用鸭的生产管理;

(2) 肉用鸭的生产管理。

三、实践操作

(一) 蛋用鸭的生产管理

1. 雏鸭(0—30 日龄)的管理

(1) 养鸭季节的选择

根据育雏时间的不同,雏鸭可分为“春鸭”和“秋鸭”,前者生长发育快,性成熟早,产蛋早,一般作为商品蛋鸭或菜鸭;后者可充分利用晚稻收获而较长时间放牧,可节省饲料,长江中下游大部分地区都利用其作为种鸭。

(2) 育雏前的准备

①设备检修,准备物资:对育雏室、运动场地等进行检查,检修保温设备、料槽、饮水器等;根据养鸭的数量,准备充足的饲料、垫料、药品及其他配套用具。

② 消毒、试温:用1% ~2%烧碱溶液或10% ~20%的石灰乳液消毒清扫和清洗干净后的育雏室内外;净干的料槽和饮水器用1:(500 ~800)的灭菌净消毒;其他设备及用具放进育雏室,关闭门窗,应用甲醛15 mL、高锰酸钾7.5 g/m^3,在15℃ ~18℃、空气相对湿度70%的条件下消毒24 h。消毒结束后最好开门、窗排除余气。另外,育雏前试温有利于了解能否达到育雏需要的温度及其是否平稳,便于及时加以检修或补充热源提高舍温。

(3) 初生雏鸭的选择与接运

应选择同一时间出壳、大小均匀、脐带收缩好、眼大有神、比较活跃、绒毛有光泽、抓在手上挣扎有力的雏鸭。接运初生雏最好不超过36 h。接运时,将雏鸭装在铺有稻草的竹篓内,篓的直径为80 cm,高25 cm,每篓内装50只左右;途中注意雏鸭的保暖及察看雏鸭情况;要避免日晒雨淋和冷风吹袭。

(4) 点水与开食

先饮水后开食是雏鸭饲养的一个特点,早饮水有利于体内废物的排除和残余蛋黄的吸收。一般于出壳后24 h内饮水,将干毛后的小鸭分批(50 ~100只/批)放入竹篮内,竹篮放入浅水中,以浸水至脚背为准,任其自由饮水5 ~6 min;也可向雏鸭身上喷洒温水,促使其互相啄食身上的水珠。第1次喂食又叫"开食",雏鸭饮水后15 ~20 min即可开食,过晚"开食"就要"老口"(即下食不快),影响幼雏的生长发育。用清水漂洗后沥干的碎玉米、碎小麦、碎米及经过蒸熟、清水浸泡沥干的糙米饭等都可以作为雏鸭的开食料,个别不会吃食的雏鸭,可将饲料撒在其他雏鸭身上,以引其啄食。在雏鸭的饲喂上要注意在初喂时吃六七成饱即可,掌握勤添少喂的原则,每次喂八成饱,每天喂6 ~8次;3日龄后尽量喂饱,饲喂次数逐渐减少。

(5) 保温与下水

3周龄内的雏鸭保温能力较差,因此,不管采取什么方法给温,一定要使雏鸭感觉舒适,即雏鸭精神活泼,羽毛整齐光滑,三五成群静卧无声。一般来说,0 ~7日龄保温伞下温度32℃ ~30℃,室温25℃ ~24℃;以后随着雏鸭日龄的增大,育雏温度逐渐降低,大约每周下降1℃ ~2℃。从第5周起保持室温18℃ ~20℃(蛋用鸭可以低1℃ ~2℃)。雏鸭3 ~7日龄时,每天赶其到水塘、水池的浅水处活动1 ~2次,每次5 ~10 min;7日龄后可每天3 ~4次,每次10 ~50 min。每次下水后赶其到避风处休息,毛干后赶回鸭舍,但寒冷和炎热天气却都不宜下水,以免雏鸭受凉或中暑。

(6) 饲料配制与补喂青料

雏鸭生长快速,因此必须提供营养全面的日粮,其饲料的配制可以参考以下两个配方(%):玉米50、菜饼20、碎米10、麸皮10、鱼粉75、骨粉1、贝壳粉1、盐0.5;糙米40、玉米18、麸皮3、棉仁饼5、菜饼14、豆饼10、鱼粉7、骨粉25、盐0.5。另外,从第3天起可在其饲料中加入10%～20%苦荬菜、浮萍、青菜、鸭舌草等鲜嫩多汁的青饲料。

(7) 尽早"开荤"

尽早"开荤"即尽早喂动物性饲料。俗话说"鹅要青,鸭要腥",在第3天即可按10%～20%的比例给予动物性饲料,可选螺蛳、小鱼虾、蚯蚓、蚕蛹、河蚌等。动物性饲料要求新鲜干净,切碎掏烂,也可用含鱼粉的配合饲料饲喂。

(8) 饲养密度与光照

1—7日龄,25～30只/m^2;8—14日龄,20～25只/m^2;15—28日龄,15～20只/m^2。1—3日龄的雏鸭每天需要提供24 h的光照时间,4—7日龄为每天23 h,8日龄以后每天减少1 h直至自然光照。

(9) 放牧与运动

为使雏鸭尽快适应环境,增强觅食能力,7—10日龄后可在天气晴朗时将其赶到有水源的地方放牧。15日龄前在早上第1次喂料稍作休息后,放牧1 h;15日龄后,每天上、下午各放牧1次,每次2～3 h。此外,为便于雏鸭的放牧管理,对放牧的雏鸭要进行与喂料同步进行的调教,即喂料时给雏鸭固定信号,使其经过多次训练后建立条件反射。

(10) 卫生与防疫

避免使用河流、池塘等表面水做饮用水;饲养员须穿戴专用工作服且不能串圈、串场;勤换垫草,勤除粪便,勤洗涮、消毒用具等;制定并严格遵守免疫程序(见本段末附)。

2. 育成鸭(5周至16周龄或18周龄)的管理

(1) 限制饲养与加强运动

限制饲养即有计划地控制饲料喂量或限制日粮中的能量、蛋白质、氨基酸水平,以防止育成鸭过肥或过早成熟,影响以后的生产性能。限制饲喂一般从8周龄开始,16—18周龄结束。当鸭的体质量符合本品种的各阶段适当体质量时,可不需要限喂。不管采用哪种限喂方法,限喂前必须称重,每2周抽样称重1次,整个限制饲喂过程是由称重—分群—饲喂(营养需要)3个环节组成,使小型蛋鸭开产前的体质量限制在1.4～1.5 kg。每天定时赶鸭在舍内做转圈运动,每次5～10 min,每天2～4次。

(2) 合理分群与调节密度

分群可以使鸭群生长发育一致,便于管理。育成鸭群的组成视圈养的规模大小来确定,但不宜过大,一般以500只左右为宜;而舍饲鸭分成200～300只一小栏,分开饲养。育成鸭的饲养密度随品种、周龄不同而变化,一般5—9周龄15～20只/m^2,10～12周龄12只/m^2,13周龄起10只/m^2。

（3）控制光照

光照的长短与强弱是控制性成熟的方法之一。育成鸭不宜采用强光照明，光照时间也宜短不宜长。有条件的鸭场，育成鸭于8周龄起，每天光照8～10 h，光照强度为5 lx，其他时间可用朦胧光照。

3. 蛋用鸭的管理

（1）日常管理

①饲喂与放水：饲料粉碎配制后加水拌匀，以手捏成团松手即散为度；每日喂4次（早晨5时、上午10时、下午3时、晚上9～10时各投喂1次），每日每只150 g左右；另外，在秋冬季给蛋用鸭增喂夜食可提高产蛋量1%左右，但所补料的蛋白质不可过多。每天饲喂后将鸭赶下水，夏季每日4～5次；冬季选择晴朗天气的上午10时、下午2～3时各放水1次，每次5 min。放水后，冬季让鸭晒太阳，夏季让鸭在阴凉处休息，切忌曝晒。

②光照：从17—19周龄开始逐渐增加光照时间，可采取等时制增加法延长光照时间，即每天增加15～20 min，直至22周龄后，达到16～17 h为止，以后继续维持这个水平。光照强度一般5 lx即可，一个离地面2 m的25 W日常使用的灯泡，按每平方米鸭舍1.3 W标准，就能满足18 m^2鸭舍的照明。在整个产蛋期内，光照时间不能缩短，更不能忽长忽短。

③卫生与消毒：鸭舍内外要经常打扫干净，食槽、水槽要经常洗刷消毒；鸭舍要加强通风透气，保持空气清新，防止氨气对鸭的刺激；垫草要勤换，确保干净、干燥。每周可用20%的生石灰乳或用2%的氢氧化钠或3%的复合酚（消毒灵）等对圈舍运动场进行消毒，饲槽及用具可用百毒杀等消毒。

（2）分段管理

①产蛋初期（151—200日龄）和前期（201—300日龄）：蛋用鸭开产时间为150日龄左右，此时要不断提高饲料质量，饲料粗蛋白水平为15%～16%；光照时间逐渐增加，使每日光照时间达16 h。201—300日龄期内，每月应空腹抽测母鸭的体质量，如超过或低于此时期标准体质量的5%以上，应检查原因，并调整日粮的营养水平。饲养密度地面平养以5～6只/m^2为宜，500～800只一群较好。

②产蛋中期（301—400日龄）：鸭群此时进入产蛋高峰期并持续产蛋12～15周，体力消耗较大，对环境条件的变化敏感，如不精心饲养管理，不仅难以保持高峰产蛋率，甚至会引起换羽停产。日粮中粗蛋白含量应达20%；注意钙的添加，如粉料中添加1%～2%的颗粒状壳粉或在舍内单独放置碎壳片槽（盆），供其自由采食；适量喂给青绿饲料或添加多种维生素；光照总时间稳定保持16～17 h。

③产蛋后期（401—500日龄）：如产蛋率虽下降但仍在80%左右，则应保持饲料的原

蛋白水平，降低代谢能，保持16 h的光照时间；下降到60%左右时就需要降低饲料水平了，光照时间增加到17 h，且要增加运动。

附：蛋鸭的免疫程序

4日龄：颈部皮下注射鸭传染性浆膜炎-大肠杆菌二联多价蜂胶疫苗。

7日龄：肌肉注射鸭肝炎高免血清或卵黄抗体。

10日龄：颈部皮下注射禽流感(H_5+H_9)灭活疫苗。

15日龄：肌肉注射鸭传染性浆膜炎-大肠杆菌二联多价蜂胶疫苗。

4周龄：肌肉注射鸭巴氏杆菌多价蜂胶疫苗。

20周龄：肌肉注射禽流感(H_5+H_9)灭活疫苗、传染性浆膜炎-大肠杆菌二联多价蜂胶疫苗。

21周龄：肌肉注射鸭瘟-鸭肝炎二联活疫苗。

24周龄：肌肉注射鸭巴氏杆菌多价蜂胶疫苗。

41周龄：肌肉注射禽流感(H_5+H_9)灭活疫苗。

42周龄：肌肉注射鸭瘟活疫苗。

43周龄：肌肉注射鸭传染性浆膜炎-大肠杆菌二联多价蜂胶疫苗。

44周龄：肌肉注射鸭巴氏杆菌多价蜂胶疫苗。

（二）肉用鸭的生产管理

1. 阶段管理

（1）雏鸭(0—2周龄)的管理

①保温控湿：育雏的温度要求较高是肉用雏鸭与蛋用雏鸭育雏时的两大区别之一。1日龄时舍温为29℃~31℃，到第3周即21日龄时舍温要控制在18℃~21℃。在此过程中需要逐步降温，即1—21日龄每天降低0.5℃左右，直至达到规定的舍温。肉用鸭舍的相对湿度控制应该为：第1周65%，第2周60%，第3周55%。

②光照与饲养密度：在整个饲养期的光照均每天23 h。0—7日龄每平方米40只，7—18日龄每平方米15只，18日龄至出栏每平方米8~10只。

③饲喂：0—14日龄全部使用小鸭料，15日龄至出栏均采用中鸭料。为了追求较快的生长速度和较大的经济效益，饲养期内一般不限制采食量，但要少喂勤添，每天饲喂8~10次，且每次喂料间隔时间要均匀，定时喂料、饮水等。

④分群：肉用鸭的分群一般在7—10日龄进行，最迟不超过2周龄。以后每周调整1次鸭群的饲养密度，依照体质量轻重和体质情况进行分群，弱鸭单独饲喂。

(2) 中鸭(3—5 周龄)的管理

①移舍与逐渐换料:2 周龄末,雏鸭转移到中鸭舍,育雏室与中鸭舍的温差不能超过 3℃ ~5℃;雏鸭料更换为中鸭料要逐渐过渡,以减少换料给鸭带来的应激。一般第 1 天饲喂混入 30% 中鸭料的雏鸭料,第 2 天将中鸭料的比例加到 60%,第 3 天加到 80%,第 4 天全部饲喂中鸭料。每天饲喂 4 次,定时定量。若饲喂粉料,则需用水拌湿。22—28 日龄时,需要转群(笼养转为平养,舍饲平养转为半舍饲平养)的应提前 1 周做好新鸭舍的准备,做好清洁卫生和消毒工作。

②分群饲养与控制密度:按大小强弱分群,尤其对体质量较轻、生长缓慢的弱中鸭应集中喂养并加强管理,使其生长发育能迅速赶上同龄强鸭,不至于延长饲养日龄,影响填肥工序。肉用中鸭的饲养密度为 8 ~10 只/m^2,然后随鸭龄的增大,要不断调整密度,以确保圈内空气新鲜。

(3) 大鸭(6 周龄至出栏)的管理

大鸭阶段为饲养肉用鸭的强制填肥期或出售前的育肥增重阶段,俗称育肥阶段。肉用鸭在此阶段的采食量最多,消化、生长也最快,脂肪沉积多,肉的品质也得以完善。

①注意保持环境安静,舍内温度以 18℃左右为宜,一般夜晚不需照明(若大部分鸭达不到标准体质量,或体质量轻的弱鸭群,夜晚可增加人工光照),减少运动时间。

②饲料与饮水:一般采用自由采食和自由饮水制,并利用 3 d 时间逐渐转为大鸭料,料位、水位高度应适当增加,保持与鸭背持平,以方便鸭采食又不致浪费太多。

③调整饲养密度:大鸭个体大,密度应比中鸭小些,一般舍外饲养为 2 ~3 只/m^2,舍内地面平养为 3 ~4 只/m^2,网养为 4 ~6 只/m^2。大鸭肥胖,不喜动,腿部负担重,所以鸭群应适当小些,以免互相挤压致残,建议大鸭群以 400 ~700 只为宜,群体越小越好。

④预防发生腿病:a. 饲料中应含足够的钙、磷及其他微量元素;b. 尽量不惊扰鸭群,轻轻轰赶久卧不起的鸭,促使其行走;c. 舍内外地面、运动场地及网面平整,便于鸭只行走,防止跌伤;d. 防暑降温,使鸭不会因热中暑,不想活动而增加腿病发生的机会。

2. 肉用鸭填饲

(1) 开填前的准备

将选好的 6—7 周龄、体质量达 1.6 ~1.8 kg 的发育正常的健康肉用鸭按公母、体质量、强弱分开,并剪去脚趾甲,以免鸭互抓或抓伤人。

填饲期一般为 2 周左右,第 1 周每千克日粮蛋白质水平 14% ~15%,代谢能为 12.13 MJ;第 2 周蛋白质和代谢能分别为 12% ~13% 和 12.55 MJ。

按料水 1:2的比例拌湿调匀配合饲料,并最好是当日拌当日填。

(2) 确定每天的填饲量

肉用鸭每天的填饲量见表5-1。

表5-1 肉用鸭每天填饲量

	填食时间(d)							
	1	2~3	4~5	6~7	8~9	10~11	12~13	14
填食量(g)	150~160	175	200	225	275	325	400	450

(3) 填饲操作

①人工填饲:操作者坐着,将鸭翅膀夹于两腿间,头向外;左手中指压鸭舌,食指和拇指打开鸭嘴,右手将捏成条的饲料轻轻塞进鸭食管。

②机器填饲:左手握鸭头,拇指与食指撑开上喙和下喙,中指压鸭舌;右手轻握鸭食管膨大部,并将填食胶管套进鸭嘴,插入鸭的咽下部,保证鸭体与胶管平行。左脚踏开关,松左手,待饲料全部进入鸭的食管膨大部,再把胶管从鸭喙退出,放走鸭。9TFL-100型填饲机的示意图见图5-1。

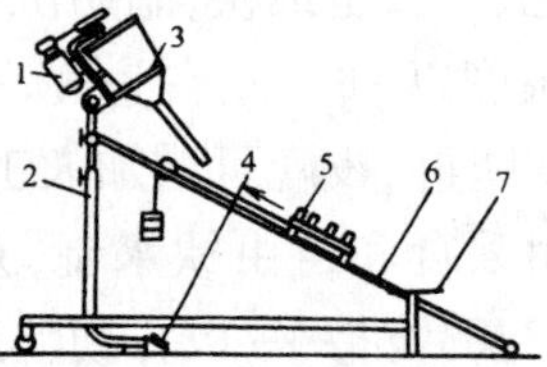

1. 机架;2. 电动机;3. 饲喂机构;4. 脚踏开关;5. 固禽器;6. 滑道;7. 坐凳

图5-1 9TFL-100型填饲机

(4) 填饲鸭的管理

①填饲前喂少量水以润湿食管。

②每天游水和运动1~2次,每次20 min左右,每2~3 h赶鸭起来走动。

③防暑热,填鸭皮下脂肪多,羽绒丰厚,摄入高能量饲料后产热多但不易散发。

④饲养密度前期2.5~3只/m^2,后期2~2.5只/m^{2}为宜。

⑤保持鸭舍干燥,勤换垫料。

⑥检查肥度,肥度好的填鸭屠宰率70%~75%,羽绒占活重的2%~5%,血液占活重的4%左右。

附:肉用鸭的免疫程序

4日龄:颈部皮下注射鸭传染性浆膜炎-大肠杆菌二联多价蜂胶疫苗。

7日龄:肌肉注射鸭肝炎高免血清或卵黄抗体。

10 日龄：颈部皮下注射禽流感($H_5 + H_9$)灭活疫苗。

15 日龄：肌肉注射鸭肝炎高免血清或卵黄抗体。

四、知识点击

(一) 鸭的品种

1. 肉用鸭的品种

(1) 北京鸭

北京鸭是我国选育成功的、世界著名的优良肉用鸭标准品种。

①外貌特征：性情温顺，喜合群，好安静；体硕大丰满，头较大，颈粗，体躯呈长方形，前胸突出，背宽平，两翅较小，紧附于体，尾羽短而上翘(公鸭尾部有2~4根向背部卷曲的雄性羽)；喙、胫、蹼橙黄色或橘红色，蓝灰色的眼虹彩。雏鸭绒毛金黄色，称“鸭黄”，随着日龄增加颜色逐渐变浅，至4周龄前后羽毛变为白色，见图5-2。

图5-2　北京鸭(左公右母)

②生产性能：一般5~6月龄开产，年产蛋200枚左右，90~100 g/枚，蛋壳颜色为乳白色，雏鸭初生体质量55~60 g，配套系商品肉鸭7周龄体质量可达3 kg，成年鸭体质量达4 kg左右，净膛屠宰率高达70%以上。

(2) 樱桃谷鸭

樱桃谷鸭是由英国将引进的北京鸭和埃里斯伯里鸭杂交而成，现已推广到世界各地，享有王牌肉用鸭的美称。

①外貌特征：外形与北京鸭相似，雏鸭绒毛金黄色，绒毛脱换后变为白羽，8~9周羽毛长齐，公鸭尾部长出“性羽”。长方形的体躯倾斜度较小，几乎与地面平行，见图5-3。

图5-3　樱桃谷鸭

②生产性能：父母代性成熟期为26周，年产合格种蛋220枚，平均蛋质量85 g，种鸭

群公母比例为1∶5，种蛋受精率92%，受精蛋孵化率85%。

(3) 狄高鸭

狄高鸭是由澳大利亚狄高公司将引进的北京鸭再进一步选育而成的大型配套系肉用鸭，20世纪80年代引入我国。

①外貌特征：外形与北京鸭相似。雏鸭红羽黄色，脱换幼羽后，羽毛白色。头大稍长，颈粗，背长阔，胸宽，体躯稍长，胸肌丰满，尾稍翘起，性指羽2～4根；喙黄色，胫、蹼橘红色，见图5-4。

图5-4 狄高鸭

②生产性能：成熟期182 d，33周龄进入产蛋高峰期，产蛋率达90%以上；年产蛋量在200～230枚，平均蛋质量88 g，蛋壳白色；公母配种比例1∶(5～6)，受精率90%以上，受精蛋孵化率85%左右，父母代每只母鸭可提供商品代雏鸭苗160只左右；抗寒耐热，具有很强的适应性，即使在自然环境和饲养条件发生较大变化的情况下，仍能保持较高的生产性能。

(4) 瘤头鸭

瘤头鸭又名麝香鸭、疣鼻栖鸭、番鸭或巴西鸭，欧洲许多国家称之为火鸡鸭，在法国则称为蛮鸭。

①外貌特征：眼至喙周围无羽毛，头部两侧和脸上长有红色或黑色的肉瘤。胸部宽平，腹部不发达，尾部较长，体呈橄榄形；腿短而健壮，步态缓慢而平稳；翅膀较长(30～50 cm)。羽毛有黑、白、褐、浅蓝、青铜和青灰等色。黑羽鸭羽毛带墨绿色光泽，肉瘤黑红色，眼的虹彩为浅黄色，胫、蹼为黑色；白羽鸭的喙粉红色，瘤红色，眼的虹彩为浅灰色，胫、蹼为橙黄色。性情温驯，不喜游水，鸣声低哑，见图5-5。

图5-5 瘤头鸭

②生产性能：成年公鸭体质量2.2～5 kg，母鸭2～3 kg，早期生长速度较一般肉用鸭迟2～3周，成年鸭全净膛率高达75%。成熟期6—9月龄，年产蛋60～120枚，蛋质量70～80 g，蛋壳多为白色，也有淡绿色或深绿色，有就巢性，但母鸭不善于育雏。瘤头鸭有一定的飞翔能力，但不能高飞与远飞，其与家鸭杂交的后代称骡鸭，增重快而肉质好，但无繁殖能力。

2. 蛋用鸭的品种

(1) 绍鸭

因主要产于浙江绍兴，故称“绍鸭”，又因鸭毛呈麻褐色带黑斑而又称绍兴麻鸭。经过长期的提纯复壮、纯系选育，目前形成了带圈白翼梢（WH）系和红毛绿翼梢（RE）系两个品系。

①外貌特征：全身羽毛以麻褐色为基色，体躯狭长，蛇头暴眼，嘴扁颈细，背平腹大，臀部丰满，形似“琵琶”。

WH 系母鸭全身以浅褐色麻雀毛为基调，颈中间有 2～6 cm 宽的白色羽圈，主翼羽尖和腹、臀部羽毛呈白色，喙、胫、蹼橘黄色，虹彩灰蓝色，皮肤黄色；公鸭羽毛以淡麻栗色为基调，头颈上部及尾部性羽均为墨绿色，富有光泽，并有少量镜羽，其他与母鸭相同，见图 5-6。

图 5-6　WH 系绍鸭（头朝右为公，朝左为母）

RE 系母鸭全身以棕色带雀斑的羽毛为主，胸腹部棕黄色，镜羽墨绿色，有光泽，喙灰黄色，嘴豆黑色，虹彩赫石色，皮肤淡黄色，蹼橘黄色。公鸭羽毛大部呈麻栗色，喙黄带青色，头颈上部、镜羽及尾部羽毛均为墨绿色，富有光泽，见图 5-7。

图 5-7　RE 系绍鸭（头朝右为公，朝左为母）

②生产性能:绍鸭早熟,一般90—100日龄即可开产,年产蛋量高达290枚,雏鸭出壳质量36 g,WH系成年公鸭体质量1.42 kg,母鸭体质量1.26 kg;RE系成年公鸭体质量1.32 kg,母鸭体质量1.26 kg。成年绍鸭全净膛屠宰率高达74%。

(2) 金定鸭

金定鸭又名华南鸭,是福建传统家禽良种,主产于福建省龙海市紫泥镇金定村,因此得名。

①外貌特征:羽毛紧密迭实,富有光泽,防湿性强。母鸭身体窄长,结构紧凑,脚蹼橙红色,羽毛赤麻色,似麻雀羽色,背面黑褐色釉斑自躯体前部至后部逐渐扩大,颜色逐渐加深,而腹面体羽的黑褐色部分较少,头顶部、眼前部羽毛有明显的黑褐斑块。公鸭头大颈粗,身体略呈长方形,嘴黄绿色,蹼橙红色,头、颈上部羽毛为深孔雀绿色,具金属光泽,酷似野生绿头鸭,性卷羽4根,黑色,见图5-8。

图5-8 金定鸭(前公后母)

②生产性能:成年公鸭平均体质量1.73 kg,体斜长21.54 cm;成年母鸭体质量1.76 kg,体斜长21.11 cm。母鸭开产日龄易受环境因素影响,晚的在120日龄,早的在88日龄。年产蛋240~260枚,蛋质量73 g左右。蛋壳青色,壳膜厚而结实,韧性强,不易破损。成年鸭半净膛屠宰率为79%,全净膛屠宰率为72%。

3. 蛋肉兼用鸭的品种

(1) 高邮鸭

高邮鸭又名高邮麻鸭,原产于江苏省高邮地区,是我国江淮地区的良种,系全国三大名鸭之一,属蛋、肉兼用型地方优良品种,2006年被农业部列入《国家级畜禽品种资源保护名录》。

①外貌特征:母鸭全身羽毛褐色,有黑色细小斑点,如麻雀羽;主翼羽蓝黑色;头颈上半段羽毛为深孔雀绿色,背、腰、胸为褐色芦花毛,臀部黑色,腹部白色。喙青绿色,趾蹼均为橘红色,爪黑色,有"乌头白档,青色嘴雄"的描述,见图5-9。

图5-9 高邮鸭

②生产性能:成年公鸭体质量1.8 kg,母鸭体质量1.75 kg。母鸭110—120日龄开产,年产蛋169枚左右,蛋质量70~80 g,蛋壳呈白色或绿色。成年鸭半净膛屠宰率80%,全净膛屠宰率为70%。

(2) 巢湖鸭

巢湖鸭原产于安徽省中部、巢湖周围的庐江县、无为县、居巢区等地,具有野外放牧、觅食力强、适应性广、耐粗饲、潜水深、抗病力强等特点。

①外貌特征：体型中等，体躯长方形，匀称紧凑，羽毛紧密而有光泽。公鸭头颈上半段为深孔雀绿色且具光泽，两腿后上方粉白色，呈“绿头粉裆”；母鸭全身羽毛浅褐色，带黑色细花纹，翅上镜羽蓝绿色，见图5-10。

图5-10　巢湖鸭（左公右母）

②生产性能：开产日龄为150—180 d，年产蛋160～180枚，蛋质量70 g，蛋壳以白色居多，种蛋受精率和受精蛋孵化率都在90%以上。成年公鸭体质量2.1～2.7 kg，母鸭体质量1.9～2.4 kg。成年鸭全净膛屠宰率为72%左右。

（二）鸭的生活习性

1. 喜水、耐寒怕热

鸭为水禽，喜欢水中嬉戏、觅食和求偶交配，只有产蛋和休息的时候才到陆地上。鸭口腔内无牙齿且唾液腺不发达，因而采食时要饮水以利于下咽，所以饮水量比鸡多得多；鸭皮下较厚的脂肪及体表浓密的羽绒使其具有较强的耐寒能力；但鸭的体表没有汗腺以协助散热，因此其耐热性能较差，尤其在夏季，鸭食欲下降，采食量减少，产蛋量也下降，所以鸭舍不能建得太矮，应有足够的通风窗户，且在天气炎热时要做好遮阴防暑工作，如安装遮阳网、房顶喷水、电风扇、降低饲养密度等，以保证鸭能正常地生长发育。

2. 胆小易惊与合群

鸭比较怕惊动，人、其他动物或色彩、声音、强光等的突然出现都会影响其生长发育或产蛋；鸭性情温顺，合群性较强，极少单独离群活动，少争斗，易管理。

3. 反应灵敏，生活有规律

鸭具有良好的条件反射能力，反应灵敏，比较容易接受训练和调教，可以按照人们的需要和自然条件进行训练，以形成鸭群各自的生活规律，一天之中的放牧觅食、嬉水、交配和产蛋等行为都有一定的时间性，且这种规律一经形成就不容易改变。

4. 杂食耐粗饲，抗逆性强

鸭的嗅觉、味觉不发达，但食管容积大，肌胃发达，因此鸭的食性很广，耐粗饲且觅食力强，对饲料要求不高，精、粗、青绿饲料都可以作为鸭的饲料。从寒带到热带，从沿海到陆地都有鸭群分布，适应范围广，生命力强，对疾病的抵抗力也比鸡强，鸭病比鸡病少。

5. 生长性能

鸭的新陈代谢旺盛，正常体温为41.5℃～43℃，心跳160～210次/min，呼吸频率16～26次/min，鸭的运动性强，消化迅速，不耐饥饿，故需要频繁饮水和采食大量饲料。

（三）鸭的繁育

1. 选种方法

（1）根据外貌与生理特征选择

肉用型：喙宽而直，头大宽圆，颈粗、中等长，胸部丰满向前突出，背长而宽，腹深但不垂地，脚稍短，两脚间距宽。此外，要注意公禽的阴茎是否发育或者缺陷等。

蛋用型：头部清秀，颈细长，眼大而明亮，前胸饱满，腹深，臀部发达，整个体型似“琵琶”，脚稍高，两脚间距宽，蹼大而厚，羽毛紧贴身，行动灵活，觅食力强，肥瘦适度，皮肤有弹性，两耻骨间距宽，末端柔软而薄，耻骨与胸骨末端间距宽，其喙、胫、蹼色泽鲜明。

（2）根据记录资料选择

仅靠外貌和生理特征进行选择，难以准确地选出具有优良性能的种禽，并能把这种优良的性能真实地遗传给后代。为此，要参照其主要经济性状的成绩记录资料，综合进行选种。

2. 配种

（1）配种年龄及利用年限

通常早熟品种的公鸭不早于120日龄，晚熟品种的公鸭不晚于160—180日龄。一般来说，种公鸭的利用年限为1年，种母鸭以2～3年为宜。

（2）配种比例

配种比例随品种类型不同而有差异，并受季节、饲养管理条件、公母合群时间的长短及种禽的年龄等影响。一般来说，公母比例：蛋用型鸭为1:（20～25），兼用型鸭为1:（15～20），肉用型鸭为1:（8～10）。

（3）配种方法

①自然交配：在产蛋前1个月左右将选择好的种公、母鸭按比例混合饲养。

②人工授精法：具体操作与鸡相似，但要注意以下几点：

a. 公鸭采精量0.23～0.35 mL/次，一般连续采精3 d后，休息1 d或隔天采集1次。

b. 采精宜在公鸭早晨放水前进行，并在采精前4 h停水停料，以减少粪尿对精液的污染。按摩用力但不可过猛，否则会引起生殖器官出血，污染精液。

c. 精液保存以10℃～15℃为宜，不能暴露在阳光或放置在温度高的地方，且最好在0.5～1 h内输完。

d. 5～6 d1次，精液稀释2～4倍，每次输精量0.1 mL，输精时间选在上午10:00—12:00为好。

五、练习

1. 在老师指导下参与鸭的生产管理。

2. 总结实习场提高肉用鸭生产经济效益的技术措施。

模块二 鹅的生产技术与管理

一、学习目标

※ 终极目标:学会鹅的生产技术。

※ 促成目标:

(1) 学会鹅的生产管理;

(2) 学会鹅肥肝的生产技术;

(3) 学会活拔鹅毛的技术。

二、学习任务

(1) 鹅的生产管理;

(2) 鹅肥肝的生产;

(3) 活拔鹅毛。

三、实践操作

(一) 鹅的生产管理

1. 肉用仔鹅的生产管理

(1) 仔鹅的管理

仔鹅是指1月龄以上至选种鹅或转入育肥期的鹅,又称育成鹅。这一阶段是肉鹅骨骼、肌肉和羽毛生长最快的时期,对饲料的消化吸收力、外界环境适应性和抵抗力增强。

①放牧:春秋季雏鹅10—20日龄时开始放牧,首次放牧前要喂少量饲料,放牧时间为1 h,以后逐渐延长,至30—40日龄时可全天放牧。放牧场地不仅有鹅喜欢采食的优质牧草,还要有湖泊、小河或池塘。放牧群一般200只左右,由2人放牧,待大多数鹅吃到7~8成饱时,将其赶入池塘或河中,让其自由饮水、洗浴。

②补饲:为满足仔鹅生长发育的需要,要适时根据其体质量增长和羽毛生长情况进行青料和精料的补饲。精料可按50日龄以下每天补饲100~150 g,每昼夜喂3~4次;50日龄以上每天补饲150~300 g,每昼夜1~2次,且一般在放牧前后补饲。

③饲养密度:大群饲养时应在舍内分成小群,以每小群25只为宜,4~6只/m^2。

(2) 仔鹅的育肥

待仔鹅的主翼羽长出后，如不留做种用，则可短期育肥。

①育肥方法：除了放牧与补饲相结合的方法外，还可以舍饲育肥，即饲喂含有丰富碳水化合物的玉米，供给充足的饮水；限制运动；舍饲密度为 3 ~ 4 只/m^2；一般育肥 3 周即可出栏。另外，还可以采取强制育肥法即填肥法，具体操作同鸭。

②清洁消毒：定期清扫鹅舍，通风换气，勤换垫料；定时驱虫和消毒，于 20—30 日龄、60—90 日龄各驱虫 1 次，并定期对舍内、外及其设备用具进行严格消毒。

2. 种鹅的生产管理

（1）选留后备种鹅（80 日龄到产蛋前）

选择进行两次，第 1 次在 80 日龄时，选择体型大、羽毛生长快、健康无病、无生理缺陷的个体，公母比例分别为大型鹅 1∶2，中型鹅 1∶（3 ~ 4），小型鹅 1∶（4 ~ 5）；开产前进行第 2 次筛选，选留下来的种公、母鹅要符合其品种特征，公母比例分别为大型鹅 1∶（3 ~ 4），中型鹅 1∶（ 4 ~ 5），小型鹅 1∶（6 ~ 7）。

（2）后备种鹅的限饲

限饲可控制种鹅过大过肥，防止早熟而过早开产，并能培养中鹅的耐粗饲性能。限饲约 70 d（80 ~ 150 日龄），期间逐渐减少精料，并由精向粗过渡，120 日龄后转为粗饲，主要饲喂米糠、酒糟等，且母鹅的日平均饲料量比生长阶段减少 50% ~ 60%。

（3）种鹅产蛋期的管理

①预产期管理：开产前 1 个月补饲精料，并逐渐增加饲喂量，每只 90 ~ 180 g/d，每天 2 ~ 3次，公鹅补饲精料时间比母鹅早；放牧早出晚归，保证饮水充足；公母分开饲养，繁殖季节前 2 ~ 3 周组群。

②开产后饲喂：母鹅以舍饲为主，放牧为辅，放牧前观察产蛋情况，有蛋者留在舍内产蛋。保证每天的精料喂量，大型鹅 150 ~ 180 g，中型鹅 120 ~ 150 g，小型鹅 100 ~ 120 g，分 3 ~ 4次喂给；每天供应青饲料，且不定量。

③公母配比：公母配比一般以 1∶（3 ~ 5）为宜，大型鹅配比应低些，小型鹅可高些；冬季低些，春季高些。

④其他管理：早晨放牧前下水 1 次，放牧 2 ~ 3 h 后再下水，并建立规律，鹅群每天下水 3 ~ 4 次最佳。产蛋鹅每天的光照时间应以 16 h 为好，若不足应进行人工补充。鹅的就巢性强，若发现就巢母鹅，要及时采取隔离、停料、供水措施，促使其醒抱（一般需要 2 ~ 3 d）。

（4）休产期的管理

①饲喂：种鹅每年产蛋 5 ~ 6 个月后自行停产，此时日粮应由精到粗，转入放牧为主，并逐渐停止补饲，喂量次数由每天 1 次或每 2 天 1 次改为每 3 ~ 4 天 1 次。

②淘汰选择：停产期根据其产蛋情况做一次种鹅的淘汰选择，并按比例进行补充。一般种鹅群中，1 岁鹅占 30% ~ 40%，2 岁鹅占 25%，3—4 岁鹅占 15% ~ 20%，5 岁鹅占5% ~ 10%。

③人工强制换羽：人工强制换羽的母鹅比自然换羽的早 20 ~ 30 d 产蛋。具体操作：停料 2 ~ 3 d，仅供少量青绿饲料，停止人工光照，保证饮水；第 4 天喂适量青粗饲料；10 ~ 12 d 后，当观察到鹅体质量下降，主翼和主尾羽出现干枯时，先拔主翼羽，再拔副翼羽，最后拔尾羽。拔羽后要加强放牧，还应密切观察羽毛的生长情况，进行适当的补饲。

附：鹅的免疫程序

1. 肉用仔鹅的免疫程序

1—3 日龄：皮下注射雏鹅新型病毒性肠炎-小鹅瘟二联高免血清或卵黄抗体。

7—10 日龄：皮下注射鹅传染性浆膜炎-小鹅大肠杆菌二联多价蜂胶疫苗。

3 周龄：皮下注射鹅副黏病毒灭活疫苗。

4 周龄：皮下注射鹅巴氏杆菌蜂胶复合佐剂灭活疫苗。

2. 种鹅的免疫程序

1—3 日龄：皮下注射雏鹅新型病毒性肠炎-小鹅瘟二联高免血清或卵黄抗体。

7—10 日龄：皮下注射鹅传染性浆膜炎-小鹅大肠杆菌二联多价蜂胶疫苗。

3 周龄：皮下注射鹅副黏病毒灭活疫苗。

4 周龄：皮下注射鹅巴氏杆菌蜂胶灭活疫苗。

25 周龄：皮下注射鹅副黏病毒灭活疫苗。

26 周龄：皮下注射鹅蛋子瘟（种鹅大肠杆菌）灭活疫苗。

27 周龄：皮下注射鹅巴氏杆菌蜂胶灭活疫苗。

28 周龄：皮下注射雏鹅新型病毒性肠炎-小鹅瘟二联弱毒疫苗。

29 周龄：皮下注射雏鹅新型病毒性肠炎-小鹅瘟二联弱毒疫苗。

44 周龄：皮下注射鹅巴氏杆菌蜂胶复合佐剂灭活疫苗。

45 周龄：皮下注射雏鹅新型病毒性肠炎-小鹅瘟二联弱毒疫苗。

46 周龄：皮下注射雏鹅新型病毒性肠炎-小鹅瘟二联弱毒疫苗。

47 周龄：皮下注射鹅副黏病毒灭活疫苗。

48 周龄：皮下注射鹅蛋子瘟（种鹅大肠杆菌）灭活疫苗。

（二）鹅肥肝的生产

1. 填饲鹅的选择

选择国内外著名的鹅肥肝生产品种（如匈牙利白鹅、法国朗德鹅、中国狮头鹅和溆浦鹅）或肉用型杂交品种。填饲鹅公母皆可，要求70—90日龄，体质量3.8～4.5 kg，具备体形大、胸部宽、颈粗短及生长快等特点。

2. 填饲准备

（1）调制填饲料

填饲鹅所用的玉米最好是优质无霉变的陈年黄玉米，使肥肝呈深黄色；而白玉米使肥肝颜色变浅，呈粉红色。玉米淘洗后按每次填料的需用量称重后入锅加水（水面超过玉米5 cm）加盖煮沸5～10 min，沥干趁热加1%食盐、1%～2%油脂和0.5%禽用多维素拌匀、散热后备用。

（2）填饲条件

①填饲温度：外界温度为10℃～15℃时最好，20℃～25℃也可进行，但不能超过25℃；低于0℃时，要做好防冻工作。

②肥肝鹅的饲养：50—60日龄时以放牧为主，使鹅食管和食管膨大部扩大，为今后多填些饲料做准备；80—100日龄时转为舍饲，6只/m^2，减少运动量，改喂混合料（玉米70%，油饼类30%）。

（3）填饲操作

填饲一般采用填饲机（如无锡产9DJ－82－A型、北农大9TFL－100型）进行。左手食指和大拇指捏住鹅嘴基部，右手食指伸入鹅口腔，将鹅舌压向下腭，然后将鹅嘴撑开并朝向填饲管口，缓慢向上套至食管膨大部，脚踩开关填料，右手将食管上端的填料往下反复捋2～3次，反复几次直至填料到喉头下1～2 cm停止填饲，最后右手闭住鹅嘴，并垂直下拉其颈部，将饲料向下捋3～4次后将鹅轻轻放回。

第1～2天填饲量宜少，以后每天填饲3～4次，填饲量逐渐增加到500～650 g，直至1 000 g左右。全期用料平均每只20～30 kg，填饲期3～4周。

（4）填饲期管理

填饲期间24 h供足清洁饮水，停止运动和游水，限制鹅消耗体能，减弱光照强度，尽量避免惊扰，保持鹅舍干燥卫生。

附：屠宰取肝及处理

（1）屠宰前12 h停止填料，不停水；

（2）鹅倒挂，颈动脉放血，排净血后把鹅浸入68℃～73℃热水中3～5 min，取出拔毛；

(3) 屠体置0℃～3℃冷库预冷10～18 h,在鹅龙骨末端至泄殖腔前缘皮肤做“Y”型切口,从胆囊中剥离出肥肝;

(4) 新鲜鹅肥肝清理干净后放入4%～6%盐水中浸泡,捞出、称重、分级、真空包装(真空度90 659～10 324.7 Pa),同时注入氮、二氧化碳等惰性气体,置2℃～4℃条件下冷藏或鲜销。

(5) 鲜肝的分级

① 特级肥肝(优质肥肝):质量600～900 g,肝色微红,稍带灰黄,肥大较坚实;

② 一级肥肝(良好肥肝):质量350～600 g,呈浅黄色或粉红色,大而坚实;

③ 二级肥肝(合格肥肝):质量250 g以上,呈灰白色或白色,允许略带血斑,大而质软;

④ 三级肥肝(废弃肝):质量150 g以上,呈白色,带有血斑,肝大而质软;

⑤ 四级肥肝(病变肝):质量150 g以上,白色,肝大而质软,或有大小不等的肿瘤病变。

(三) 活拔鹅毛

1. 拔毛的准备工作

(1) 拔毛鹅的选择　并不是所有的鹅一年四季都可以活拔羽绒,要根据当地的自然条件和生产季节,以不影响产蛋、繁殖、肉鹅生产、鹅肥肝生产为前提,选择可供活拔鹅毛的鹅。从品种来讲,无论什么品种的鹅都可以用来采毛:

①肉用鹅与后备种鹅:在饲养周期长的地区,肉用鹅在孵化出60 d左右就可以开始拔毛,以后每隔35 d最多40 d拔1次毛,直至上市前40 d左右为最后一次拔毛。后备种鹅与肉用鹅一样,直至开始产蛋为止。

②种鹅:当种鹅的产蛋期即将过去,产蛋量明显下降或准备淘汰时也可以用来采毛,直至种鹅又开始产蛋为止。

③肥肝鹅:选做填饲的肥肝鹅可拔毛1次,如遇到气候不适宜进行填饲,可根据具体条件再连拔1～2次毛。

(2) 检查鹅体的羽毛是否长足成熟,看大多数的羽毛根是否已干枯,用手试拔是否容易脱落,如多数羽根干枯,试拔时易脱落,说明正适合拔毛。

(3) 拔毛要选天气晴朗的日子,采毛前24 h,对鹅应停食不停水,鹅羽毛脏时在清晨赶下河洗澡,待鹅理干羽毛后再进行拔毛。

(4) 选择光线好、避风的地方作为拔毛场,将拔毛场地打扫干净,室外选避风朝阳处。围鹅要栅栏,准备好放鹅毛的容器,要求大一些,深一些。

（5）准备好围裙、红药水、经过消毒的普通针线、药棉、镊子及装鹅毛的容器和包装用具等。

2. 拔毛方法

固定鹅只，将鹅胸腹朝上，平放在坐于凳上的操作人员腿上，将鹅头、颈、翅膀按在腿下后用两腿轻轻夹住即可。

（1）确定可拔毛　鹅胸部、腹部的毛可拔，颈部下端很小部分毛可拔，翅膀上的大毛可拔；鹅头部的毛、颈大部分毛、脚上的毛、翅膀外侧的毛不拔，尾部的大毛不拔，鹅体全身的血管毛（尚未长成的毛片，比普通的毛片短而白，毛根呈紫红色或如血清色。拔出这种毛会使鹅体出血，影响其生长发育）不拔。

（2）拔毛顺序　顺着羽毛的着生方向拔，如毛的色泽不同应先黑后灰，再拔白绒；拔毛时先从胸部开始，后腹部，自右向左，一排排地拔背部的羽绒；先拔外层毛片，再拔里层的绒毛，血管毛避开不拔。色泽不同的毛、毛片与绒毛要分开放。

（3）拔毛方法　拔胸部、腹部毛时，用两只翅膀夹住鹅颈，人用腿夹住翅膀，一手捉住鹅腿，一手拔毛。拔毛的方法有两种：一种是手抓住毛根，大小毛一起拔，这样拔毛后，恢复的周期为 35 d 左右；另一种是先拔毛片，后拔绒毛，这样拔鹅毛，恢复的周期为 28 d 左右。总之，人员要精，取毛要少，捏位要低，方向要顺，用力要适，动作要快，拔毛不能图多，用力不宜过大，以免伤毛或损伤鹅皮。

3. 拔毛的注意事项

（1）拔毛时尽量不要把毛拔断，否则会留下毛根，影响鹅毛的生长，断毛处等到第 2 年换毛时才能重新生长。拔毛时要边拔边看，注意避开血管毛，不可性急，否则易把鹅皮扯破。在拔毛过程中，如果出现小块破皮或轻微的流血现象，涂上红药水即可。如出现大块扯皮现象，可用消过毒的缝衣针缝合，伤口愈合前不要让鹅下水、淋雨、曝晒。

（2）通常拔毛 4 d 后，鹅体出现新的小毛绒，至 30 d 背部的毛绒可长齐，35 d 可全部复原，因而一般以 40 d 为拔毛的 1 个周期。

（3）翅膀上的毛从翅膀尖端开始数，第 1、2 根为“尖翎”，是制作鹅毛扇的好材料；第 3 ~ 9 根或第 3 ~ 10 根大毛为“刀翎”，是制作羽毛球的好材料；剩下的 10 根左右大毛为“鸟翎”，是制作装饰品、工艺品的好材料。一般在小鹅孵化后 70 d 或更长时间才第 1 次拔翅膀上的大毛，以后每次间隔 90 ~ 100 d。由于大毛生长需要大量营养，经济价值也不高，所以，提倡 1 年只拔 1 ~ 2 次。

4. 拔毛后的管理

（1）临时分圈　拔过毛的鹅不可急于放进鹅群，而应将拔过毛的鹅集中饲养一段时间再和未拔毛的混养，以免“欺生造成伤害”。

(2) 圈舍铺些柔软干净的垫草,保持光线充足,背风、安静。

(3) 拔毛后 3～5 d 不在强阳光下放养,可放牧吃草,饮水,但 7～8 d 内不下水或淋雨。

(4) 每次拔毛后,每只鹅需要加 3 d 的精饲料,每天 100～150 g。精饲料主要指含有高蛋白豆饼、麦麸、高粱粉和碎米稻糠等,也可在青饲料中加些蚯蚓、鱼粉等喂鹅,并补充微量元素和精饲料。3 d 后不宜再加精饲料。

四、知识点击

(一) 鹅的品种

1. 大型鹅(狮头鹅)

狮头鹅是我国最大型的鹅种,也是世界上三大重型鹅种之一,因体形硕大,且成年鹅的额和脸侧有较大的肉瘤,从头的正面观之如雄狮状,故称"狮头鹅"。

图 5-11　狮头鹅

①外貌特征:狮头鹅的全身羽毛及翼羽均为棕褐色,腹部呈白色或灰白色。两颊有左右对称的肉瘤 1～2 对,肉瘤黑色,颌下肉垂较大,见图 5-11。

②生产性能:成年公鹅体质量 9 kg 左右,母鹅 8 kg 左右;全净膛屠宰率为 71%～73%。母鹅 7 月龄开产,年产蛋量为 25～35 枚,平均蛋质量 180～220 g。具有较好的肥肝性能,一般经 3～4 周的填饲,平均肝质量可达 600～750 g。

2. 中型鹅

(1) 溆浦鹅

溆浦鹅主产于湖南省溆浦县,具有体型大、生长快、耗料少、觅食力强、适应性强等特点,是我国地方鹅种中肥肝性能较好的品种。

图 5-12　溆浦鹅(公)

①外貌特征:成年鹅体型高大,体躯稍长,呈圆柱形。羽毛颜色主要有白、灰两种,以白色居多。灰鹅背、尾、颈部为灰褐色,腹部呈白色,眼睑黄色,虹彩灰蓝色;胫、蹼都呈橘红色,喙黑色;肉瘤突起,表面光滑,呈灰黑色。白鹅全身羽毛白色,喙、肉瘤、胫、蹼都呈橘红色,见图 5-12。

②生产性能:成年公鹅体质量 5.6～6.5 kg,母鹅 5～6 kg。母鹅开产在 7 月龄左右,一般年产蛋 30 枚左右,平均蛋质量 200 g 左右,蛋壳以白色居多,少数为淡青色,种蛋受精率 90% 以上。公母鹅配种比例 1:(3～5)。该品种鹅就巢性强,

一般每年就巢2～3次,多的达5次。产肝性能良好,成年鹅填饲3周,肥肝平均质量为600 g。全净膛屠宰率70%～80%。

(2) 雁鹅

雁鹅起源于鸿雁,由栖居在中国东北、华北的一种野鹅驯化而来,属中型肉用鹅品种,是中国鹅灰色品种中的代表。有野外放牧、觅食力强、适应性广、耐粗饲、抗病力强等特点,能适应以放牧饲养为主的饲养形式,能适应在中国大部分省份饲养。

①外貌特征:头上有黑色的肉瘤,呈桃形或半球形向前方突出,肉瘤边鹅基部有半圈白羽。喙扁阔,黑色,眼球黑色。颈细长,胸、背深广,爪黑色。成年鹅的毛为灰褐色或深褐色,颈的背部有一条明显的灰褐色羽带,除背部的白色羽毛外,背、翼、肩及腿部羽毛都是"镶边羽"(灰褐色羽镶边),见图5-13。

图5-13 雁鹅

②生产性能:母鹅7—9月龄开产,年产蛋25～30枚,平均蛋质量150 g,蛋壳白色,受精蛋孵化率75%～80%。成年公鹅体质量6 kg左右,母鹅4.5～5 kg。

3. 小型鹅

(1) 太湖鹅

太湖鹅原产于江苏、浙江的太湖地区,具有生长快、成熟早、产蛋多、肉嫩等优点,是蛋肉兼用型白鹅品种。

①外貌特征:体态高昂,体型细致紧凑,全身羽毛紧贴,颈细长呈弓形,无咽袋,肉瘤圆而突起。全身羽毛洁白,偶在眼梢、头顶、腰背部有少量灰褐色斑点;喙、胫、蹼均为橘红色,喙端色较淡,爪白色;眼睑淡黄色,虹彩灰蓝色,见图5-14。

图5-14 太湖鹅

②生产性能:成年公鹅体质量约4 kg,全净膛屠宰率为4.9%;母鹅3.5 kg左右,全净

膛屠宰率为75.6%。成年母鹅160日龄左右开产，年产蛋60～70枚，平均蛋质量约135 g，蛋壳白色。公母配种比例1∶(6～7)，种蛋受精率90%以上。

(2) 豁眼鹅

豁眼鹅又称五龙鹅、疤瘌眼鹅和豁鹅，为小型白色中国鹅的变种之一，以优良的产蛋性能著称于世。

①外貌特征：体型轻小紧凑，额前长有表面光滑的肉质瘤，眼呈三角形，上眼睑有一疤状缺口，为该品种独有的特征。成年鹅全身羽毛白色，胸满而突出，前躯挺拔高抬，见图5-15。

图5-15　豁眼鹅

②生产性能：成年公鹅体质量3.7～4.5 kg，母鹅体质量3.1～3.8 kg。母鹅7—8月龄开产，年产蛋100枚以上，蛋质量120～130 g，蛋壳白色。种蛋受精率85%以上，没有就巢性。成年公鹅全净膛屠宰率为70%～72%，母鹅为69%～71%。

4. 国外引入的鹅品种

(1) 朗德鹅

朗德鹅又称西南灰鹅，原产于法国西南部靠比斯开湾的朗德省，是世界著名的肥肝专用品种，专家推崇的肥肝型用鹅。

①外貌特征：毛色灰褐，颈部、背部接近黑色，胸部毛色较浅，呈银灰色，腹下部则呈白色，喙橘黄色，胫、蹼肉色。背宽深，腹部下垂，头部肉瘤不明显，喙尖而短，见图5-16。

图5-16　朗德鹅

②生产性能：成年公鹅体质量7～8 kg，成年母鹅体质量6～7 kg。年产蛋30～40枚，蛋质量160～200 g。肉用仔鹅经填肥后体质量达10～11 kg，肥肝平均质量700～800 g。羽绒产量较高，活拔鹅毛2次，羽绒产量可达350～450 g。

(2) 莱茵鹅

莱茵鹅原产于德国的莱茵河流域，是世界著名的肉毛兼用型品种。莱茵鹅肉鲜嫩，营养丰富，口味独特，是深受人们喜爱的食品。莱茵鹅羽毛的含绒量高，是制作高档衣被的良好原料。

①外貌特征：体型中等，初生雏绒毛为黄褐色，随着生长周龄的增加而逐渐变白，至6周龄时变为白色羽毛。喙、胫、蹼均为橘黄色，见图5-17。

图5-17　莱茵鹅

②生产性能：成年公鹅体质量5～6 kg，母鹅体质量4.5～5 kg。母鹅开产日龄在

210—240 d,年产蛋 50 ~ 60 枚,平均蛋质量在 150 ~ 190 g。莱茵鹅公母配比为 1:(3 ~4),种用期为 4 年。

(3) 意大利鹅

意大利鹅原产于意大利北部地区,又称奥拉斯鹅。在欧洲各国分布较广,具有生长快、肌肉发达、繁殖率高等优点,适于生产肉用仔鹅。匈牙利等国常用朗德鹅的公鹅与意大利母鹅杂交,用杂交鹅生产肥肝比较理想。

①外貌特征:全身羽毛为白色。

②生产性能:成年公鹅体质量 6 ~7 kg,母鹅体质量 5 ~6 kg,经填肥后活体质量可达 7 ~8 kg,肥肝质量可达 700 g 左右。年产蛋量 50 ~60 枚。公母配比 1:(3 ~5),种蛋受精率 85% 左右。

(二) 鹅用牧草的种植与利用技术

1. 牧草的品种及其种植技术

(1) 苦荬菜(图 5-18)

图 5-18　苦荬菜

①生物学特性:耐寒又抗热,土温 5℃ ~6℃时,种子能萌发,15℃以上生长加快,25℃ ~35℃生长最快。在 35℃ ~40℃高温下,只要保持水肥供应,生长仍十分旺盛,产量极高;成株可抵抗 -5℃ ~ -7℃的冬季低温;耐旱力强,对土壤要求不严,各种土壤均可种植;不耐积水;耐轻度盐碱,pH 值小于 8.0 的碱性土壤上生长良好;耐阴,可在果林行间种植。

②栽培技术要点:春播(2 月下旬至 3 月下旬)为主。农家肥 2 000 ~3 000 kg/亩,条播行距 25 ~30 cm,0.5 ~0.8 kg/亩。播深 2 ~3 cm,播后镇压。育苗移栽,5 ~6 d 发芽,4 ~5 片叶时移栽,30 ~40 cm高时剥叶或整株刈割第 1 次,以后每隔 20 ~25 d 刈割或剥叶 1 次,刈割留茬高度 5 ~8 cm,且割后追肥灌水。

(2) 杂交狼尾草(图 5-19)

图 5-19　杂交狼尾草

①生物学特性:喜温耐热,25℃ ~30℃时生长最快,可解决夏季缺乏青饲料的矛盾;每株分蘖可达 20 个以上,刈割后,分蘖数明显增加;抗倒伏、抗旱、耐湿耐酸性较强,较耐盐,在中度盐土上可以生长。对肥料特别是氮素肥料需求量大。不耐寒,7、8 月生长最旺。

②栽培技术要点：苗床整地精细，3 月底前后播种，耕深30 cm。每亩苗床播种1.5～2 kg，行距15～18 cm。种子用呋喃丹拌种，以防地下虫害。幼苗生长出3～4张叶片时，施用化肥1次，每亩2～3 kg尿素。幼苗生长到6～8张叶片时，向大田移栽，栽植密度30 cm×60 cm株行距，每亩栽3 000株左右。1亩种苗可栽种30～40亩大田。长至70～90 cm时刈割，留茬高度10～15 cm。每次刈割后及时进行追肥，每亩施10 kg尿素，并进行中耕、培土，保证根系发育，促进分蘖和生长，一般培土厚度10～15 cm。

(3) 冬牧70黑麦草(图5-20)

图5-20　冬牧70黑麦草

①生物学特性：适应性广，耐旱耐寒，耐瘠薄；分蘖再生能力强，生长快，全年可收割4～6次，亩产鲜草10 000 kg以上；营养丰富，适口性好，是解决畜禽初冬早春缺乏青饲料的最佳牧草。

②栽培技术要点：以基肥为主，亩施尿素25 kg(或二铵30 kg/亩，或碳铵75 kg/亩)。播种期长(8月至次年3月)，以条播为主，也可撒播，播深4 cm，株行距与小麦行距相似，亩播种量为4 kg。早春追施尿素(每亩10 kg)，可冬灌、春灌各1次。8至10月播的苗高达50～70 cm时，可青割2次；若10月5日后播种的，一般冬前不青割。但若水肥条件好，也可在苗高50 cm时青割1次。留茬7～10 cm。

(4) 菊苣(图5-21)

图5-21　菊苣

①生物学特性：多年生草本植物，一次种植可收15～20年，再生力强，亩产鲜草20 000～25 000 kg；耐寒性较强，可在－30℃时自然越冬；根系发达，抗旱性能较好，较耐盐碱；喜肥喜水，但低洼易涝地区易发生烂根，对氮肥敏感，对土壤要求不严，旱地、水浇地均可种植。

②栽培技术要点：精细整地，每亩地施有机肥500～3 000 kg做底肥。3～10月均可播种。细沙与种子混合，以便播种均匀。条播、撒播均可，条播行距30～40 cm，播深2～3 cm，亩播种量为0.1～0.2 kg，播后要及时镇压。苗期生长缓慢，要及时中耕除草。株高15 cm时进行间苗，积水后要及时排除，以防烂根死亡。株高40 cm时刈割利用，留茬高度为15～20 cm。

(5) 鸡脚草(图5-22)

①生物学特性:又名鸭茅、果园草,高产,能耐阴,适应性广;播种当年不形成生殖枝,第2年生长良好,第3年发育充分;耐牧性强,可供青饲料,做干草和青贮饲料用。

②栽培技术要点:4月份春播或10月份秋播,亩播种量为1 kg,深度5~10 mm。密行条播,行距15~30 cm,宜与豆科牧草如三叶草、紫花苜蓿等混播。每亩地施圈粪1 500~2 500 kg,并加一定量的磷钾肥。苗期以追施粪尿、厩肥为主,中耕除草2次。每次刈割后每1/15公顷追施尿素5~7.5 kg。刈割时间以孕穗初期为宜,留茬6~8 cm以利再生,一般每年刈割2~3次,亩产7 500 kg左右。

图5-22 鸡脚草

(6) 多花黑麦草(图5-23)

①生物学特性:喜湿润的气候。宜在夏季凉爽、冬季不太寒冷的地方生长,在温度为12℃~27℃时生长最好,不耐热;比较喜欢壤土或黏壤土;根系强大,主要分布在15 cm深的土层中,较耐湿;再生力强,耐割,耐牧,可多次刈割利用,刈割3~6次/年,亩产鲜草8 000~10 000 kg。

②栽培技术要点:秋播(气温降到25℃以下)或春播(3月底前),耕深不少于20 cm。播种量割草用每亩1.5~2.0 kg,收种用每亩1.0 kg,豆科牧草与其混播(白三叶)的播种量为单播的1/3~1/2。条播或撒播,行距20~30 cm(割草用)或45 cm(收种用),播后覆土2~3 cm。冬季和早春追肥,每亩7.5~10 kg尿素;每次割后,每亩追尿素6~8 kg。用2,4-D钠盐除草剂,喷洒1~2次以防除双子叶杂草。初穗期(牛、羊)或30~60 cm高(兔、鹅、鱼)时刈割。

图5-23 多花黑麦草

2. 牧草种植的模式

(1) 全年养鹅模式　杂交狼尾草3月中下旬育苗,长至5~6张叶时移栽,6~10月份利用。苦荬菜清明节左右播种,条播,5月中下旬至8月下旬利用。弥补多花黑麦草与杂交狼尾草接茬的空当。多花黑麦草接苦荬菜茬翻耕后种植,8月底9月初播种,10月底至次年5月份利用。

(2) 套养(秋种草、冬春养鹅、夏栽稻)模式　秋种草,水稻收获前3~5 d将多花黑麦草套播于田中,亩播2.5~3.0 kg种子,水稻收获后每亩追施复合肥20~30 kg,利用季节为11月至来年6月,可刈割4~6次,亩产鲜草6 000~8 000 kg。冬春养鹅,11月底购首批鹅苗拦网圈养,分期套养鹅4批,每批60 d出栏,前后批间隔30 d套养,即第1批养至30 d时进第 2 批鹅苗，待第 1 批成鹅出栏后进第 3 批鹅苗，第 2 批成鹅出栏后再进第 4 批鹅亩，整个养鹅周期历时 120 d。

（3）菊苣或苦荬菜模式　菊苣是多年生植物，一次播种多年利用，第 1 年产量低，第 2 年进入盛产期，亩产量 8 000 kg，供草期 4 ~ 11 月份。苦荬菜属一年生牧草，品质好，蛋白质含量高，3 月份播种，亩产 4 000 kg，供草期 4 ~ 11 月份。菊苣高温季节生长，而苦荬菜 7、8 月份高温季节生长最旺盛，两种牧草兼种，能收到互补的效果。

这种模式辅以野生杂草，每亩可养鹅 300 只左右，分 3 ~ 4 批套养。第 1 批 4 月中旬进雏 30 只/亩，6 月下旬上市；第 2 批 5 月下旬进雏 100 只/亩，8 月上旬上市；第 3 批 6 月中旬进雏 100 只/亩，8 月下旬上市；第 4 批 8 月上旬进雏 80 只/亩，11 月上市。

3. 牧草的合理利用

根据牧草的特性，采取不同的利用方式，如俄罗斯饲菜、鲁梅克斯、苦荬菜等含水量比较高，只宜青饲；而苜蓿则可晒成干草；有的牧草如鲁梅克斯、串叶松香等，不耐践踏只宜刈割等；牧草的割喂应根据鹅的大小及对粗纤维的利用能力来决定，如 15 日龄内雏鹅宜利用叶类蔬菜或 30 cm 左右的幼嫩牧草，而 15—30 日龄宜用 50 cm 左右的牧草。牧草的加工调制方法有：

（1）青贮

青贮原料的含水量可通过感官鉴定，将原料用手搓碎，用力攥，指缝中有汁液流出，但不形成液滴。青贮简易流程见图 5-24。

适时收割原料，切短（根据原料类别、质地及饲喂动物类别而切割成 2~5 cm 长度）

↓ 青贮　制作

水分调节适量→原料逐层装入塑料袋→压实，扎紧袋口

图 5-24　青贮制作流程

青贮成功的必备条件：青贮原料中有一定含糖量（不少于鲜质量的 1% ~1.5%）；原料的含水量适度（60% ~70%）；温度适宜（19℃ ~37℃）；缺氧条件。

（2）干草调制

干草含水量的估测方法：成束紧握发出沙沙或破裂声表示含水量在 15% ~16%；握紧或揉搓时有沙沙声，但束散开缓慢表示含水量在 17% ~18%；紧握草束不发出清楚的声音，打草辫不出水但感到潮湿表示含水量在 19% ~20%。干草干燥流程见图 5-25。

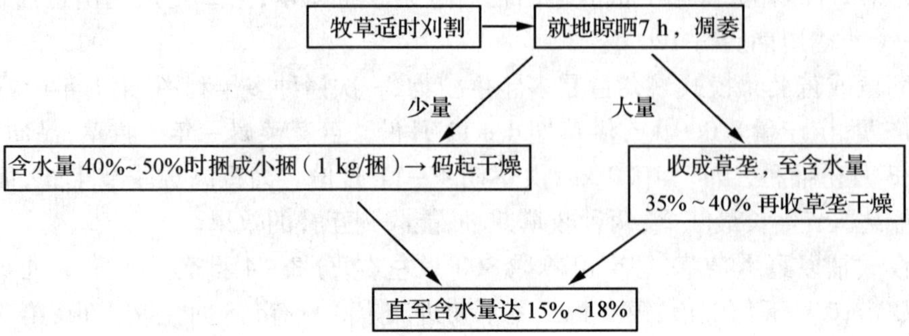

图 5-25　干草干燥流程

五、练习

1. 在老师指导下参与鹅的生产管理。
2. 总结实习场提高肉用仔鹅生产效益的技术措施。

项目六

禽病防治技术

模块一　禽病临床诊断

一、学习目标

※ 终极目标:学会禽病临床诊断技术。

※ 促成目标:

(1) 学会禽病临床观察;

(2) 学会病禽剖检技术。

二、学习任务

(1) 问诊;

(2) 禽群健康状态检查;

(3) 病禽个体检查;

(4) 病禽剖检。

三、实践操作

(一) 问诊

问诊就是向饲养人员询问禽群发病的详细情况,包括饲养管理、防疫情况、生产性能、发病史及治疗用药情况等,为正确诊断疾病提供重要的参考资料。

1. 饲养管理

了解禽的来源、日龄、品种和用途,禽舍的结构、温湿度、光线、通风、环境卫生、消毒制度及与外界隔离情况,禽群的密度,日粮配制的方法和成分,禽群采食和饮水量有无变化等。

2. 防疫情况

了解禽场的防疫制度、有无参考免疫程序。本批禽使用过哪些疫苗、使用日龄,疫苗的来源、生产厂家、生产日期、批号、保管和使用方法等。

3. 生产性能

了解禽群的营养状况,肉禽的生长速度,蛋禽的产蛋率,蛋壳的性状、颜色、硬度,种蛋的受精率、孵化率等。

4. 发病史和治疗用药情况

了解本次发病的时间、传播速度、发病率和死亡率、病禽的主要表现,是否用过药物治疗。该禽群以前曾否发过病、治疗预后情况,周围禽群是否发病等。

(二) 禽群健康状态检查

先在禽舍外察看禽群的姿势及行为,然后轻轻进入禽舍进行巡视,注意禽群的冠、肉髯及羽毛色泽,营养状况,眼睛的神态,呼吸状态及粪便的颜色、性状等。

1. 姿势及行为

健康禽听觉灵敏,反应敏捷,站立稳健,行走灵活,食欲旺盛,颈部活动频繁,翅膀收缩,贴于躯体,尾羽竖立。若出现不喜活动、精神萎靡、步态不稳、羽毛蓬松、双翅和尾下垂、打盹、喜卧等情况,说明鸡群感染了疾病。

2. 冠、肉髯及羽毛

病禽的冠和肉髯呈现皱缩、松弛和变色,羽毛蓬松、无光泽。

3. 眼

检查眼的神态,是否流泪,角膜是否清晰,有无分泌物和溃疡,眼结膜内有无干酪样物等。

4. 呼吸系统

注意呼吸的频率,有无异音,鼻腔内有无分泌物。

5. 粪便

检查粪便的色泽、状态、气味,食物消化程度等。正常粪便为不软不硬的滩状,外表有一层白色尿酸盐。

(三) 病禽个体检查

挑选症状典型的病禽进行体温、头部、嗉囊、胸部、腹部和泄殖腔等的检查。

1. 体温的测定

家禽的正常体温为:鸡40.5℃~42.0℃,鸭40.0℃~43.0℃,鹅40.0℃~41.0℃。测体温时,可用体温表从泄殖腔测得。

2. 头部检查

从喙开始,依次对鼻孔和鼻腔、眶下窦、眼结膜和角膜、外耳孔、口咽腔、喉头逐一进行检查。

3. 嗉囊检查

鸡嗉囊较发达,鸭、鹅的嗉囊是在食管颈段形成均匀的纺锤形。注意检查嗉囊内容物的性状、软硬度。

4. 胸部检查

注意检查胸骨的完整性、胸肌状态。触诊胸骨两侧肌肉可检查禽的营养状态,肉用仔鸡可因饲养因素或遗传因素而发生胸下囊肿。

5. 腹部检查

触诊腹部时,将下腹部紧握在拇指和其余手指之间。在胸骨之上可触诊到坚硬而光滑的卵圆形肌胃,肌胃每 15 ~20 s 收缩 1 次。慢性消耗性疾病时肌胃发生萎缩。肉用仔鸡冬天易发生腹水综合征,腹部积水。

6. 泄殖腔检查

泄殖腔是输尿管、生殖道和直肠的共有腔。检查时用拇指和食指翻开,观察泄殖腔黏膜的色泽、完整性及其状态。注意泄殖腔周围的羽毛是否沾有粪便。

7. 腿和关节的检查

注意趾关节、跗关节等的灵活情况,站立行走姿态。病鸡腿关节肿大或扭曲,站立不稳,跛行,跖上鳞片干燥,坚硬无光泽。

(四) 病禽剖检

1. 材料准备

濒死禽或死后不久的禽,搪瓷盘、乳胶手套、手术剪、普通剪、解剖刀、镊子、消毒药。

2. 剖检方法

(1) 外部检查　在剖检前应对禽体外部情况进行详细检查。查看鸡冠状况,肥瘦,脱水情况,有无外伤、肿胀,肛门周围有无粪便污染,口腔周围、鼻孔、眼有无分泌物等。

(2) 濒死禽剖杀　为了防止血液散毒,对病禽采用无见血处死法。方法一:用注射器沿头颈结合部背部刺入脑内,注入气体,病禽很快死亡。方法二:左手握住双翅,右手握住禽头,以食指为支点牵拉,使头颈分离,血液出在颈部皮下。

(3) 剖检步骤

①先用消毒液浸湿尸体,避免羽毛、尘屑到处飞扬和羽毛黏手妨碍操作。

②将尸体仰放与搪瓷盘中,把腹壁和两侧大腿之间的疏松皮肤纵向切开,切断连接处的肌膜,并用力把两侧大腿骨拉下,直至股骨头露出,使尸体平稳仰卧放置。

③将龙骨末端后方的皮肤横向切开,并提起龙骨后方的皮肤向前方剥离,翻置于头部,使整个胸部直至颈部的皮下组织和肌肉充分暴露出来。此时,应注意观察胸肌、大腿肌、皮下有无出血、水肿等病变。

④打开体腔:先在龙骨后端与肛门之间横切开腹壁,由切口伸进腹壁,将肋骨、胸肌、锁骨全部剪断,然后把剪断了的胸廓翻向头部,使体腔器官完全暴露。观察肝脏、心脏和气囊等器官病变。

⑤剪断腺胃前的食管,用手将腹腔器官一并取出,剪开腺胃和肌胃,观察病变;剪开十二指肠、小肠后段、盲肠、泄殖腔等并仔细观察病变;然后观察法氏囊、肾、卵巢、输卵管、肺脏等有无病变;剪开口腔、嗉囊(或食管膨大部)、气管、支气管,观察其病变;分离股肌,观察坐骨神经病变;剥离头皮,沿额骨前缘和眼的后方横断,自此处向两侧沿脑轮廓向后剪开额骨,掀开,观察脑部变化。

⑥剖检完毕后,用消毒药品对鸡体和环境进行彻底消毒,同时洗手消毒。

(4)剖检注意事项

①为防止病原散布,剖检地点应选择在具有隔离、消毒条件的剖检室内进行,若无此条件,也要注意远离禽舍、水源,找一偏僻的地方,同时就近挖一深坑和垫一塑料薄膜,便于清理消毒。

②剖检的禽最好在死前进行,对于已经死亡的尸体,则应尽早剖检,一旦禽的尸体腐败变质,则影响观察,更不能用于分离病原。

③为了找出禽群死亡的主要原因,尽可能多剖检几只,以便找到规律性病变,才能作出正确的诊断。

④在运送尸体时,应注意选用不漏水的包装物。解剖后,应立即将尸体与污染物的垫料和泥土一齐深埋坑内,并在尸体上放入一层石灰或洒上消毒液,然后填上土。

⑤剖检人员要搞好个人防护,在剖检前要戴好乳胶手套和口罩,穿上防护服等。

⑥剖检前应了解饲养员该禽群的流行病学、症状和饲养管理情况。

附:病变观察与分析

1. 腹腔观察

腹腔暴露后,未摘出内脏器官之前,先观察腹腔的大体变化。

(1)腹腔积液呈淡黄色,并有黏稠的渗出物附在内脏表面,可能是腹水综合征、大肠杆菌病、包涵体肝炎等。

(2)腹腔中有血液和凝血块,常见于急性肝破裂,可能为肝、脾的肿瘤性疾病、包涵体肝炎等。

(3) 腹腔中器官表面,特别是肝、心、肠系膜等内脏器官表面,有一种石灰样白色沉着物,这是痛风或肾型传染性支气管炎的特征。

(4) 腹腔脏器粘连,并有破裂的卵黄和坚硬卵黄块,可能是大肠杆菌、鸡白痢引起的卵巢腹膜炎。

2. 嗉囊和食管

剪开嗉囊、食管观察内部状况。

(1) 嗉囊充满食物,说明为急性死亡,应根据具体情况分析判断。若有大批发生,可能为中毒或急性传染病。

(2) 嗉囊膨胀并充满酸臭液体,可见于嗉囊卡他性炎症或新城疫。

(3) 嗉囊黏膜增厚,附有多量白色黏性物质,可能有线虫寄生。若有假膜和溃疡,则为鹅口疮。

(4) 食管黏膜上有许多白色小结节,为维生素 A 缺乏。

3. 腺胃和肌胃

剪开观察黏膜病变,肌胃的角质层应剥离后观察。

(1) 腺胃肿大或发炎,可能是马立克病的病变或四棱线虫引起。

(2) 腺胃乳头出血,腺胃黏膜出血常发生于新城疫、禽流感。

(3) 腺胃和肌胃的交界处有一条状出血,可能是传染性法氏囊病。

4. 小肠、大肠和胰腺

从十二指肠到泄殖腔都应剪开,检查内容物及黏膜状态,有时也可重点地剪开几段肠管检查。

(1) 肠道有无寄生虫? 在何段肠道? 数量多少?

(2) 小肠黏膜急性卡他性或出血性炎症,黏膜呈深红色,有出血点,表面有多量黏液性渗出物,常见于新城疫、禽流感、急性禽霍乱、急性肠炎等。

(3) 小肠壁增厚,剖开肠道黏膜外翻,可能是慢性肠炎,鸡沙门菌病。

(4) 小肠黏膜上有大量灰白色的小斑点,同时肠道发生卡他性或出血性炎症,见于小肠球虫。

(5) 胰腺有变性、体积缩小、较坚实、宽度变窄、厚度变薄等,可能缺硒或维生素 E。

(6) 肠壁上有大小不等的肿瘤状结节,可见于马立克病、淋巴细胞性白血病、恶性肿瘤、结核病以及严重的绦虫病。

(7) 盲肠肿大,黏膜呈深红色,肠腔内含血色或血凝块,是盲肠球虫的特征。盲肠壁肥厚,内含黄色干酪样的凝固渗出物,可能是鸡传染性盲肠肝炎。

(8) 泄殖腔黏膜呈条状出血,可能是慢性或非典型新城疫。

5. 肝脏和脾脏

(1) 肝脏体积、色泽正常,但表面和切面有数量不等的针尖大小的灰白色坏死小点,是禽霍乱的特征,也见于鸡伤寒和鸡白痢。

(2) 肝、脾色泽变淡,呈弥散性增大(可超过正常数倍),见于马立克病、淋巴细胞性白血病。

(3) 肝稍肿大,表面形成许多界限分明的、大小不一的、黄色类圆形坏死灶,边缘稍隆起,为传染性盲肠肝炎的特征性病变。

(4) 肝脏硬度增加,呈黄色,表面粗糙不平,常有胆管增生,见于黄曲霉毒素中毒。

(5) 肝脏或脾脏出现多量灰白色或淡黄色珍珠样结节,切面呈干酪样,见于鸡结核病。

(6) 肝表面有点状、斑状或全面密布出血,表面凹凸不平,呈淡褐色,是包涵体肝炎的特征性病变。

(7) 肝脏淤血肿大,呈暗紫色,表面覆盖一层灰白色或灰黄色的纤维蛋白膜,为大肠杆菌引起的肝周炎。

6. 肾脏、输尿管、法氏囊

(1) 肾脏显著肿大,呈灰白色,见于马立克病、淋巴细胞性白血病。

(2) 肾脏肿大,肾小管和输尿管充满白色的尿酸盐,肾表面有石灰样沉着,是痛风或肾型传染性支气管炎。

(3) 法氏囊肿大,充血或出血,内含干酪样物质,见于传染性法氏囊病。

7. 卵巢、输尿管

(1) 卵子形态不整、皱缩、干燥和颜色改变,见于慢性鸡白痢、鸡伤寒、大肠杆菌病,也见于慢性禽霍乱。

(2) 卵巢体积增大,呈灰白色,见于马立克病或卵巢肿瘤。

(3) 卵巢充血、萎缩,或肥厚、粗糙,局部坏死,则为传染性支气管炎。

8. 心脏和心包

(1) 心外膜、心内膜或心冠脂肪有出血点,一般是急性败血症的病变,如急性禽霍乱、鸡新城疫、禽流感等。

(2) 心外膜有灰白色坏死小点,见于鸡白痢或鸡伤寒。

(3) 心外膜有石灰样尿酸盐结晶,为内脏型痛风或肾型传染性支气管炎。

(4) 心肌肿大,心冠脂肪变成透明的胶冻状,是严重营养不良的表现,也见于马立克病、淋巴细胞性白血病。

9. 气管、气囊、肺

(1) 气管环出血,见于非典型新城疫。

(2) 气管出血发炎,含有干酪样渗出物或出血性黏液,见于传染性喉气管炎。

(3) 气管中有黏液性渗出物,支气管内有干酪样物质阻塞,见于传染性支气管炎、H_9 型禽流感等。

(4) 胸腹部气囊混浊,含有灰白色干酪样渗出物,可见于霉形体、大肠杆菌病等。

(5) 雏鸡肺和气囊膜上有灰白色或黄白色小结节,常见于曲霉菌病。

四、知识点击

禽病料采集与送检

(一) 微生物学检验材料

采集的病料要新鲜,最好在病禽死后即行采取,不要超过 6 h。以无菌操作法将采取的组织病料置于灭菌容器内,避免外界污染。

病料采集的部位,根据生前表现和诊断的目的而定。如局部性疾病,可采取病变部位的组织如坏死组织、脓肿病灶、局部淋巴结及渗出液等材料。急性败血性全身性疾病,可采取心血、脾、肝、肾、淋巴结等组织。生前有神经症状的,可采取脑组织。如果不能确定是什么病时,则尽可能地全面采集病料。

脏器疑被污染时,可先用烧红的金属片在器官表面烧烙,然后去除烧烙过的组织,从深部采病料;采集脓汁时可用消毒棉签收集,放入消毒试管内;体腔液可用注射器吸取;胃肠内容物可收集放入消毒的试管内或整个消化道直接送检;血液涂片固定后,两张涂片涂面向内,用火柴棒隔开扎好,用厚纸包好送检;对疑似病毒性疾病的病料,应放入 50% 甘油生理盐水溶液中,置于灭菌的玻璃容器内密封、送检;也可将整只家禽包在不漏水的塑料袋中送检。

送检的微生物学检验材料要有编号、检验说明书和送检报告单。同时,应在冷藏条件下派专人送检。

(二) 组织病理学检验材料

采样时要选取病变典型的部位,并保持主要组织结构的完整性。采取的病料应包括病变组织和周围正常组织。切取组织块时,刀要锋利,应注意不要使组织受到挤压和损伤,切面要平整。要求组织块厚度 5 mm,面积 1.5 ~ 3 cm^2,易变形的组织应平放在纸片上,一同放入固定液中。

采取的病料应立即用 10% 甲醛或 95% 乙醇溶液固定,固定液量为组织块体积的 5 ~ 10 倍。容器底应垫脱脂棉,以防组织固定不良或变形,固定时间为 12 ~ 24 h。已固定的组织,可用固定液浸湿的脱脂棉或纱布包裹,置于玻璃瓶封固或用不透水塑料袋包装于木匣内送检。送检的病料组织要有编号、组织块名称、数量、送检说明书和送检单,供检验单位诊断时参考。

(三) 中毒病料检验材料

应采取肝、胃等脏器组织、血液和较多的胃肠内容物和食后的剩余饲料、饲草,分别装入清洁的容器内,并注意不要与任何化学药剂接触混合,密封后在冷藏条件下送检。

五、练习

1. 在老师指导下参与禽场病禽剖检。
2. 在老师指导下参与禽场病料采集与送检。

模块二　禽常见病防治技术

一、学习目标

※ 终极目标:学会禽常见病防治技术。

※ 促成目标:

(1) 学会禽传染病防治技术;

(2) 学会禽寄生虫病防治技术;

(3) 学会禽普通病防治技术。

二、学习任务

(1) 禽传染病防治;

(2) 禽寄生虫病防治;

(3) 禽普通病防治。

三、实践操作

(一) 禽传染病防治

鸡新城疫

鸡新城疫是由新城疫病毒引起的高度接触性、急性、烈性传染病。主要侵害鸡、火鸡、野禽及观赏鸟类。家禽发病后的主要特征是呼吸困难、下痢,伴有神经症状,黏膜和浆膜出血,感染率和致死率高,蛋鸡产蛋量下降,常呈败血症经过。规模鸡场常以非典型的形式出现,应引起重视。

1. 流行病学

新城疫病毒可感染多种禽类,主要感染鸡和火鸡。珍珠鸡、雉鸡及野鸡也有易感性。鸽、鹌鹑、鹦鹉、麻雀、乌鸦、喜鹊、孔雀、天鹅以及人也可感染。水禽对本病有抵抗力。

本病主要传染源是病鸡和带毒鸡的粪便及口腔黏液。被病毒污染的饲料、饮水和尘土经消化道、呼吸道或结膜传染易感鸡是主要的传播方式。人、器械、车辆、饲料、垫料、种蛋、幼雏、昆虫、鼠类的机械携带,以及带毒的鸽、麻雀的传播对本病都具有重要的流行病学意义。

本病一年四季均可发生,以冬春寒冷季节较易流行。不同年龄、品种和性别的鸡均能感染,但幼雏的发病率和死亡率明显高于大龄鸡。纯种鸡比杂交鸡易感,死亡率也高。某些土种鸡和观赏鸟(如虎皮鹦鹉)对本病有相当的抵抗力,常呈隐性或慢性感染,成为重要的病毒携带者和散播者。

2. 症状

潜伏期2~15 d或更长,平均为5~6 d。发病的早晚及症状表现依病毒的毒力、宿主年龄、免疫状态、感染途径及剂量、并发感染、环境及应激情况而有所不同。速发嗜内脏型新城疫可致所有年龄的鸡发生最急性、急性或致死性疾病,常见的有消化道出血性病变。速发嗜肺脑型新城疫可致所有年龄发生急性,通常是致死性疾病,以出现呼吸道和神经症状为特征。中发型新城疫为呼吸系统或神经系统疾病的低致病性形式,死亡仅见于幼雏。缓发型新城疫仅表现轻度或不显性的呼吸道症状。无症状型或缓发嗜肠型新城疫,主要表现为肠道感染。

当非免疫鸡群或严重免疫失败鸡群受到速发嗜内脏型和肺脑型毒株攻击时,可引起典型新城疫暴发。鸡群突然发病,常未表现特征性症状而迅速死亡。发病率和死亡率可达90%以上。随后出现甩头、张口呼吸、气管内水泡音、结膜炎、精神委顿、嗜睡、嗉囊内积有液体和气体、口腔内有黏液、倒提病鸡可见从口中流出酸臭液体等症状和体征。病鸡拉稀,粪便呈黄绿色。体温升高,食欲废绝,鸡冠和肉髯发紫。后期可见震颤、转圈、眼和翅膀麻痹,头颈扭转,仰头呈观星状以及跛行等神经症状。面部肿胀也是本型的一个特征。产蛋鸡迅速减蛋,软壳蛋数量增多,很快绝产。

非典型新城疫是鸡群在具备一定免疫水平时遭受强毒攻击而发生的一种特殊表现形式,其主要特点是:多发生于有一定抗体水平的免疫鸡群;病情比较缓和,发病率和死亡率都不高;临床表现以呼吸道症状为主,病鸡张口呼吸,有“呼噜”声,咳嗽,口流黏液,排黄绿色稀粪,继而出现歪头、扭脖或呈仰面观星状等神经症状;成鸡产蛋量突然下降5%~12%,严重者可达50%以上,并出现畸形蛋、软壳蛋和糙皮蛋。

3. 病理变化

剖检可见多处黏膜和浆膜出血,特别是腺胃乳头和贲门部出血。心包、气管、喉头、肠和肠系膜充血或出血。直肠和泄殖腔黏膜出血。卵巢坏死、出血,卵泡破裂性腹膜炎等。消化道淋巴滤泡肿大出血和溃疡是新城疫的一个突出特征。盲肠扁桃体出血、坏死。

非典型新城疫剖检可见气管轻度充血,有少量黏液。鼻腔有卡他性渗出物。气囊混浊。少见腺胃乳头出血等典型病变。

4. 诊断

当鸡群采食量突然下降,出现呼吸道症状和拉绿色稀粪,成年鸡产蛋量明显下降,应考虑到新城疫的可能性。通过对鸡群的仔细观察,发现呼吸道、消化道及神经症状,结合尽可能多的临床病理学剖检,如见到以消化道黏膜出血、坏死和溃疡为特征的示病性病理变化,可初步诊断为新城疫。确诊要进行病毒分离和鉴定,也可通过血清学诊断来判定。

血清学诊断通常采用血凝试验(HA)或血凝抑制试验(HI)。采集家禽血清进行免疫监测和疫病诊断时,推荐使用本书编者蒋法成发明的专利技术产品"便携式家禽疫病检测采样保定器(专利号:ZL201320238140.3)",可显著提高工作效率,减少人工费用。

样品采集:用于病毒分离,可从病死或濒死禽采集脑、肺、脾、肝、心、肾、肠(包括内容物)或口鼻拭子,除肠内容物需单独处理外,上述样品可单独采集或者混合。或从活禽采集气管和泄殖腔拭子,雏禽或珍禽采集拭子易造成损伤,可收集新鲜粪便代替。上述样品立即送实验室处理或于4℃保存待检(不超过4 d)或-30℃保存待检。

5. 防控措施

新城疫的预防工作是一项综合性工程,饲养管理、防疫、消毒、免疫及监测等5个环节缺一不可。加强饲养管理和兽医卫生,注意饲料营养,减少应激,提高鸡群的整体健康水平。特别要强调全进全出和封闭式饲养制度,提倡育雏、育成、成年鸡分场饲养。严格防疫消毒制度,杜绝强毒污染和入侵。建立科学的适合于本场实际的免疫程序,要充分考虑母源抗体水平、疫苗种类及毒力、最佳剂量、接种途径、鸡种和年龄等。坚持定期的免疫监测,随时调整免疫计划,使鸡群始终保持有效的抗体水平。

禽流感

禽流感是由正黏病毒科A型流感病毒引起的禽和鸟类的一种急性、高度致死性传染病,通常只感染禽和鸟类,少数情况下会感染猪、人、貂等。

1. 流行病学

病禽、带毒禽及其分泌物、排泄物是主要传染源。流感病毒从呼吸道和消化道排出,舍内禽与禽之间主要通过空气和排泄物传染,禽群与禽群之间主要通过粪便感染。多种禽类均易感染本病,鸡、火鸡最易感,水禽多为隐性感染,人和猪也可以感染。

流感病毒可通过与猪的直接或间接接触或通过感染这些病的人而传播。猪是从禽类和哺乳动物来的病毒的“混合容器”,因此,当鸡、鸭和猪共养时,这些群体的密切接触,可能促进新毒株的出现。

禽流感病毒也可引起水貂暴发疾病,在人工试验中,猪、雪貂、猫、水貂、猴和人都能被来自禽类的流感病毒感染。

2. 症状

潜伏期3~5 d,病禽体温升高达41.5℃以上,咳嗽,打喷嚏,呼吸困难,有啰音,流泪,头和颜面水肿,皮肤发绀、坏死(冠和肉髯),腿部皮肤鳞片出血、变色具有特征性。食欲减少,母鸡产蛋率下降,有神经症状和下痢。水禽在水中绕圈,不能做直线运动。高致病力病毒感染时,传播速度非常快,发病率和死亡率都很高,可达100%。

3. 病理变化

头面部水肿并伴有窦炎,肉髯、冠表现发绀、充血和坏死。内脏变化差异较大,有的毒株引发肝、脾、肾坏死灶,有的毒株引起浆膜及黏膜面的小点状出血,十二指肠和心外膜出血,尤其是肌胃和腺胃交接处的乳头及黏膜严重出血,还可见皮下黄色胶冻样渗出物,气管黏膜及喉头出血,肌胃角质层出血,肠道卡他性炎症,肠黏膜脱落,卵巢坏死出血,输卵管萎缩并内有黄色或白色干酪物,胰腺有斑点状出血或坏死。

4. 诊断

根据流行病学、症状和剖检变化,可初步怀疑本病,但因禽流感的症状和病变与鸡新城疫及其他副黏病毒感染很相似,确诊需由国家规定的禽流感研究实验室做血清学诊断和病毒学分离与鉴定。

5. 防控措制

(1) 加强疫情监测监控。密切注意禽类的疫情动态,尤其对高发病率和死亡率的禽病要及时作出诊断并果断提出包括封锁、扑杀在内的应急处理措施。应当强调指出,扑杀和消毒是控制高致病性禽流感的根本措施。

(2) 加强兽医、养殖人员和屠宰人员等高危人群的监测,与病死禽接触且发生感冒症状的应及时去医院诊断并隔离治疗。

(3) 严禁从疫区或受威胁区采购苗禽、活禽或禽蛋。

(4) 加强消毒。尤其要注意对禽场、屠宰场和运输车辆的消毒。消毒应选择高效、低毒、低残留及受环境因素影响小的消毒药,注意消毒药间的拮抗。

(5) 加强检疫。尤其是产地检疫和宰后检疫,坚决杜绝病死禽进入市场。

(6) 加强免疫。提高免疫密度,确保禽群免疫合格率在70%以上,可有效阻断禽流感的传播,免疫过程中应注意规范操作,杜绝交叉感染,尤其是规模禽场应在动物疫病防控部门的兽医监督下进行自防。

(7) 教育全民形成良好的卫生习惯。应经常洗手洗脸,不吃病、死畜禽,加强户外体育锻炼,注意通风并尽可能少接触活禽或禽产品。

(8) 引导科学消费禽类产品。由于禽流感病毒对多种消毒药、紫外线、高温等都很敏感,禽蛋应用甲醛熏蒸消毒,肉禽应集中定点屠宰,屠体经加工后包装上市。经过检疫的家禽产品经烹调或制成熟制品后食用一般是很安全的,加工禽产品应有检验标识,并标注责任兽医。

(9) 加强禽粪、垫料及病死畜禽的处理。禽粪、垫料及病死禽是禽流感的重要传染源,病死畜禽应深埋或高温无害化处理,禽粪及垫料也可通过掩埋或用塑料布盖住进行堆肥等方法进行处理。

(10) 加强禽场管理,改变饲养方式。规模禽场在加强消毒和免疫的同时,应注意控制人和设备的流动,封闭饲养,避免与野生鸟类及其他禽类的接触,放牧及散养禽类应实行圈养,鱼、水禽、猪不能混养。不用禽粪喂猪,也不用禽、猪粪喂鱼。注意禽饮水卫生,最好用深井水或已消毒的自来水,不能用河水或湖水。

鸡传染性法氏囊病

鸡传染性法氏囊病是由法氏囊病毒引起的主要危害雏鸡的免疫抑制性传染病。其主要症状为下痢、脱水、法氏囊肿大出血以及胸肌、腿肌出血。易感鸡群感染后发病突然,病程约1周,耐过1周后,鸡群获得自然免疫,死亡亦逐渐停止。

传染性法氏囊病毒在外界环境中非常稳定,在鸡舍中可存活2~4个月,56℃5 h或60℃1 h病毒仍有活力。耐酸不耐碱,对甲醛、过氧化氢、氯胺、复合碘胺等消毒液敏感,70℃30 min也可使其灭活。

1. 流行病学

病鸡及其粪便是主要传染源,本病可由鸡只间直接接触进行传播,也可通过被病毒污染的饲料、饮水、垫料、尘埃、用具、车辆、人员、衣物等间接传播,老鼠、昆虫等是重要的传播媒介。本病主要通过消化道和呼吸道感染,也可通过污染了病毒的蛋壳感染,同时眼结膜也是重要的感染部位,但未有证据证明经卵垂直传播。

本病一般发病率高(可达100%)而病死率不高(多为5%左右,也可达20%~30%),卫生条件差而伴发其他疾病时病死率可升至40%以上,在雏鸡甚至可达80%以上。

本病的另一流行病学特点是发生本病的鸡场,常常发生新城疫、马立克病等免疫失败,使发病率和死亡率上升。初生雏鸡感染传染性法氏囊病毒时表现最为严重,可使法氏囊发生坏死性不可逆性病变。

2. 症状

(1) 患鸡精神委靡,食欲缺乏,缩颈,颈部毛竖起,下痢,虚脱而死。

(2) 发病后第 1 ~2 天有鸡死亡,第 4 ~7 天死亡率达最高峰,之后鸡慢慢恢复正常。

(3) 本病潜伏期为 2 ~3 d,易感鸡群感染后发病突然,病程一般为 1 周左右,典型发病鸡群的死亡曲线呈尖峰式。发病鸡群的早期症状之一是有些病鸡有啄自己肛门的现象,随即病鸡出现腹泻,排出白色黏稠或水样稀便。随着病程的发展,食欲逐渐消失,颈和全身震颤,病鸡步态不稳,羽毛蓬松,精神委顿,嗜睡,卧地不动,体温常升高,泄殖腔周围的羽毛被粪便污染。此时病鸡脱水严重,趾爪干燥,眼窝凹陷,最后衰竭死亡。急性病鸡可在出现症状后 1 ~2 d 死亡,鸡群 3 ~5 d 达死亡高峰,以后逐渐减少,恢复期排绿色粪便。在初次发病的鸡场多呈显性感染,症状典型,死亡率高。以后发病多转入亚临床型。近年来发现部分 I 型变异株所致的病型多为亚临床型,病死率低,但其造成的免疫抑制严重。

3. 病理变化

(1) 死鸡呈严重脱水状态,腿肌、胸肌可见大片出血点或出血块。

(2) 法氏囊肿大、化脓,有时出血。

(3) 肾脏肿大、尿酸沉着。

(4) 腺胃和肌胃交接处黏膜有时出血。

4. 诊断

根据症状、流行病学、病理变化可作出初步诊断。实验室按常规方法做琼脂扩散试验,检查传染性法氏囊病病毒抗原。

5. 防控措施

(1) 实行科学的饲养管理和严格的卫生措施。采用“全进全出”的饲养制度,注意鸡舍通风换气,保持适宜温度、湿度,消除各种应激因素,提高鸡体免疫力,杜绝传染来源。严格卫生管理,加强消毒。

(2) 发病鸡舍应严格封锁,每天上下午各进行一次带鸡消毒,对环境、人员、工具也应进行消毒。适当选用抗生素控制继发感染,加强饲养管理,消除应激因素,在饮水中加入复方口服补盐液以及维生素 C、维生素 K、维生素 B 或 1% ~2% 奶粉,以保持鸡体水、电解质和营养平衡,促进康复。

(3) 疫苗接种。目前普遍应用传染性法氏囊炎中等毒力疫苗饮水、滴鼻、点眼等方法进行免疫。

(4) 病鸡早期用卵黄抗体注射液治疗可获得较好疗效。雏鸡 0.5 ~1.0 mL/羽,大鸡 1.0 ~2.0 mL/羽,皮下或肌肉注射,必要时次日再注射 1 次。选用的卵黄抗体注射液必须是通过农业部 GMP 验收的药厂生产且有批准文号的产品，否则都是假药。

鸡传染性支气管炎

鸡传染性支气管炎是由传染性支气管炎病毒引起的急性、高度接触性呼吸道和泌尿生殖道疾病。其特征是咳嗽、喷嚏、气管啰音和呼吸道黏膜呈浆液性卡他性炎症。如发生肾型传染性支气管炎还会出现肾肿大、肾小管和输尿管内有尿酸盐沉积等病理变化。雏鸡通常表现流鼻液、呼吸困难等呼吸道症状，死亡率较高。产蛋鸡常表现为产蛋减少和蛋壳品质下降。

1．流行病学

鸡是传染性支气管炎病毒的自然宿主，各种日龄的鸡均易感，但以雏鸡和产蛋鸡发病较多，尤其 40 日龄以内的雏鸡发病最为严重，死亡率也高。本病的主要传播方式是病鸡从呼吸道排毒，经空气中的飞沫和尘埃传给易感鸡。此外，也可从泄殖腔排毒，通过饲料、饮水等媒介，经消化道传染。传染性支气管炎属于高度接触性传染病，在鸡群中传播速度快(2 周内可波及全场)，潜伏期短(平均 3 d)，病鸡带毒时间长(康复后 49 d 仍可排毒)。本病一年四季流行，但以冬春寒冷季节最为严重。过热、拥挤、温度过低、通风不良、饲料中的营养成分比例不当、缺乏维生素和矿物质及其他不良应激因素都会促进本病的发生。

2．症状

人工感染的潜伏期为 18 ~ 36 h，自然感染的潜伏期长，有母源抗体的幼雏潜伏期可达 6 d 以上。雏鸡突然出现呼吸道症状并很快波及全群，病鸡表现为气喘、咳嗽、打喷嚏、气管啰音、流鼻涕、精神沉郁、畏寒、食欲减少、羽毛松乱、打堆等，个别鸡鼻窦肿胀、流泪。6 周龄以上的鸡症状不明显，主要是气管啰音、喘气和轻微咳嗽等。蛋鸡产蛋量下降，并产软壳蛋、畸形蛋或粗壳蛋，蛋白稀薄如水样，蛋黄与蛋白分离以及蛋白黏壳等。肾型传染性支气管炎是目前发生多、流行范围广的一种类型，20 ~ 30 d 是其高发阶段，病初表现怕冷、喷嚏和咳嗽，有的张口喘气及气管喘鸣音，2 ~ 3 d 后出现明显的全身症状，表现为厌食、拱背、饮水量增大，拉白色水样粪便，粪便中含有大量尿酸盐。病鸡失水，肌肉干燥，冠髯及皮肤发绀。出现上述症状 2 ~ 3 d 后开始死亡，7 d 后达到死亡高峰，至 15 ~ 17 d 逐渐停止死亡。发病日龄越小，死亡率越高，成年鸡很少发病。本病发病率高，雏鸡的死亡率为 25%，6 周龄以上的鸡死亡率低，但感染肾型毒株一般死亡严重，病程一般 1 ~ 2 周。

传染性支气管炎的临床表现比较复杂。这一方面是由于传染性支气管炎病毒本身变异快、血清型多造成的；另一方面也与环境中的其他致病因子(如大肠杆菌、支原体等)混合感染，以及不良的饲养管理因素有关。

3．病理变化

呼吸型病鸡的支气管、鼻腔和鼻窦中有浆液性、黏液性和干酪样渗出物，气囊混浊并含有黄色干酪样渗出物。在大的支气管周围可见小面积肺炎。产蛋鸡卵泡充血、出血或变形，甚至在腹腔内可见液体状的卵黄物质。输卵管萎缩，其长度和质量明显减小或发生囊肿。肾型病鸡呼吸道无明显病理变化，其病变主要是肾肿大、苍白，肾小管和输尿管被尿酸盐结晶充盈并扩张，肾脏外观呈花斑状。

近年来，有关传染性支气管炎病毒变异株引起肌肉、肠道、腺胃等非呼吸、生殖、泌尿系统的组织器官发生病变的报道不断出现。

4. 诊断

根据症状、流行病学、病理变化可作出初步诊断，确诊需进行实验室病毒分离和血清学试验。用于病毒分离的材料包括病鸡的喉头分泌物、泄殖腔内容物、气管、肺组织和肾脏等。

5. 防控措施

本病无特效药物治疗，通常采用疫苗接种、加强饲养管理、注意环境卫生、保持通风换气等措施加以预防。目前常用的疫苗有活苗和灭活苗两种，我国广泛应用的活苗是 H_{52} 和 H_{120} 株疫苗。H_{120} 株疫苗用于雏鸡和其他日龄的鸡，H_{52} 用于经 H_{120} 免疫过的大鸡，育成鸡开产时可选用 H_{52} 疫苗，或在雏鸡阶段选用新城疫－传染性支气管炎二联苗。灭活油乳剂苗主要在种鸡及产蛋鸡开产前应用。由于传染性支气管炎病毒血清型众多，各血清型之间交叉保护性差，应根据当地流行的血清型株制备疫苗使用，制订合理的免疫计划。预防肾型传支可在 5 ~ 7 d 用 Ma5 株疫苗滴鼻、点眼免疫，18 d 时用流行株油乳剂灭活苗，28 d 时用 Ma5 株疫苗滴鼻、点眼或饮水免疫。

中成药有一定疗效，可选用以下药方治疗：

（1）麻黄 300 g，大青叶 300 g，石膏 250 g，制半夏 200 g，连翘 200 g，黄连 200 g，金银花 200 g，蒲公英 150 g，黄芩 150 g，杏仁 150 g，麦冬 150 g，桑白皮 150 g，菊花 100 g，桔梗 100 g，甘草 50 g。水煎，取煎液，为 5 000 羽雏鸡 1 d 拌料用量，用药 3 ~ 5 d。

（2）板蓝根 50 g，连翘 50 g（300 羽鸡用量），水煎两次，混合，每日喷雾 2 次，连用 3 d。

（3）石膏粉 5 份，麻黄、杏仁、甘草、葶苈子各 1 份，鱼腥草 4 份。研末混饲，预防量 2 ~ 3 g/kg体质量，治疗量 3 ~ 4 g/kg 体质量。

鸡传染性喉气管炎

鸡传染性喉气管炎是由传染性喉气管炎病毒引起的一种急性、接触性上呼吸道传染病。其特征是呼吸困难、咳嗽和咳出含有血样的渗出物。剖检时可见喉部及气管黏膜肿胀、出血和糜烂。本病传播快，病死率较高。

1. 流行病学

在自然条件下，本病主要侵害鸡，各种年龄及品种的鸡均可感染，但以成年鸡症状最具特征性。幼龄火鸡、野鸡、鹌鹑和孔雀也可感染。

病鸡、康复后的带毒鸡和无症状的带毒鸡是主要传染来源。经呼吸道及眼感染，亦可经消化道感染。由呼吸器官及鼻分泌物污染的垫草、饲料、饮水及用具为传播媒介，人及野生动物的活动也可机械性传播。种蛋蛋内及蛋壳上的病毒一般不能传播。

本病一年四季均可发生，秋冬寒冷季节多发。鸡群拥挤、通风不良、饲养管理不好、缺乏维生素、寄生虫感染等，都可促进本病的发生和传播。

本病一旦传入鸡群，则迅速传开，感染率可达 90% ~100%，病死率一般在 10% ~20%或以上，最急性型病死率可达 50% ~70%，急性型一般为 10% ~30%，慢性或温和型约为 5%。

2. 症状

自然感染的潜伏期 6 ~12 d，人工气管接种后 2 ~4 d 鸡只即可发病。潜伏期的长短与病毒株的毒力有关。发病初期，常有数只病鸡突然死亡。患鸡初期有鼻液呈半透明状，眼流泪并伴有结膜炎，其后表现为特征性的呼吸道症状，呼吸时出现湿性啰音，咳嗽，有喘鸣音。病鸡蹲伏地面或栖架上时，每次吸气头颈部向前向上张口尽力吸气。严重病例表现高度呼吸困难，痉挛咳嗽，可咳出带血的黏液污染喙角、颜面及头部羽毛，在鸡舍墙壁、垫草、鸡笼、鸡背羽毛或邻近鸡身上沾有血痕。若分泌物不能咳出堵住时，病鸡可窒息死亡。病鸡食欲减少或消失，迅速消瘦，鸡冠发紫，有时还排出绿色稀粪，最后多因衰竭死亡。产蛋鸡的产蛋量迅速减少（可达 35%）或停止，康复后 1 ~2 个月才能恢复且很难达到高峰。最急性病例可于 24 h 左右死亡，多数 5 ~10 d 或更长时间死亡，不死者多经 8 ~10 d 恢复，有的可成为带毒鸡。有些毒力较弱的毒株引起发病时，流行比较缓和，发病率低，症状较轻，只是无精打采，生长缓慢，产蛋减少，有结膜炎、眶下窦炎、鼻炎及气管炎。病程较长的可达 1 个月，病死率一般较低(2%)，大部分病鸡可以逐渐康复。若有细菌继发感染和应激因素存在时，病死率则会增加。

3. 病理变化

本病的典型病变在气管和喉部组织，病初黏膜充血、肿胀、高度潮红，有黏液，进而黏膜发生变性、出血和坏死，气管中有含血黏液或血凝块，气管管腔变窄，病程 2 ~3 d 后有黄白色纤维素性干酪样假膜。由于剧烈咳嗽和痉挛性呼吸，咳出分泌物和混血凝块以及脱落的上皮组织，严重时炎症也可波及支气管、肺和气囊等部，甚至上行至鼻腔和眶下窦。肺一般正常或有充血及小区域的炎症变化。

4. 诊断

根据症状、流行病学、病理变化可作出初步诊断，确诊需进行实验室病毒分离和血清学试验。病毒分离鉴定病料可用气管或气管渗出物和肺组织。

5. 防控措施

目前尚无特异的治疗方法。发病群投服抗菌药物,对防止继发感染有一定作用。对病鸡采取对症治疗,投服牛黄解毒丸或喉炎丸有一定疗效,也可采用其他清热解毒利喉的中药,可减少死亡。本病流行的地区,可考虑接种鸡传染性喉气管炎弱毒疫苗,用滴鼻、点眼法进行免疫。

鸡马立克病

鸡马立克病是由疱疹病毒引起的一种淋巴组织增生性肿瘤病,其特征为病鸡的外周神经、性腺、虹膜、各种脏器、肌肉和皮肤单核细胞浸润,是一种淋巴瘤性质的肿瘤病。

本病是一种世界性疾病,是目前危害养鸡业健康发展的主要疾病之一,可引起鸡群较高的发病率和病死率。

1. 流行病学

病鸡和带毒鸡是传染源,尤其是鸡羽毛囊上皮内存在大量完整的病毒,随皮肤代谢脱落后污染环境,成为在自然条件下最主要的传染源。鸡易感,火鸡、山鸡和鹌鹑等较少感染,哺乳动物不感染。1 d 雏鸡最易感染,2 ~ 18 周龄鸡均可发病。母鸡比公鸡易感性高。本病主要通过空气传播,经呼吸道进入体内,污染的饲料、饮水和人员也可带毒传播。炕坊污染能使刚出壳雏鸡的感染性明显增加。本病一年四季都可发病,无明显季节性。

2. 症状

潜伏期常为 3 ~4 周,一般在 50 d 以后出现症状,70 d 后陆续出现死亡,90 d 以后达到高峰,3 ~4 周龄的幼龄鸡和 30 周龄的老龄鸡很少发病。

根据临床表现分为神经型、内脏型、眼型和皮肤型 4 种类型。

(1) 神经型

常侵害周围神经,以坐骨神经和臂神经最易受侵害。当坐骨神经受损时,病鸡一侧腿发生完全或不全麻痹,站立不稳,两腿前后伸展,呈“劈叉”姿势。当臂神经受损时,翅膀下垂。在支配颈部肌肉的神经受损时,病鸡低头或斜颈。

(2) 内脏型

常见于 50 ~70 d 的鸡。病鸡精神委顿,食欲减退,羽毛松乱,鸡冠苍白、皱缩,有的鸡冠呈黑紫色,有黄白色或黄绿色下痢,鸡体迅速消瘦,胸骨似刀锋。常在肝、脾、肺、肾、腺胃、卵巢、心脏等器官形成单个或多个淋巴样细胞增生性肿瘤病灶,触诊腹部能摸到硬块。病鸡脱水、昏迷,最后死亡。

(3) 眼型

在病鸡群中很少见到,一旦出现则病鸡表现瞳孔缩小,严重时仅有针尖大小。虹膜边缘不整齐,呈环状或斑点状,颜色由正常的橘红色变为弥漫性的灰白色,呈“鱼眼状”。轻者表现对光线强度的反应迟钝,重者对光线失去调节能力,最终失明。

(4) 皮肤型

比较少见,往往在禽类加工厂屠宰鸡时褪毛后才发现,主要表现为毛囊肿大或皮肤出现结节。

临床上以神经型和内脏型多见,有的鸡群发病以神经型为主,内脏型较少。一般病死率在5%以下,当鸡群开产后本病流行基本平息。有的鸡群发病以内脏型为主,兼有神经型,危害大损失严重,常造成较高的死亡率。

3. 病理变化

神经型病理变化多见于神经,以受损害神经(常见于坐骨神经)的横纹消失,变成灰色或黄色,并增粗、水肿,比正常的大2~3倍或更大,多侵害一侧神经,有时双侧神经均受侵害。

内脏型主要表现内脏多种器官出现肿瘤,肿瘤多呈结节性,为圆形或近似圆形,数量不一,大小不等,略突出于脏器表面,呈灰白色,切面脂肪样。有的病例肝脏上不具有结节性肿瘤,但肝脏异常肿大,比正常大5~6倍,正常肝小叶结构消失,表面呈粗糙或颗粒性外观。性腺肿瘤比较常见,甚至整个卵巢被肿瘤组织代替,呈菜花样肿大。腺胃外观有的变长,有的变圆,胃壁明显增厚或薄厚不均,切开后腺乳头消失,黏膜出血、坏死。

4. 诊断

根据症状、典型病理变化可进行初步诊断,确诊可运用实验室病毒分离、血清学和组织学检查及核酸探针等方法进行。

5. 防控措施

(1) 加强环境卫生与消毒工作,尤其是孵化环境与育雏鸡舍的消毒,防止雏鸡的早期感染,这是非常重要的,否则即使出壳后即刻免疫有效疫苗,也难防止发病。

(2) 加强饲养管理,改善鸡群生活条件,增强鸡体的抵抗力,对预防本病有很大的作用。饲养管理不善,环境条件差或某些疾病如球虫病等常是本病重要的诱发因素。

(3) 采用"全进全出"的饲养制度,防止购入鸡苗时将病毒带入鸡舍,避免不同日龄的鸡混养于同一鸡舍。

(4) 控制应激因素,防止免疫抑制疾病感染。如避免鸡传染性法氏囊病、鸡传染性贫血、网状内皮组织增殖病等的感染。

(5) 一旦发生本病,要立即隔离病鸡,将鸡舍清洁消毒,全群使用左旋咪唑等药物提高机体抵抗力。一旦开始育雏,中途不得补充新鸡。

(6) 疫苗接种。接种疫苗是防控本病最有效的措施,雏鸡出壳1日龄接种疫苗。目前国内使用的疫苗有多种,主要是进口疫苗和国内生产的疫苗,有冻干苗和液氮苗,液氮苗效果好于冻干苗，双价苗好于单价苗。

产蛋下降综合征

产蛋下降综合征是由禽腺病毒引起，以产蛋率突然下降为特征的一种传染病，可引起鸡群产蛋率突然剧烈下降，软壳蛋和畸形蛋增多。

1. 流行病学

病鸡与带毒鸡是主要传染源，接触病鸡粪便、分泌物等也会感染。

鸡、鸭、鹅和野鸭易感，不同品种的鸡对产蛋综合征的易感性有差异，褐壳蛋鸡最易感。该病主要感染26～35周龄的鸡。

本病可通过被感染的精液和种蛋垂直传播，也可通过污染的蛋盘、粪便、免疫针头、饮用水等水平传播，但传播速度较慢且呈间断性。笼养鸡比平养鸡传播快，肉鸡和褐壳蛋鸡较白壳蛋鸡传播快。

本病一年四季都可发生，但在冬春季节的发生率较高，多发生于产蛋高峰期或产蛋上升期的鸡群，常见于突然大风降温等应激情况。

2. 症状

最初症状是有色蛋壳的色泽消失，出现薄壳、软壳、无壳和小型蛋。薄壳蛋蛋壳粗糙像砂纸，或蛋壳一端有粗颗粒，蛋白呈水样。若蛋壳无明显异常，该种蛋受精率和孵化率一般不受影响。病程持续4～10周，产蛋下降幅度达10%～50%，发病后期产蛋率会回升，有的达不到预定的产蛋水平，或开产期推迟。部分病鸡还可出现精神不振、鸡冠发白、羽毛蓬乱、食欲减退和下痢等症状。

3. 病理变化

本病无特征性病变，偶见输卵管及子宫黏膜水肿、肥厚，内有白色渗出物或干酪样物。有时可见卵巢萎缩、卵泡稀少或软化。

4. 诊断

根据流行病学、症状和病理变化可作出初步诊断，确诊须经实验室病原分离鉴定、血清学试验等方法进行。

5. 防控措施

本病无特异性治疗方法，应采取综合防控措施。

（1）应从非感染鸡群引种，避免垂直传播。

（2）加强消毒，防止由带毒的粪便、蛋盘和运输工具传播。

（3）不要与其他禽类混养，采取隔离措施，防止野鸟进入鸡舍。

（4）在日粮中注意氨基酸和维生素的平衡。

（5）疫苗接种。在鸡开产前2～4周，用鸡产蛋下降综合征油乳剂灭活疫苗或多联油乳剂灭活疫苗免疫,效果较好。

鸡痘

鸡痘是由禽痘病毒引起的一种急性、热性、接触性传染病,其特征是在鸡冠、面部和肉髯等部位出现痘疹,在口腔和喉头黏膜等部位形成黄白色假膜。

1. 流行病学

病鸡和带毒鸡是主要传染源。常见的易感动物有鸡、火鸡、鸭、鹅、鹌鹑和野鸡,对鸡的危害最严重,不同年龄、性别和品种都可感染。

主要通过皮肤、黏膜的伤口侵入体内。某些吸血昆虫特别是蚊虫能传播病毒,引发流行。夏、秋两季温暖潮湿多蚊虫的环境易发。

2. 症状

根据病鸡症状和病变分为:皮肤型、黏膜型和混合型。

(1) 皮肤型　鸡痘的病变开始是白色隆起小结节,后期变为黄色并与周围结节融合、结痂,突出于皮肤表面。本病主要发生于鸡冠、面部和肉垂,但也可出现于腹部、脚部以及身体其他无毛部位。

(2) 黏膜型　鸡痘会引起呼吸困难,流鼻涕、流眼泪,面部肿胀,口腔及舌头有黄白色痘疹,数天后形成黄白色假膜。

(3) 混合型　以上两种症状都有。

3. 病理变化

皮肤型鸡痘打开痂皮,下面是出血溃疡灶。

黏膜型鸡痘可发现位于口腔、喉头及气管开口处黏膜有溃疮现象。这些黏膜上的溃疮很难除去,所以黏膜上常遗留出血裂口。溃疮往往形成干酪状假膜。肺部偶尔充血,气囊呈混浊状。

4. 诊断

根据流行病学、症状和病理变化可作出初步诊断,确诊须经过实验室感染实验、接种鸡胚、镜检皮肤上皮细胞内包涵体等方法进行。

5. 防控措施

(1) 接种疫苗。根据免疫程序,选用疫苗在鸡翅膀内侧无血管处皮下刺种。接种 7 d 左右,刺中部位呈现红肿、起泡,以后逐渐干燥结痂而脱落。

(2) 搞好环境卫生,消灭蚊、鸡虱、鸡螨等。

(3) 及时隔离病鸡,并彻底消毒场地和用具。

(4) 目前没有特效药物治疗,一般采用对症疗法。

鸭病毒性肝炎

鸭病毒性肝炎是由鸭肝炎病毒引起的一种急性接触性雏鸭传染病。临床上以发病急、传播快、死亡率高、剖检肝脏有明显出血点和出血斑为特征。

1. 流行病学

传染源为病鸭和带毒鸭。任何年龄的鸭均会感染,但仅雏鸭发病,成年鸭不发病。自然条件下鸡和火鸡有抵抗力。

本病主要发生于孵化雏鸭的季节,主要经消化道和呼吸道感染。雏鸭发病率可达100%,病死率与病鸭日龄有关,小于1周龄鸭病死率可高达95%,1~3周龄为50%或更低,而4~5周龄鸭发病率及病死率都很低,成年鸭则不发病也不影响生产。

2. 症状

自然感染潜伏期很短,通常为1~4 d,发病急,死亡快。病初表现为精神委顿,不能随群走动,食欲废绝,眼半闭呈昏迷状态,有的出现腹泻,排灰白色或绿色水样粪便。随后,病鸭出现神经症状,不安,运动失调,身体倒向一侧,两腿痉挛性后踢,头后仰呈角弓反张姿势,数小时后发生死亡。死后头向后弯,呈角弓反张姿态。

3. 病理变化

肝肿大,质脆,淡红色或花斑状,被膜下有出血点和出血斑,个别有坏死灶。胆囊肿大,呈圆形,胆汁褐色。脾肿大,呈斑驳状花纹,被膜下有出血点。肾肿胀,灰红色,血管明显,呈暗紫色树枝状。肺淤血,心肌变软,呈熟肉样。

4. 诊断

根据症状、流行病学、病理变化特点,可以作出初步诊断。实验室可用直接荧光抗体技术在肝组织上作快速、准确诊断,也可用酶联免疫吸附试验诊断。

5. 防控措施

(1) 加强饲养管理,建立严格的卫生消毒制度。暴发本病的鸭场多是由于从疫区或发病鸭场购入带病的雏鸭所致,因此应严禁从发病鸭场或孵化房购买雏鸭,严禁场外人员不经消毒进场或窜圈,育雏室门前设消毒池,严格按卫生消毒要求处理病死鸭。进雏前与饲养过程中应建立完善的卫生消毒制度,确保饲养环境卫生洁净。

(2) 提高防疫意识,进行特异性预防。进雏前应了解种鸭场对该病的免疫情况,若母鸭免疫确实,其雏鸭母源抗体可维持2周左右时间,基本可度过易感危险期。如果饲养环境卫生状况较差,提倡在10~14 d进行鸭肝炎疫苗的主动免疫。若母鸭未经免疫,雏鸭应于1 d主动免疫弱毒疫苗。一旦小鸭发生本病,应迅速注射卵黄抗体,可迅速有效降低死亡率和防止流行。亦可用卵黄抗体进行被动免疫预防,一次免疫有效期为5~7 d。

在鸭病毒性肝炎流行地区,可以用活疫苗免疫产蛋母鸭。在开产之前皮下注射鸡胚化鸭病毒性肝炎弱毒疫苗,间隔6周后再强化免疫1次,经免疫母鸭所生的蛋中即含有母源抗体,孵出的雏鸭可获得被动免疫,抵抗感染,免疫力能保护雏鸭2周,这是一种方便、有效的预防方法。

(3) 隔离饲养。防控鸭病毒性肝炎,重点应关注雏鸭群,特别是3周龄以内的雏鸭群,必须严格隔离饲养。

鸭瘟

鸭瘟是由鸭瘟疱疹病毒引起的急性、热性、败血性、接触性传染病,鸭、鹅、天鹅易感。其特征是血管损伤导致组织、体腔出血,消化道黏膜损害,淋巴器官受损以及实质器官的退行性变化,也称鸭病毒性肠炎。

1. 流行病学

本病一年四季均可发生。传染源为病禽或带毒禽。自然易感动物仅限于鸭、鹅、天鹅等动物。病毒分布于病禽各内脏器官、血液、分泌物和排泄物中,尤以肝、肺、脑含毒量最高。

自然条件下主要通过消化道感染,也可通过呼吸道、交配、眼结膜感染。主要通过病禽与健禽直接接触而传染,也可与污染环境(水源、栏舍、饲料、用具等)的接触而间接传染。被污染的水源和吸血昆虫是重要的传染媒介。

2. 症状

自然条件下家鸭潜伏期一般为3~7 d。发病鸭体温升高达43℃以上,并稽留至中后期。口渴,沉郁,腿麻痹无力,两翅下垂,强行驱赶时以翅扑地前行。流泪,眼睑水肿甚至粘连,部分病鸭头颈部水肿,触之有波动感,俗称"大头瘟"。下痢,粪便腥臭,呈草绿色。泄殖腔黏膜充血、水肿、外翻,上覆有绿色假膜,剥离后留下溃疡灶,公鸭有时可见阴茎脱垂。

3. 病理变化

剖检可见败血性病变,表现有全身皮肤、黏膜和浆膜出血,皮下组织弥漫性水肿。头颈部水肿的病鸭,切开头颈皮肤流出淡黄色透明液体。实质器官严重变性,消化道黏膜出血、炎症和坏死,尤以咽喉部、食管、盲肠、直肠和泄殖腔的假膜具有特征性。法氏囊黏膜充血,有针尖大黄色坏死点,囊壁变薄,内充满白色凝固的渗出物。

4. 诊断

根据典型症状和病理变化可作出初步诊断,确诊需进一步做实验室诊断。

病原分离和鉴定:将无菌采集病死禽的肝、脾或肾的病料,经处理后接种鸡胚或鸭胚的绒毛尿囊膜,或接种于鸡胚或鸭胚的成纤维细胞,进行病毒分离和鉴定。常用的鉴定方法有中和试验、直接或间接免疫荧光试验、空斑抑制试验。

5. 防控措施

目前,该病的防控主要依靠疫苗。注意不要从疫区引种,禁止到鸭瘟流行区域和野水禽出没的水域放鸭。发生本病时,应采取严格控制、扑杀措施,防止疫情扩散。鸭舍、场地、用具严格消毒,粪便堆积发酵处理,搞好清洁卫生。威胁区的鸭实施紧急接种疫苗。

小鹅瘟

小鹅瘟是由小鹅瘟病毒引起的发生于初生雏鹅的以消化道病变为主的急性传染病。病鹅的临床表现为精神委顿、食欲废绝、严重下痢,少数出现神经症状。主要特征病变是肠道发炎,小肠黏膜有时发生大片坏死脱落和凝固,构成栓子,梗塞肠腔。

1. 流行病学

本病仅发生于鹅,全年均有发生,但多发生于冬末春初,流行有周期性。主要侵害3~20日龄内的雏鹅。

本病以消化道感染为主,通过与病鹅直接接触或接触被病鹅污染的饲料、饮水等进行传播,炕坊中容易因种蛋被病毒污染而传播。

鹅群发病呈暴发流行,发病突然,传播迅速,具有高度的传染性和死亡率。饲养管理水平低,育雏温度低,鹅舍地面潮湿,卫生环境差,鹅只日龄小,其发病率较高。近年来,发现有个别鹅场的患病鹅群发病持续至33日龄,但死亡率较低。

2. 症状

本病潜伏期为3~5 d,主要表现消化系统和中枢神经系统紊乱。根据病程的长短不同,可将其临床类型分为最急性型、急性型和亚急性型3种。

(1) 最急性型　多发生于3~10 d雏鹅,通常是不见有任何前驱症状而突然死亡,或在发生精神呆滞后数小时即呈现衰弱,倒地划腿,挣扎几下就死亡。病势传播迅速,数日内即可传播全群。

(2) 急性型　多发生于15 d左右的雏鹅,病鹅表现精神沉郁,食欲减退或废绝,羽毛松乱,头颈缩起,闭眼呆立,离群独处,不愿走动,行动缓慢。虽能随群采食,但所采得的草并不吞下,随采随丢。鼻孔流出浆液性鼻液,沾污鼻孔周围,频频摇头。进而饮水量增加,逐渐出现拉稀,排灰白色或灰黄色的水样稀粪,常为米浆样浑浊且带有气泡或有纤维状碎片,肛门周围绒毛被玷污。喙端和蹼色变暗(发绀),有个别患病雏鹅临死前出现颈部扭转或抽搐、瘫痪等神经症状。

(3) 亚急性型　通常发生于流行的末期或20 d以上的雏鹅,其症状轻微,主要以行动迟缓、走动摇摆、拉稀、采食量减少、精神状态略差为特征。病程一般4~7 d,间或有更长,有极少数病鹅可以自愈,但雏鹅吃料不正常,生长发育受到严重阻碍。

3. 病理变化

最急性型剖检时仅见十二指肠黏膜肿胀充血，有时可见出血，在其上面覆盖有大量的淡黄色黏液。肝脏肿大、充血、出血、质脆易碎。胆囊胀大，充满胆汁。其他脏器的病变不明显。

急性型剖检可见肝脏肿大、充血、出血、质脆，胆囊胀大，充满暗绿色胆汁。脾脏肿大，呈暗红色。肾脏稍为肿大，呈暗红色，质脆易碎。肠道有特征性病理变化，病程稍长的病例在小肠的中段和后段，尤其是在卵黄囊柄与回盲部的肠段外观膨大，肠道黏膜充血、出血，并发炎而坏死脱落，与纤维素性渗出物凝固而形成长短不一的栓子，体积增大，形如腊肠状，手触质地坚实，剪开肠道后可见肠壁变薄，肠腔内充满灰白色或淡黄色的栓子状物（小鹅瘟的一个特征性病理变化）。也有部分病鹅小肠中后段未见明显膨大，但可见到肠黏膜充血、出血，肠腔内有大量的纤维素性凝块和碎片，未形成坚实栓子。

亚急性型病例，其肠道的病理变化与急性型相似，且更为明显。

4. 诊断

根据流行病学、典型症状和特征性的病理变化可作出初步诊断，但确诊必须做病毒分离鉴定和雏鹅接种试验。

5. 防控措施

小鹅瘟主要经过来自疫区的种蛋和雏鹅而传播，因此对种蛋、雏鹅及所用的设备要严加清洗、消毒，禁止引进来自疫区的种蛋和苗鹅。

目前普通农户养鹅一般都没有进行免疫接种，为防止本病的发生与流行，在孵化过程中必须做好消毒工作。要从非疫区无疫情的鹅群中引进种蛋，不同地域种蛋和雏鹅不得混孵或混群，以避免感染发病。种蛋用甲醛熏蒸消毒，孵化育雏的工具、房舍应彻底消毒。刚出壳的雏鹅不要与新引进的种蛋或成鹅接触。

给雏鹅注射卵黄抗体进行免疫是防止本病的一种有效办法。出壳 1 ~ 2 d 的雏鹅，每只皮下注射 0.5 mL，已发病的雏鹅每只注射 0.5 ~ 1 mL。也可以使用小鹅瘟抗血清进行预防。注射小鹅瘟弱毒疫苗是避免小鹅瘟发生的另一种重要方法。在种母鹅产蛋前 1 个月肌注 100 倍经稀释的小鹅瘟疫苗 1 mL，用其所产的种蛋孵化，孵出的雏鹅体内含有母源抗体可抵抗小鹅瘟。种母鹅每半年接种 1 次。也可采用给雏鹅皮下注射鹅胚尿囊液 SYG21 代弱毒株疫苗，或鸭胚化 GD 弱毒疫苗。

鹅副黏病毒病

鹅副黏病毒病是由鹅副黏病毒引起的以消化道病变为特征的急性传染病。对鹅的危害较大，常引起大批死亡，雏鹅病死率可达 90% 以上。

1. 流行特点

鹅副黏病毒病对各种年龄的鹅都具有较强的易感性，日龄越小发病率、死亡率越高，10 d 以内的雏鹅发病率和死亡率可达 100%，10 ~ 15 d 雏鹅发病率和死亡率可达 90% 以上。随着日龄的增长，发病率和死亡率逐渐下降。疫区内的鸡也可以感染发病死亡。患病鹅和病愈后带毒者为传染源，常通过消化道、呼吸道水平传播。本病无季节性，一年四季均可发生，常呈地方性流行。

2. 症状

病鹅精神沉郁，呆立，羽毛松乱，翅膀下垂，食欲减退或废绝，喜饮水，口鼻流出黏液，呼吸困难，消瘦，拉白色、黄色或墨绿色粪便，有时呈水泄样、血样，部分病例出现扭头、跛行、转圈等症状，最终衰竭而死，体健者 7 d 后病情开始好转。蛋禽产蛋量明显下降。

3. 病理变化

鹅副黏病毒病的潜伏期为 3 ~ 5 d，人工感染雏鹅和青年鹅 2 ~ 3 d 发病，病程 1 ~ 4 d。病鹅精神委顿，缩头垂翅，食欲缺乏或拒食，饮水量增加，行动缓慢，不愿下水，下水后浮在水面随水流漂游。病鹅拉黄白色稀便或水样便，有时带血呈暗红色，康复鹅生长发育受阻。成年鹅将头插于翅下，严重者常见口腔流出水样液体，并有扭颈、转圈、仰头等神经症状，特别是饮水后病鹅有甩头、咳嗽、呼吸困难等现象。病程稍长，产蛋量下降。病死鹅机体脱水，眼球下陷，脚蹼干燥，皮肤淤血，皮下干燥。肝脏肿大，淤血，有芝麻或绿豆大的坏死灶。胰腺肿大，有灰白色坏死灶。心肌变性。下段食管黏膜有散在的灰白色或淡黄色芝麻大小溃疡结痂，剥离后留有斑痕及溃疡面。腺胃和肌胃黏膜充血，有出血斑点。肠道黏膜有不同程度的出血，空肠和回肠黏膜上常散在有淡黄色黄豆大小坏死性假膜，剥离后呈溃疡面。盲肠扁桃体肿大、出血。有的病死鹅脑充血、淤血。

4. 诊断

根据流行特点、症状和病理变化，可以作出初步诊断，确诊需要进行实验室诊断。该病毒能引起 10 d 内的鹅胚死亡，并在鹅胚尿囊液中具有较高血凝效价的病毒，且能被该病康复鹅血清特异性抑制。

5. 防控措施

目前尚无特效药物治疗，应以预防为主。做到不从疫区引进种鹅和雏鹅，制定切实可行的卫生、消毒制度，做好病鹅和健康鹅的隔离工作，不能把鹅与其他禽类混养，制订免疫计划，并认真搞好免疫接种。

(1) 种鹅免疫　种用鹅群从选留开始就应用鹅副黏病毒油乳剂灭活疫苗进行预防接种，每只注射 0.5 mL。产蛋前 15 d 每只注射 1 mL 进行第 2 次免疫。再过 90 d 每只注射 1 mL进行第 3 次免疫，这样就能使种鹅在产蛋期都具有较强的免疫力。

(2) 雏鹅免疫　对无母源抗体的雏鹅应根据本地该病流行情况，于2~7 d或10~15 d进行第1次免疫，每只皮下注射鹅副黏病毒油乳剂灭活疫苗0.3~0.5 mL。间隔60 d后再免疫1次，每只肌肉注射0.5 mL。对有母源抗体的雏鹅，应于15 d用鹅副黏病毒油乳剂灭活疫苗肌肉注射，每只0.5 mL。若紧急预防应选用鹅副黏病毒弱毒疫苗注射，因为它产生免疫力的时间短，但20 d以内没有母源抗体的雏鹅不能使用。

禽白痢

禽白痢是由禽白痢沙门菌引起的传染病，雏鸡和雏火鸡通常呈急性全身性感染，成年鸡则以局部和慢性感染最为常见。经卵传染是本病最常见的传播方式，孵化和出壳期间可以出现死胚、死雏和弱雏。

1. 流行病学

鸡和火鸡是禽白痢沙门菌的自然宿主，常终身感染。本病原体高度适应于自然宿主，对其他动物的致病性差，感染程度轻。不同品种的鸡在易感性方面差异显著，如来航鸡等轻型鸡的感染率比重型鸡高。本病的死亡多发生于2~3周龄以内的鸡，成熟和半成熟火鸡也可看到死亡，耐过本病的鸡有相当部分仍保持感染状态。

雏鸭、雏鹅及其他野禽如珍珠鸡、雉、鹌鹑、麻雀和金丝雀、鹦鹉等亦可自然感染。污染的种蛋是传播的主要途径，感染母鸡产的蛋常带有禽白痢沙门菌。

2. 症状

病雏虚弱，无食欲，可发生突然死亡。有时在出壳后5~10 d才看到白痢病鸡，但在随后的7~10 d内日渐加重，通常在第2~3周龄时达死亡高峰。最急性病例常无明显症状即死亡，肺有较重病变时，表现呼吸困难及气喘症状。一般病雏精神委顿，紧靠热源处聚集成堆，不吃，闭眼，缩头，拱背，翅及尾下垂，缩成一团，姿态异常。有些病雏排出粉白带绿色粪便，沾污肛门周围绒毛，重者肛门被排泄物封闭，排粪时发出尖叫声。幸存者大多生长很慢，发育不良，羽毛不丰，与同群健康雏体质量相差悬殊。有些病雏出现胫跗关节和其他关节及附近滑膜鞘肿胀，跛行，严重时蹲伏地上。

成年鸡和火鸡一般见不到急性感染的状态，可在群内长时间传播而不产生明显症状，但可看到不同程度产蛋量下降和受精率与孵化率下降。半成熟或成熟鸡群偶尔可看到急性感染，有一定数量的鸡死亡，可能与应激因素有关。病鸡鸡冠萎缩、贫血、两翅下垂、头颈卷缩、下痢、少食或不食，病程一般为4~5 d，短者1 d即可死亡。

3. 病理变化

(1) 雏禽：在育雏早期突然死亡的雏禽，病变不明显。肝脏肿大、充血，并有条纹状出血。败血型除肝脏外其他器官也可看到充血，但卵黄囊及其内容变化不大。病程更长的则可见卵黄吸收不好，内容物呈带黄色的奶油状或干酪状。心肌、肝脏、肺脏、盲肠、大肠和肌胃有坏死结节。有的病鸡有心包炎,肝脏点状出血并有灶性坏死,脾脏肿大,肾脏充血或贫血,输尿管因充满尿酸盐而明显扩张。盲肠中可见干酪样物,有时混有血液,肠壁增厚,常有腹膜炎变化。肝脏是眼观变化出现频率最高的部位,依次是肺脏、心脏、肌胃和盲肠。几日龄幼雏肺仅表现为出血性肺炎,年龄再大一些的可见带黄灰色的肝变区。心肌可见结节,大的引起心脏形状改变。

(2) 成年鸡:慢性带菌母鸡最常见的病变是卵子变形、变色,腹膜炎,急性或慢性心包炎。受害卵子在一层厚厚的包膜内含有油状和干酪状物质,变质卵子有的仍附在卵巢上,有的脱落于腹腔内。急性感染的成年鸡,主要病变为心脏肿大变形,心肌有灰白结节;肝脏肿大呈黄绿色,质地粗糙;脾肿大、质脆;肝和脾常有灰色坏死灶;肾脏肿大有实质变性。

3. 诊断

确诊禽白痢需要分离和鉴定禽白痢沙门菌,受害严重雏鸡的病变可以作为初步诊断的依据,血清学试验可检测出感染鸡。

4. 防控措施

药物治疗可减少雏鸡的死亡,但愈后仍带菌。长期使用药物易产生耐药菌株。采用不断检疫种鸡群和淘汰阳性鸡,建立和保持无白痢鸡群是控制本病最有效的措施。

禽大肠杆菌病

禽大肠杆菌病是由多种血清型的致病性大肠杆菌引起的一种传染病。包括大肠杆菌性气囊炎、败血症、脐炎、输卵管炎、腹膜炎及大肠杆菌肉芽肿等。严重的情况下会导致禽败血症和死亡。

大肠杆菌是畜禽肠道中的常在菌,属条件性致病菌。在卫生条件差、饲养管理不良时,易造成大肠杆菌病的发生。大肠杆菌对环境的抵抗力强,附着在粪便、土壤、尘埃和孵化器中绒毛、碎蛋壳上的大肠杆菌能存活较长时期。大多数消毒药对大肠杆菌有效。

1. 流行病学

各种年龄的鸡尤其是肉用仔鸡、鸭、火鸡、鹅等均可感染该病,发病率和病死率受各种因素影响有所不同。不良的饲养管理、应激或其他病原感染可成为该病的诱因。雏禽和青年禽多呈急性败血症,成年禽多呈亚急性气囊炎和多发性浆膜炎。本病可经卵、呼吸道和消化道传染。

2. 症状

败血型大肠杆菌病,2 ~6 周龄的禽多发,尤其在冬季发病率高,死淘率通常在 5% ~ 20%,严重的可达 50%。病禽精神不振,羽毛粗乱,翅膀下垂,采食减少。带菌种蛋则孵出的雏禽多见体弱、脐带炎、排出白色或黄绿色泥土样的稀便,还可见跛行或伏卧不起,一个或多个腱鞘、关节发生肿大,头部肿胀。少数病例眼睛可见肉芽肿。

3. 病理变化

败血型大肠杆菌病特征性的病变是纤维素性心包炎；气囊混浊肥厚，有干酪样渗出物；肝包膜呈白色混浊，有纤维素性附着物，有时可见白色坏死斑；脾充血肿胀；初生雏卵黄吸收不良及脐带炎；肠道上 1/3 ~ 1/2 段黏膜充血、增厚，甚至出血；还可见滑膜炎和关节炎。发生大肠杆菌肉芽肿时，肠道和肝脏发生结节性肉芽肿。此外，也可见眼球炎、脑炎，皮下有黄色液体渗出等。

4. 诊断

根据流行特点、症状和病理变化可作出初步诊断，要确诊此病须做细菌分离、致病性试验及血清型鉴定。继发性大肠杆菌病的诊断，必须在分离出大肠杆菌的基础上搞清楚原发病。

5. 防控措施

避免种蛋沾污粪便，对种蛋和孵化器具进行严格消毒，保持环境、饲料、饮水卫生，做好料槽、水槽、用具消毒工作，控制饲养密度，注意通风换气，定期带鸡消毒。

大肠杆菌对多种抗生素敏感，由于大肠杆菌容易对药物产生抗药性，最好进行药物敏感试验，选用敏感药物进行治疗。

禽霍乱

禽霍乱是由多杀性巴氏杆菌引起的传染病。该病多发生于闷热、潮湿环境下的青年鸡和产蛋鸡。本病常呈现败血性症状，发病率和病死率均很高，也可见慢性经过。

1. 流行病学

本病对各种家禽如鸡、鸭、鹅、火鸡和各种野禽都有易感性，但鹅易感性较低。禽霍乱造成禽的死亡通常发生于青年禽和产蛋禽，16 周龄以下的禽一般具有较强的抵抗力。断料、停水或突然改变日粮都可使禽对禽霍乱的易感性提高。自然感染潜伏期一般为 2 ~ 9 d，人工感染通常在 24 ~ 48 h 发病。慢性感染禽是传染的主要来源，通过污染了的环境特别是饲料和饮水，经口腔、鼻腔和眼结膜传播。

2. 症状

由于家禽的抵抗力和病菌的致病力强弱不同，表现的病状亦有差异。一般分为最急性、急性和慢性 3 种病型。

（1）最急性型　常见于流行初期，以产蛋禽最常见。病鸡无前驱症状突然死亡。

（2）急性型　此型最为常见，主要表现为精神沉郁，羽毛松乱，缩颈闭眼，头缩在翅下不愿走动，离群呆立。常有腹泻，排出黄色、灰白色或绿色的稀粪。体温升高到 43℃ ~ 44℃，减食或不食，渴欲增加。呼吸困难，口、鼻分泌物增加。冠和肉髯变青紫色，有的肿胀。产蛋禽停止产蛋。病程长短不一，最后衰竭而死亡。

(3) 慢性型 由急性型转变而来,多见于流行后期。以慢性肺炎、呼吸道炎和胃肠炎较多见。病禽鼻孔有黏性分泌物流出,鼻窦肿大,喉头有分泌物。病禽消瘦,精神委顿,冠苍白,腹泻。有些病禽一侧或两侧肉髯显著肿大,可见坏死、脱落。有的病禽有关节炎,关节肿大、疼痛、跛行。

鸭发生禽霍乱常以病程短促的急性型为主。病鸭精神委顿,不愿下水游泳,即使下水也行动缓慢,常落于鸭群的后面或独蹲一隅,闭目瞌睡,羽毛松乱,两翅下垂,缩头弯颈,食欲减少或不食,渴欲增加,嗉囊内积食不化,口和鼻有黏液流出,呼吸困难。

成年鹅的症状与鸭相似,仔鹅发病和死亡较成年鹅严重,常以急性型为主,精神委顿,食欲废绝,拉稀,喉头有黏稠的分泌物,喙和蹼发紫,翻开眼结膜有出血斑点。

3. 病理变化

最急性型死亡的病禽无特殊病变,有时只能看见心外膜有少许出血点。

急性型的病变较为典型,病禽在腹膜、皮下组织及腹部脂肪常见小点状出血。心包变厚,心包内积有多量不透明淡黄色液体,有的含纤维素絮状液体,心外膜、心冠脂肪出血尤为明显。肺充血或有出血点。肝脏的病变具有特征性,肝稍肿大,质脆呈棕色或黄棕色,表面散布有许多灰白色、针头大的坏死点。脾脏稍微肿大,也可见灰白色坏死点。肌胃出血显著。肠道尤其是十二指肠,呈卡他性和出血性肠炎。

慢性型因侵害的器官不同而有差异。当呼吸道症状为主时,见到鼻腔和鼻窦内有多量黏性分泌物,某些病例见肺硬变。局限于关节炎和腱鞘炎的病例,主要见关节肿大、变形、有炎性渗出物和干酪样坏死。公鸡的肉髯肿大,内有干酪样的渗出物。母鸡的卵巢明显出血,有时卵泡变形似半煮熟样。

4. 诊断

根据病鸡流行病学、剖检特征、症状可以初步诊断,确诊须由实验室诊断。取病鸡血涂片和肝、脾触片,经美兰、瑞氏或姬姆萨染色如见到大量两极浓染的短小杆菌有助于诊断。进一步的诊断须经细菌的分离培养及生化反应。

5. 防控措施

加强鸡群的饲养管理,严格执行禽场兽医卫生制度,以栋舍为单位采取“全进全出”的饲养制度。一般从未发生本病的鸡场不进行疫苗接种。

发病禽应立即采取治疗措施,有条件的地方应通过药敏试验选择有效药物全群给药。磺胺类药物、庆大霉素、硫酸黏杆菌素、恩诺沙星均有较好的疗效。在治疗过程中剂量要足,当禽只死亡明显减少后再继续投药 2 ~ 3 d 以巩固疗效。

常发地区的禽场可考虑应用疫苗进行预防。由于疫苗免疫期短,防治效果不十分理想。

鸡传染性鼻炎

本病是由鸡副嗜血杆菌引起的鸡急性呼吸系统疾病，主要症状为鼻腔与窦的炎症、流鼻涕、面部肿胀和打喷嚏。

1. 流行病学

病鸡及隐性带菌鸡是传染源，慢性病鸡及隐性带菌鸡是鸡群中发生本病的重要原因。本病发生于各种年龄的鸡，但产蛋期间的鸡感染较为严重。雏鸡、珍珠鸡、鹌鹑偶然也能发病。主要以飞沫及尘埃经呼吸道传染，也可通过污染的饲料和饮水经消化道传染。

本病多发于秋、冬两季，这与气候和饲养管理条件有关。如鸡群拥挤，不同年龄的鸡混群饲养，通风不良，舍内闷热，氨气浓度大，或鸡舍寒冷潮湿、缺乏维生素A、受寄生虫侵袭等都能促使鸡群发病。

2. 症状

常见症状为鼻孔先流出清液，后转为浆液黏性分泌物，有时打喷嚏。面部肿胀或水肿，眼结膜发炎，眼睑肿胀。食欲及饮水减少，或下痢，体质量减轻。病鸡精神抑郁，缩头，呆立。仔鸡生长不良，成年母鸡产蛋减少，公鸡肉髯常见肿大。如炎症蔓延至下呼吸道则呼吸困难，病鸡常摇头欲将呼吸道内的黏液排除，并伴有啰音。咽喉有分泌物凝块，最后常窒息而死。

3. 病理变化

主要病变为鼻腔和窦黏膜呈急性卡他性炎，黏膜充血肿胀，表面覆有大量黏液，窦内有渗出物凝块，后成为干酪样坏死物。常见卡他性结膜炎，结膜充血肿胀。面部及肉髯皮下水肿。严重时气管黏膜发炎，但肺炎及气囊炎少见。

4. 诊断

根据流行病学、症状和病理变化作出初步判断，确诊须做实验室细菌分离鉴定。

5. 防控措施

(1) 安装通风装置，降低鸡舍内氨气浓度。

(2) 经常带鸡消毒，降落空气中的粉尘和净化空气。

(3) 定期对饮水系统清洗消毒，同时加强对饮用水消毒。

(4) 鸡场工作人员应严格执行更衣、洗澡、换鞋等防疫制度。

(5) 加强鸡舍消毒，对空闲鸡舍要做到一清、二冲、三消毒。一清指彻底清除鸡舍内的粪便和其他污物。二冲指清扫后的鸡舍用高压自来水彻底冲洗。三消毒指用2%氢氧化钠溶液或0.3%过氧乙酸或2%次氯酸钠喷洒消毒，也可用甲醛加高锰酸钾对鸡舍进行熏蒸消毒。

(6) 免疫接种。按照免疫程序用鸡传染性鼻炎多价油佐剂灭活苗接种，可有效控制本病。

（7）选用合适药物进行预防和治疗。鸡副嗜血杆菌对磺胺类药物非常敏感,是治疗本病的首选药物。一般用复方新诺明或磺胺增效剂与其他磺胺类药物合用,或用2～3种磺胺类药物组成的联磺制剂均能取得较明显效果。当鸡群食欲下降,经饲料给药血中达不到有效浓度,治疗效果较差时,用抗生素注射可取得满意效果。一般选用链霉素或青霉素、链霉素合并使用。红霉素、土霉素及喹诺酮类药物也是常用的治疗药物。

鸡慢性呼吸道病

鸡慢性呼吸道病是由鸡败血支原体(霉形体)感染引起的鸡、火鸡呼吸道传染病。其特征为咳嗽、流鼻涕、呼吸时有啰音、眶下窦肿胀。常呈隐性感染,发展缓慢,病程很长,在鸡群中可长期蔓延。

1. 流行特点

鸡和火鸡等家禽易感,各种日龄均可感染,单纯败血支原体一般只有轻度呼吸道症状,发病率高,病死率一般在10%～20%。患本病后,由于影响机体的生长发育而使肉用仔鸡饲养期延长、饲料报酬下降、药物消耗增多,养鸡成本大大增加。本病还可使产蛋鸡群的产蛋率下降,种蛋孵化率下降,弱雏增多。支原体对环境抵抗力较弱,鸡粪中可存活1～3 d,一般消毒药均可杀灭。

慢性呼吸道病流行广泛,传播方式主要有直接接触传播、经卵传播、由带菌鸡咳嗽时喷嚏传播,也可通过污染的饲料、饮水传播。此外,还可以通过交配传播、经普通鸡胚生产的禽苗传播。单独感染鸡支原体的鸡群,在正常饲养管理条件下,一般不表现症状,呈隐性经过,但终生处于感染状态并长期排毒。鸡群接种新支疫苗可能会诱发本病。鸡群密度过大、通风不良、突然更换饲料、卫生状况差、营养不足、缺乏维生素等都可使鸡抵抗力降低而诱发该病。本病全年均可发生,尤以冬春季节有大风、雨雪和寒冷时发病严重。

2. 症状

慢性呼吸道病的潜伏期为4～21 d,主要表现为呼吸道症状如咳嗽、喷嚏、气管啰音、甩头等,有的流鼻涕、流眼泪,泪中有气泡,严重时眼睑肿大甚至粘连在一起,有的整个眼球凸起呈球状,内有黄白干酪样物质。当眶下窦被干酪样物堵塞时,病鸡出现张口呼吸、采食减少、精神萎靡、食欲废绝、体质量减轻等,雏鸡和育成鸡会大批死亡。

3. 病理变化

鼻道、气管、支气管及气囊出现卡他性炎症,气囊壁增厚,气囊内常有黏液性或干酪样渗出物,雏鸡、育成鸡比成鸡病变严重。此病经常与其他病并发或继发,使病情复杂化、严重化,造成诊断困难。当此病与大肠杆菌病并发时,会出现严重的气囊炎,气囊上有很多黄白色干酪样物。可见纤维性心包炎和肝周炎,肝肿大,表面有白色胶冻状物覆盖并可剥离。还可观察到肺炎及输卵管炎。重症病例出现腹膜炎，整个腹腔肠系膜粘连在一起并见有气泡。

4. 诊断

应根据鸡群的内外环境状况、症状、剖检病理变化及实验室手段进行诊断。

5. 防控措施

预防和控制本病应采取综合防控措施。通过血清学检测淘汰阳性种鸡，种蛋浸泡消毒，切断垂直传播。加强饲养管理，密度适中，保温适当，饲料全价，特别在冬、春季节更要注意通风换气。认真做好每个阶段的管理工作，这是控制本病发生的关键。

实行全进全出制管理，同一鸡群不能大、小鸡混养。每一批出栏后，认真清洗栏舍，用消毒液喷雾消毒，空舍 15 ~ 30 d 后再进新雏，并做好周围环境的消毒工作。

接种油佐剂灭活疫苗能有效地减少或控制出现发病症状和气囊炎，提高蛋鸡的成活率，改善饲料报酬。

单纯感染此病容易用药物控制，如氨基甙类、四环素类、恩诺沙星、泰乐菌素、泰妙菌素、红霉素、替米考星等药物对支原体敏感，但易产生耐药性，不宜长期使用，应轮换或联合用药。此病很少单独感染，常并发或继发其他鸡病，给治疗带来一定的困难。

（二）禽寄生虫病防治

球虫病

球虫病是由艾美耳属的球虫寄生于家禽肠道引起的疾病。病禽主要表现为贫血、消瘦和血痢。球虫病是鸡常见且危害十分严重的寄生虫病，雏鸡的发病率和病死率均较高，病愈的雏鸡生长受阻。

1. 病原特点

病原为原虫中的艾美耳科艾美耳属的球虫。柔嫩艾美耳球虫寄生于盲肠，致病力最强；毒害艾美耳球虫寄生于小肠中 1/3 段，致病力强；巨型艾美耳球虫寄生于小肠，以中段为主；堆型艾美耳球虫寄生于十二指肠及小肠前段，有一定的致病作用，严重感染时引起肠壁增厚和肠道出血等病变；其他则致病力较低，可能引起肠黏膜的卡他性炎症或无肉眼可见的病变。

2. 流行病学

各个品种的鸡均有易感性，15 ~ 50 d 的鸡发病率和病死率都较高，成年鸡对球虫有一定的抵抗力。病鸡是主要传染源，凡被带虫鸡污染过的饲料、饮水、土壤和用具等都有卵囊存在。鸡感染球虫的途径主要是吃了感染性卵囊。人、用具以及某些昆虫都可成为机械传播者。

饲养管理条件不良，鸡舍潮湿、拥挤、卫生条件差时最易发病。在潮湿多雨、气温较高的梅雨季节易暴发球虫病。

球虫虫卵的抵抗力较强，在外界环境中一般的消毒剂不易破坏，在土壤中可保持存活力4～9个月，在有树荫的地方可达15～18个月。卵囊对高温和干燥的抵抗力较弱。当相对湿度为21%～33%、温度为18℃～40℃时，柔嫩艾美耳球虫的卵囊经1～5 d就死亡。

3. 症状

病鸡精神沉郁，羽毛蓬松，头卷缩，食欲减退，嗉囊内充满液体，鸡冠和可视黏膜苍白，逐渐消瘦，排红色胡萝卜样粪便。若感染柔嫩艾美耳球虫，开始时粪便为咖啡色，以后变为完全的血粪。如不及时治疗，致死率可达50%以上。若多种球虫混合感染，可见粪便带血并含有大量脱落的肠黏膜。

4. 病理变化

病鸡消瘦，鸡冠与黏膜苍白，内脏变化主要发生在肠管，病变部位和程度与球虫的种别有关。

柔嫩艾美耳球虫见两根盲肠显著肿大，可为正常的3～5倍，肠腔中充满凝固的或新鲜的暗红色血液，盲肠上皮变厚，有严重的糜烂。

毒害艾美耳球虫见小肠中段肠壁扩张、增厚，有严重的坏死。在裂殖体繁殖的部位，有明显的淡白色斑点，黏膜上有许多小出血点。肠管中有凝固的血液或有胡萝卜色胶冻状的内容物。

巨型艾美耳球虫见小肠中段肠管扩张，肠壁增厚。内容物黏稠，呈淡灰色、淡褐色或淡红色。

5. 诊断

用饱和盐水漂浮法或粪便涂片查到球虫卵囊，或刮取肠黏膜涂片查到裂殖体、裂殖子或配子体均可诊断为球虫感染。但由于鸡的带虫现象极为普遍，因此，是不是由球虫引起的发病和死亡，应根据症状、流行病学资料、病理剖检情况和病原检查结果进行综合判断。

6. 防控措施

成鸡与雏鸡分开喂养，以免带虫的成年鸡散播病原，导致雏鸡爆发球虫病。加强饲养管理，保持鸡舍干燥、通风和卫生，定期清除粪便并通过堆放、发酵等方法杀灭卵囊。保持饲料、饮水清洁，笼具、料槽、水槽定期清洗消毒，并用沸水、热蒸气或3%～5%热碱水等处理。补充足够的维生素K和给予3～7倍推荐量的维生素A可加速患病鸡的康复。

鸡球虫病的防治主要是依靠药物。治疗球虫病的时间越早越好，根据不同发病时期选择不同药物且注意交叉用药和联合用药。常用药物有氨丙啉、磺胺药、莫能菌素、盐霉素及中成药等。

鉴于球虫繁殖周期为7 d，为了更高效、更快捷的治疗球虫疾病，从第1天投药算起，间隔 7 d 再投服一疗程药物，这样可以有效防止球虫病的复发。

组织滴虫病

组织滴虫病也称盲肠肝炎或黑头病，它是由组织滴虫属的火鸡组织滴虫引起的寄生于禽类盲肠和肝脏的一种原虫病。本病以肝脏坏死和盲肠溃疡为特征。多发于雏鸡和雏火鸡，成年鸡也能感染，但病情较轻；野鸡、孔雀、珠鸡、鹌鹑等有时也能感染。

1. 病原特点

火鸡组织滴虫为多样性虫体，大小不一。非阿米巴阶段的火鸡组织滴虫近似球形，直径为 3～16 μm。阿米巴阶段虫体是高度多样性的，常伸出一个或数个伪足，有一个简单的、粗壮的鞭毛。细胞核呈球形、椭圆形或卵圆形。

2. 流行病学

许多种类鸡都是火鸡组织滴虫的宿主。火鸡、鹧鸪和孔雀、雉、鹦鹉等均可严重感染组织滴虫病。曾发现不同品种的鸡易感性也有所不同。鸡和火鸡易感性随年龄而有变化，最易感时期鸡是 4～6 周龄，火鸡是 3～12 周龄。病程 1～3 周。

本病与鸡体内异刺线虫和鸡场土壤中的蚯蚓有关。寄生于盲肠内的组织滴虫，可进入异刺线虫体内，在其卵巢中繁殖，并进入卵内。当异刺线虫卵排到外界后，组织滴虫因有虫卵卵壳的保护，故能在外界环境中生活很长时间，成为重要的感染源。火鸡和鸡通过消化道感染，发生于夏季，3～12 周龄时的易感性最强，病死率也最高，成年鸡多为带虫者。蚯蚓充当本虫的搬运宿主。蚯蚓吞食土壤中的鸡异刺线虫虫卵后，组织滴虫随同虫卵进入蚯蚓体内，并进行孵化，新孵出的幼虫在组织内生存到侵袭阶段，当鸡吃到这种蚯蚓时，便可感染组织滴虫病。近几年流行病学有新的变化，节肢动物或昆虫也可能传播。

3. 症状

病鸡表现精神不振，食欲减少以至废绝，羽毛蓬松，翅膀下垂，闭眼，畏寒，下痢。排淡黄色或淡绿色粪便，严重者粪中带血，甚至排出大量血液。病的末期有的因血液循环障碍，鸡冠发绀，因而有“黑头病”之称。病程通常为 1～3 周。成年鸡很少出现症状。

4. 病理变化

组织滴虫的主要病变发生在盲肠和肝脏，引起盲肠炎和肝炎，一般仅一侧盲肠发生病变，有时为两侧。盲肠壁增厚和充血，浆液性和出血性渗出物充满盲肠腔，使肠壁扩张。渗出物常发生干酪化，形成干酪样的盲肠肠芯。随后盲肠壁溃疡，有时发生穿孔，从而引起腹膜炎。肝脏肿大，呈紫褐色，表面出现黄色或黄绿色的局限性、圆形、下陷的病灶，达豆粒至指头大，下陷的病灶常成一个同心圆的边界，边缘稍隆起。在成年鸡、火鸡肝坏死区可能融成片，形成大面积的病变区，而没有同心圆的边界。

5. 诊断

在一般情况下,根据组织滴虫病的特异性、肉眼病变和症状便可诊断,但在并发球虫病、沙门菌病、曲霉菌病或上消化道毛滴虫病等时,必须用实验室方法检查出病原体方可确诊。

6. 防控措施

由于组织滴虫是通过异刺线虫虫卵传播的,所以需有效减少或杀灭这些虫卵。利用阳光照射和干燥可最大限度地杀灭异刺线虫虫卵。雏鸡应饲养在清洁而干燥的鸡舍内,与成年鸡分开饲养,以避免感染本病。另外应对鸡进行定期驱虫。硬质地面可有效减少蚯蚓。笼养或网上养殖可使鸡无法接触到蚯蚓。该病的治疗药物现大多不准在食品动物中使用,可用二甲硝咪唑或甲硝哒唑进行治疗。

禽毛滴虫病

禽毛滴虫病是由禽毛滴虫引起的寄生于禽消化道上段的一种原虫病,分布广泛。本病的特征是喉部有干酪样物质,常伴有体质量下降。本病在家鸽最为常见,常引起溃疡。

1. 病原特点

大多数禽毛滴虫寄生于上消化道,而鸭毛滴虫主要寄生于下消化道。虫体外观呈梨状,移动迅速,具有 4 根游离的前鞭毛。

2. 流行特点

禽毛滴虫寄生于鼻窦、口腔、喉、食管及嗉囊的黏膜表层,偶尔侵害结膜及前胃的黏膜表层。鸽流行严重,幼鸽通常因首次食入成年鸽嗉囊中的鸽乳而被感染,并保持终生带虫。在形成足够免疫保护力之前,受强毒虫株感染时病死率可高达 50%。鸡和火鸡的毛滴虫病常常是由鸽传染的。污染的水源或饲料可能是鸡和火鸡感染的最重要的传染源。

3. 症状

上消化道感染的病禽表现食欲废绝,精神委顿,颈部常伸拉做吞咽状,眼有分泌物,闭口困难,口中流出浅绿色至淡黄色黏液并散发出恶臭味。下消化道感染的病禽表现精神沉郁,食欲下降或废绝,羽毛松乱,步态不稳,呆立喜卧,拉淡黄色水样稀粪,体质量下降,呈昏睡状。

4. 病理变化

初期病变是口腔黏膜上出现小的、界限分明的干酪样病灶,在病灶周围可能有一窄的充血带,可融合成团。干酪样物质的堆积可堵塞部分或全部食管,最后病变可穿透组织并扩展到头部和颈部的其他区域。食管和嗉囊为黄色,有圆形隆起,并带有一圆锥形的干酪样突起。嗉囊上覆盖有淡黄色白喉样膜,并能扩展到腺胃。口腔、鼻窦、咽、食管和嗉囊有凸起的白色结节或坏死性溃疡,并有干酪样分泌物。肝与肺亦常有硬的、白色至黄色的圆形或环形坏死灶。盲肠肿胀,黏膜溃疡,表面有干酪样渗出物,其他肠段也呈典型的炎症变化。

5. 诊断

显微镜检查口腔、食管、嗉囊分泌物涂片发现虫体,或刮取病变处黏液制成涂片,染色镜检,见到典型虫体即可确诊。

6. 防控措施

鸽禽毛滴虫多由成年鸽传递给雏鸽,其他禽类是通过口腔分泌物污染的饲料和饮水传播,因此必须尽一切努力将病禽从大群中隔离出来,防止病禽口腔分泌物污染饮水和饲料。治疗药物现大多不准在食品动物中使用,二甲硝咪唑和甲硝哒唑等药物对本病有治疗效果。

禽绦虫病

禽绦虫病是由绦虫寄生于禽小肠引起的寄生虫病,各种年龄的禽均能感染。病禽表现为下痢,粪便中有时混有血样黏液。蛋禽表现产蛋量下降或停止、食欲缺乏、精神沉郁、贫血、鸡冠和黏膜苍白等。青年禽易感性强,死亡率更高。

1. 病原特点

绦虫扁平如带状,虫体可分为头节、颈与链体三部分。链体由数个至数百个节片组成,各个节片间有明显的界线。禽类绦虫的种类很多,最为常见的有戴文属、赖利属、变带属、剑带属和皱缘属等。其中赖利属的有棘沟赖利绦虫、四角赖利绦虫、有轮赖利绦虫等,戴文属的有节片戴文绦虫等,为小鸡绦虫病的主要病原虫,主要寄生于鸡的小肠,发育史需甲虫、蚂蚁等做中间宿主;剑带属的矛形剑带绦虫为鸭、鹅绦虫病的主要病原虫,主要寄生于水禽的小肠,中间宿主是剑水蚤。

2. 症状

由于棘沟赖利绦虫等各种绦虫都寄生在禽的小肠,用头节破坏了肠壁的完整性,引起黏膜出血,肠道炎症,严重影响消化功能。病禽表现为下痢,粪便中有时混有血样黏液。轻度感染造成雏鸡发育受阻,成鸡产蛋量下降或停止。寄生绦虫量多时,可使肠管堵塞,肠内容物通过受阻,造成肠管破裂和引起腹膜炎。绦虫代谢产物可引起鸡体中毒,出现神经症状。病鸡食欲缺乏,精神沉郁,贫血,鸡冠和黏膜苍白,极度衰弱,两足常发生瘫痪,不能站立,最后因衰竭而死亡。

3. 病理变化

肝脏肿大呈土黄色,往往出现脂肪变性,易碎,部分病例腹腔充满腹水。小肠黏膜呈点状出血,严重者虫体堵塞肠道。部分病例肠道出现类似于结核病的灰黄色的小结节。

4. 诊断

根据流行特点、症状和病理变化可以作出初步诊断,确诊可用病鸡肠内容物镜检和进行虫体鉴定。

5. 防控措施

由于禽绦虫在其生活史中必须要有特定种类的中间宿主参与,因此预防和控制禽绦虫病的关键是消灭中间宿主,从而中断绦虫的生活史。集约化养鸡场,采取笼养的管理方法,使鸡群避开中间宿主。季节性使用杀虫剂消灭中间宿主也有一定效果。

当禽类发生绦虫病时,必须立即对全群进行驱虫。常用的驱虫药有以下几种。

(1) 丙硫苯咪唑,每公斤体质量 10 ~ 20 mg,每日 1 次投服,连用 2 次。

(2) 氯硝柳胺,鸡每公斤体质量 50 ~ 60 mg,鸭每公斤体质量 100 ~ 150 mg,1 次投服。

(3) 吡喹酮,鸡、鸭均按每公斤体质量 10 ~ 15 mg,1 次投服,可驱除各种绦虫。

禽蛔虫病

禽蛔虫病是由禽蛔虫属的蛔虫寄生于鸡、鸽等禽小肠中引起的。虫体偶见于食管、嗉囊、肌胃、输卵管和体腔中,主要危害 2—4 月龄的鸡和鸽,引起生长发育迟缓或停滞,甚至发生死亡。

1. 病原特点

虫体为淡黄白色像豆芽梗一样的线虫,体表有细横纹。雄虫尾部有尾翼,尾端尖,雌虫尾部稍尖。虫卵为椭圆形。

2. 症状

病鸡常表现精神不振,营养不良,羽毛松乱,鸡冠苍白,行动迟缓,呆立不动。消化功能紊乱,食欲减退,下痢和便秘交替出现,稀粪中常混有带血黏液,病禽逐渐消瘦甚至衰竭而死亡。4 月龄以上的成年禽一般不出现症状,个别严重感染的禽生长不良、贫血,母禽产蛋减少和有下痢症状。

3. 病理变化

在病禽小肠内可见多量白色或淡黄色圆柱形两端变细的大型线状虫体。虫体大小因不同种而有差异,长 2 ~ 8 cm。寄生肠道黏膜红肿发炎,有多量黏液。严重时大量虫体阻塞肠道,甚至引起小肠破裂。幼虫移行还可引起肝、肺出血。

4. 诊断

剖检可以从小肠内发现虫体,采用水洗沉淀法或饱和盐水漂浮法检查粪便中的虫卵,发现大量虫卵即可确诊。

5. 防控措施

加强环境卫生、勤换垫料、及时清除粪便并进行无害化处理、定期驱虫等是防治本病的根本措施。

治疗可选用下列药物：

（1）阿维菌素或伊维菌素，5 mg/kg 体质量，拌入饲料中一次内服，4 d 后再服 1 次。

（2）左旋咪唑，以 25～40 mg/kg 体质量，拌入饲料中一次内服，7 d 后再服 1 次。

（三）禽普通病防治

鸡维生素 E-硒缺乏症

维生素 E 和硒是动物体内不可缺少的抗氧化物，两者协同作用，共同抗击氧化物对组织的损伤。本病主要见于 20—50 d 仔鸡。

1. 病因

日粮维生素 E 和硒的供应量不足或饲料贮存时间过长是诱发本病的主要原因。

2. 症状

脑软化症表现运动共济失调，头向下挛缩或向一侧扭转，有的前冲后仰，或腿翅麻痹，最后衰竭死亡。渗出性素质主要发生于肉鸡，病鸡生长发育停滞，羽毛生长不全，胸腹部皮肤青绿色，浮肿。白肌病表现消瘦、无力、运动失调。种鸡繁殖障碍表现为种蛋受精率、孵化率明显下降，死胚、弱雏明显增多。

3. 病理变化

脑软化症病变主要在小脑，脑膜水肿，有点状出血，严重病例见小脑软化或青绿色坏死。渗出性素质的特征病变是颈、胸部皮下青绿色，胶冻样水肿，胸肌和腿部肌肉充血、出血。白肌病病变可见胸、腿、心肌肉有灰白色条纹状变性坏死。

4. 防控措施

饲料贮存时间不可过长，以免受到无机盐和不饱和脂肪酸氧化或拮抗物质的破坏。日粮中要保证供给足量的含硒、维生素 E 添加剂。

霉饲料中毒

霉饲料中毒指家禽采食了霉变饲料而发生的急性或慢性中毒性病症。本病是现代养禽业中多见的一种中毒性疾病。

1. 发病特点

本病一年四季都可发生，尤其在高温潮湿的春夏季节多发。霉变饲料饲喂家禽后，往往引起全群先后发病，损失较大。

2. 症状

霉变饲料会产生霉菌毒素，主要有黄曲霉毒素、褐黄曲霉毒素、镰刀菌素 3 种，其中黄曲霉毒素对家禽影响最大。黄曲霉毒素中毒后，雏禽表现为食欲缺乏，生长不良，羽毛松乱，缩颈，翅膀下垂，互相啄食，瘫痪；冠、髯苍白，消瘦，拉稀；病情严重的衰竭死亡。成年禽表现为拉稀，粪便呈白色或绿色，覆盖尿酸盐；食欲减少，贫血，衰竭，消瘦，啄肛，脱肛。产蛋禽产蛋量下降，出现软壳蛋、白壳蛋和沙壳蛋，种蛋受精率、孵化率明显下降。

3. 病理变化

特征性变化在肝脏。霉菌毒素主要损害肝脏，表现为肝细胞核肿胀、脂肪变性、出血、坏死及胆管上皮纤维组织增生。同时肾脏也可受损害，主要表现为肾曲小管上皮细胞变性、坏死，有管型尿形成。急性中毒的肝脏肿大、色泽苍白、有出血斑点，胆囊扩张；肾脏苍白、稍肿；胰腺有出血点。慢性病例肝脏硬化、色泽变黄，有白色小点状或结节状增生病灶，病程久的可见肿瘤病灶。心包和腹腔积水。

4. 诊断

根据发病特点、临床特征、霉变饲料和肝脏的特征性变化，可以作出初步诊断，确诊须实验室检查饲料霉菌毒素。

5. 防控措施

妥善保管饲料、不饲喂霉变饲料、及时更换垫料等是防控本病的根本措施。

本病无特效解毒剂，以对症、保肝等综合治疗为主。

食盐中毒

食盐是家禽体内各项正常生理活动所必需的营养物质。在日粮中添加适量的食盐，不仅可以改善饲料的适口性，还可以增强食欲，促进消化和代谢功能，增强体质。但采食过量的食盐后，会引起家禽食盐中毒。主要表现为大量饮水、剧烈下痢、运动失调、皮下水肿、大量死亡。

1. 发病特点

本病一年四季都可发生，无明显的季节性。当急性中毒时，表现为突然发病。

2. 症状

急性病例表现为突然发病，饮水大量增加，食欲缺乏，嗉囊膨大，下痢，死亡。部分病禽呼吸困难，运动失调，两脚无力，瘫痪，脱肛，啄肛。有的兴奋，肌肉震颤，口鼻流黏性分泌物。产蛋禽产蛋率下降，蛋壳变薄，出现白壳蛋、沙壳蛋和软壳蛋。

3. 病理变化

病变主要在消化道。嗉囊充满液体，黏膜脱落。腺胃黏膜充血，有的形成假膜。小肠发生卡他性或出血性肠炎，黏膜充血、发红、有出血点。有的皮下组织水肿，肺水肿，心包和腹腔积水。脑膜充血、出血。

4. 诊断

根据发病特点、症状、饲料检查可作出诊断。

5. 防控措施

饲料中添加的食盐要严格控制用量，对饲料配方要严格检查，防止食盐超标。

发病鸡群要及时停喂食盐超标的饲料，供给新鲜清洁的饮用水，饮水中适量添加葡萄糖、维生素。

肉鸡腹水综合征

肉鸡腹水综合征是一种因腹腔内积聚大量浆液性液体而导致病鸡死亡的非传染性疾病，其病理特征表现为明显腹水、右心扩张、肺充血水肿、肝脏病变等。

1. 发病特点

本病多发于冬季和早春，这与冬春季节舍内通风不良而造成鸡只缺氧有关。对发病日龄而言，多发于4—5周龄，这与此时肉鸡迅速生长，需要大量氧气有关。

2. 症状

病鸡羽毛蓬乱，神情怠倦，不愿活动，呼吸困难，发绀。腹部膨大，呈水袋状，触压有波动感，腹部皮肤变薄发亮。严重者皮肤淤血发红，有的病鸡站立困难，以腹部着地呈企鹅状，行动迟缓，呈鸭步样。

3. 病理变化

肺部充血、水肿；心包积液，心脏增大，心脏表面有白色点状小病灶，心腔内有凝固的血凝块；肝脏充血，边缘变厚，有斑点或结节，并覆有一层半胶冻样物；肾脏充血肿大并有尿酸盐沉积；肠道广泛充血；腹腔积液通常清亮呈稻草色或有出血性渗出物。

4. 诊断

根据发病特点、症状和病理变化很容易作出诊断。

5. 防控措施

（1）改善饲养环境。在高密度饲养肉鸡的生产中，舍内空气中氨气、灰尘、二氧化碳等物质浓度大是诱发腹水症的重要原因。所以，应调整饲养密度，改善通风条件，减少舍内有害气体及灰尘的含量，使之有充足的氧气供应。

（2）增加饲料中维生素C的含量、补充钾离子以维持体内电解质平衡、合理搭配饲料、增加利尿药物等可减少该病的发生。

（3）早期限饲。由于该病发生的日龄越来越早，采取早期限饲可有效地减少腹水症发病率，降低死亡率。

（4）病鸡可使用利尿药排除腹水，用抗生素预防继发感染。

痛风

痛风是家禽蛋白质代谢障碍引起的高尿酸血症。其病理特征为血液尿酸水平增高，尿酸盐在关节囊、关节软骨、内脏、肾小管及输尿管中沉积。临床表现为运动迟缓,腿、翅关节肿胀,厌食、衰弱、腹泻。本病主要见于鸡、火鸡、水禽,鸽偶尔见之。

1. 发病原因

(1) 大量饲喂富含核蛋白和嘌呤碱的蛋白质饲料,如动物内脏、肉屑、鱼粉、大豆、豌豆等。

(2) 饲料含钙或镁过高。

(3) 日粮中长期缺乏维生素 A。

(4) 肾功能不全。凡是能引起肾功能不全(肾炎、肾病等)的因素皆可导致尿酸排泄障碍,发生痛风。

(5) 饲养在潮湿和阴暗的禽舍,运动不足,日粮中维生素缺乏等。

(6) 遗传因素。

2. 症状

本病多呈慢性经过,其症状表现为食欲减退,逐渐消瘦,冠苍白,不自主地排出白色半黏液状稀粪,含有多量的尿酸盐。成年母鸡产蛋量减少或停止。关节肿胀,起初软而痛。病程稍久,结节软化或破裂,排出灰黄色干酪样物,局部形成出血性溃疡。病鸡往往呈蹲坐或独肢站立姿势,行动迟缓,跛行。

3. 病理变化

胸膜、腹膜、肺、心包、肝、脾、肾、肠及肠系膜的表面散布许多石灰样的白色尖屑状或絮状物质。肿胀关节腔中有浓厚、白色黏稠的液体,滑液中含有大量由尿酸、尿酸铵、尿酸钙形成的结晶。

4. 诊断

根据病因、发病特点、特征性症状和病理变化即可诊断。必要时采取病鸡血液检测尿酸的含量和采取肿胀关节的内容物进行实验室检查可以进一步确诊。

5. 防控措施

本病以预防为主,通过改善饲养管理条件,减小饲养密度;改善卫生条件,加强通风;减少富含核蛋白日粮,改变饲料配合比例,供给富含维生素 A 的饲料等措施可防止或降低本病的发病率。

发病禽群要供给充足的饮水和新鲜青绿饲料,使用小苏打促进尿酸盐排出。同时,饲料中适当增加维生素 A、维生素 D、维生素 C 的用量。

中暑

禽中暑常由于气温高、湿度大、通风不良、拥挤、缺水、水禽烈日下放牧等引起。表现为张口伸颈喘气、呼吸迫促、翅膀张开下垂、口渴、体温升高、步态不稳、痉挛等。

1. 发病特点

笼养鸡在舍内温度超过37℃、通风不良、卫生条件较差的鸡舍中常发生中暑。散养鸡、鸭、鹅在气温超过35℃ 的高温下放牧时易发生中暑。体格健壮、肥胖的家禽多发。

2. 症状

病禽体温升高；张口呼吸，呼吸短促，有的有啰音；食欲减退，饮水增多，严重的不饮水；精神不振，全身无力，烦躁不安；冠、髯发绀。严重时出现麻痹、痉挛、瘫痪等症状。

3. 病理变化

病禽肌肉发白，似煮熟样；肝脏肿大、出血；心包积液、心外膜出血；肺脏淤血、出血、水肿；肠系膜脂肪斑点状出血；头部皮下水肿，头盖骨出血、淤血，脑膜充血、淤血、出血、水肿。

4. 诊断

根据发病特点、特征性症状和病理变化即可诊断。

5. 防控措施

(1) 合理设计禽舍，夏季屋顶用草覆盖，减少热量进入。

(2) 供给充足饮水，并在饮水中添加小苏打、维生素 C 等药物。

(3) 控制饲养密度，加强通风。

(4) 安装喷淋装置，喷水降温。

(5) 鸭、鹅避免高温时放牧。

四、知识点击

(一) 禽传染病综合防控措施

1. 隔离

(1) 禽场须建立屏障与外界隔离

一般采用围墙隔离，有条件的可设防疫沟或防疫隔离带，棚舍必须安装防飞鸟和老鼠的设施，场内各区、区内各舍保持一定间隔距离或者建立屏障。

(2) 场内人员尽可能与外界相隔离

严格执行住场制，并谢绝参观。一切人员进场都必须经过淋洗、消毒、更衣。饲养人员定点工作，杜绝串舍越区。人员换区工作(包括场内兽医、管理人员串区)前都必须再经过淋洗、消毒、更衣。凡从事家禽生产的有关人员都不允许在场外饲养家禽、观赏鸟以及从事相关业务。

(3) 实行“全进全出制”管理

一个禽场最好只饲养一个品种和同一日龄的家禽。综合性禽场应分区、分舍饲养。

现代化养禽企业应根据生产性能、产品供应的均衡性，规划成若干个禽场，并在各禽场内实行“一贯制”管理即在同一禽舍内完成从育雏、育成、产蛋直至淘汰整个过程。上一批出舍后，禽舍经彻底清理、冲洗、消毒，闲置2～3周再进下一批雏禽，这样有利于消除病原体，减少传染病循环感染的机会。

（4）车辆、用具消毒

车辆不消毒不允许进入生产区，场内车辆、用具不消毒也不得出场。某一生产区或棚舍内的用具只能在某一区、棚使用，转区使用必须经严格消毒处理。

（5）净污分类

场内车辆分脏车和洁净车两类，道路也分脏道和净道两类。洁净车用于将周转库内的饲料等洁净物送往鸡舍，脏车用于粪便、垫料、垃圾等的运输。两类车辆严格分开，规定不同的行车路线，脏车走脏道，洁净车走净道。

2. 消毒

（1）消毒方法

①机械性清除：用机械的方法如清扫、洗刷等清除病原体。

②物理消毒法：用物理方法如阳光、紫外线、火焰烧灼、烘烤、煮沸、蒸汽等杀灭病原菌。

③化学消毒：采用化学药品杀灭病原体，一般可采用喷雾、浸泡、熏蒸等消毒形式。

④生物热消毒：主要用于粪便、垫料的无害化处理。在堆沤过程中微生物发酵产热，可使温度高达70℃以上，经过一段时间可以杀灭病原体。

（2）药物消毒注意事项

机械清扫、洗刷是做好化学消毒工作的前提，清扫、洗刷不仅能除去部分病原体，而且使病原体失去保护，使药物作用更彻底，同时节省药物使用量。影响药物作用效果的因素很多，包括消毒药的浓度、温度、作用时间及用量，一般浓度越大，温度越高，作用时间越长，其消毒效果越好。有些消毒药具有腐蚀作用，选用时应慎重。有些药品具有挥发性或有灼伤作用，操作时应注意保护，如甲醛消毒后，必须经通风换气把残余药物充分排出后方能进禽。有些消毒药不能混合使用，以免影响药效，如阴离子表面活性剂和阳离子表面活性剂合用会失去抗菌效果。有条件的禽场应对消毒效果进行检测，评估各种方法、各种药品的效果。不同的药物有不同的作用谱，尽可能选用作用谱广的消毒药品。紧急消毒时也可根据特定病原体来选用对其作用最强的药品。

3. 检疫

（1）引进禽群和种蛋的检疫

从外面引进雏禽或种蛋时，必须了解产地、禽场的疫情和管理情况，要求无垂直传播的疾病。进场后严格隔离观察,有条件应采取实验室方法进行检查,一旦发现传染病,及时按有关规定处理。

(2) 本场禽群的检疫与监测

对危害较大的传染病应定期进行检疫和监测。种禽群的检疫是禽群净化的一个重要步骤,定期监测是预防传染病的重要手段。

(3) 饲料、水质和舍内空气的监测

每批购进饲料时除对饲料能量、蛋白质等营养成分检测外,还应对其有无沙门菌、大肠杆菌、链球菌、葡萄球菌、霉菌及其有毒成分进行检测。饮用水应每月抽样进行理化和微生物学检查,一旦发现不符合饮用标准必须立刻纠正。定期取禽舍内空气样品检测氨气、硫化氢和二氧化碳等有害气体的浓度。

4. 杀虫、灭鼠、控制飞鸟

(1) 杀虫

即杀灭禽体外寄生虫以及环境中的昆虫。在杀虫时应选用对人、禽无危害,对环境无污染的药物。

(2) 灭鼠

禽场鼠害非常普遍,危害相当严重,表现为咬伤雏禽、盗食饲料、咬毁器物、传播疾病等。消灭老鼠首先应从建筑设计入手,杜绝鼠类进入禽舍,墙基、地面、门窗要坚固,出水洞加铁网,并经常检查是否损坏。其次采取各种办法直接捕杀。

(3) 控制飞鸟

飞鸟不仅能传播疾病,还能盗食饲料。应在禽舍的门窗上装上铁丝网或塑料网,禽场内不宜种植高大树木,可种植灌木和花草等。

5. 免疫接种

免疫接种是传染病综合防控的重要内容,应选择合适的免疫程序,扎扎实实地组织实施。

6. 药物预防

预防性投药是预防和控制禽类传染病的一项有效措施。在进行药物预防前,必须了解当地和本场的传染病流行情况和流行病学特点,再选择有效的药物,确定预防的最佳时间。这样既达到了预防效果又能省力省药。长期用药易产生耐药菌株,机体有益菌群也受到抑制,还能残留在胴体或蛋品中,危害公共卫生,给人类健康带来威胁。因此,应按照药物使用规范合理用药。

此外,防止禽传染病的发生还需要加强和改善饲养管理工作,以增强家禽对疾病的抵抗力。

(二) 禽场发生传染病时的紧急措施

当禽群发生传染病或疑为传染病时,应立即采取确诊、隔离、治疗或紧急接种等措施。

做到早发现，早确诊，早处理。

1．查明原因，明确诊断

（1）疫情调查　了解发病时间、发病日龄、病程长短、发病率、死亡率、用药及防疫情况、禽群管理状况等。若发病由少到多，同一禽场同一年龄不同禽舍先后发病，或在饲养条件不同的禽舍或禽场同时或先后发病，应首先怀疑是传染病。若病死率很高，应怀疑是急性烈性传染病。

（2）临床诊断　重点观察禽群的精神状态、呼吸、粪便、食欲、饮欲、发育情况、有无运动失调、体表状态（有无肿胀、损伤、羽毛光泽度等）。有些传染病根据其特征性症状，基本上就可以诊断出该病。

（3）剖检诊断　通过尸体剖检观察病理变化以达到诊断疾病的目的。选择能代表禽群发病症状的刚死亡或濒死期的病禽进行剖检，仔细观察各组织的病变。一般情况下，传染病死亡尸体多有一定的病理变化，可作为诊断的依据。

（4）实验室诊断　有些传染病常常需要经过实验室检查才能确诊。当然，实验室的诊断是在流行病学、临床诊断和病理剖检初步判断的基础上，有目的地进行的。对可疑病例通过细菌学（涂片镜检或分离培养）或病毒学（鸡胚接种和血清学试验）鉴定。

2．严密隔离封锁，防止疫情扩散

确诊传染病后，要立即采取隔离病禽、严密封锁的措施。严禁出售、转送病禽及发病群中貌似健康的禽，整个病禽群产的蛋也不能出售，以免疫情扩散。在封锁期间，不许调入、调出家禽及其他物品，更不允许接待参观人员及其他非工作人员的出入。

3．紧急免疫接种

在传染病发生的早期，可采用相应的疫苗紧急接种。为防止接种过程中造成的传染，应按假定健康禽群、可疑感染禽群、病禽群的顺序注射。每注射一只换一个针头，用煮沸法消毒针头轮换使用。有条件时，使用免疫血清紧急注射，效果更好。

4．淘汰或治疗病禽，合理处理尸体

对重症的病禽要彻底淘汰。一般细菌性传染病可给予抗生素治疗，某些病毒性传染病可采取特异性免疫抗体治疗。死亡的禽只和屠宰后废弃的羽毛、血、内脏等要无害化处理，可焚烧、深埋或集中处理。

5．消毒

对禽舍及使用过的用具，必须彻底清扫，严格消毒，粪便和污物堆积发酵。在最后一只病禽痊愈、急宰和扑杀后，经过一定的封锁期，再无新的病例发生时，经过全面的终末消毒后，可以解除封锁。封锁解除后，有些病愈禽在一定时间内有带菌（毒）现象，仍属于传染源，因此不能将这些病禽转运到安全区去。

五、练习

1. 在老师指导下参与禽场的禽病防治工作。
2. 在老师指导下参与动物医院的禽病诊疗工作。

附　录

附录一：家禽饲养工国家职业标准
【职业编码(5-03-03-01)】

1. 职业概况

1.1　职业名称

家禽饲养工。

1.2　职业定义

从事家禽和特种禽类日常饲养、管理、疫病预防的人员。

1.3　职业等级

本职业共设五个等级，分别为：初级（国家职业资格五级）、中级（国家职业资格四级）、高级（国家职业资格三级）、技师（国家职业资格二级）和高级技师（国家职业资格一级）。

1.4　职业环境条件

室内、外，常温。

1.5　职业能力特征

具有一定的学习能力、表达能力、计算能力、空间感和实际操作能力，动作协调，视觉、听觉、嗅觉正常。

1.6　基本文化程度

初中毕业。

1.7　培训要求

1.7.1　培训期限

全日制职业学校教育，根据其培养目标和教学计划确定。晋级培训期限：初级不少于180标准学时；中级不少于150标准学时；高级不少于120标准学时；技师、高级技师不少于80标准学时。

1.7.2 培训教师

培训初级、中级、高级的教师应具有本职业高级及以上职业资格证书或本专业中级及以上专业技术职务任职资格;培训技师和高级技师的教师应具有本专业高级以上专业技术职务任职资格。

1.7.3 培训场地与设备

具有满足教学需要的标准教室,具备常规教学用具和设备的实验室和场地。

1.8 鉴定要求

1.8.1 适用对象

从事或准备从事本职业的人员。

1.8.2 申报条件

——初级(具备以下条件之一者)

(1) 经本职业初级正规培训达规定标准学时数,并取得结业证书。

(2) 在本职业连续见习工作1年以上。

(3) 本职业学徒期满一年以上。

——中级(具备以下条件之一者)

(1) 取得本职业初级职业资格证书后,连续从事本职业工作2年以上,经本职业中级正规培训达规定标准学时数,并取得结业证书。

(2) 取得本职业初级职业资格证书后,连续从事本职业工作3年以上。

(3) 连续从事本职业工作4年以上。

(4) 取得经劳动保障行政部门审核认定的、以中级技能为培养目标的中等以上职业学校本职业(专业)毕业证书。

(5) 大专以上本专业或相关专业毕业生。

——高级(具备以下条件之一者)

(1) 取得本职业中级职业资格证书后,连续从事本职业工作3年以上,经本职业高级技师培训达规定标准学时数,并取得结业证书。

(2) 取得本职业中级职业资格证书后,连续从事本职业工作4年以上。

(3) 取得经劳动保障行政部门审核认定的、以高级技能为培养目标的高等职业学校本职业(专业)毕业证书。

(4) 大专以上本专业或相关专业毕业生从事本职业工作1年以上。

——技师(具备以下条件之一者)

(1) 取得本职业高级职业资格证书后,连续从事本职业工作2年以上,经本职业技师培训达规定标准学时数,并取得结业证书。

(2) 取得本职业高级职业资格证书后,连续从事本职业工作3年以上。

(3) 取得本职业高级职业资格证书的高级职业学校本职业(专业)毕业生,连续从事本职业工作2年以上。

——高级技师(具备以下条件之一者)

(1) 取得本职业技师职业资格证书后,连续从事本职业工作3年以上,经本职业高级技师培训达规定标准学时数,并取得结业证书。

(2) 取得本职业技师职业资格证书后,连续从事本职业工作4年以上。

1.8.3 鉴定方式

分理论知识考试和技能操作考核。理论知识考试采用闭卷笔试方式,技能操作考核采用现场实际操作方式。理论知识考试和技能操作考核均实行百分制,成绩皆达60分及以上者为合格。技师和高级技师资格还须经综合评审。

1.8.4 考评人员与考生配比

理论知识考试考评人员与考生配比为1:20,每个标准教室不少于2名考评人员;技能操作考核考评员与考生配比为1:5,且不少于3名考评员。综合评审委员不少于5人。

1.8.5 鉴定时间

理论知识考试时间为90分钟;技能操作考核时间:初级、中级、高级不少于30分钟,技师和高级技师不少于60分钟。综合评审时间不少于60分钟。

1.8.6 鉴定场所和设备

理论知识考试在标准教室进行;技能操作考核在工作现场进行,并配备符合相应等级考试所需的动物、用具及设备等。

2. 基本要求

2.1 职业道德

2.1.1 职业道德基本知识。

2.1.2 职业守则

(1) 诚实守信,尽职尽责。

(2) 尊重科学,规范操作。

(3) 遵纪守法,爱岗敬业。

(4) 团结协作,求实奉献。

(5) 规范操作,保护生态。

2.2 基础知识

2.2.1 安全知识

(1) 安全生产常识。

(2) 养禽机械设备使用常识。

2.2.2 专业基础知识

(1) 家禽解剖生理知识。

(2) 家禽遗传育种知识。

(3) 家禽营养与饲料知识。

(4) 家禽环境控制与保护知识。

(5) 家禽饲养管理知识。

(6) 家禽疫病预防知识。

2.2.3 相关法律、法规知识

(1)《中华人民共和国劳动法》的相关知识。

(2)《中华人民共和国农业法》的相关知识。

(3)《饲料及饲料添加剂管理条例》的相关知识。

(4)《饲料及饲料添加剂使用规范》的相关知识。

(5)《中华人民共和国动物防疫法》的相关知识。

(6)《兽药管理条例》的相关知识。

(7)《中华人民共和国环境保护法》的相关知识。

(8)《无公害农产品管理办法》的相关知识。

3. 工作要求

本标准对初级、中级、高级、技师和高级技师的技能要求依次递进,高级别涵盖低级别的要求。

3.1 初级

职业功能	工作内容	技能要求	相关知识
一、家禽饲养	(一) 饲料和禽种识别	1. 能够看懂饲料标签 2. 能够识别饲料原料、配合饲料、浓缩饲料和预混合饲料种类 3. 能够识别禽种的外貌特征	1. 饲料标签知识 2. 饲料原料、配合饲料、浓缩饲料和预混合饲料知识 3. 禽种的外貌特征
	(二) 饲喂技术	1. 能分类保管饲料 2. 能进行雏禽初饮、开食操作 3. 能使用各种喂料器给家禽供料 4. 能使用各种饮水器给家禽供水	1. 饲料的保管办法 2. 雏禽的开食方法 3. 家禽喂饮设备的使用常识

续表

职业功能	工作内容	技能要求	相关知识
二、家禽管理	(一)生产准备	1. 能清扫、消毒禽舍及其设施 2. 能准备常用养禽器具 3 能摆放喂料器和饮水器	禽舍主要设施、设备、器具的种类和作用
	(二)禽舍环境调控	1. 能读懂温、湿度计 2. 能使用控温和控湿设施设备进行温度和湿度的控制操作 3. 能使用通风和光控设备进行通风和光照控制操作	1. 温、湿度计的使用方法 2. 禽舍通风、光控设备的使用方法
	(三)生产阶段管理	1. 能接运各阶段家禽转群 2. 能对肉禽出栏进行停食、供水、装车 3. 能利用秤具称测家禽的体重、蛋重 4. 能按次集蛋、装箱和存放 5. 能填写现场生产记录	1. 家禽转群要求 2. 肉用家禽出栏要求 3. 家禽体重、蛋重的称测方法 4. 禽蛋集蛋、装箱和存放要求 5. 养禽现场生产记录的填写方法
三、家禽疫病预防	(一)养禽场卫生控制	1. 能清理、洗刷和消毒喂饮器具 2. 能进行禽舍、用具、水池、舍外环境、人员、禽体的消毒操作 3. 能对禽粪及废弃物进行物理性堆积处理	1. 养禽场常用的消毒方法 2. 常用消毒器具的使用方法 3. 禽粪堆积处理方法
	(二)禽病预防	1. 能观察出禽群的异常行为 2. 能发现病、弱禽个体 3. 能进行投药操作 4. 能进行驱虫操作	1. 家禽的异常行为 2. 病禽的临床表现 3. 家禽投药方法 4. 家禽驱虫方法

3.2 中级

职业功能	工作内容	技能要求	相关知识
一、家禽饲养	（一）饲料和禽种识别	1. 能识别家禽各生产阶段使用的饲料种类 2. 能识别禽种的经济类型 3. 能描述各阶段家禽的品质要求	1. 家禽各生产阶段使用的饲料种类知识 2. 不同禽种的生产性能标准及品质标准
	（二）饲喂技术	1. 能用感官判断饲料和饮用水的品质 2. 能确定雏禽开食时间和方法 3. 能够训练和观摩家禽的采食、饮水 4. 能进行换料过渡操作 5. 能操作机械化的饲喂设备	1. 饲料和饮水的品质感官判断方法 2. 家禽采食、饮水行为特点 3. 家禽换料过渡方法 4. 养禽机械饲喂设备的操作方法
二、家禽管理	（一）生产准备	1. 能计算饲养面积、密度和器具的数量 2. 能安置简单生产设备 3. 能维修简单生产器具	1. 家禽饲养密度、主要设备、器具的需要标准 2. 养禽常用生产设备、器具的使用和维修方法
	（二）禽舍环境调控	1. 能设置和安装温、湿度计 2. 能用风速仪测定禽舍的通风量 3. 能调节光照控制设备进行光照调整	1. 禽舍温、湿度计的安置方法 2. 风速仪的使用方法 3. 光照控制设备的使用方法
	（三）生产阶段管理	1. 能安排各阶段转群家禽入舍 2. 能使用断喙器给雏鸡进行断喙操作 3. 能对蛋品进行分级、消毒 4. 能安排肉禽出栏时间及主要设备、器具 5. 能汇总各种生产记录	1. 断喙器的使用方法 2. 蛋品分级标准 3. 肉用禽送宰运输要求 4. 家禽生产资料的汇总方法
三、家禽疫病预防	（一）养禽场卫生控制	1. 能对养禽场各区域采取隔离措施 2. 能采取防止鼠和鸟等野生动物污染饲料和饮水的措施 3. 能稀释配制各种消毒剂 4. 能对禽粪及废弃物进行化学性处理	1. 养禽场的区域隔离措施 2. 饲料保管知识 3. 消毒剂使用方法 4. 禽粪的化学处理方法
	（二）禽病预防	1. 能隔离处理病、弱家禽 2. 能进行免疫接种操作 3. 能进行家禽的采血操作	1. 病患禽隔离处理措施 2. 家禽免疫接种操作方法 3. 采血操作方法

3.3　高级

职业功能	工作内容	技能要求	相关知识
一、家禽饲养	(一)饲料调制	1. 能按配方配制饲料 2. 能补充和调制各种饲料添加剂	1. 家禽饲料配制技术 2. 家禽饲料和添加剂使用知识
	(二)饲喂技术	1. 能确定家禽每天的饲料需要量、饲喂次数和饲喂时间 2. 能进行限制饲喂操作 3. 能实施肉用禽育肥及人工填饲操作	
二、家禽管理	(一)生产准备	1. 能安装调试各种生产设备 2. 能维修禽舍及其设备 3. 能检验和校正各种生产设备、器具	1. 主要生产设备的安装调试方法 2. 禽舍主要设施、设备、器具的使用知识
	(二)禽舍环境调控	1. 能确定家禽各阶段的温、湿度标准 2. 能计算禽舍通风量 3. 能制定家禽光照方案	1. 各生产阶段家禽的环境温、湿度需要标准 2. 家禽对通风和光照的要求标准
	(三)生产阶段管理	1. 能对禽群进行检查、挑选和分群工作 2. 能测定、统计体重均匀度和调整禽群 3. 能统计各种生产数据	1. 优劣家禽的外形区别 2. 家禽均匀度的测定方法 3. 主要生产数据统计方法
三、家禽疫病预防	(一)养禽场卫生控制	1. 能制定养禽场各区域隔离措施 2. 能对饮用水源进行消毒处理 3. 能对禽粪及废弃物进行生物学处理 4. 能操作污染物排放设备	1. 养禽场的区域隔离措施 2. 饮用水源的消毒处理方法 3. 禽粪生物学处理方法 4. 污染物排放设备的使用知识
	(二)禽病预防	1. 能确定免疫用疫苗的种类及使用方法 2. 能确定预防投药、驱虫的时间和方法 3. 能临床诊断家禽的常见疾病	1. 家禽免疫及疫苗使用 2. 家禽常见病预防及诊断知识

3.4　技师

职业功能	工作内容	技能要求	相关知识
一、家禽饲养	（一）饲料调制	1. 能设计饲料配方 2. 能选定饲料原料 3. 能制订饲料供给计划	1. 家禽饲养标准及饲料营养成分 2. 饲料配方设计原则 3. 家禽生产对饲料的需求
	（二）饲喂技术	1. 能制定限制饲喂方案 2. 能制定肉用禽育肥及人工填饲措施 3. 能执行并指导本级以下人员实施饲养试验方案	1. 限制饲养原理 2. 肉禽的生长发育规律及人工填饲要求 3. 家禽饲养试验要求
二、家禽管理	（一）生产准备	1. 能对各种生产设备进行选型和组织安装自动化设备 2. 能改进禽舍及生产设施	1. 养禽常用机械设备的工作原理 2. 禽舍主要设施设置要求
	（二）禽舍环境调控	1. 能确定禽舍温度和湿度的控制方法 2. 能确定禽舍通风方式 3. 能确定禽舍的光照控制方法	家禽对温度、湿度、通风和光照需求的基本原理
	（三）生产阶段管理	1. 能执行家禽各阶段的生产计划 2. 能分析各种生产指标的影响因素 3. 能执行影响生产的补救措施 4. 能制作生产报表	1. 家禽各阶段生产特点 2. 影响家禽生产性能的主要因素 3. 家禽生产报表的主要内容及制作方法
三、家禽疫病预防	（一）养禽场卫生控制	1. 能制定养禽场卫生防疫措施 2. 能选定各种消毒剂 3. 能进行病死禽的无害化处理 4. 能维护排放污染物的设施	1. 养禽场卫生防疫要求 2. 消毒剂的消毒原理 3. 病死禽的无害化处理方法 4. 污染物排放设施的维护方法
	（二）禽病预防	1. 能实施家禽的保健措施 2. 能组织本级以下人员执行发生传染病时紧急预防措施 3. 能制订免疫计划 4. 能观察出生产中家禽的应激反应	1. 家禽保健与安全生产措施 2. 家禽常见疾病的预防措施 3. 生产中家禽的主要应激反应

续表

职业功能	工作内容	技能要求	相关知识
四、培训管理	(一)培训指导	1. 能对本级以下人员进行理论培训 2. 能对本级以下人员进行实际操作指导	家禽饲养管理基础知识及实际操作技术
	(二)技术管理	1. 能分析生产技术资料并写出技术报告 2. 能执行饲养试验方案 3. 能进行养禽生产成本分析	1. 养禽生产主要技术资料分析方法与技术报告写作知识 2. 家禽饲养试验要求 3. 养禽生产成本构成

3.5 高级技师

职业功能	工作内容	技能要求	相关知识
一、家禽饲养	(一)饲料调制	1. 能开发利用饲料资源 2. 能进行饲粮营养水平的调整	饲料营养与科学利用知识
	(二)饲喂技术	1. 能制定家禽生产阶段的饲养方案 2. 能检查饲喂效果 3. 能设计饲养试验方案	1. 家禽各阶段生产性能指标 2. 饲喂效果的检查方法 3 饲养试验方案设计方法
二、家禽管理	(一)生产准备	1. 能确定家禽的饲养管理方式 2. 能制订家禽新品种的引进和饲养管理计划	1. 家禽饲养管理基本原则 2. 家禽新品种引进的基本要求
	(二)禽舍环境调控	1. 能设计禽舍温度和湿度控制设施 2. 能设计禽舍通风设施 3. 能设计禽舍的光照控制设施	养禽场温度、湿度、通风和光照综合调控知识
	(三)生产阶段管理	1. 能制订各阶段家禽的生产计划 2. 能制定影响生产的补救措施 3. 能解决生产中的突发事件	1. 家禽各阶段生产标准 2. 影响家禽生产性能的因素及机制

续表

职业功能	工作内容	技能要求	相关知识
三、家禽疫病预防	（一）养禽场卫生控制	1. 能制定饲料和饮用水品质控制措施 2. 能提出水源利用和处理意见 3. 能制定卫生消毒方案 4. 能制定养殖污染物排放方案	1. 饲料品质控制相关知识 2. 畜禽饮用水水质标准 3. 养禽场卫生消毒知识
	（二）禽病预防	1. 能制定家禽的保健措施 2. 能制定发生传染病时紧急预防措施 3. 能审核免疫计划 4. 能分析家禽生产中应激反应产生的原因	1. 家禽保健与安全生产知识 2. 家禽传染病的传播、诊断和预防知识 3. 生产中应激因素的种类及机制
四、培训管理	（一）培训指导	1. 能编写培训教材 2. 能组织本级以下人员学习如何提高技能操作水平	1. 培训教材的编写方法 2. 教育学、心理学知识
	（二）技术管理	1. 能组织本级以下人员进行技术革新 2. 能设计饲养试验方案 3. 能进行养禽生产的经济效益分析	1. 养禽技术的应用 2. 饲养试验方案设计方法 3. 养禽生产的经济效益分析方法

4. 比重表

4.1 理论知识

项目			初级（%）	中级（%）	高级（%）	技师（%）	高级技师（%）
基本要求		职业道德	5	5	5	5	5
		基础知识	20	15	15	10	10
相关知识	家禽饲养	饲料和禽种识别	5	5	–	–	–
		饲料调制	–	–	10	10	10
		饲喂技术	15	15	10	10	5
	家禽管理	生产准备	5	5	5	5	5
		禽舍环境调控	15	15	15	15	15
		生产阶段管理	20	25	20	15	15
	家禽疫病预防	养禽场卫生控制	10	10	10	10	10
		禽病预防	5	5	10	10	10
	培训管理	培训指导	–	–	–	5	5
		技术管理	–	–	–	5	10

4.2 技能操作

项目			初级(%)	中级(%)	高级(%)	技师(%)	高级技师(%)
相关知识	家禽饲养	饲料和禽种识别	10	10	–	–	
		饲料调制	–	–	10	10	10
		饲喂技术	20	20	20	15	10
	家禽管理	生产准备	10	10	10	5	5
		禽舍环境调控	15	15	15	15	15
		生产阶段管理	20	20	20	20	20
	家禽疫病预防	养禽场卫生控制	15	15	15	15	15
		禽病预防	10	10	10	10	10
	培训管理	培训指导	–	–	–	5	5
		技术管理	–	–	–	5	10

附录二：家禽繁殖工国家职业标准

【职业编码(5-03-02-02)】

1. **职业概况**

1.1　职业名称

家禽繁殖工。

1.2　职业定义

从事种禽饲养、人工授精、孵化作业的人员。

1.3　职业等级

本职业共设五个等级，分别为：五级家禽繁殖工（国家职业资格五级）、四级家禽繁殖工（国家职业资格四级）、三级家禽繁殖工（国家职业资格三级）、二级家禽繁殖工（国家职业资格二级）和一级家禽繁殖工（国家职业资格一级）。

1.4　职业环境条件

室内、室外，常温。

1.5　职业能力特征

具有一定的学习能力、表达能力、计算能力、空间感和实际操作能力，动作协调，视觉、听觉、嗅觉正常。

1.6　基本文化程度

初中毕业。

1.7　培训要求

1.7.1　培训期限

全日制职业学校教育，根据其培养目标和教学计划确定。晋级培训期限：初级不少于180标准学时；中级不少于150标准学时；高级不少于120标准学时；技师和高级技师不少于80标准学时。

1.7.2　培训教师

培训初、中级的教师应具有本职业高级及以上职业资格证书或相关专业中级及以上专业技术职务任职资格；培训技师和高级技师的教师应取得本职业高级技师职业资格证书3年，或具有本专业高级及以上专业技术职务任职资格。

1.7.3　培训场地与设备

按每30人配备1间教室，具备常规教学及与本职业培训相关的用具和设备的实验室和场地。

1.8　鉴定要求

1.8.1　适用对象

从事或准备从事本职业的人员。

1.8.2　申报条件

——初级（具备以下条件之一者）

（1）经本职业初级正规培训达规定标准学时数，并取得结业证书。

（2）在本职业连续见习工作1年以上。

——中级（具备下条件之一者）

（1）取得本职业初级职业资格证书后，连续从事本职业工作2年以上，经本职业中级正规培训达到规定标准学时数，并取得结业证书。

（2）取得本职业初级职业资格证书后，连续从事本职业工作3年以上。

（3）连续从事本职业工作4年以上。

（4）取得劳动保障行政部门审核认定的、以中级技能为培养目标的中等以上职业学校本职业（专业）毕业证书。

（5）取得中专或大专本专业或相关专业毕业证书。

——高级（具备以下条件之一者）

（1）取得本职业中级职业资格证书后，连续从事本职业工作3年以上，经本职业高级正规培训达规定标准学时数，并取得结业证书。

（2）取得本职业中级职业资格证书后，连续从事本职业工作4年以上。

（3）取得经劳动保障行政部门审核认定的、以高级技能为培养目标的高等职业学校本职业（专业）毕业证书。

（4）大专学历本专业或相关专业毕业生从事本职业工作1年以上。

（5）本科学历本专业或相关专业毕业生。

——技师（具备以下条件之一者）

（1）取得本职业高级职业资格证书后，连续从事本职业工作2年以上，经本职业技师培训达到规定标准学时数，并取得结业证书。

（2）取得本职业高级职业资格证书后，连续从事本职业工作3年以上。

（3）取得本职业高级职业资格证书的高级职业学校本职业（专业）毕业生，连续从事本职业工作2年以上。

——高级技师（具备以下条件之一者）

（1）取得本职业技师职业资格证书后，连续从事本职业工作3年以上，经本职业高级技师培训达到规定标准学时数,并取得结业证书。

(2) 取得本职业技师职业资格证书后,连续从事本职业工作4年以上。

1.8.3 鉴定方式

分为理论知识考试和技能操作考核。理论知识考试采用闭卷笔试方式,技能操作考核采用现场实际操作方式。理论知识考试和技能操作考核均实行百分制,成绩皆达60分以上者为合格。技师和高级技师资格还须经过综合评审。

1.8.4 考评人员与考生配比

理论知识考试考评人员与考生配比为1:20,每个标准教室不少于2名考评人员;技能操作考核员与考生配比为1:5,且不少于5名考评员;综合评审委员不少于5人。

1.8.5 鉴定时间

各等级理论知识考试时间为90分钟,技能操作考核时间:初级不少于60分钟,中级不少于40分钟,高级、技师和高级技师不少于20分钟。综合评审时间不少于20分钟。

1.8.6 鉴定场所设备

理论知识考试在标准教室进行。技能操作考核在工作现场进行,并配备符合相应等级考试所需的动物、用具及设备等。

2. 基本要求

2.1 职业道德

2.1.1 职业道德基本知识。

2.1.2 职业守则

(1) 诚实守信,尽职尽责。

(2) 尊重科学,规范操作。

(3) 遵纪守法,爱岗敬业。

(4) 团结协作,求实奉献。

(5) 保护生态,科教兴农。

2.2 基础知识

2.2.1 专业知识

(1) 家禽解剖生理知识。

(2) 家禽饲养管理知识。

(3) 家禽繁殖知识。

(4) 家禽人工孵化知识。

2.2.2 安全知识

(1) 安全生产常识。

(2) 孵化机械设备使用常识。

2.2.3 相关法律、法规知识

(1)《中华人民共和国劳动法》的相关知识。

(2)《中华人民共和国农业法》的相关知识。

(3)《中华人民共和国畜牧法》的相关知识

(4)《家禽生产性能名词术语和度量统计方法》的相关知识。

(5)《种畜禽管理条例》的相关知识。

(6)《种畜禽管理条例实施细则》的相关知识。

(7)《兽药管理条例》的相关知识。

3. **工作要求**

本标准对初级、中级和高级、技师和高级技师的技能要求依次递进,高级别涵盖低级别要求。

3.1 初级

职业功能	工作内容	技能要求	相关知识
一、种禽饲养管理	(一) 种禽饲养	1. 能饲喂自由采食的种禽 2. 能调整料槽、饮水器的位置 3. 能使用秤具进行种禽体重、蛋重称量	1. 种禽饲养日工作程序知识 2. 家禽喂饮设备的使用常识 3. 家禽体重、蛋重的称测知识
	(二)种禽管理	1. 能观察种禽舍温度、湿度,并做记录 2. 能开启门、窗、风机对禽舍进行通风 3. 能按光照计划开关光源 4. 能对禽舍、设备、用具、人员和禽体进行消毒操作 5. 能进行日常生产记录	1. 温、湿度计的使用常识 2. 禽舍通风、光控设备的使用知识 3. 种禽舍光照计划知识 4. 种禽场消毒相关知识 5. 种禽场日常生产记录知识
二、种禽选择与选配	(一)种禽选择	1. 能从毛色、头部形态、外貌特征识别禽种 2. 能挑选出病、弱、残禽	1. 不同禽种的毛色、头部形态及外貌特征知识 2. 病、弱残禽的临床表现知识
	(二)种禽选配	1. 能保定种禽 2. 能进行人工授精器具的洗涤消毒 3. 能进行输精操作	1. 种禽的保定知识 2. 家禽人工授精器具洗涤消毒知识 3. 家禽输精知识

续表

职业功能	工作内容	技能要求	相关知识
三、种蛋孵化	(一)种蛋管理	1. 能进行种蛋标记 2. 能收集、初选、消毒种蛋 3. 能按品种、品系分类	1. 品系种蛋的标记知识 2. 集蛋、装箱、选择和消毒知识
	(二)孵化操作	1. 能进行种蛋码盘入孵操作 2. 能进行胚蛋照检、移盘操作 3. 能进行拣雏操作 4. 能对孵化机具进行清理、消毒 5. 能进行孵化生产日常记录	1. 种蛋码盘入孵操作知识 2. 胚蛋照检、移盘操作知识 3. 拣雏操作知识 4. 常用消毒器具的使用知识 5. 孵化生产记录知识
	(三)初生雏管理	1. 能对初生雏进行计数、装箱操作 2. 能对初生雏进行存放 3. 能对初生雏进行免疫接种操作	1. 初生雏计数、装箱常识 2. 初生雏存放知识 3. 初生雏免疫接种知识

3.2　中级

职业功能	工作内容	技能要求	相关知识
一、种禽饲养管理	(一)种禽饲养	1. 能进行限制饲喂操作 2. 能发现种禽饮食异常现象 3. 能调整种禽饲养密度 4. 能对种禽进行放牧与补饲 5. 能统计种禽体重资料	1. 限制饲养程序相关知识 2. 种禽异常饮食知识 3. 种禽饲养密度知识 4. 种禽放牧饲养相关知识 5. 家禽体重资料的统计知识
	(二)种禽管理	1. 能判断种禽舍温度、湿度状况 2. 能判断种禽舍通风、光照状况 3. 能统计种禽生产记录资料	1. 种禽舍温度、湿度相关知识 2. 种禽舍通风、光照相关知识 3. 种禽生产资料统计知识
二、种禽选择与选配	(一)种禽选择	1. 能根据外貌特征选择种禽 2. 能根据选配计划调整种禽群	1. 种禽外貌特征的相关知识 2. 种禽群的选配计划知识
	(二)种禽选配	1. 能对种公禽进行采精调教 2. 能进行采精操作 3. 能对精液进行稀释 4. 能进行精液外观检查	1. 种公禽的采精调教知识 2. 家禽采精知识 3. 家禽精液的稀释知识 4. 公禽精液的外观检查知识
三、种蛋孵化	(一)种蛋管理	1. 能选留种蛋 2. 能保存种蛋	1. 种蛋选留标准知识 2. 种蛋保存相关知识
	(二)孵化操作	1. 能进行孵化机日常管理操作 2. 能对停电采取应急措施 3. 能统计孵化生产成绩	1. 孵化机的使用知识 2. 孵化停电应急措施的相关知识 3. 孵化成绩的统计知识
	(三)初生雏管理	1. 能进行初生雏剪冠、断趾操作 2. 能进行鸡雏羽色、羽速性别鉴定 3. 能进行鸭、鹅雏翻肛、捏肛性别鉴定	1. 初生雏剪冠、断趾知识 2. 初生雏羽色、羽速性别鉴定知识 3. 鸭、鹅雏翻肛、捏肛性别鉴定知识

3.3 高级

职业功能	工作内容	技能要求	相关知识
一、种禽饲养管理	（一）种禽饲养	1. 能指导限制饲养方案实施 2. 能计算种禽体重均匀度	1. 种禽限制饲养方案相关知识 2. 种禽体重均匀度的计算知识
	（二）种禽管理	1. 能制定不同阶段种禽舍温度、湿度方案 2. 能制定不同阶段种禽舍通风、光照方案 3. 能分析种禽生产记录资料	1. 种禽舍温度、湿度、通风、光照相关知识 2. 生产标准在生产中的运用知识
二、种禽选择与选配	（一）种禽选择	1. 能根据生理特征选择种禽 2. 能根据生殖器官选择公鸭、鹅	1. 种禽生理特征的相关知识 2. 鸭、鹅生殖器官解剖知识
	（二）种禽选配	1. 能配制精液稀释液 2. 能使用显微镜对精子密度进行估测	种禽人工授精相关知识
三、种蛋孵化	（一）种蛋管理	1. 能评价种蛋质量 2. 能确定种蛋保存条件	1. 种蛋质量相关知识 2. 种蛋保存条件知识
	（二）孵化操作	1. 能发现并报告孵化机工作故障 2. 能制定孵化操作规程	1. 孵化机的使用知识 2. 孵化相关知识
	（三）初生雏管理	1. 能判定初生雏质量 2. 能制订初生雏包装和运输计划	1. 初生雏质量相关知识 2. 初生雏包装和运输知识

3.4 技师

职业功能	工作内容	技能要求	相关知识
一、种禽饲养管理	（一）种禽饲养	1. 能制定限制饲养方案 2. 能执行饲养试验方案 3. 能查找种禽体重均匀度差的原因	1. 种禽限制饲养知识 2. 饲养试验方案相关知识 3. 影响种禽体重均匀度因素的相关知识
	（二）种禽管理	1. 能选择禽舍环境控制方法 2. 能制定饲养日工作程序 3. 能设计种禽生产记录表格	1. 种禽舍环境条件标准知识 2. 种禽生产相关知识 3. 种禽生产记录项目知识
二、种禽选择与选配	（一）种禽选择	1. 能制定种禽选择方案 2. 能制定种禽群的周转计划	1. 种禽选择相关知识 2. 种禽群的周转计划相关知识
	（二）种禽选配	1. 能设计种禽人工授精操作方案 2. 能使用显微镜对精子数量、活力、畸形率进行检查	1. 种禽人工授精操作知识 2. 精液的显微镜检查知识

续表

职业功能	工作内容	技能要求	相关知识
三、种蛋孵化	(一)设施设备管理	1. 能进行孵化机生产前的检修 2. 能处理孵化生产过程中机械故障的紧急情况	1. 孵化机的检修知识 2. 孵化生产中常见问题的处理知识
	(二)孵化操作	1. 能根据胚胎发育情况调节孵化条件 2. 能对孵化效果进行总结和分析	1. 种禽胚胎发育对孵化条件的要求知识 2. 影响孵化效果因素相关知识
四、培训管理	(一)培训指导	1. 能对初、中、高级人员进行理论培训 2. 能对初、中、高级人员进行实际操作指导	1. 种禽饲养管理理论知识 2. 种禽饲养管理实际操作知识
	(二)技术管理	1. 能编写种禽生产技术报告 2. 能指导种禽推广试验方案的实施 3. 能分析种禽生产技术	1. 种禽生产技术报告写作知识 2. 种禽推广试验知识 3. 种禽生产成本相关知识

3.5 高级技师

职业功能	工作内容	技能要求	相关知识
一、种禽饲养管理	(一)种禽饲养	1. 能检查饲养效果 2. 能设计饲养试验方案	1. 饲养效果分析知识 2. 饲养试验方案设计知识
	(二)种禽管理	1. 能设计种禽场的布局 2. 能选定种禽饲养设备和用具 3. 能制订种禽场的生产计划	1. 种禽场布局的基本知识 2. 种禽饲养设备和用具相关知识 3. 种禽场的生产计划相关知识
二、种禽选择与选配	(一)种禽选择	1. 能制订种禽引进计划 2. 能解决公禽精液品质异常问题	1. 种禽场选配计划的制订知识 2. 影响公禽精液品质相关知识
	(二)种禽选配	1. 能制订种禽场的选配计划 2. 能解决种蛋质量异常问题	1. 种禽引种的相关知识 2. 影响种蛋质量因素的相关知识
三、种蛋孵化	(一)设施设备管理	1. 能设计孵化室布局 2. 能对孵化设备及配件选型	1. 孵化室布局的相关知识 2. 孵化设备相关知识
	(二)孵化操作	1. 能编制孵化生产计划 2. 能提出孵化改进措施	1. 孵化生产计划的制订知识 2. 孵化成绩的分析知识
四、培训管理	(一)培训指导	1. 能编写培训教材 2. 能组织培训初、中、高级和技师的技能操作	1. 培训教材的编写知识 2. 技能操作相关知识
	(二)技术管理	1. 能应用新技术 2. 能分析种禽生产的经济效益	1. 种禽新技术应用的相关知识 2. 种禽生产的经济效益分析知识

4. 比重表

4.1 理论知识

	项目	初级(%)	中级(%)	高级(%)	技师(%)	高级技师(%)
基本要求	职业道德	10	10	10	10	10
	基础知识	20	20	20	20	20
相关知识	种禽饲养管理	30	20	15	10	10
	种禽选择与选配	20	20	25	15	10
	种蛋孵化	20	30	30	30	30
	培训管理	–	–	–	15	20
	合计	100	100	100	100	100

4.2 技能操作

	项目	初级(%)	中级(%)	高级(%)	技师(%)	高级技师(%)
相关知识	种禽饲养管理	45	30	25	14	14
	种禽选择与选配	20	30	30	23	16
	种蛋孵化	35	40	45	40	40
	培训管理	–	–	–	23	30
	合计	100	100	100	100	100

附录三:动物疫病防治员国家职业标准

【职业编码(5-03-05-01)】

1. 职业概况

1.1　职业名称

动物疫病防治员。

1.2　职业定义

在兽医师的指导下,从事动物常见病和多发病防治的人员。

1.3　职业等级

本职业共设三个等级,分别为:初级(国家职业资格五级)、中级(国家职业资格四级)、高级(国家职业资格三级)。

1.4　职业环境条件

室内、室外、常温。

1.5　职业能力特征

具有一定的学习能力和表达能力,手指、手臂灵活,动作协调。

1.6　基本文化程度

初中毕业。

1.7　培训要求

1.7.1　培训期限

全日制职业学校教育,根据其培养目标和教学计划确定。晋级培训期限:初级不少于150 标准学时;中级不少于 120 标准学时;高级不少于 90 标准学时。

1.7.2　培训教师

培训初、中级的教师应具有本职业高级职业资格证书或相关专业中级以上专业技术职务任职资格;培训高级的教师应具有相关专业高级专业技术职务任职资格。

1.7.3　培训场地设备

满足教学需要的标准教室和具有符合国家标准的检测仪器、材料的场地。

1.8　鉴定要求

1.8.1　适用对象

从事或准备从事本职业的人员。

1.8.2　申报条件

——初级(具备以下条件之一者)

(1) 经本职业初级正规培训达规定标准学时数,并取得结业证书。

(2) 在本职业连续见习工作2年以上。

——中级(具备以下条件之一者)

(1) 取得本职业初级职业资格证书后,连续从事本职业工作3年以上,经本职业中级正规培训达规定标准学时数,并取得结业证书。

(2) 取得本职业初级职业资格证书后,连续从事本职业工作5年以上。

(3) 取得中等以上专业学校相关专业毕业证书。

——高级(具备以下条件之一者)

(1) 取得本职业中级职业资格证书后,连续从事本职业工作3年以上,经本职业高级正规培训达规定标准学时数,并取得结业证书。

(2) 取得本职业中级职业资格证书后,连续从事本职业工作5年以上。

1.8.3 鉴定方式

分为理论知识考试和技能操作考核。理论知识考试采用闭卷笔试方式,技能操作考核采用现场实际操作方式。理论知识考试和技能操作考核均实行百分制,成绩皆达60分及以上者为合格。

1.8.4 考评人员与考生配比

理论知识考试考评人员与考生配比为1∶15,每个标准教室不少于2名考评人员;技能操作考核考评员与考生配比为1∶5,且不少于3名考评员。

1.8.5 鉴定时间

各等级理论知识考试时间为90分钟,技能操作考核时间:初级为60分钟,中级为60分钟,高级为90分钟。

1.8.6 鉴定场所设备

理论知识考试在标准教室进行。技能操作考核应为具有实验动物、实验器材及实验设备的场所。

2. 基本要求

2.1 职业道德

2.1.1 职业道德基本知识

2.1.2 职业守则

(1) 爱岗敬业,有为祖国畜牧业发展努力工作的奉献精神。

(2) 努力学习业务知识,不断提高理论水平和操作能力。

(3) 工作积极,热情主动。

(4) 遵纪守法,不谋取私利。

2.2 基础知识

2.2.1 专业知识

(1) 动物解剖生理基础知识。

(2) 动物饲养管理基础知识。

(3) 常用兽药一般知识。

(4) 动物病理学、疫病防治基础知识。

(5) 兽医微生物学基础知识。

(6) 生物制品和冷链设备的保管、使用基础知识。

(7) 人畜共患病的防范知识。

2.2.2 法律法规

《中华人民共和国动物防疫法》及相关法律法规。

3. 工作要求

本标准对初级、中级和高级的技能要求依次递进,高级别涵盖低级别要求。

3.1 初级

职业功能	工作内容	技能要求	相关知识
一、畜(禽)舍卫生消毒	(一)配制消毒药物	能按要求配制常用消毒药物	1. 消毒的定义、目的与意义 2. 消毒的种类 3. 畜(禽)舍的消毒步骤 4. 配制消毒药物的计算方法 5. 喷雾器的使用方法
	(二)机械消毒	能实施或指导畜主对畜(禽)圈舍进行机械消毒	
	(三)化学消毒	能使用化学消毒法进行浸洗、浸泡、喷洒消毒	
二、预防接种	(一)运输、保存疫苗	能按要求运输、保存普通疫苗	
	(二)免疫接种	1. 能按规定稀释疫苗 2. 能对动物进行免疫接种(皮下、肌肉、点眼、滴鼻、刺种) 3. 能正确给动物佩带免疫耳标 4. 能正确填写免疫档案	1. 疫苗运输与保存的知识 2. 预防接种的目的与意义 3. 免疫接种的基本方法
三、采集、运送病料	(一)采集病料	能正确采集脏器病料	
	(二)运送病料	1. 能按规定包装脏器病料 2. 能按规定运送脏器病料 3. 能按规定填写病料送检表	1. 病料采集的时间要求 2. 器械与容器的消毒方法 3. 常用病料保存剂的配制 4. 病料包装与运送的知识

续表

职业功能	工作内容	技能要求	相关知识
四、药品与医疗器械的使用	(一)药品与医疗器械的保管	能贮存与保管普通药品和医疗器械	1. 普通药品的使用知识 2. 医疗器械保管及使用知识
	(二)药品与医疗器械的使用	能够正确使用普通药品和医疗器械	
五、临床观察与给药	(一)流行病学资料收集	能收集、整理动物流行病学资料	1. 动物流行病学基本知识 2. 健康动物的一般知识 3. 听诊器、体温计的使用方法 4. 投药的基本知识 5. 护理病畜禽的基本知识 6. 动物腹部、咽喉、腹腔、乳腺的解剖结构 7. 寄生虫的定义与驱虫的意义 8. 药物预防和休药期的意义 9. 驱虫药物配制的基本知识 10. 驱虫时间、投药方法 11. 药物注射的注意事宜
	(二)临床症状观察	1. 能区分健康与患病的动物 2. 能测定动物的体温、心率、呼吸率 3. 能识别健康与患病动物的粪便	
	(三)护理	能护理患病动物和哺乳动物	
	(四)给药	1. 能按要求正确配制药物 2. 能完成动物口服投药 3. 能完成腹腔注射、肠胃灌药、乳腺内注射、静脉放血等治疗方法的操作	
	(五)驱虫	1. 能在兽医师的指导下正确实施驱虫 2. 能根据寄生虫的种类选择相应的驱虫方法进行驱虫	
六、动物阉割	(一)猪的阉割	能阉割仔猪	1. 接近和保定动物的基本方法 2. 鸡、猪的生殖器官解剖结构 3. 外科学的基本知识
	(二)鸡的去势	能去势公鸡	
七、患病动物的处理	(一)隔离	能将患病动物、假定健康动物、健康动物进行隔离	1. 动物传染病的基本概念 2. 动物传染病发生与流行的基本知识 3. 动物防疫工作的方针和原则 4. 国家对动物疫病的分类
	(二)消毒	能选择合适的消毒药物和方法对污染环境进行消毒及疫情扑灭后的终末消毒	
	(三)病死动物的处理	能对病死动物的尸体进行深埋、焚烧、高温处置等无害化处理	
	(四)报告疫情	能正确填写疫情报表	

3.2 中级

职业功能	工作内容	技能要求	相关知识
一、畜（禽）舍卫生消毒	（一）粪便、污物消毒	能使用生物发酵法对粪便、污物进行消毒	1. 粪便消毒与污水消毒的基本原理 2. 空气消毒的基本原理 3. 芽孢杆菌污染场地（物）的消毒方法及注意事项。
	（二）空气消毒	能使用熏蒸法对圈舍等空气消毒	
	（三）芽孢杆菌污染场地（物）消毒	能用漂白粉等药物对被炭疽、气肿疽等芽孢杆菌污染的场地（物）进行消毒	
二、预防接种	（一）运输、保存疫苗	能对弱毒苗、灭活苗、高免血清等进行运输与保存	1. 环境温度对疫苗的影响 2. 气雾免疫、饮水免疫的知识 3、处理残余苗液和废（空）疫苗瓶的知识
	（二）预防接种	1. 能开展气雾免疫、饮水免疫 2. 能对残余的疫苗和废（空）疫苗瓶进行无害化处理	
三、采集、运送病料	（一）采集病料	能按要求采集脓汁、鼻汁、乳汁、水泡汁、水泡皮、粪便及阴道分泌物	1. 脓汁、鼻汁、乳汁、水泡汁、粪便及阴道分泌物采集知识 2. 常用病料保存剂的性能、性状及用途 3. 烈性传染病病料的包装与运送方法
	（二）保存病料	能根据病料的种类，分别保存病料	
	（三）运送病料	能按要求包装与运送烈性传染病病料	
四、药品与医疗器械的使用	（一）药品保管	能妥善保管易潮解、易挥发的药物	1. 药品分类的基础知识 2. 药品剂型的有关知识 3. 普通外科、产科的常用器械使用的有关知识 4. 医疗器械保养的一般知识
	（二）器械使用	1. 能识别和使用一般外科、产科器械 2. 能保养、使用普通显微镜	
五、临床观察与给药	（一）临床症状观察	1. 能识别患病动物的皮肤、可视黏膜中的病变 2. 能操作和识别结核、鼻疽变态反应试验	1. 临床检查的基本方法与程序 2. 一般检查的基本内容 3. 临床常用的注射方法 4. 变态反应的基本原理 5. 药物副反应的常见症状 6. 驱虫机制 7. 药浴基本知识 8. 畜禽解剖、生理、病理基本知识
	（二）给药	1. 能正确处理一般药物的副反应 2. 能实施胃管给药，瘤胃、马盲肠穿刺投药，静脉输液，瓣胃注射等给药方法	
	（三）驱虫	1. 能用漂浮法检查寄生虫卵并进行预防性驱虫 2. 能给绵羊药浴	
	（四）尸体剖检	1. 能解剖畜禽尸体 2. 能识别畜禽脏器的病灶	

续表

职业功能	工作内容	技能要求	相关知识
六、动物阉割	(一)成年母畜的阉割	能摘除成年母畜卵巢	1. 成年动物的保定 2. 全身麻醉药物的作用机制及其过敏反应处理
	(二)成年公畜的去势	能对成年公畜去势	
七、患病动物的处理	(一)建立病历	1. 能撰写病历 2. 能收集和整理病历档案	1. 常见内科病及其常用药物的基本知识 2. 外科病的处置原则 3. 骨折愈合的机制
	(二)内科病处理	能对畜禽消化系统、呼吸系统的内科病进行处理	
	(三)外科病的处置	1. 能对畜禽普通外科病进行处置 2. 能对非开放性骨折进行固定	

3.3 高级

职业功能	工作内容	技能要求	相关知识
一、畜(禽)舍卫生消毒	(一)使用新药	能正确使用新消毒药品	1. 新消毒药的作用机制和使用注意事项 2. 国家对疫点的划分原则 3. 终末消毒的必要性
	(二)疫点消毒	能实施疫点的消毒	
二、预防接种	(一)运输、保存疫苗	能避免疫苗在运输与保存过程中失效	1. 常用疫苗不良反应的基本知识和急救措施 2. 动物免疫失败的原因
	(二)疫苗使用	能正确判定免疫接种后的不良反应	
	(三)紧急预防接种	根据疫情,能选择合适的疫苗对易感动物进行紧急预防接种	
三、采集、运送病料	(一)采集病料	1. 能无菌采集病料 2. 能通过静脉采集畜禽血液,并分离血清	1. 无菌概念的基本知识 2. 静脉采血的保定方法 3. 血清的保存条件 4. 采集、固定病理材料的注意事项
	(二)运送病料	能采集、固定、包装、运送病理切片材料	
四、药品与医疗器械的使用	(一)药品保管	能分析药物在保管过程中失效的原因	1. 温(湿)度、酸碱度对仪器设备的影响 2. 离心机、消毒液机、手提高压灭菌器等器械的工作原理
	(二)器械保管	能对常用仪器进行妥善保管和维护	
	(三)器械使用	能正确使用离心机、消毒液机、手提高压灭菌器等器械	

续表

职业功能	工作内容	技能要求	相关知识
五、临床观察与给药	(一)临床症状观察	1. 能通过临床典型症状对动物疾病进行初步鉴别 2. 能进行畜禽血、粪、尿的常规检验操作 3. 能正确使用X线机	1. 畜禽主要疾病的临床表现 2. 血、粪、尿常规检验的基本原理 3. X线检查动物的基本知识 4. 胸腔注射的部位 5. 普鲁卡因的作用原理 6. 螨虫的生存环境 7. 畜禽常见原虫的生活史和寄生部位 8. 球虫的生活史
	(二)尸体剖检	能通过典型病理剖检变化对动物疫病进行鉴别	
	(三)给药	1. 能掌握药物的配伍禁忌 2. 能正确实施气管、胸腔注射投药	
	(四)驱虫	1. 能用皮屑溶解法检查螨虫并投药 2. 能用血液涂片法检查畜禽的原虫，并能正确驱虫	
六、患病动物的处理	(一)中毒病的处理	能根据临床症状识别中毒病，并能正确处理	1. 常见中毒病的临床症状表现 2. 常量元素、微量元素、雌激素对母畜禽的作用机制 3. 琼脂扩散、凝集实验的原理 4. 国内外动物疫病防治的先进技术
	(二)产科疾病的处理	1. 能正确处理常见产科病 2. 能做剖宫取胎术	
	(三)传染病的预防	能做畜禽免疫抗体监测试验	
七、培训指导	(一)培训	能对初级、中级动物疫病防治员进行技术培训	培训教学的有关知识
	(二)指导	能对初级、中级动物疫病防治员的技术工作进行指导	

4. 比重表

4.1 理论知识

项目		初级(%)	中级(%)	高级(%)
基本要求	职业道德	5	5	5
	基础知识	30	30	30
相关知识	畜(禽)舍卫生消毒	5	5	5
	预防接种	10	10	5
	采集、运送病料	5	5	5
	药品与医疗器械的使用	5	5	5

续表

项目		初级(%)	中级(%)	高级(%)
相关知识	临床观察与给药	15	15	15
	动物阉割	5	5	–
	患病动物的处理	20	20	20
	培训指导	–	–	10
	合计	100	100	100

4.2 技能操作一

项目		初级(%)	中级(%)	高级(%)
技能要求	畜(禽)舍卫生消毒	15	10	10
	预防接种	20	20	20
	采集、运送病料	5	10	10
	药品与医疗器械的使用	10	10	10
	临床观察与给药	20	20	20
	动物阉割	10	10	–
	患病动物的处理	20	20	20
	培训指导	–	–	10
	合计	100	100	100

4.3 技能操作二

项目		初级(%)	中级(%)	高级(%)
相关知识	临床检验、活体检验	30	30	30
	宰前检验	15	15	15
	宰后检验	25	25	25
	消毒	30	30	–
	无害化处理	–	–	30
	合计	100	100	100

附录四:无公害食品　畜禽饮用水水质
(NY5027—2008)

1. 范围

本标准规定了生产无公害畜禽产品过程中畜禽饮用水水质的要求、检测方法。

本标准适用于生产无公害食品的畜禽饮用水水质的要求。

2. 规范性引用文件

下列文件中的条款通过本标准的引用而成为本标准的条款。凡是注日期的引用文件,其随后所有的修改单(不包括勘误的内容)或修改版本均不适用于本标准,然而,鼓励根据本标准达成协议的各方研究是否可使用这些文件的最新版本。凡是不注日期的引用文件,其最新版本适用于本标准。

GB/T5750.2 生活饮用水标准检验方法　水样的采集与保存

GB/T5750.4 生活饮用水标准检验方法　感官性状和物理指标

GB/T5750.5 生活饮用水标准检验方法　无机非金属指标

GB/T5750.6 生活饮用水标准检验方法　金属指标

GB/T5750.12 生活饮用水标准检验方法　微生物指标

3. 要求

畜禽饮用水水质应符合附表1的规定。

附表 1　畜禽饮用水水质安全指标

项目		标准值	
		畜	禽
感官性状及一般化学指标	色	≤30°	
	浑浊度	≤20°	
	臭和味	不得有异臭、异味	
	总硬度(以 $CaCO_3$ 计),mg/L	≤1500	
	pH	5.5～9	6.4～8.0
	溶解性总固体,mg/L	≤4000	≤2000
	硫酸盐(以 SO_4^{2-} 计),mg/L	≤500	≤250
细菌学指标	总大肠菌群,MPN/100mL	成年畜 100,幼畜和禽 10	
毒理学指标	氟化物(以 F^- 计),mg/L	≤2.0	≤2.0
	氰化物,mg/L	≤0.2	≤0.05
	砷,mg/L	≤0.2	≤0.2
	汞,mg/L	≤0.01	≤0.001
	铅,mg/L	≤0.10	≤0.10
	铬(六价),mg/L	≤0.10	≤0.05
	镉,mg/L	≤0.05	≤0.01
	硝酸盐(以 N 计),mg/L	≤10.0	≤3.0

4. 检验方法

4.1　色

按 GB/T5750.4 规定执行。

4.2　浑浊度

按 GB/T5750.4 规定执行。

4.3　臭和味

按 GB/T5750.4 规定执行。

4.4　总硬度(以 $CaCO_3$ 计)

按 GB/T 5750.4 规定执行。

4.5　溶解性总固体

按 GB/T 5750.4 规定执行。

4.6　硫酸盐(以 SO_4^{2-} 计)

按 GB/T 5750.5 规定执行。

4.7　总大肠菌群

按 GB/T 5750.12 规定执行。

4.8　pH

按 GB/T 5750.4 规定执行。

4.9　铬(六价)

按 GB/T 5750.6 规定执行。

4.10　汞

按 GB/T 5750.6 规定执行。

4.11　铅

按 GB/T 5750.6 规定执行。

4.12　镉

按 GB/T 5750.6 规定执行。

4.13　硝酸盐

按 GB/T 5750.6 规定执行。

4.14　氟化物(以 F^- 计)

按 GB/T 5750.5 规定执行。

4.15　砷

按 GB/T 5750.5 规定执行。

4.16　氰化物

按 GB/T 5750.5 规定执行。

5. 检验规则

5.1　水样的采集与保存

按 GB5750.2 规定执行。

5.2　型式检验

型式检验应检验技术要求中全部项目。在下列情况之一时应进行型式检验:

a）申请无公害农产品认证和进行无公害农产品年度抽查检验;

b）更换设备或长期停产再恢复生产时。

5.3　判定规则

5.3.1　全部检验项目均符合本标准时,判为合格;否则,判为不合格。

5.3.2　对检验结果有争议时,应对留存样品进行复检。对不合格项复检,以复检结果为准。

附录五:畜禽养殖业污染物排放标准
(GB18596—2001)

为贯彻《环境保护法》、《水污染防治法》、《大气污染防治法》,控制畜禽养殖业产生的废水、废渣和恶臭对环境的污染,促进养殖业生产工艺和技术进步,维护生态平衡,制定本标准。

本标准适用于集约化、规模化的畜禽养殖场和养殖区,不适用于畜禽散养户。根据养殖规模,分阶段逐步控制,鼓励种养结合和生态养殖,逐步实现全国养殖业的合理布局。

根据畜禽养殖业污染物排放的特点,本标准规定的污染物控制项目包括生化指标、卫生学指标和感观指标等。为推动畜禽养殖业污染物的减量化、无害化和资源化,促进畜禽养殖业干清粪工艺的发展,减少水资源浪费,本标准规定了废渣无害化环境标准。

本标准为首次制定。

本标准由国家环境保护总局科技标准司提出。

本标准由农业部环保所负责起草。

本标准由国家环境保护总局2001年11月26日批准。

本标准由国家环境保护总局负责解释。

1. 主题内容与适用范围

1.1 主题内容

本标准按集约化畜禽养殖业的不同规模分别规定了水污染物、恶臭气体的最高允许日均排放浓度、最高允许排水量,畜禽养殖业废渣无害化环境标准。

1.2 适用范围

本标准适用于全国集约化畜禽养殖场和养殖区污染物的排放管理,以及这些建设项目环境影响评价、环境保护设施设计、竣工验收及其投产后的排放管理。

1.2.1 本标准适用的畜禽养殖场和养殖区的规模分级,按附表1和附表2执行。

附表1 集约化畜禽养殖场的适用规模(以存栏数计)

类别 规模分级	猪(头) (25kg以上)	鸡(只)		牛(头)	
		蛋鸡	肉鸡	成年奶牛	肉牛
Ⅰ级	≥3 000	≥100 000	≥200 000	≥200	≥400
Ⅱ级	500≤Q<3 000	15 000≤Q<100 000	30 000≤Q<200 000	100≤Q<200	200≤Q<400

附表2　集约化畜禽养殖区的适用规模(以存栏数计)

类别 规模分级	猪(头) (25kg 以上)	鸡(只)		牛(头)	
		蛋鸡	肉鸡	成年奶牛	肉牛
Ⅰ级	≥6 000	≥200 000	≥400 000	≥400	≥800
Ⅱ级	3 000≤Q<6 000	100 000≤Q<200 000	200 000≤Q<400 000	200≤Q<400	400≤Q<800

注:Q 表示养殖量

1.2.2　对具有不同畜禽种类的养殖场和养殖区,其规模可将鸡、牛的养殖量换算成猪的养殖量,换算比例为:30 只蛋鸡折算成 1 头猪,60 只肉鸡折算成 1 头猪,l 头奶牛折算成 10 头猪,l 头肉牛折算成 5 头猪。

1.2.3　所有Ⅰ级规模范围内的集约化畜禽养殖场和养殖区,以及Ⅱ级规模范围内且地处国家环境保护重点城市、重点流域和污染严重河网地区的集约化畜禽养殖场和养殖区,自本标准实施之日起开始执行。

1.2.4　其他地区Ⅱ级规模范围内的集约化养殖场和养殖区,实施标准的具体时间可由县级以上人民政府环境保护行政主管部门确定,但不得迟于 2004 年 7 月 1 日。

1.2.5　对集约化养羊场和养羊区,将羊的养殖量换算成猪的养殖量,换算比例为:3 只羊换算成 1 头猪,根据换算后的养殖量确定养羊场或养羊区的规模级别,并参照本标准的规定执行。

2. 定义

2.1　集约化畜禽养殖场

指进行集约化经营的畜禽养殖场。集约化养殖是指在较小的场地内,投入较多的生产资料和劳动,采用新的工艺与技术措施,进行精心管理的饲养方式。

2.2　集约化畜禽养殖区

指距居民区一定距离,经过行政区划确定的多个畜禽养殖个体生产集中的区域。

2.3　废渣

指养殖场外排的畜禽粪便、畜禽舍垫料、废饲料及散落的毛羽等固体废物。

2.4　恶臭污染物

指一切刺激嗅觉器官,引起人们不愉快及损害生活环境的气体物质。

2.5　臭气浓度

指恶臭气体(包括异味)用无臭空气进行稀释,稀释到刚好无臭时所需的稀释倍数。

2.6　最高允许排水量

指在畜禽养殖过程中直接用于生产的水的最高允许排放量。

3. **技术内容**

本标准按水污染物、废渣和恶臭气体的排放分为以下三部分。

3.1 畜禽养殖业水污染物排放标准

3.1.1 畜禽养殖业废水不得排入敏感水域和有特殊功能的水域。排放去向应符合国家和地方的有关规定。

3.1.2 标准适用规模范围内的畜禽养殖业的水污染物排放分别执行附表3、附表4、附表5的规定。

附表3 集约化畜禽养殖业水冲工艺最高允许排水量

种类	猪[m^3/(百头·天)]		鸡[m^3/(千只·天)]		牛[m^3/(百头·天)]	
季节	冬季	夏季	冬季	夏季	冬季	夏季
标准值	2.5	3.5	0.8	1.2	20	30

注:废水最高允许排放量的单位中,百头、千只均指存栏数。春、秋废水最高允许排放量按冬、夏两季的平均值计算

附表4 集约化畜禽养殖业干清粪工艺最高允许排水量

种类	猪[m^3/(百头·天)]		鸡[m^3/(千只·天)]		牛[m^3/(百头·天)]	
季节	冬季	夏季	冬季	夏季	冬季	夏季
标准值	1.2	1.8	0.5	0.7	17	20

注:废水最高允许排放量的单位中,百头、千只均指存栏数。春、秋废水最高允许排放量按冬、夏两季的平均值计算

附表5 集约化畜禽养殖业水污染物最高允许日均排放浓度

控制项目	五日生化需氧量(mg/L)	化学需氧量(mg/L)	悬浮物(mg/L)	氨氮(mg/L)	总磷(以P计)(mg/L)	粪大肠菌群数(个/mL)	蛔虫卵(个/L)
标准值	150	400	200	80	8.0	10000	2.0

3.2 畜禽养殖业废渣无害化环境标准

3.2.1 畜禽养殖业必须设置废渣的固定储存设施和场所,储存场所要有防止粪液渗漏溢流措施。

3.2.2 用于直接还田的畜禽粪便,必须进行无害化处理。

3.2.3 禁止直接将废渣倾倒入地表水体或其他环境中。畜禽粪便还田时,不能超过当地的最大农田负荷量,避免造成面源污染和地下水污染。

3.2.4 经无害化处理后的废渣,应符合附表6的规定。

附表 6 畜禽养殖业废渣无害化环境标准

控制项目	指标
蛔虫卵	死亡率≥95%
粪大肠菌群数	≤10^5 个/kg

3.3 畜禽养殖业恶臭污染物排放标准

3.3.1 集约化畜禽养殖业恶臭污染物的排放,执行附表 7 的规定。

附表 7 集约化畜禽养殖业恶臭污染物排放标准

控制项目	标准值
臭气浓度(无量纲)	70

3.4 畜禽养殖业应积极通过废水和粪便的还田和其他措施对所排放的污染物进行综合利用,实现污染物的资源化。

4. 监测

污染物项目监测的采样点和采样频率应符合国家环境监测技术规范的要求。污染物项目的监测方法按附表 8 执行。

附表 8 畜禽养殖业污染物排放配套监测方法

序号	项目	监测方法	方法来源
1	生化需氧(BDD_5)	稀释与接种法	GB7488—1987
2	化学需氧(CODcr)	重铬酸钾法	GB11914—1989
3	悬浮物(SS)	重量法	GB11901—1989
4	氨氮(NH_3-N)	钠氏试剂比色法	GB7479—1987
		水杨酸分光光度法	GB7481—1987
5	总磷(以 P 计)	钼蓝比色法	(1)
6	粪大肠菌群数	多管发酵法	GB5750—1985
7	蛔虫卵	吐温-80 柠檬酸缓冲液离心沉淀集卵法	(2)
8	蛔虫卵死亡率	堆肥蛔虫卵检查法	GB7959—1987
9	寄生虫卵沉降率	粪稀蛔虫卵检查法	GB7959—1987
10	臭气浓度	三点比较臭袋法	GB14675

注:分析方法中,未列出国标的暂时采用下列方法,待国家标准方法颁布后执行国家标准。

(1) 水和废水监测方法,中国环境科学出版社,1989。

(2) 卫生防疫检验,上海科学技术出版社,1964。

5. 标准的实施

5.1 本标准由县级以上人民政府环境保护主管部门实施统一监督管理。

5.2 省、自治区、直辖市人民政府可根据地方环境和经济发展需要，确定严于本标准的集约化畜禽养殖业适用规模，或制定更为严格的地方畜禽养殖业污染物排放标准，并报国务院环境保护行政主管部门备案。

附录六:饲料安全相关法规

名称	发布单位	内容	发布日期	生效日期
饲料卫生标准(GB13078－2001)	国家质量监督检验检疫总局	规定了饲料、饲料添加剂产品中有害物质及微生物的允许量及其试验方法	2001.7.20	2001.10.1
饲料标签标准(GB10648－1999)	国家质量监督检验检疫总局	规定了饲料标签设计制作的基本原则、要求以及标签标示的基本内容和方法	1999.8.10	2000.6.1
饲料和饲料添加剂管理条例(国务院令第609号)	国务院	规定了新饲料和饲料添加剂审定、进口饲料和饲料添加剂登记、饲料和饲料添加剂生产企业准入、饲料生产经营和使用管理原则及要求	2011.11.03	2012.05.01
兽药管理条例(国务院令第404号)	国务院	兽药的研制、生产、经营、进出口、使用和监督管理	2004.3.24	2004.11.1
饲料添加剂品种目录(农业部第1126号公告)	农业部	涵盖了13类、260余个添加剂品种和24个保护期内的饲料添加剂新品种	2008	
饲料添加剂品种目录(2010)	农业部	对第1126号公告目录进行修订		
饲料添加剂安全使用规范(农业部第1224号公告)	农业部	制定了氨基酸、维生素、微量元素和常量元素的部分品种在配方饲料或全混合日粮中的最高限量,为强制性指标,饲料企业和养殖企业应严格遵照执行	2009.6.18	
饲料药物添加剂使用规范(农业部第168号公告)	农业部	规定了可在饲料中长时间添加使用的饲料药物添加剂和通过混饲给药的饲料药物添加剂品种	2001.6.4	
禁止在饲料和动物饮水中使用的药物品种目录(第176号公告、第1519号公告)	农业部	禁止在饲料和动物饮水中使用的药物品种目录,包括肾上腺素受体激动剂、性激素、蛋白同化激素、精神药品、各种抗生素滤渣五类	2002.2.9	
食品动物禁用的兽药及其他化合物清单(农业部第193号)	农业部	规定了食品动物禁用的兽药及其他化合物清单,共21种	2002.4.9	

续表

名称	发布单位	内容	发布日期	生效日期
投入品等物质使用规定（农业部第 806 号公告）	农业部	投入品等物质使用规定	2007.1.30	
农业部第 1218 号公告	农业部	禁止在饲料中人为添加三聚氰胺	2009.6.8	
GB/T19630.1－2005 GB/T19630.2－2005 GB/T19630.3－2005 GB/T19630.4－2005	国家质量监督检验检疫总局和中国国家标准化管理委员会	《有机产品》分为 4 个部分： 第 1 部分——生产 第 2 部分——加工 第 3 部分——标识与销售 第 4 部分——管理体系	2005.1.19	2005.4.1

附录七:畜禽粪便无害化处理技术规范

1. **范围**

本标准规定了畜禽粪便无害化处理设施的选址、场区布局、处理技术、卫生学控制指标及污染物监测和污染防治的技术要求。

本标准适用于规模化养殖场、养殖小区和畜禽粪便处理场。

2. **规范性引用文件**

下列文件中的条款通过本标准的引用而成为本标准的条款。凡是注日期的引用文件,其随后所有的修改单(不包括勘误的内容)或修订版均不适用于本标准,然而,鼓励根据标准达成协议的各方研究是否可使用这些文件的最新版本。凡是不注日期的引用文件,其最新版本适用于本标准。

GB 5084 农田灌溉水质标准

GB 18596 畜禽养殖业污染物排放标准

GB 18877 有机-无机复混肥料

NY 525 有机肥料

NY/T 682 畜禽场场区设计技术规范

3. **术语和定义**

下列术语和定义适用于本标准

3.1

粪便 manure

畜禽的粪尿排泄物。

3.2

规模化养殖场 concentrated animal operation

指在较小的场地内,养殖数量达到本标准规定存栏规模的饲养场;蛋鸡≥15 000 只、肉鸡≥30 000 只、猪≥500 头、奶牛≥100 头、肉牛≥200 头、羊≥1 500 只。

3.3

养殖小区 animal park

在适合畜禽养殖的地域内,建立的有一定规模的较为规范、严格管理的畜禽养殖基地,基地内养殖设施完备,技术规程及措施统一,只养一种畜禽,由多个养殖业主进行标准化养殖。

3.4

畜禽粪便处理场 centralized manure treatment facility

专业从事畜禽粪便处理、加工的企业和专业户。

3.5

堆肥 compost

将畜禽粪便等有机固体废物集中堆放并在微生物作用下使有机物发生生物降解,形成一种类似腐殖质土壤的物质的过程。

3.6

厌氧消化 amaerobic digest

利用厌氧菌或兼性厌氧菌在无氧状态下,将有机物质分解的处理方法。

3.7

无害化处理 non-hazardous treatment

利用高温、好氧或厌氧等技术杀灭畜禽粪便中病原菌、寄生虫和杂草种子的过程。

4. 处理原则

4.1 畜禽养殖场或养殖小区应采用先进的工艺、技术与设备、改善管理、综合利用等措施,从源头削减污染量。

4.2 畜禽粪便处理应坚持综合利用的原则,实现粪便的资源化。

4.3 畜禽养殖场和养殖小区必须建立配套的粪便无害化处理设施或处理(置)机制。

4.4 畜禽养殖场、养殖小区或畜禽粪便处理场应严格执行国家有关的法律、法规和标准,畜禽粪便经过处理达到无害化指标或有关排放标准后才能施用和排放。

4.5 发生重大疫情的畜禽养殖场粪便必须按照国家兽医防疫有关规定处置。

5. 处理场地的要求

5.1 新建、扩建和改建畜禽养殖场或养殖小区必须配置畜禽粪便处理设施或畜禽粪便处理场。已建的畜禽场没有处理设施或处理场的,应及时补上。畜禽养殖场的选址禁止在下列区域内建设畜禽粪便处理场:

5.1.1 生活饮用水水源保护区、风景名胜区、自然保护区的核心区及缓冲区;

5.1.2 城市和城镇居民区,包括文教科研区、医疗区、商业区、工业区、游览区等人口集中地区;

5.1.3 县级人民政府依法划定的禁养区域;

5.1.4 国家或地方法律、法规规定需特殊保护的其他区域。

5.2 在禁建区域附近建设畜禽粪便处理设施和单独建设的畜禽粪便处理场,应设在

5.1 规定的禁建区域常年主导风向的下风向或侧风向处，场界与禁建区域边界的最小距离不得小于 500 m。

6. 处理场地的布局

设置在畜禽养殖区域内的粪便处理设施应按照 NY/T 682 的规定设计，应设在养殖场的生产区、生活管理区的常年主导风向的下风向或侧风向处，与主要生产设施之间保持 100 m 以上的距离。

7. 粪便的收集

7.1 新建、扩建和改建畜禽养殖场和养殖小区应采用先进的清粪工艺，避免畜禽粪便与冲洗等其他污水混合，减少污染物排放量，已建的养殖场和养殖小区要逐步改进清粪工艺。

7.2 畜禽粪便收集、运输过程中必须采取防扬散、防流失、防渗漏等环境污染防止措施。

8. 粪便的贮存

8.1 畜禽养殖场产生的畜禽粪便应设置专门的贮存设施。

8.2 畜禽养殖场、养殖小区或畜禽粪便处理场应分别设置液体和固体废弃物贮存设施，畜禽粪便贮存设施位置必须距离地表水体 400 m 以上。

8.3 畜禽粪便贮存设施应设置明显标志和围栏等防护措施，保证人畜安全。

8.4 贮存设施必须有足够的空间来贮存粪便。在满足下列最小贮存体积条件下设置预留空间，一般在能够满足最小容量的前提下将深度或高度增加 0.5 m 以上。

8.4.1 固体粪便储存设施其最小容积为贮存期内粪便产生总量和垫料体积总和。

8.4.2 液体粪便贮存设施最小容积为贮存期内粪便产生量和贮存期内污水排放量总和。在露天修建液体粪便贮存设施时，必须考虑贮存期内的降水量。

8.4.3 采取农田利用时，畜禽粪便贮存设施最小容量不能小于当地农业生产使用间隔最长时期内养殖场粪便产生总量。

8.5 畜禽粪便贮存设施必须进行防渗处理，防止污染地下水。

8.6 畜禽粪便贮存设施应采取防雨(水)措施。

8.7 贮存过程中不应产生二次污染，其恶臭及污染物排放应符合 GB 18596 的规定。

9. 粪便的处理

9.1 禁止未经无害化处理的畜禽粪便直接施入农田。畜禽粪便经过堆肥处理后必须达到表 1 的卫生学要求。

表1 粪便堆肥无害化卫生学要求

项目	卫生标准
蛔虫卵	死亡率≥95%
粪大肠菌群数	≤10^5 个/kg
苍蝇	有效地控制苍蝇孳生，堆体周围没有活的蛆、蛹或新羽化的成蝇

9.2 畜禽固体粪便宜采用条垛式、机械强化槽式和密闭仓式堆肥等技术进行无害化处理，养殖场、养殖小区和畜禽粪便处理场可根据资金、占地等实际情况选用。

9.2.1 采用条垛式堆肥，发酵温度45℃以上的时间不少于14 d。

9.2.2 采用机械强化槽式和密闭仓式堆肥时，保持发酵温度50℃以上时间不少于7 d，或发酵温度45℃以上的时间不少于14 d。

9.3 液态畜禽粪便可以选用沼气发酵、高效厌氧、好氧、自然生物处理等技术进行无害化处理。处理后的上清液和沉淀物应实现农业综合利用，避免产生二次污染。

9.3.1 处理后的上清液、沉淀物作为肥料进行农业利用时，其卫生学指标应达到表2的要求。

表2 液态粪便厌氧无害化卫生学要求

项目	卫生标准
寄生虫卵	死亡率≥95%
血吸虫卵	在使用粪液中不得检出活的血吸虫卵
粪大肠菌群数	常温沼气发酵≤10 000个/L，高温沼气发酵≤100个/L
蚊子、苍蝇	有效地控制蚊蝇孳生，粪液中无孑孓，池的周围无活的蛆、蛹或新羽化的成蝇
沼气池粪渣	达到表1要求后方可用做农肥

9.3.2 处理后的上清液作为农田灌溉用水时，应符合GB5084的规定。

9.3.3 处理后的污水直接排放时，应符合GB18596的规定。

9.4 无害化处理后的畜禽粪便进行农田利用时，应结合当地环境容量和作物需求进行综合利用规划。

9.5 利用无害化处理后的畜禽粪便生产商品化有机肥和有机－无机复混肥，须分别符合NY 525和GB18877的规定。

9.6 利用畜禽粪便制取其他生物能源或进行其他类型的资源回收利用时，应避免二次污染。

10. **对粪便处理场场区要求**

畜禽粪便处理场场区臭气浓度应符合 GB 18596 的规定。

11. **监督与管理**

11.1　畜禽养殖场、养殖小区和畜禽粪便处理场按当地农业部门和环境保护行政主管部门要求,定期报告粪便产生量、粪便特性、贮存、处理设施的运行情况,并接受当地和上级农业部门和环境保护机构的监督与检测。

11.2　排污口标志应按国家环境保护总局有关规定设置。

附录八:病死动物无害化处理技术规范

为规范病死动物尸体及相关动物产品无害化处理操作技术,预防重大动物疫病,维护动物产品质量安全,依据《中华人民共和国动物防疫法》及有关法律法规制定本规范。

1. **适用范围**

本规范规定了病死动物尸体及相关动物产品无害化处理方法的技术工艺和操作注意事项,以及在处理过程中包装、暂存、运输、人员防护和无害化处理记录要求。

2. **引用规范和标准**

《中华人民共和国动物防疫法》(2007 年主席令第 71 号)

《动物防疫条件审查办法》(农业部令 2010 年第 7 号)

《病死及死因不明动物处置办法(试行)》(农医发〔2005〕25 号)

GB16548 病害动物和病害动物产品生物安全处理规程

GB19217 医疗废物转运车技术要求(试行)

GB18484 危险废物焚烧污染控制标准

GB18597 危险废物贮存污染控制标准

GB16297 大气污染物综合排放标准

GB14554 恶臭污染物排放标准

GB8978 污水综合排放标准

GB5085.3 危险废物鉴别标准

GB/T16569 畜禽产品消毒规范

GB19218 医疗废物焚烧炉技术要求(试行)

GB/T19923 城市污水再生利用　工业用水水质

当上述标准和文件被修订时,应使用其最新版本。

3. **术语和定义**

3.1　无害化处理

本规范所称无害化处理,是指用物理、化学等方法处理病死动物尸体及相关动物产品,消灭其所携带的病原体,消除动物尸体危害的过程。

3.2　焚烧法

焚烧法是指在焚烧容器内,使动物尸体及相关动物产品在富氧或无氧条件下进行氧化反应或热解反应的方法。

3.3 化制法

化制法是指在密闭的高压容器内，通过向容器夹层或容器通入高温饱和蒸汽，在干热、压力或高温、压力的作用下，处理动物尸体及相关动物产品的方法。

3.4 掩埋法

掩埋法是指按照相关规定，将动物尸体及相关动物产品投入化尸窖或掩埋坑中并覆盖、消毒，发酵或分解动物尸体及相关动物产品的方法。

3.5 发酵法

发酵法是指将动物尸体及相关动物产品与稻糠、木屑等辅料按要求摆放，利用动物尸体及相关动物产品产生的生物热或加入特定生物制剂，发酵或分解动物尸体及相关动物产品的方法。

4. 无害化处理方法

4.1 焚烧法

4.1.1 直接焚烧法

4.1.1.1 技术工艺

4.1.1.1.1 可视情况对动物尸体及相关动物产品进行破碎预处理。

4.1.1.1.2 将动物尸体及相关动物产品或破碎产物，投至焚烧炉本体燃烧室，经充分氧化、热解，产生的高温烟气进入二燃室继续燃烧，产生的炉渣经出渣机排出。燃烧室温度应≥850℃。

4.1.1.1.3 二燃室出口烟气经余热利用系统、烟气净化系统处理后达标排放。

4.1.1.1.4 焚烧炉渣与除尘设备收集的焚烧飞灰应分别收集、贮存和运输。焚烧炉渣按一般固体废物处理；焚烧飞灰和其他尾气净化装置收集的固体废物如属于危险废物，则按危险废物处理。

4.1.1.2 操作注意事项

4.1.1.2.1 严格控制焚烧进料频率和重量，使物料能够充分与空气接触，保证完全燃烧。

4.1.1.2.2 燃烧室内应保持负压状态，避免焚烧过程中发生烟气泄露。

4.1.1.2.3 燃烧所产生的烟气从最后的助燃空气喷射口或燃烧器出口到换热面或烟道冷风引射口之间的停留时间应≥2 s。

4.1.1.2.4 二燃室顶部设紧急排放烟囱，应急时开启。

4.1.1.2.5 应配备充分的烟气净化系统，包括喷淋塔、活性炭喷射吸附、除尘器、冷却塔、引风机和烟囱等，焚烧炉出口烟气中氧含量应为6% ~10%（干气）。

4.1.2 炭化焚烧法

4.1.2.1 技术工艺

4.1.2.1.1 将动物尸体及相关动物产品投至热解炭化室，在无氧情况下经充分热解，产生的热解烟气进入燃烧（二燃）室继续燃烧，产生的固体炭化物残渣经热解炭化室排出。热解温度应≥600℃，燃烧（二燃）室温度≥1 100℃，焚烧后烟气在1 100℃以上停留时间≥2 s。

4.1.2.1.2 烟气经过热解炭化室热能回收后，降至600℃左右进入排烟管道。烟气经过湿式冷却塔进行“急冷”和“脱酸”后进入活性炭吸附和除尘器，最后达标后排放。

4.1.2.2 注意事项

4.1.2.2.1 应检查热解炭化系统的炉门密封性，以保证热解炭化室的隔氧状态。

4.1.2.2.2 应定期检查和清理热解气输出管道，以免发生阻塞。

4.1.2.2.3 热解炭化室顶部需设置与大气相连的防爆口，热解炭化室内压力过大时可自动开启泄压。

4.1.2.2.4 应根据处理物种类、体积等严格控制热解的温度、升温速度及物料在热解炭化室里的停留时间。

4.2 化制法

4.2.1 干化法

4.2.1.1 技术工艺

4.2.1.1.1 可视情况对动物尸体及相关动物产品进行破碎预处理。

4.2.1.1.2 动物尸体及相关动物产品或破碎产物输送入高温高压容器。

4.2.1.1.3 处理物中心温度≥140℃，压力≥0.5 MPa（绝对压力），时间≥4 h（具体处理时间随需处理动物尸体及相关动物产品或破碎产物种类和体积大小而设定）。

4.2.1.1.4 加热烘干产生的热蒸汽经废气处理系统后排出。

4.2.1.1.5 加热烘干产生的动物尸体残渣传输至压榨系统处理。

4.2.1.2 操作注意事项

4.2.1.2.1 搅拌系统的工作时间应以烘干剩余物基本不含水分为宜，根据处理物量的多少，适当延长或缩短搅拌时间。

4.2.1.2.2 应使用合理的污水处理系统，有效去除有机物、氨氮，达到国家规定的排放要求。

4.2.1.2.3 应使用合理的废气处理系统，有效吸收处理过程中动物尸体腐败产生的恶臭气体，使废气排放符合国家相关标准。

4.2.1.2.4 高温高压容器操作人员应符合相关专业要求。

4.2.1.2.5 处理结束后，需对墙面、地面及其相关工具进行彻底清洗消毒。

4.2.2 湿化法

4.2.2.1 技术工艺

4.2.2.1.1 可视情况对动物尸体及相关动物产品进行破碎预处理。

4.2.2.1.2 将动物尸体及相关动物产品或破碎产物送入高温高压容器，总质量不得超过容器总承受力的五分之四。

4.2.2.1.3 处理物中心温度≥135℃，压力≥0.3 MPa（绝对压力），处理时间≥30 min（具体处理时间随需处理动物尸体及相关动物产品或破碎产物种类和体积大小而设定）。

4.2.2.1.4 高温高压结束后，对处理物进行初次固液分离。

4.2.2.1.5 固体物经破碎处理后，送入烘干系统；液体部分送入油水分离系统处理。

4.2.2.2 操作注意事项

4.2.2.2.1 高温高压容器操作人员应符合相关专业要求。

4.2.2.2.2 处理结束后，需对墙面、地面及其相关工具进行彻底清洗消毒。

4.2.2.2.3 冷凝排放水应冷却后排放，产生的废水应经污水处理系统处理达标后排放。

4.4.2.2.4 处理车间废气应通过安装自动喷淋消毒系统、排风系统和高效微粒空气过滤器（HEPA 过滤器）等进行处理，达标后排放。

4.3 掩埋法

4.3.1 直接掩埋法

4.3.1.1 选址要求

4.3.1.1.1 应选择地势高燥，处于下风向的地点。

4.3.1.1.2 应远离动物饲养厂（饲养小区）、动物屠宰加工场所、动物隔离场所、动物诊疗场所、动物和动物产品集贸市场、生活饮用水源地。

4.3.1.1.3 应远离城镇居民区、文化教育科研等人口集中区域、主要河流及公路、铁路等主要交通干线。

4.3.1.2 技术工艺

4.3.1.2.1 掩埋坑体容积以实际处理动物尸体及相关动物产品数量确定。

4.3.1.2.2 掩埋坑底应高出地下水位 1.5 m 以上，要防渗、防漏。

4.3.1.2.3 坑底洒一层厚度为 2 ~5 cm 的生石灰或漂白粉等消毒药。

4.3.1.2.4 将动物尸体及相关动物产品投入坑内，最上层距离地表 1.5 m 以上。

4.3.1.2.5 生石灰或漂白粉等消毒药消毒。

4.3.1.2.6 覆盖距地表 20 ~30 cm，厚度不少于 1 ~1.2 m 的覆土。

4.3.1.3 操作注意事项

4.3.1.3.1 掩埋覆土不要太实,以免腐败产气造成气泡冒出和液体渗漏。

4.3.1.3.2 掩埋后,在掩埋处设置警示标识。

4.3.1.3.3 掩埋后,第1周内应每日巡查1次,第2周起应每周巡查1次,连续巡查3个月,掩埋坑塌陷处应及时加盖覆土。

4.3.1.3.4 掩埋后,立即用氯制剂、漂白粉或生石灰等消毒药对掩埋场所进行1次彻底消毒。第1周内应每日消毒1次,第2周起应每周消毒1次,连续消毒3周以上。

4.3.2 化尸窖

4.3.2.1 选址要求

4.3.2.1.1 畜禽养殖场的化尸窖应结合本场地形特点,宜建在下风向。

4.3.2.1.2 乡镇、村的化尸窖选址应选择地势较高,处于下风向的地点。应远离动物饲养厂(饲养小区)、动物屠宰加工场所、动物隔离场所、动物诊疗场所、动物和动物产品集贸市场、泄洪区、生活饮用水源地;应远离居民区、公共场所,以及主要河流、公路、铁路等主要交通干线。

4.3.2.2 技术工艺

4.3.2.2.1 化尸窖应为砖和混凝土,或者钢筋和混凝土密封结构,应防渗防漏。

4.3.2.2.2 在顶部设置投置口,并加盖密封加双锁;设置异味吸附、过滤等除味装置。

4.3.2.2.3 投放前,应在化尸窖底部铺洒一定量的生石灰或消毒液。

4.3.2.2.4 投放后,投置口密封加盖加锁,并对投置口、化尸窖及周边环境进行消毒。

4.3.2.2.5 当化尸窖内动物尸体达到容积的3/4时,应停止使用并密封。

4.3.2.3 注意事项

4.3.2.3.1 化尸窖周围应设置围栏、设立醒目警示标志以及专业管理人员姓名和联系电话公示牌,应实行专人管理。

4.3.2.3.2 应注意化尸窖维护,发现化尸窖破损、渗漏应及时处理。

4.3.2.3.3 当封闭化尸窖内的动物尸体完全分解后,应当对残留物进行清理,清理出的残留物进行焚烧或者掩埋处理,化尸窖池进行彻底消毒后,方可重新启用。

4.4 发酵法

4.4.1 技术工艺

4.4.1.1 发酵堆体结构形式主要分为条垛式和发酵池式。

4.4.1.2 处理前,在指定场地或发酵池底铺设20 cm厚辅料。

4.4.1.3　辅料上平铺动物尸体或相关动物产品，厚度≤20 cm。

4.4.1.4　覆盖20 cm辅料，确保动物尸体或相关动物产品全部被覆盖。堆体厚度随需处理动物尸体和相关动物产品数量而定，一般控制在2～3 m。

4.4.1.5　堆肥发酵堆内部温度≥54℃，1周后翻堆，3周后完成。

4.4.1.6　辅料为稻糠、木屑、秸秆、玉米芯等混合物，或为在稻糠、木屑等混合物中加入特定生物制剂预发酵后产物。

4.4.2　操作注意事项

4.4.2.1　因重大动物疫病及人畜共患病死亡的动物尸体和相关动物产品不得使用此种方式进行处理。

4.4.2.2　发酵过程中，应做好防雨措施。

4.4.2.3　条垛式堆肥发酵应选择平整、防渗地面。

4.4.2.4　应使用合理的废气处理系统，有效吸收处理过程中动物尸体和相关动物产品腐败产生的恶臭气体，使废气排放符合国家相关标准。

5. 收集运输要求

5.1　包装

5.1.1　包装材料应符合密闭、防水、防渗、防破损、耐腐蚀等要求。

5.1.2　包装材料的容积、尺寸和数量应与需处理动物尸体及相关动物产品的体积、数量相匹配。

5.1.3　包装后应进行密封。

5.1.4　使用后，一次性包装材料应作销毁处理，可循环使用的包装材料应进行清洗消毒。

5.2　暂存

5.2.1　采用冷冻或冷藏方式进行暂存，防止无害化处理前动物尸体腐败。

5.2.2　暂存场所应能防水、防渗、防鼠、防盗，易于清洗和消毒。

5.2.3　暂存场所应设置明显警示标识。

5.2.4　应定期对暂存场所及周边环境进行清洗消毒。

5.3　运输

5.3.1　选择专用的运输车辆或封闭厢式运载工具，车厢四壁及底部应使用耐腐蚀材料，并采取防渗措施。

5.3.2　车辆驶离暂存、养殖等场所前，应对车轮及车厢外部进行消毒。

5.3.3　运载车辆应尽量避免进入人口密集区。

5.3.4　若运输途中发生渗漏，应重新包装、消毒后运输。

5.3.5 卸载后,应对运输车辆及相关工具等进行彻底清洗、消毒。

6. 其他要求

6.1 人员防护

6.1.1 动物尸体的收集、暂存、装运、无害化处理操作的工作人员应经过专门培训,掌握相应的动物防疫知识。

6.1.2 工作人员在操作过程中应穿戴防护服、口罩、护目镜、胶鞋及手套等防护用具。

6.1.3 工作人员应使用专用的收集工具、包装用品、运载工具、清洗工具、消毒器材等。

6.1.4 工作完毕后,应对一次性防护用品作销毁处理,对循环使用的防护用品消毒处理。

6.2 记录要求

6.2.1 病死动物的收集、暂存、装运、无害化处理等环节应建有台账和记录。有条件的地方应保存运输车辆行车信息和相关环节视频记录。

6.2.2 台账和记录

6.2.2.1 暂存环节

6.2.2.1.1 接收台账和记录应包括病死动物及相关动物产品来源场(户)、种类、数量、动物标识号、死亡原因、消毒方法、收集时间、经手人员等。

6.2.2.1.2 运出台账和记录应包括运输人员、联系方式、运输时间、车牌号、病死动物及产品种类、数量、动物标识号、消毒方法、运输目的地以及经手人员等。

6.2.2.2 处理环节

6.2.2.2.1 接收台账和记录应包括病死动物及相关动物产品来源、种类、数量、动物标识号、运输人员、联系方式、车牌号、接收时间及经手人员等。

6.2.2.2.2 处理台账和记录应包括处理时间、处理方式、处理数量及操作人员等。

6.2.3 涉及病死动物无害化处理的台账和记录至少要保存2年。

主要参考文献

[1] 杨宁. 现代养鸡生产[M]. 北京:中国农业大学出版社,1994.
[2] 杨宁. 家禽生产学[M]. 2 版. 北京:中国农业出版社,2010.
[3] 林建坤. 禽的生产与经营[M]. 北京:中国农业出版社,2011.
[4] 魏忠义. 禽的生产学[M]. 北京:中国农业出版社,1999.
[5] 豆卫. 禽类生产[M]. 北京:中国农业出版社,2001.
[6] 丁国志,张绍秋. 家禽生产技术[M]. 北京:中国农业大学出版社,2007.
[7] 曹顶国. 学养肉鸡[M]. 北京:中国农业出版社,2010.
[8] 吴增坚. 鸡场兽医卫生监督和管理[M]. 上海:上海科学技术出版社,1994.
[9] 贺玉书. 养鸭、鹅致富新技术[M]. 贵阳:贵州科技出版社,2003.
[10] 崔忠道,等. 鸡鸭鹅饲养与疾病防治[M]. 北京:中国农业出版社,1996.
[11] 昆明市科学技术协会. 现代养鸭、鹅[M]. 昆明:云南大学出版社,2003.
[12] 沈益新,王恬. 种草养鹅技术[M]. 北京:中国农业出版社,2005.
[13] 顾洪如,等. 优质牧草生产大全[M]. 南京:江苏科学技术出版社,2002.
[14] 朱庆. 蛋鸡标准化规模养殖图册[M]. 北京:中国农业出版社,2013.
[15] 张克英. 肉鸡标准化规模养殖图册[M]. 北京:中国农业出版社,2013.
[16] 刘耀兴. 乡村兽医实用诊疗手册[M]. 南京:江苏科学技术出版社,2013.
[17] 蔡宝祥. 家畜传染病[M]. 北京:中国农业出版社,1980.
[18] 丁永龙. 新编禽病诊疗手册[M]. 北京:科学技术文献出版社,2003.
[19] (美)卡尔尼克. 禽病学[M]. 北京:中国农业出版社,1999.
[20] 孔繁瑶. 家畜寄生虫学[M]. 北京:中国农业出版社,1997.
[21] 朱模忠. 兽药手册[M]. 北京:化学工业出版社,2003.